浙江省土地质量地质调查行动计划系列成果
浙江省土地质量地质调查成果丛书

衢州市土壤元素背景值

QUZHOU SHITURANG YUANSU BEIJINGZHI

古立峰　李良传　徐惠剑　刘　永　李　伟　翁雍蓉　等著

图书在版编目(CIP)数据

衢州市土壤元素背景值/古立峰等著． —武汉：中国地质大学出版社，2023.10
ISBN 978-7-5625-5541-4

Ⅰ.①衢⋯　Ⅱ.①古⋯　Ⅲ.①土壤环境-环境背景值-衢州　Ⅳ.①X825.01

中国国家版本馆CIP数据核字(2023)第053189号

衢州市土壤元素背景值	古立峰　李良传　徐惠剑　刘　永　李　伟　翁雍蓉　等著
责任编辑：唐然坤	选题策划：唐然坤　　　　　　　　　　　　　责任校对：张咏梅

出版发行：中国地质大学出版社(武汉市洪山区鲁磨路388号)　　　　　邮政编码：430074
电　　话：(027)67883511　　传　真：(027)67883580　　　　E-mail:cbb@cug.edu.cn
经　　销：全国新华书店　　　　　　　　　　　　　　　　　　　　http://cugp.cug.edu.cn

开本：880毫米×1230毫米 1/16	字数：357千字	印张：11.25
版次：2023年10月第1版		印次：2023年10月第1次印刷
印刷：湖北新华印务有限公司		

ISBN 978-7-5625-5541-4　　　　　　　　　　　　　　　　　　　　　　　　　定价：158.00元

如有印装质量问题请与印刷厂联系调换

《衢州市土壤元素背景值》编委会

领导小组

名誉主任	陈铁雄
名誉副主任	黄志平　潘圣明　马　奇　张金根
主　　任	陈　龙
副 主 任	邵向荣　陈远景　胡嘉临　李家银　邱建平　周　艳　张根红
成　　员	邱鸿坤　孙乐玲　吴　玮　肖常贵　鲍海君　章　奇　龚日祥
	蔡子华　褚先尧　冯立新　翁国华　赵晓宏　金献刚　徐惠剑
	周育坤　刘礼峰　陈焕元　陈齐刚　张　军　汪晓亮　赵国法
	张　帆　杨海波

编制技术指导组

组　　长	王援高
副 组 长	董岩翔　孙文明　林钟扬
成　　员	陈忠大　范效仁　严卫能　何蒙奎　龚新法　陈焕元　叶泽富
	陈俊兵　钟庆华　唐小明　何元才　刘道荣　李巨宝　欧阳金保
	陈红金　朱有为　孔海民　俞　洁　汪庆华　周国华　吴小勇

编辑委员会

主　　编	古立峰　李良传　徐惠剑　刘　永　李　伟　翁雍蓉
编　　委	汪一凡　周　漪　宋元青　林钟扬　张　翔　姚学刚　王其春
	严　鑫　邱施锋　占　玄　赵鑫江　郑基滋　王美华　刘永祥
	解怀生　黄春雷　简中华　谭　杰　张玉淑　江廷石　杨文峰
	袁　野　罗　霞　邵青烽　王　晟　徐　凯　管敏琳　梁　河
	吴春晖　方平辉　周　炜　郑晓伟　贾　飞

《衢州市土壤元素背景值》组织委员会

主办单位：
    浙江省自然资源厅
    浙江省地质院
    自然资源部平原区农用地生态评价与修复工程技术创新中心

协办单位：
    衢州市自然资源和规划局
    衢州市自然资源和规划局柯城分局
    衢州市自然资源和规划局衢江分局
    龙游县自然资源和规划局
    江山市自然资源和规划局
    常山县自然资源和规划局
    开化县自然资源和规划局
    浙江省自然资源集团有限公司

承担单位：
    中化地质矿山总局浙江地质勘查院

序 一

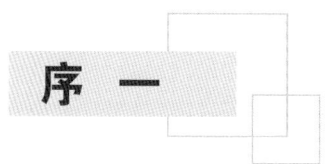

土地质量地质调查,是以地学理论为指导、以地球化学测量为主要技术手段,通过对土壤及相关介质(岩石、风化物、水、大气、农作物等)环境中有益和有害元素含量的测定,进而对土地质量的优劣做出评判的过程。2016年,浙江省国土资源厅(现为浙江省自然资源厅)启动了"浙江省土地质量地质调查行动计划(2016—2020年)",并在"十三五"期间完成了浙江省85个县(市、区)的1∶5万土地质量地质调查(覆盖浙江省耕地全域),获得了20余项元素/指标近500万条土壤地球化学数据。

浙江省的地质工作历来十分重视土壤元素背景值的调查研究。早在20世纪60—70年代,浙江省就开展了全省1∶20万区域地质填图,对土壤中20余项元素/指标进行了分析;20世纪80年代,开展了浙江省1∶20万水系沉积物测量工作,分析了沉积物中30余项元素/指标;20世纪90年代末,开展了1∶25万多目标区域地球化学调查,分析了表层和深层土壤中50余项元素/指标;2016—2020年,开展了浙江省土地质量地质调查,系统部署了1∶5万土壤地球化学测量工作,重点分析了土壤中的有益元素(如N、P、K、Ca、Mg、S、Fe、Mn、Mo、B、Se、Ge等)和有害元素(如Cd、Hg、Pb、As、Cr、Ni、Cu、Zn等)。上述各时期的调查都进行了元素地球化学背景值的统计计算,早期的土壤元素背景值调查为本次开展浙江省土壤元素背景值研究奠定了扎实的基础。

元素地球化学背景值的研究,不仅具有重要的科学意义,同时也具有重要的应用价值。基于本轮土地质量地质调查获得的数百万条高精度土壤地球化学数据,结合1∶25万多目标区域地球化学调查数据,浙江省自然资源厅组织相关单位和人员对不同行政区、土壤母质类型、土壤类型、土地利用类型、水系流域类型、地貌类型和大地构造单元的土壤元素/指标的基准值和背景值进行了统计,编制了浙江省及11个设区市(杭州市、宁波市、温州市、湖州市、嘉兴市、绍兴市、金华市、衢州市、舟山市、台州市、丽水市)的"浙江省土地质量地质调查成果丛书"。

该丛书具有数据基础量大、样本体量大、数据质量高、元素种类多、统计参数齐全的特点,是浙江省土地质量地质调查的一项标志性成果,对深化浙江省土壤地球化学研究、支撑浙江省第三次全国土壤普查工作成果共享、推进相关地方标准制定和成果社会化应用均具有积极的作用。同时该丛书还具有公共服务性的特点,可作为农业、环保、地质等技术工作人员的一套"工具书",能进一步提升各级政府管理部门、科研院所在相关工作中对"浙江土壤"的基本认识,在自然资源、土地科学、农业种植、土壤污染防治、农产品安全追溯等行政管理领域具有广泛的科学价值和指导意义。

值此丛书出版之际,对参加项目调查工作和丛书编写工作的所有地质科技工作者致以崇高的敬意,并表示热烈的祝贺!

中国科学院院士

2023年10月

序 二

2002年，全国首个省部合作的农业地质调查项目落户浙江省，自此浙江省的农业地质工作犹如雨后春笋般不断开拓前行。农业地质调查成果支撑了土地资源管理，也服务了现代农业发展及土壤污染防治等诸多方面。2004—2005年，时任浙江省委书记习近平同志在两年间先后4次对浙江省的农业地质工作做出重要批示指示，指出"农业地质环境调查有意义，要应用其成果指导农业生产""农业地质环境调查有意义，应继续开展并扩大成果"。

近20年来，浙江省坚定不移地贯彻习近平总书记的批示指示精神，积极探索，勇于实践，将农业地质工作不断推向新高度。2016年，在实施最严格耕地保护政策、推动绿色发展和开展生态文明建设的时代背景下，浙江省国土资源厅（现为浙江省自然资源厅）立足于浙江省经济社会发展对地质工作的实际需求，启动了"浙江省土地质量地质调查行动计划（2016—2020年）"，旨在通过行动计划的实施，全面查明浙江省的土地质量现状，建立土地质量档案、推进成果应用转化，为实现土地数量、质量和生态"三位一体"管护提供技术支持。

本轮土地质量调查覆盖了浙江省85个县（市、区），历时5年完成，涉及18家地勘单位、10家分析测试单位，有近千名技术人员参加，取得了多方面的成果。一是查明了浙江省耕地土壤养分丰缺状况，土壤重金属污染状况和富硒、富锗土地分布情况，成为全国首个完成1∶5万精度县级全覆盖耕地质量调查的省份；二是采用"文-图-卡-码-库五位一体"表达形式，建成了浙江省1000万亩（1亩≈666.67 m^2）永久基本农田示范区土地质量地球化学档案；三是汇集了土壤、水、生物等750万条实测数据，建成了浙江省土地质量地质调查数据库与管理平台；四是初步建立了2000个浙江省耕地质量地球化学监测点；五是圈定了334万亩天然富硒土地、680万亩天然富锗土地，并编制了相关区划图；六是圈出了约2575万亩清洁土地，建立了最优先保护和最优先修复耕地类别清单。

立足于地学优势、以中大比例尺精度开展的浙江省土地质量地质调查在全国尚属首次。此次调查积累了大量的土壤元素含量实测数据和相关基础资料，为全省土壤元素地球化学背景的研究奠定了坚实基础。浙江省及11个设区市的土壤元素背景值研究是浙江省土地质量地质调查行动计划取得的一项重要基础性研究成果，该研究成果的出版将全面更新浙江省的土地（土壤）资料，大大提升浙江省土地科学的研究程度，也将为自然资源"两统一"职责履行、生态安全保障提供重要的基础支撑，从而助力乡村振兴，助推共同富裕示范区建设。

浙江省土地质量地质调查行动计划是迄今浙江省乃至全国覆盖范围最广、调查精度最高的县级尺度土壤地球化学调查行动计划。基于调查成果编写而成的"浙江省土地质量地质调查成果丛书"，具有数据样本量大、数据质量高、元素种类多、统计参数全的特点，实现了土壤学与地学的有机融合，是对数十年来浙江省土壤地球化学调查工作的系统总结，也是全面反映浙江省土壤元素环境背景研究的最新成果。该丛书可供地质、土壤、环境、生态、农学等相关专业技术人员以及有关政府管理部门和科研院校参考使用。

原浙江省国土资源厅党组书记、厅长

陳鐵雄

2023年10月

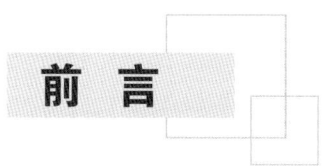

前言

土壤元素背景值一直是国内外学者关注的重点。20世纪70年代,国家"七五"重点科技攻关项目建立了全国41个土类60余种元素的土壤背景值,并出版了《中国土壤环境背景值图集》。同期,农业部(现为农业农村部)主持完成了我国13个省(自治区、直辖市)主要农业土壤及粮食作物中几种污染元素的背景值研究,建立了我国主要粮食生产区土壤与粮食作物背景值。21世纪初,国土资源部(现为自然资源部)中国地质调查局与有关省(自治区、直辖市)联合,在全国范围内部署开展了1∶25万多目标区域地球化学调查工作,累计完成调查面积260余万平方千米,相继出版了部分省(自治区、直辖市)或重要区域的多目标区域地球化学图集,发布了区域土壤背景值与基准值研究成果。不同时期各地各部门大量的研究学者针对各地区情况陆续开展了大量的背景值调查研究工作,获得的许多宝贵数据资料为区域背景值研究打下了坚实基础。

土壤元素背景值是指在一定历史时期、特定区域内,不受或者很少受人类活动和现代工业污染影响下(排除局部点源污染影响)土壤元素与化合物的含量水平,是一种原始状态或近似原始状态下的物质丰度,也代表了地质演化与成土过程发展到特定历史阶段,土壤与各环境要素之间物质和能量交换达到动态平衡时的元素与化合物含量状态。土壤元素背景值是制定土壤环境质量标准的重要依据。元素背景值研究必须具备3个条件:一是要有一定面积区域范围的系统调查资料;二是要有统一的调查采样与测试分析方法;三是要有科学的数理统计方法。多年来,浙江省的土地质量地质调查(含1∶25万多目标区域地球化学调查)均符合上述元素背景值研究条件,为浙江省级、市级土壤元素背景值研究提供了充分必要条件。

2002—2005年,衢州市完成了龙游县全县、衢江区、柯城区、江山市和常山县部分区域的1∶25万多目标区域地球化学调查工作,共采集962件表层土壤样品、228件深层土壤样品。项目由浙江省地质调查院承担,样品测试由中国地质科学院地球物理地球化学勘查研究的实验测试中心、浙江省地质矿产研究所承担,分析测试了Ag、As、Au、B、Ba、Be、Bi、Br、Cd、Ce、Cl、Co、Cr、Cu、F、Ga、Ge、Hg、I、La、Li、Mn、Mo、N、Nb、Ni、P、Pb、Rb、S、Sb、Sc、Se、Sn、Sr、Th、Ti、Tl、U、V、W、Y、Zn、Zr、SiO_2、Al_2O_3、TFe_2O_3、MgO、CaO、Na_2O、K_2O、TC、Corg、pH共54项元素/指标,获取分析数据6.13万条。2016—2020年,衢州市系统开展了6个县(市、区)土地质量地质调查工作,按照平均9~10件/km²的采样密度,共采集25 428件表层土壤样品。项目分别由浙江省地质调查院、中化地质矿山总局浙江地质勘查院、浙江省第一地质大队、浙江省有色金属地质勘查局、浙江省核工业二六二大队5家单位承担。样品测试由华北有色(三河)燕郊中心实验室有限公司、湖南省地质实验测试中心、江苏地质矿产设计研究院、浙江省地质矿产研究所、承德华勘五一四地矿测试研究有限公司5家单位承担,分析测试了As、B、Cd、Co、Cr、Cu、Ge、Hg、Mn、Mo、N、Ni、P、Pb、Se、V、Zn、K_2O、Corg、pH共20项元素/指标,获取分析数据47.13万条。严格按照相关规范要求,开展样品采集与测试分析,从而确保调查数据质量,通过数据整理、分布形态检验、异常值剔除等,进行了土壤元素背景值参数的统计与计算。

衢州市土壤元素背景值研究是衢州市土地质量地质调查(含1∶25万多目标区域地球化学调查)的集

成性、标志性成果之一,而《衢州市土壤元素背景值》的出版为地方土壤环境标准制定、环境演化研究与生态修复等提供了最新基础数据,也填补了衢州市土壤元素背景值研究的空白。

本书共分为6章。第一章区域概况,简要介绍了衢州市自然地理与社会经济、区域地质特征、土壤资源与土地利用现状,由古立峰、徐惠剑、李良传等执笔;第二章数据基础及研究方法,详细介绍了本项工作的数据来源、质量监控及土壤元素背景值研究方法,由李良传、李伟、宋元青等执笔;第三章土壤地球化学基准值,介绍了衢州市土壤地球化学基准值,由李良传、姚学刚、汪一凡等执笔;第四章土壤元素背景值,介绍了衢州市土壤元素背景值,由李良传、刘永、汪一凡、翁雍蓉等执笔;第五章土壤碳与特色土地资源评价,介绍了衢州市土壤碳与特色土地资源评价,由李良传、张翔等执笔;第六章结语,由李良传、董岩翔执笔;全书由李良传负责统稿。

本书在编写过程中得到了浙江省生态环境厅、浙江省农业农村厅、浙江省环境监测中心、浙江省耕地质量与肥料管理总站、浙江省国土整治中心、浙江省自然资源调查登记中心等单位的大力支持与帮助。中国地质调查局奚小环教授级高级工程师、中国地质科学院地球物理地球化学勘查研究所周国华教授级高级工程师、中国地质大学(北京)杨忠芳教授、浙江大学翁焕新教授等对本次工作提出了诸多宝贵意见和建议,在此一并表示衷心的感谢!

"浙江省土壤元素背景值"是一项具有公共服务性的基础性研究成果,其特点是样本体量大、数据质量高、元素种类多、统计参数齐全,亮点是做到了土壤学与地学的结合。为尽快实现背景值调查研究成果的共享,根据浙江省自然资源厅的要求,笔者团队公开出版不同层级(省级、地级市)的土壤元素背景值研究专著,这也是对浙江省第三次全国土壤普查工作成果共享的支持。《衢州市土壤元素背景值》是地级市的系列成果之一,在编制过程中得到了衢州市及各县(市、区)自然资源主管部门的积极协助,得到了农业、环保等部门的大力支持。中国地质大学出版社为本书的出版付出了辛勤劳动。

受水平所限,难免存在疏漏,请读者不吝赐教!

著 者

2023年6月

目 录

第一章 区域概况 …………………………………………………………………………… (1)

第一节 自然地理与社会经济 ………………………………………………………… (1)
- 一、自然地理 …………………………………………………………………………… (1)
- 二、社会经济概况 ……………………………………………………………………… (2)

第二节 区域地质特征 ………………………………………………………………… (2)
- 一、岩石地层 …………………………………………………………………………… (3)
- 二、岩浆岩 ……………………………………………………………………………… (3)
- 三、区域构造 …………………………………………………………………………… (4)
- 四、矿产资源 …………………………………………………………………………… (4)
- 五、水文地质 …………………………………………………………………………… (5)

第三节 土壤资源与土地利用 ………………………………………………………… (5)
- 一、土壤母质类型 ……………………………………………………………………… (5)
- 二、土壤类型 …………………………………………………………………………… (6)
- 三、土壤酸碱性 ………………………………………………………………………… (10)
- 四、土壤有机质 ………………………………………………………………………… (12)
- 五、土地利用现状 ……………………………………………………………………… (13)

第二章 数据基础及研究方法 …………………………………………………………… (14)

第一节 1∶25万多目标区域地球化学调查 ………………………………………… (14)
- 一、样品布设与采集 …………………………………………………………………… (14)
- 二、分析测试与质量控制 ……………………………………………………………… (17)

第二节 1∶5万土地质量地质调查 …………………………………………………… (19)
- 一、样点布设与采集 …………………………………………………………………… (19)
- 二、分析测试与质量监控 ……………………………………………………………… (21)

第三节 土壤元素背景值研究方法 …………………………………………………… (23)
- 一、概念与约定 ………………………………………………………………………… (23)
- 二、参数计算方法 ……………………………………………………………………… (23)
- 三、统计单元划分 ……………………………………………………………………… (24)
- 四、数据处理与背景值确定 …………………………………………………………… (24)

第三章 土壤地球化学基准值 …………………………………………………………… (26)

第一节 各行政区土壤地球化学基准值 ……………………………………………… (26)

一、衢州市土壤地球化学基准值	(26)
二、柯城区土壤地球化学基准值	(26)
三、衢江区土壤地球化学基准值	(31)
四、江山市土壤地球化学基准值	(31)
五、龙游县土壤地球化学基准值	(36)
六、常山县土壤地球化学基准值	(36)

第二节　主要土壤母质类型地球化学基准值 (41)
  一、松散岩类沉积物土壤母质地球化学基准值 (41)
  二、古土壤风化物土壤母质地球化学基准值 (41)
  三、碎屑岩类风化物土壤母质地球化学基准值 (41)
  四、碳酸盐岩类风化物土壤母质地球化学基准值 (46)
  五、紫色碎屑岩类风化物土壤母质地球化学基准值 (46)
  六、中酸性火成岩类风化物土壤母质地球化学基准值 (53)
  七、中基性火成岩类风化物土壤母质地球化学基准值 (53)
  八、变质岩类风化物土壤母质地球化学基准值 (53)

第三节　主要土壤类型地球化学基准值 (60)
  一、黄壤土壤地球化学基准值 (60)
  二、红壤土壤地球化学基准值 (60)
  三、粗骨土土壤地球化学基准值 (60)
  四、石灰岩土土壤地球化学基准值 (67)
  五、紫色土土壤地球化学基准值 (67)
  六、水稻土土壤地球化学基准值 (67)
  七、潮土土壤地球化学基准值 (67)

第四节　主要土地利用类型地球化学基准值 (76)
  一、水田土壤地球化学基准值 (76)
  二、旱地土壤地球化学基准值 (76)
  三、林地土壤地球化学基准值 (76)
  四、园地土壤地球化学基准值 (81)

第四章　土壤元素背景值 (86)

第一节　各行政区土壤元素背景值 (86)
  一、衢州市土壤元素背景值 (86)
  二、柯城区土壤元素背景值 (86)
  三、衢江区土壤元素背景值 (91)
  四、江山市土壤元素背景值 (91)
  五、龙游县土壤元素背景值 (96)
  六、常山县土壤元素背景值 (96)
  七、开化县土壤元素背景值 (101)

第二节　主要土壤母质类型元素背景值 (101)
  一、松散岩类沉积物土壤母质元素背景值 (101)
  二、古土壤风化物土壤母质元素背景值 (106)

  三、碎屑岩类风化物土壤母质元素背景值 ……………………………………………………… (106)
  四、碳酸盐岩类风化物土壤母质元素背景值 …………………………………………………… (111)
  五、紫色碎屑岩类风化物土壤母质元素背景值 ………………………………………………… (111)
  六、中酸性火成岩类风化物土壤母质元素背景值 ……………………………………………… (111)
  七、中基性火成岩类风化物土壤母质元素背景值 ……………………………………………… (118)
  八、变质岩类风化物土壤母质元素背景值 ……………………………………………………… (118)
 第三节 主要土壤类型地球化学背景值 ………………………………………………………… (123)
  一、黄壤土壤地球化学背景值 …………………………………………………………………… (123)
  二、红壤土壤地球化学背景值 …………………………………………………………………… (123)
  三、粗骨土土壤地球化学背景值 ………………………………………………………………… (123)
  四、石灰岩土土壤地球化学背景值 ……………………………………………………………… (128)
  五、紫色土土壤地球化学背景值 ………………………………………………………………… (128)
  六、水稻土土壤地球化学背景值 ………………………………………………………………… (135)
  七、潮土土壤地球化学背景值 …………………………………………………………………… (135)
 第四节 主要土地利用类型地球化学背景值 …………………………………………………… (135)
  一、水田土壤地球化学背景值 …………………………………………………………………… (135)
  二、旱地土壤地球化学背景值 …………………………………………………………………… (140)
  三、林地土壤地球化学背景值 …………………………………………………………………… (140)
  四、园地土壤地球化学背景值 …………………………………………………………………… (147)

第五章 土壤碳与特色土地资源评价 ……………………………………………………………… (150)

 第一节 土壤碳储量估算 ………………………………………………………………………… (150)
  一、土壤碳与有机碳的区域分布 ………………………………………………………………… (150)
  二、单位土壤碳量与碳储量计算方法 …………………………………………………………… (151)
  三、土壤碳密度分布特征 ………………………………………………………………………… (153)
  四、土壤碳储量分布特征 ………………………………………………………………………… (155)
 第二节 特色土地资源评价 ……………………………………………………………………… (160)
  一、土壤硒地球化学特征 ………………………………………………………………………… (160)
  二、富硒土地评价 ………………………………………………………………………………… (161)
  三、天然富硒土地圈定 …………………………………………………………………………… (162)

第六章 结 语 ……………………………………………………………………………………… (165)

主要参考文献 ……………………………………………………………………………………………… (166)

第一章 区域概况

第一节 自然地理与社会经济

一、自然地理

1. 地理区位

衢州,浙江省辖地级市,位于长江三角洲(简称长三角)地区,浙江省西部,钱塘江上游,金(华)衢(州)盆地西端,地理坐标位于东经118°01′—119°20′和北纬28°14′—29°30′。衢州市土地面积8845km²。衢州市南接福建南平市,西连江西上饶市、景德镇市,北邻安徽黄山市,东与省内金华市、丽水市、杭州市相交,有"四省通衢,五路总头"之称。

2. 地形地貌

衢州市境域为金衢盆地西段,北东向延伸的走廊式盆地奠定了地貌的基本格局,以衢江为轴心向南北对称展布,海拔高度逐级提升。衢江市两侧为河谷,外延为丘陵低山,再扩展上升为低山与中山。东南缘为仙霞岭山脉,有境内最高峰大龙岗,海拔1500.3m。西北及北部边缘为白际山脉南段与千里岗山脉的部分;西部多丘陵低山;中部为河谷平原,低丘岗地交错分布;东部以河谷平原为主,地势平缓。境内最低处为龙游县下童村,海拔33m。地貌类型以山地丘陵为主。境内山地丘陵(包括山地)面积达7560km²,占土地总面积的86.36%。境内山地面积4336km²,占土地总面积的49.53%,分布在盆地外侧西缘和东南缘。其中低山山地面积2400多平方千米,中山山地面积1900多平方千米。山地形态较为复杂,流水侵蚀作用显著,加上盆地的分隔,山岭走向复杂多变且延伸短促,坡陡谷陕,岭谷交错,地形破碎。

3. 行政区划

衢州市位于浙、闽、赣、皖四省边界。根据《2022年衢州市人口主要数据公报》,截至2022年底,衢州市下辖柯城区、衢江区2个区,龙游县、常山县、开化县3个县和江山市(县级市),合计18个街道办事处、43个镇、39个乡、90个居民委员会、1482个建制村。截至2022年底,衢州市户籍人口255.03万人,常住人口229.0万人。

4. 气候与水文

衢州市域属亚热带季风气候区。全年四季分明,冬夏长,春秋短,光热充足,降水丰沛,气温适中,无霜期长,具有"春早、秋短、夏冬长,温适、光足、旱涝明显"的特征。全年冬季风强于夏季风。全市风向各异,常山县为东北偏东风向,龙游县、江山市为东北风,开化县为北风。境内地貌多样,春夏之交,复杂的地形条件有助于静止锋的滞留,增加降水机遇;盛夏之际,台风较难深入境内,影响较小,静热天气较多。

衢州市年平均气温为16.3~17.4℃(开化县年平均气温为16.3℃,市区年平均气温为17.4℃)。1月平均气温4.5~5.3℃;7月平均气温27.6~29.2℃;高于10℃的活动积温5152~5508℃,持续时间237~248d,历年平均初霜日期11月19日,终霜日期3月5日,无霜期251~261d。境内极端最高气温41.8℃(常山县天马镇),极端最低气温-11.4℃(龙游县龙游镇),海拔440m的梧村曾记录过-13.9℃的气温。

衢州市降水量从1月开始逐月增加,春季受华南静止锋影响,各地3—4月雨量在395~440mm之间,占全年的23%~26%。5月初到6月底,正值春末初夏季节交替,雨量、雨日剧增,总雨量在500~610mm之间,是全年降水量最多又最集中的时段,容易引发洪涝灾害。7月上旬开始,受太平洋副热带高压控制,全市进入盛夏高温季节。9月以后,冬季风势力增强,降水量逐渐减少,10月到翌年2月,全市降水量在370~392mm之间,为全年降水量的21%~23%。7月、8月、9月3个月全市的总降水量为337~407mm,占全年降水量的20%~22%,这个时期由于气温高、蒸发大,容易发生旱情,又称为干旱期。

衢州市位于钱塘江上游。河流为雨源型山溪性河流,源近流短,过境水量少,天然入境水量26.2亿m^3,出境水量124.77亿m^3。径流受季风控制,季节变化大,水位受降水影响,暴涨暴落,河流侵蚀切割深。境内河流主要属于钱塘江水系,流域面积8 332.9km^2,占全市土地面积的94.21%。与赣、闽交界处,有部分小溪流入长江鄱阳湖水系的乐安江和信江,流域面积515.8km^2。出境水量中119.64亿m^3的水流入钱塘江水系,5.13亿m^3的水流往长江鄱阳湖流域。河网结构为羽状。山区性河流河床狭窄,比降大,上游多"V"形峡谷,多瀑布。河流汇入盆地底部,在河床展开,渐趋平缓,多浅滩。从开化城关到出境全长170余千米,有浅滩198处。衢江上游马金溪比降约1‰,河宽60~120m;衢江下游河床比降为0.5‰,河宽达300m。境内河流水流湍急,侵蚀强烈,自净能力强,受降水控制,径流季节变化大,水位易涨易落,流量、水位、泥沙、水质都有季节性变化的特点。境内河流年均流量月分配过程呈单型,汛期大,枯水期小,季峰出现在梅雨期,洪峰流量与枯水流量相差悬殊。

二、社会经济概况

2022年,全市地区生产总值2 003.44亿元,按可比价格计算,比上年增长4.8%。从产业看,第一、二、三产业增加值分别为93.20亿元、874.12亿元和1036.12亿元,比上年分别增长3.6%、6.2%和3.8%。三次产业增加值结构为4.7∶43.6∶51.7。

2022年,全年财政总收入277.88亿元,比上年增长2.1%,其中一般公共预算收入173.10亿元,比上年增长5.6%。在一般公共预算收入中实现税收收入139.96亿元,比上年增长0.1%。其中,增值税50.42亿元,比上年下降6.9%;企业所得税24.05亿元,比上年下降9.9%;个人所得税8.16亿元,比上年增长48.8%。一般公共预算支出567.70亿元,比上年增长9.6%。规模以上工业企业营业收入3 077.48亿元,比上年增长12.9%;规模以上服务业企业营业收入256.41亿元,比上年增长14.8%。

第二节 区域地质特征

衢州市全境横跨北东-南西向的江山-绍兴深断裂,分属扬子准地台和华南褶皱系两个一级大地构造单元,地质环境复杂,构造形态多样,地层及岩浆岩发育良好,是省内最具地质特色的地区。境内地壳经历了"地槽→地台→陆缘"活动三大发育阶段,形成了相应的碎屑沉积岩,以海底火山喷发岩为主的海相、滨海相碎屑岩和以碳酸盐岩为主的陆相火山喷发岩三大沉积建造系列。衢州市内除前震旦系、泥盆系、三叠系、侏罗系和第三系(新近系＋古近系)部分或全部缺失外,其余各时代地层均有存在,共有13个系27个统58个组。区内地质构造属江南古陆南侧,华夏古陆北缘,中部为钱塘江凹陷地带。地势特征为南、北高,中部低,西部高,东部低,中部为浙江省最大的内陆盆地——金衢盆地的西半部,自西向东逐渐展宽。

一、岩石地层

区内地层自元古宙至新生代均有出露,其中古生界、中生界出露面积最广,占基岩出露面积的85%以上(表1-1)。

表1-1 衢州市岩石地层简表

地层		岩石类型与组合	主要分布区域
新生界(Cz)	第四系(Q)	残坡积层以含碎石粉质黏土为主;冲洪积层以砾石、砂砾、砂土、黏土、含铁黏土为主	区内中部河流谷地中
中生界(Mz)	白垩系(K)	含角砾晶屑玻屑熔结凝灰岩、粉砂质泥岩、粉砂岩、细砾粗砂岩	龙游县中部—衢江区南部—江山市南部一带,柯城区北部—常山县北部一带等地
	侏罗系(J)	凝灰质硬质粉砂岩、砂岩、含砾砂岩、石英砾岩、流纹质熔结凝灰岩	
	三叠系(T)	粉砂岩、泥岩、石英砂岩	
古生界(Pz)	上古生界 二叠系(P)	石英砂岩、泥岩、灰岩、白云岩、页岩、含碳质泥岩、粉砂岩	开化县南部—常山县北部一带低山丘陵区
	石炭系(C)	粉砂岩、泥岩、灰岩、含燧石团块碎屑灰岩	
	泥盆系(D)	泥岩、粉砂岩、石英砂岩	
	下古生界 志留系(S)	细砂岩、粉砂岩、泥岩	
	奥陶系(O)	页岩、粉砂岩、泥岩、钙质泥岩、泥质灰岩	
	寒武系(∈)	下部为碳硅质泥质岩(含石煤),上部为灰岩、泥灰岩	
元古宇(Pt)	震旦系(Z)	硅质岩、泥岩、粉砂岩、白云岩、白云质灰岩、灰岩	常山县东部—衢江区西部一带、开化县北部等地
	南华系(Nh)	凝灰质粉砂岩,粉砂岩、泥岩	
	青白口系(Qb)	流纹质凝灰岩、细砂岩、粉砂岩、黑云斜长片麻岩、斜长角闪岩、细碧角斑岩	

二、岩浆岩

1. 侵入岩

全市岩浆侵入活动频繁,分布广泛。据统计,全市各类侵入岩体共计50余个。岩石类型主要有酸性、中酸性,其次为中性、基性。侵入活动以燕山期侏罗纪—白垩纪最为强烈(表1-2)。

2. 火山岩

区内火山活动强烈,零星分布于衢江区杨桥尖、龙游县石佛乡一带,岩石分布面积占基岩出露面积的25%以上。形成时代自元古宙—新生代均有,以中生代为主,其次为元古宙。出露的岩石类型较齐全,酸性、中酸性的火山碎屑岩类占绝对优势。

表 1-2　衢州市侵入岩建造一览表

构造期	侵入时代			侵入岩建造		主要产地
	代	纪	世	岩石类型	岩石建造	
燕山期	中生代	白垩纪	早白垩世	中性岩类	石英正长斑岩	江山市保安乡
				中酸性岩类	石英碱长正长岩-石英正长斑岩-石英二长岩	江山市南部、龙游县沐尘乡
				酸性岩类	花岗岩-花岗斑岩-二长花岗岩	常山县岩前村、芙蓉乡，衢江区双桥乡，龙游县老鹰岩、溪口镇，江山市湖南镇、峡口镇、廿八都镇
晋宁期	新元古代	青白口纪	晚青白口世	酸性岩类	花岗岩-花岗斑岩-碱长花岗岩-花岗闪长岩	开化县北部、江山市虎山街道
				基性岩类	辉绿岩	开化县马金镇、苏庄镇

三、区域构造

衢州市地质历史悠久，历经多期地壳运动，形成了大量区域构造。因各个构造时期构造运动性质和构造过程的差异，各个时期的区域构造形式也存在较大的差别。

在区域构造上，区内主要有球川-萧山断裂带，总体构造线方向为北东向，褶皱、断裂为主要构造形式。断裂带将衢州市分为南、北两个不同的地质构造单元，北部属于扬子准地台，南部属于华南加里东褶皱系，两者在地形地貌、地层岩性、构造格架、水文地质、工程地质等方面存在明显差异，构成不同的地质环境。区内地质构造主要表现为印支运动以来的断裂、褶皱和早白垩世晚期—晚白垩世形成的金衢盆地，且以发育北东向和北东东向为主、北西向次之的断裂构造及盆地为特征的构造格架。

四、矿产资源

根据《浙江省衢州市矿产资源规划（2021—2025年）》，衢州市矿产赋存种类多，成矿地质条件较好。截至2020年底，全市已发现矿产地179处，矿种36种（不包括铀矿），大中型矿床46处，小型矿床133处。其中，非金属矿产资源相对丰富，金属矿产资源短缺。非金属矿产主要有建材、化工、冶金辅助原料等。其中，石灰岩资源量居全省前列，叶蜡石为全省四大产区之一，萤石、白云岩、青石板材、普通建筑石料具有一定的规模。石灰岩、萤石、叶蜡石为衢州市的优势矿种。金属矿产种类少，规模小，开发利用价值低。

截至2020年底，水泥用石灰岩保有资源量5.7亿t，制灰用石灰岩保有资源量2228万t；萤石矿保有资源量947.9万t（矿石保有资源量2 195.7万t）；叶蜡石保有资源量128万t，成矿地质条件较好，潜在资源量较大；硫铁矿保有资源量2207万t，由于环境污染问题，被列入限采矿种；方解石保有资源量956万t。

衢州市能源矿产中的原煤资源已枯竭，石煤资源丰富但已被禁采，地热基本上处于勘查阶段。衢州市主要矿产分布集中，有利于规模化开采。已探明的石灰岩大型矿床有3处，主要分布在常山县辉埠镇、江山市大陈乡，资源储量大，水泥配料用矿产均在附近有分布，适宜露天开采；萤石矿主要分布在开化县村头镇，江山市长台乡、峡口镇、塘源口，衢江区峡川镇，资源较为丰富；青石板、观赏石主要分布于常山县青石镇，叶蜡石在芳村镇也具有一定的优势。截至2020年底，全市在册矿山86家，其中建筑石料矿山24家，占矿山总数的28%。大中型矿山55家，大中型矿山比例为64%，开采矿种26种，矿山开采以露天开采为主。

五、水文地质

全市地势以山地丘陵为主,河流水系发育。按照地下水赋存条件、含水介质特征、水理性质、水力特征等,地下水可分为松散岩类孔隙水、红层孔隙裂隙水、碳酸盐岩类裂隙溶洞水和基岩裂隙水4种类型。

1. 松散岩类孔隙水

该类水主要分布于区内水网平原区、低山丘陵区的河流谷地和衢江两岸平原区。

区内水网平原区地貌形态为河漫滩与一级阶地,含水介质上部为粉质黏土、粉细砂,下部为圆砾层,含水层厚3.5~8.0m,水位动态变化较大,富水性中等,单井涌水量在100~500m³/d之间,与地表水联系密切。受大气降水、地表水和基岩裂隙水补给,该类地下水顺地形向下游径流,水质较好,但埋藏浅,易受污染。

河流谷地含水介质上部为粉质黏土,下部为含黏性土砂砾石,含水层厚2.0~5.0m,富水性较弱,单井涌水量小于100m³/d。受大气降水、农田灌溉水补给,洪水期部分受江河倒灌补给,松散岩类孔隙水水位动态变幅大,排泄于河流,或以井、泉的形式排泄。

2. 红层孔隙裂隙水

该类水分布于金衢盆地,含水层由粉砂岩、粉砂质泥岩、砂砾岩等组成,其中粉砂岩、粉砂质泥岩及细粒粗砂岩具溶蚀孔隙,裂隙较发育,富水性较好,水质一般。砂砾岩、砾岩等含水条件差,水量贫乏,水质较好。该类地下水受松散岩类孔隙水和降雨入渗补给,沿裂(溶)隙径流排泄。

3. 碳酸盐岩类裂隙溶洞水

该类水主要分布于区内碳酸盐岩区,由上震旦统灯影组(Z_2dy)、中寒武统杨柳岗组(ϵ_2y)、上寒武统华严寺组(ϵ_3h)、上寒武统西阳山组(ϵ_3x)组成。该类岩层岩溶作用一般发育较差,受到构造破碎带影响,水量较贫乏,泉水流量在0.1~1.0L/s之间,水质一般较好。

4. 基岩裂隙水

该类水主要分布于区内中、低山丘陵区及平原区出露的孤山丘陵区,水量贫乏,水质较好。受大气降水补给,沿裂隙、孔隙径流。当流经构造破碎带、裂隙密集带、深切沟谷时,基岩裂隙水常以泉的形式排泄或侧向补给孔隙潜水。

第三节 土壤资源与土地利用

一、土壤母质类型

地质背景决定了成土母质或母岩,是除气候、地貌、生物等因素之外,对土壤形成类型、分布及其地球化学特征有影响的关键因素。土壤母质即成土母质,是指母岩(基岩)经风化剥蚀、搬运及堆积等作用后于地表形成的松散风化壳的表层。因此,成土母质对母岩具有较强的承袭性。成土母质又是形成土壤的物质基础,对土壤的形成和发育具有特别重要的意义,在一定的生物、气候条件下,成土母质的差异性往往成为土壤分异的主要因素。

按岩石的地质成因及地球化学特征,衢州市成土母质可划分为2种成因类型8种成土母质类型(表1-3,图1-1)。

运积型成土母质类型:主要岩性特征为松散岩类沉积物,在区域分布上,主要分布于平原区和山间河流谷地与河口平原区。受流水作用,成土母质经基岩风化后,存在一定的搬运距离,按搬运距离的由近到远沉积物颗粒逐渐由粗变细,岩石物质成分混杂。在地形地貌上,主要涉及区内的水网平原区、河谷平原等地貌类型。主要岩性包括河流相冲积、冲(洪)积沉积物,河口相淤泥、粉砂沉积物等。

残坡积型成土母质:经基岩风化形成后,未出现明显搬运或搬运距离有限,母质中砾石岩性成分可识别,并与周边基岩有一定的对应性。根据岩石地球化学性质,全市残坡积型母质风化物总体划分为古土壤、碎屑岩类风化物、碳酸盐岩类风化物、紫色碎屑岩类风化物、中酸性火成岩类风化物、中基性火成岩类风化物、变质岩类风化物七大类。残坡积型成土母质主要分布于山地丘陵区,表现为成分较粗,所形成土壤对原岩具有明显的承袭性。

表1-3 衢州市主要成土母质分类表

成因类型	成土母质类型	地形地貌	主要岩性与岩石类型特征
运积型	松散岩类沉积物	河谷平原	河口相淤泥、粉砂沉积物
			河流相冲积、冲(洪)积沉积物
残坡积型	古土壤风化物	山地丘陵区	红土、网纹红土等古土壤风化物
	碎屑岩类风化物		泥页岩、粉砂质泥岩、砂(砾)岩类风化物
			硅质岩、石英砂(砾)岩类风化物
	碳酸盐岩类风化物		灰岩、泥质灰岩、白云质灰岩等风化物
			白云岩类风化物
	紫色碎屑岩类风化物		钙质紫色泥岩、粉砂质泥岩等风化物
			非钙质紫色泥岩、粉砂质泥岩、砂(砾)岩类风化物
	中酸性火成岩类风化物		花岗岩、花岗闪长岩、中酸性次火山岩类等风化物
			中酸性火山碎屑岩类风化物
	中基性火成岩类风化物		基性、中基性侵入岩类风化物
			玄武岩等中基性喷出岩类风化物
	变质岩类风化物		中深变质岩类风化物

二、土壤类型

全市成土环境复杂多变,土壤性质差异较大,共有7个土类14个亚类36个土属。土壤分布主要受地貌因素的制约,随地貌类型和海拔高度的不同而变化(表1-4,图1-2)。

1. 红壤

全市红壤主要分布在海拔800m以下的低山丘陵区。该土类的母质类型多样,市域内出露的所有母质上均有红壤发育。红壤是在亚热带高温多湿季风生物气候条件下,经过以强风化、强淋洗红壤化为主导的成土过程形成的土壤。由于它的母质为各种岩石的风化壳,加上湿热的气候条件,岩石矿物强烈风化,经历着复杂的脱硅富铝过程,致使硅和盐基遭到淋失,铁铝氧化物相对累积,土中的次生矿物高岭土、铁铝氧化物明显聚积,黏粒硅铝率[$k=w(SiO_2)/w(R_2O_3)$]较低,呈酸性反应,有机质含量低,土壤腐殖质组成以富里酸为主,胡/富比小[胡/富比(HAC/FAC)是指胡敏酸和富里酸在pH=1的酸性条件下测得的质量分

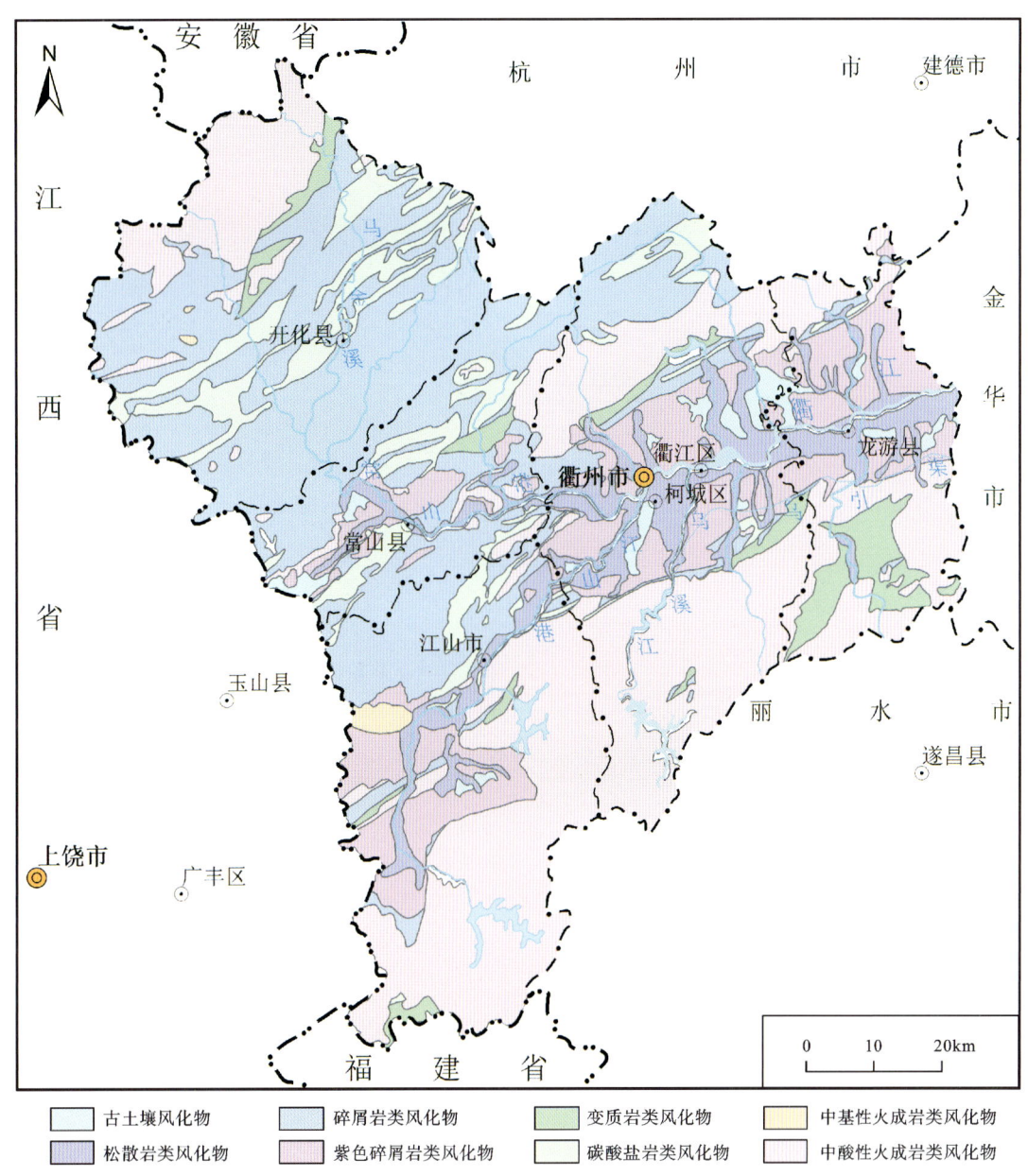

图1-1 衢州市不同土壤母质分布图

数比值],土质较差,阳离子代换量和盐基饱和度均较低。土壤呈强酸性—中性,pH为3.58~6.95。根据母质特性,全市红壤分为红壤、红壤性土和黄红壤3个亚类。

2. 黄壤

衢州市的黄壤分布在600m以上的中、低山地。在山(旱)地土壤中,黄壤分布面积仅次于红壤。

黄壤是亚热带常年湿润的生物气候条件下形成的地带性土壤,主要成土过程是脱硅富铝化作用及铁、铝氧化物水化,在特殊条件下,还可伴生表潜黄壤和灰化黄壤。黏土矿物以蛭石为主,高岭石、水云母次之,表明富铝化强度较红壤弱。由于常湿润引起的强度淋溶,交换性盐基量仅20%,呈盐基极不饱和状态,pH为4.5~5.5。黏粒硅铝率为2.0~2.3,有机质含量可达5%以上。表层有机质和氮、磷、钾等养分高于红壤,质地较轻。衢州市黄壤土类只有黄壤1个亚类。

表1-4 衢州市土壤类型分类表

土类	亚类	土属	主要分布
红壤	红壤	黄筋泥	大面积分布于区内的山地丘陵区。成土母岩类型多样，主要有火山岩、变质岩、碎屑岩、侵入岩等风化形成的残坡积物，局部为山间谷口的冲洪积物等
		红泥土	
		红黏泥	
		砂黏质红泥	
	红壤性土	油红泥	
	黄红壤	黄泥土	
		黄红泥土	
黄壤	黄壤	山黄泥土	分布于区内中低山区的中上部，成土母质类型多为火山岩、变质岩、侵入岩等风化形成的残坡积物
紫色土	石灰性紫色土	红紫砂土	分散分布于区内各部，成土母质为紫红色碎屑岩类风化的残坡积物
	酸性紫色土	酸性紫砂土	
石灰岩土	棕色石灰岩土	油红黄泥	为区内碳酸盐岩分布区风化物
粗骨土	酸性粗骨土	红砂土	分布于低山丘陵陡坡地段，为火山岩、碎屑岩等风化的残坡积物
		石砂土	
		白岩砂土	
		片石砂土	
潮土	灰潮土	清水砂	分布于衢江下游两岸、平原区的主要水体边部，为水体边的松散沉积物
		培泥砂土	
		泥砂土	
水稻土	潜育水稻土	烂瀚田	分布于中部平原区、河流两侧及山地峡谷、丘陵山垄的低洼处。成土母质为河流冲洪积物，局部为残坡积物等
		烂泥田	
	渗育水稻土	泥砂田	
		培泥砂田	
	脱潜水稻土	黄斑青泥田	
	淹育水稻土	山黄泥田	
		红泥田	
		黄油泥田	
		黄筋泥田	
		红紫泥田	
		白泥田	
	潴育水稻土	洪积泥砂田	
		黄泥砂田	
		棕泥砂田	
		泥质田	
		老黄筋泥田	
		红紫泥砂田	
		紫泥砂田	

第一章 区域概况

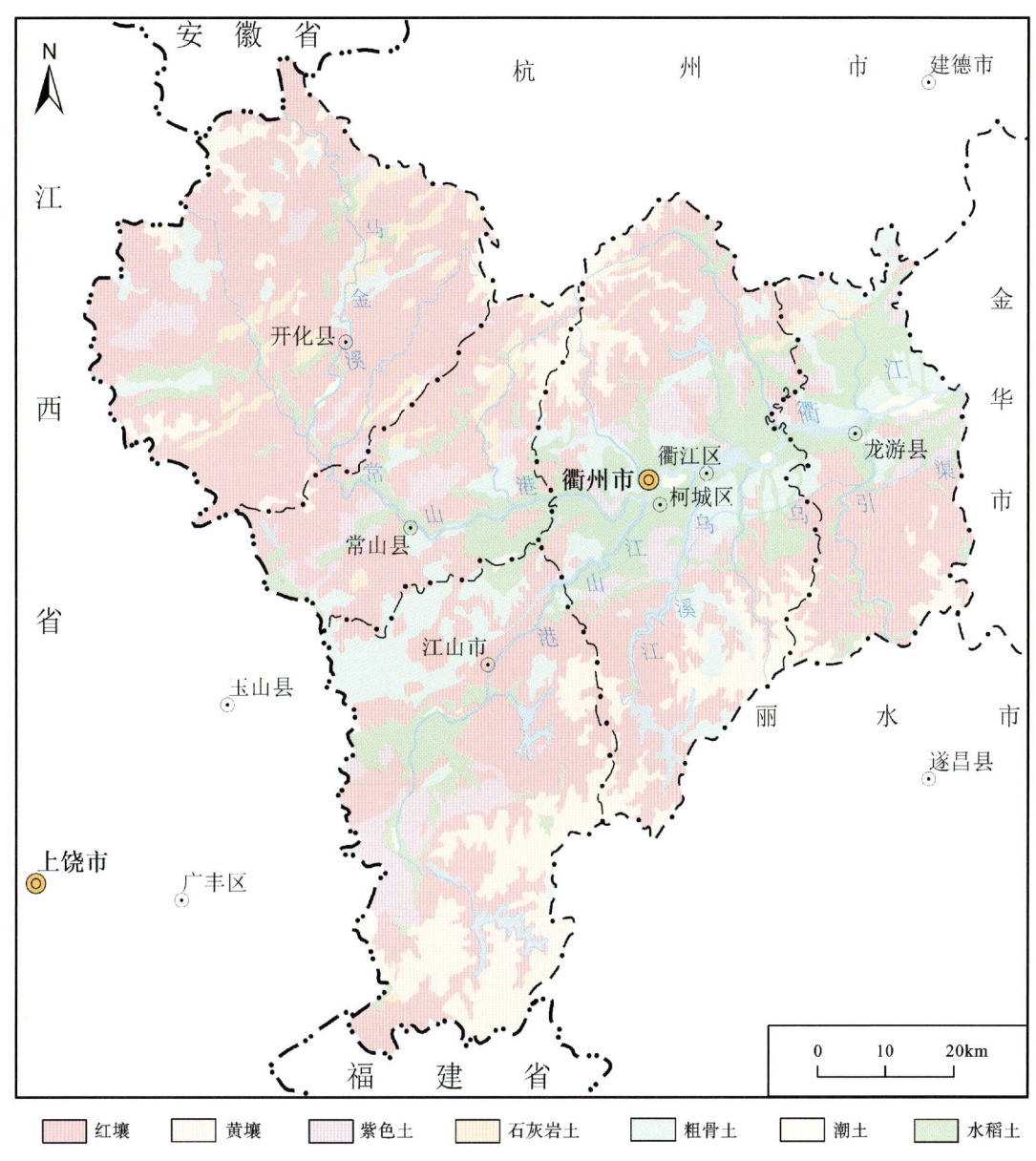

图1-2 衢州市不同土壤类型分布图

3. 紫色土

紫色土是亚热带地区富含碳酸钙的紫红色砂岩和页岩上的初育土,一般含碳酸钙,呈中性或微碱性。有机质含量低,磷、钾丰富。由于紫色土母岩松疏,易于崩解,矿质养分含量丰富,肥力较高。根据母质特性,衢州市紫色土分为石灰性紫色土和酸性紫色土2个亚类。

4. 石灰岩土

石灰岩土是在各类石灰岩风化的残、坡积体上发育而成的。石灰岩土至今仍受母岩风化物强烈影响,盐基饱和,残留的成土矿物如铁、锰、铝氧化物和黏土等在钙、镁离子的参与下,发生凝聚作用,形成质地黏重、颗粒状的石灰岩土。石灰岩土一般土层浅薄,土体易滑坡、侵蚀,含有基岩碎片,呈棕色、红棕色,呈微酸性—中性。衢州市石灰岩土只有棕色石灰岩土1个亚类。

5. 粗骨土

粗骨土主要分布于低山丘陵的陡坡和顶部,是酸性岩浆岩、沉积岩和变质岩的风化物。在形成过程中,粗骨土不断地遭受较强的片蚀,其中的黏细风化物被大量蚀去,残留粗骨成分。因此,发育的土壤具有显著的薄层性和粗骨性,土体厚度一般不超过30cm,土体内砾石含量大多超过50%,为重石质土。母质层常因侵蚀而出露地表,有的甚至基岩裸露,土壤呈酸性,pH为3.67~8.40。衢州市粗骨土只有酸性粗骨土1个亚类。

6. 潮土

潮土广泛分布于地势低平、地下水埋藏较浅的平原地区和山谷的河溪两侧。母质为河、湖相的各种沉积物。该土壤土层深厚,灌溉便利,多已被开发利用,种植棉、麻、菜、桑、果、稻、竹等粮食和经济作物,是衢州市一种重要的农业土壤资源。

潮土受地下水水位升降和地表水下渗的双重影响,其中的铁、锰元素发生频繁的氧化还原交替,土体中出现"上稀下密"的铁锰斑纹或结核。土壤呈近中性,pH一般为3.63~8.19。衢州市潮土只有灰潮土1个亚类。

7. 水稻土

水稻土是在各种自然土壤的基础上,经长期的水耕熟化、定向培育而形成的一种特殊的农业土壤类型,分布广泛,尤其集中在平原地区。

长期的淹水植稻彻底改变了原来土壤的氧化还原状况,频繁、强烈的干湿交替使土壤有机质的组成、结构和分解、累积强度发生了明显变化,并引起了可溶性物质和胶体物质的迁移转化,使土壤形态和性质发生了重大改变,使水稻土形成了独有的剖面形态特征。

衢州市水稻土共分为5个亚类18个土属,是全市分异最复杂的土类。

三、土壤酸碱性

土壤酸碱度是土壤理化性质的一项重要指标,也是影响土壤肥力、重金属活性等的重要因素。土壤酸碱度是由土壤成因、母质来源、地貌类型及土地利用方式等因素决定的。

衢州市表层土壤酸碱度统计主要依据1∶5万土地质量地质调查数据,按照强酸性、酸性、中性、碱性和强碱性5个等级的分级标准进行统计分析,结果如表1-5和图1-3所示。

表1-5 衢州市表层土壤酸碱度分布情况统计表

土壤酸碱度等级	强酸性	酸性	中性	碱性	强碱性
pH分级	pH<5.0	5.0≤pH<6.5	6.5≤pH<7.5	7.5≤pH<8.5	pH≥8.5
样本数/件	10 091	13 903	1608	883	5
占比/%	38.09	52.49	6.07	3.33	0.02

衢州市表层土壤pH总体变化范围为3.48~8.83,平均值为4.87。全市土壤以酸性、强酸性为主,两者样本数所占比例达90.58%,几乎覆盖了衢州市大部分区域,其次为中性、碱性、强碱性土壤分布面积较少。由图1-4可知,中性土壤主要分布在衢州市中部,呈北东向不连续带状展布,其他区域仅有零星分布,土壤母质类型主要为碳酸盐岩类风化物;强酸性土壤集中分布在江山市—龙游县一带,另外在开化县北部区域也有分布,主要集中在林地分布区,母质以中酸性火成岩类风化物为主。

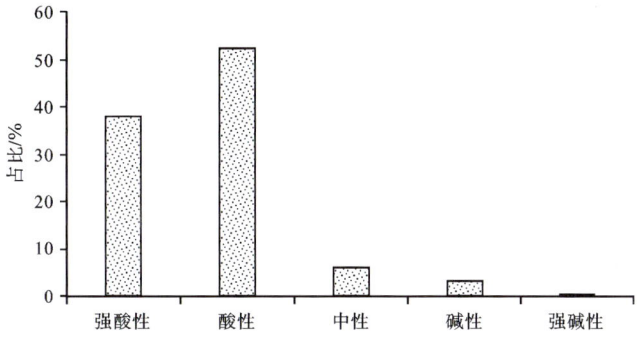

图1-3 衢州市表层土壤酸碱度占比统计柱状图

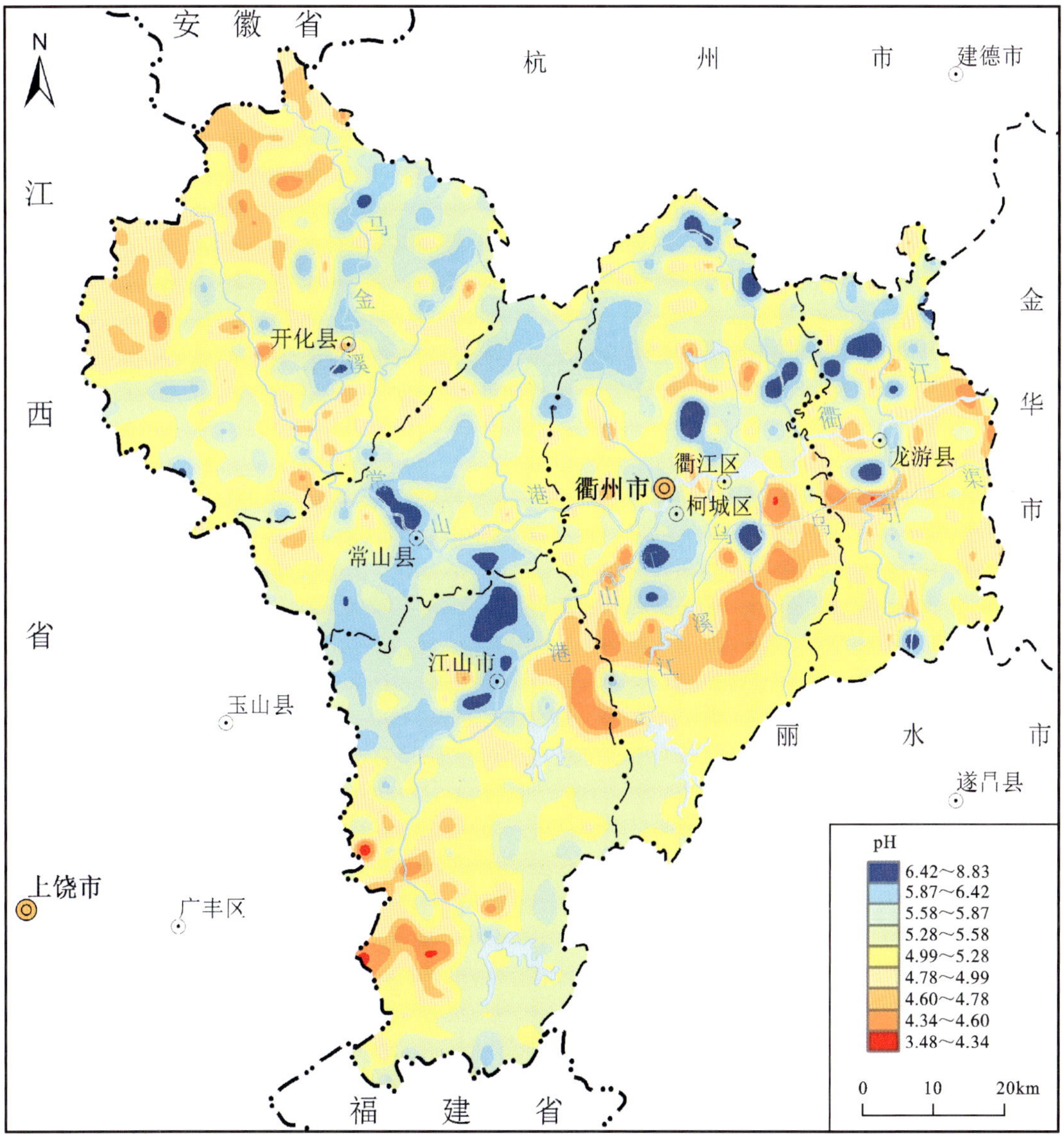

图1-4 衢州市表层土壤酸碱度分布图

四、土壤有机质

土壤有机质是指土壤中各种动植物残体在土壤生物作用下形成的一种化合物,具有矿化作用和腐殖化作用,它可以促进土壤结构形成,改善土壤物理性质。因此,土壤有机质是土壤质量评价中的一项重要指标。

衢州市表层土壤有机质总体变化范围为0.02%~4.65%,平均值为2.22%,变异系数为0.40,空间分布差异较小。如图1-5所示,全市有机质空间分布呈现中部低、四周高的特征。有机质高值区主要集中分布在开化县、江山市、衢江区北部,总体呈不连续带状展布。有机质低值区主要分布在常山县—柯城区—龙游县北部,总体呈东西向带状展布,有机质含量普遍低于1.72%。

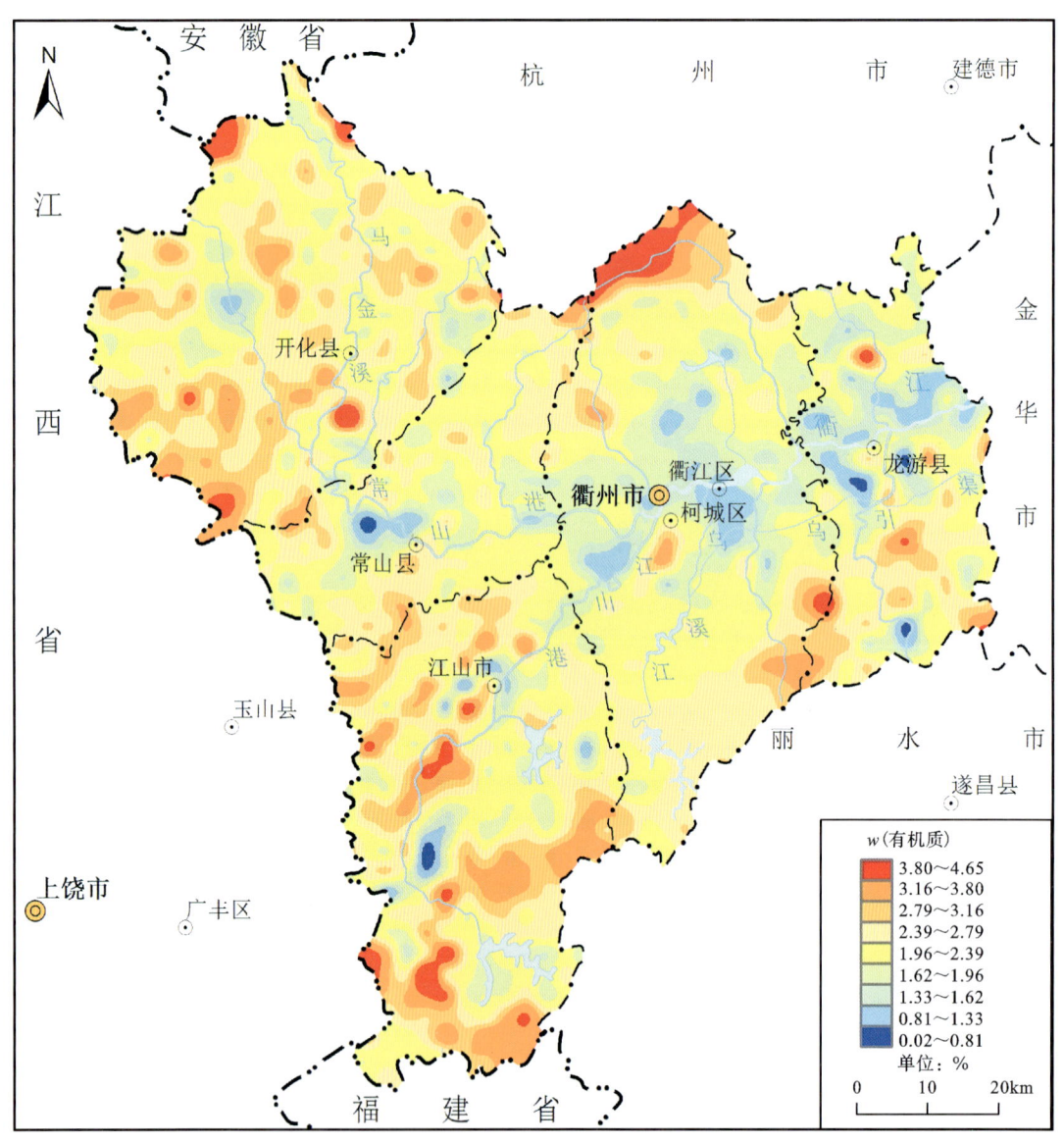

图1-5 衢州市表层土壤有机质地球化学图

从土壤有机质的空间分布来看,有机质的分布特征与成土母质类型关系密切,中酸性火成岩类风化物中有机质含量相对丰富,而松散岩类沉积物、紫色碎屑岩类风化物中有机质含量明显贫乏。

五、土地利用现状

根据衢州市第三次全国国土调查(2018—2021年)结果,衢州市域土地总面积为875 373.07hm²。其中,耕地面积为105 012.03hm²,占比12.00%;园地面积为84 489.71hm²,占比9.65%;林地面积为566 807.37hm²,占比64.75%;草地面积为4 180.63hm²,占比0.48%;湿地面积为1 001.52hm²,占比0.11%;城镇村及工矿用地面积为61 774.96hm²,占比7.06%;交通运输用地面积为15 869.66hm²,占比1.81%;水域及水利设施用地面积为36 237.19hm²,占比4.14%。衢州市土地利用现状统计见表1-6。

表1-6 衢州市土地利用现状(利用结构)统计表

地类		面积/hm²		占比/%
		分项面积	小计	
耕地	水田	88 825.63	105 012.03	12.00
	旱地	16 186.4		
园地	果园	58 901.45	84 489.71	9.65
	茶园	8 328.25		
	其他园地	17 260.01		
林地	乔木林地	416 143	566 807.37	64.75
	竹林地	102 780.6		
	灌木林地	12 171.9		
	其他林地	35 711.91		
草地	草地	4 180.63	4 180.63	0.48
湿地	内陆滩涂	999.03	1 001.52	0.11
	灌丛沼泽	2.49		
城镇村及工矿用地	城市用地	10 405.19	61 774.96	7.06
	建制镇用地	10 033.68		
	村庄用地	38 233.56		
	采矿用地	1 782.77		
	风景名胜及特殊用地	1 319.76		
交通运输用地	铁路用地	1 188.35	15 869.66	1.81
	公路用地	7 653.87		
	农村道路	6 415.96		
	机场用地	518.74		
	港口码头用地	73.81		
	管道运输用地	18.93		
水域及水利设施用地	河流水面	14 991.46	36 237.19	4.14
	水库水面	9 272.49		
	坑塘水面	9 370.87		
	沟渠	1 421.14		
	水工建筑用地	1 181.23		
土地总面积		875 373.07	875 373.07	100.00

第二章　数据基础及研究方法

自2002年至2022年,20年间衢州地区相继开展了1∶25万多目标区域地球化学调查、1∶5万土地质量地质调查工作,积累了大量的土壤元素含量实测数据和相关基础资料,为该地区土壤元素背景值研究奠定了坚实基础。

第一节　1∶25万多目标区域地球化学调查

多目标区域地球化学调查是一项基础性地质调查工作,通过系统的"双层网格化"土壤地球化学调查,获得了高精度、高质量的地球化学数据,为基础地质、农业生产、土地利用规划与管护、生态环境保护等多领域研究和多部门应用提供多层级的基础资料。

"衢州市1∶25万多目标区域地球化学调查"项目始于2002年,于2005年结束,共采集962件表层土壤样品、228件深层土壤样品。2002—2005年,在为省部合作的"浙江省农业地质环境调查"项目中,浙江省地质调查院组织开展了"浙江省1∶25万多目标区域地球化学调查"项目(主要负责人为吴小勇),完成了龙游县全县域,衢江区、柯城区、江山市和常山县部分区域的地球化学调查工作(图2-1)。

一、样品布设与采集

衢州市1∶25万多目标区域地球化学调查主要依据中国地质调查局的《多目标区域地球化学调查规范(1∶250 000)》(DZ/T 0258—2014)、《区域地球化学勘查规范》(DZ/T 0167—2006)、《土壤地球化学测量规范》(DZ/T 0145—2017)、《区域生态地球化学评价规范》(DZ/T 0289—2015)等规范。主要方法技术简述如下。

(一)样品布设和采集

1∶25万多目标区域地球化学调查采用"网格+图斑"双层网格化方式布设,样点布设以代表性为首要原则,兼顾均匀性、特殊性。代表性原则是指按规定的基本密度,将样点布设在网格单元内的主要土地利用、主要土壤类型或地质单元的最大图斑内。均匀性原则是指样点与样点之间应保持相对固定的距离,以规定的基本密度形成网格。一般情况下,样点应布设于网格中心部位,每个网格均应有样点控制,不得出现连续4个或以上的空白小格。特殊性原则是指水库、湖泊等采样难度较大区域,按照最低采样密度要求进行布设,一般选择沿水域边部采集水下淤泥物质。城镇、居民区等区域样点布设可适当放宽均匀性原则,一般布设于公园、绿化地等"老土"区域。

表层土壤样采集深度为0~20cm,深层土壤平原区采集深度为150cm以下,深层土壤低山丘陵区采集深度为120cm以下。

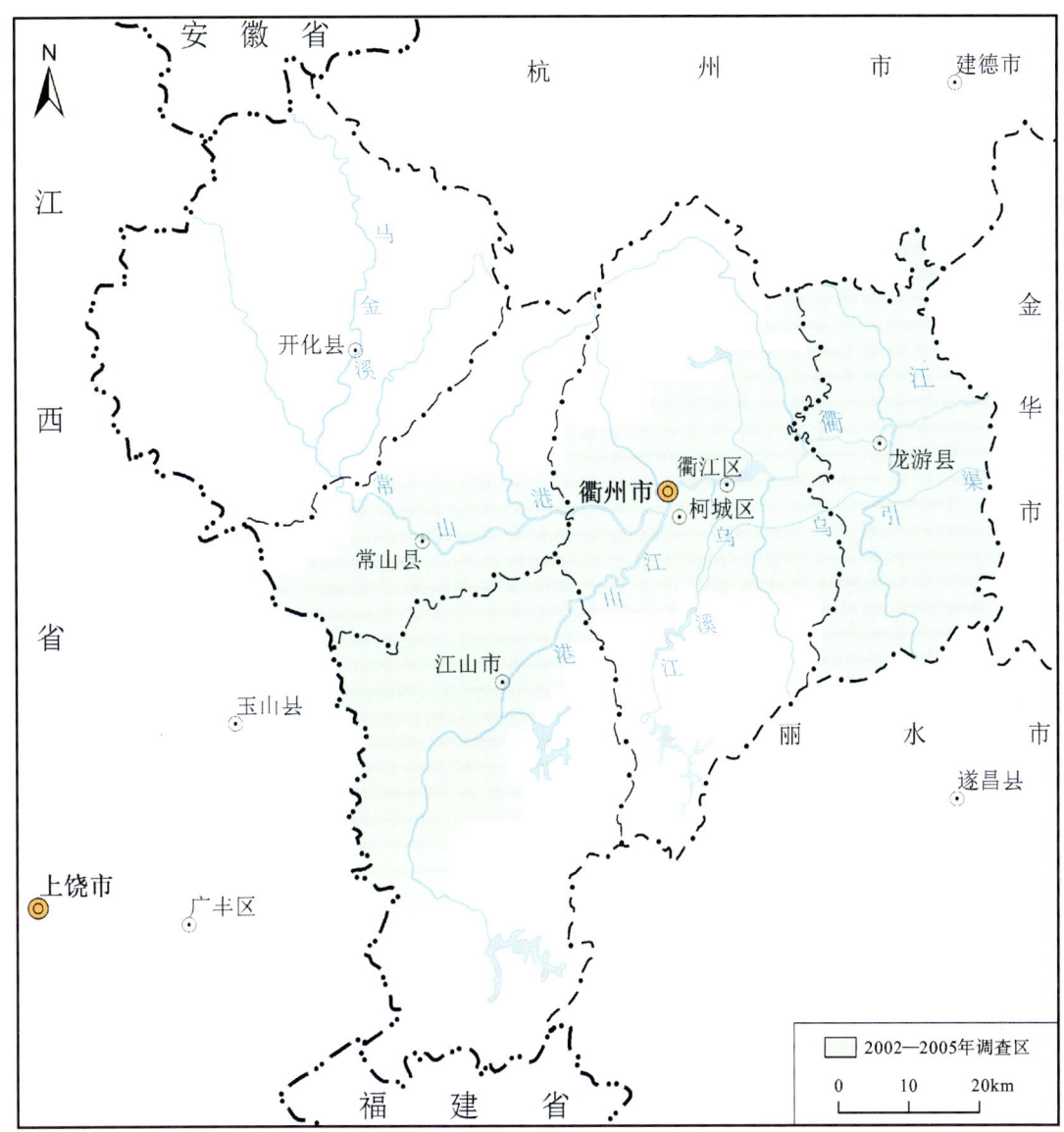

图 2-1 衢州市 1∶25 万多目标区域地球化学调查工作程度图

1. 表层土壤样

表层土壤样布设以 1∶5 万标准地形图 $4km^2$ 的方里网格为采样大格，以 $1km^2$ 为采样单元格，布设并采集样品，再按 1 件/$4km^2$ 的密度组合成分析样品。样品自左向右、自上而下依次编号。

在平原区及山间盆地区，样点通常布设于单元格中间部位附近，以耕地为主要采样对象。在野外现场根据实际情况，选择具代表性的地块 100m 范围内，采用"X"形或"S"形进行多点组合采样，注意远离村庄、主干交通线、矿山、工厂等点污染源，严禁采集人工搬运堆积土，避开田间堆肥区及养殖场等受人为影响的局部位置。

在丘陵坡地区，样点通常布设于沟谷下部、平缓坡地、山间平坝等土壤易于汇集处，原则上选择单元格内大面积分布的土地利用类型区，如林地区、园地区等，同时兼顾面积较大的耕地区。在布设的采样点周边 100m 范围内多点采集子样组合成 1 件样品。

在湖泊、水库及宽大的河流水域区，当水域面积超过 2/3 单元格面积时，于单元格中间近岸部位采集水底沉积物样品，当水域面积较小时采集岸边土壤样品。

在中低山林地区,由于通行困难,局部地段土层较薄,可在山脊、鞍部或相对平坦、土层较厚、土壤发育成熟地段多点组合采集子样组成样品。

表层土壤样采集深度为0~20cm,采集过程中去除表层枯枝落叶及样品中的砾石、草根等杂物,上下均匀采集。土壤样品原始质量大于1000g,确保筛分后质量不低于500g。

野外采样时,原则上在预布点位采样,不得随意移动采样点位,以保证样点分布的均匀性、代表性。实际采样时,可根据通行条件或者矿点、工厂等污染源分布情况,适当合理地移动采样点位,并在备注栏中说明,同时该采样点与四临样点间距离不小于500m。

2. 深层土壤样

深层土壤样品以1件/4km^{2}的密度设计,再按1件/16km^2(4km×4km)的密度组合成分析样。样品布设以1:10万标准地形图16km^{2}的方里网格为采样大格,以4km^{2}为采样单元格,自左向右、自上而下依次编号。

在平原及山间盆地区,采样点通常布设于单元格中间部位。采集深度为150cm以下,样品为10~50cm的长土柱。

在山地丘陵及中低山区,样品通常采集于沟谷下部平缓部位或是山脊、鞍部土层较厚部位。由于土层通常较薄,采样深度控制在120cm以下。当反复尝试发现土壤厚度达不到要求时,可将采集深度放松至100cm以下。当单孔样品量不足时,可在周边合适地段采用多孔平行孔进行采集。

深层土壤样品原始质量大于1000g,要求采集发育成熟的土壤,避开山区河谷中的砂砾石层及山坡上残坡积物下部(半)风化的基岩层。

样品采集原则同表层土壤,按照样品布设点位图进行采集,不得随意移动采样点位。实际采样时可根据土层厚度、土壤成熟度等情况适当合理地移动采样点位,并在备注栏中说明,同时要求该采样点与四临样点间距离不小于1000m。

(二)样品加工与组合

选择在干净、通风、无污染场地进行样品加工,加工时对加工工具进行全面清洁,防止发生人为玷污。样品采用日光晒干和自然风干,干燥后采用木棰敲打达到自然粒级,用20目尼龙筛全样过筛。加工过程中表层、深层样加工工具分开专用,样品加工好后副样500~550g,分析测试子样质量达70g以上,认真核对填写标签并装瓶、装袋。装瓶样品及分析子样按(表层1:5万、深层1:10万)图幅排放整理,填写副样单或子样清单,移交样品库管理人员,做好交接手续。

在样品库管理人员监督指导下开展分析样品组合工作,组合分析样质量不少于200g。每次只取4件需组合的分析子样,等量取称重后进行组合,充分混合均匀后装袋。填写送样单并核对,在技术人员检查清点后,送往实验室进行分析。

(三)样品库建设

区域土壤地球化学调查采集的土壤实物样品将长期保存。样品按图幅号存放,并根据表层土壤和深层土壤样品编码图建立样品资料档案。样品库保持定期通风、干燥、防火、防虫。建立定期检查制度,发现样品标签不清、样品瓶破损等情况后要及时处理。样品出入库时办理交接手续。

(四)样品采集质量控制

质量检查组对样品采集、加工、组合、副样入库等进行全过程质量跟踪监管,从采样点位的代表性,采样深度,野外标记,记录的客观性、全面性等方面抽查。野外检查内容主要包括:①样品采集质量,样品防玷污措施,记录卡填写内容的完整性、准确性,记录卡、样品、点位图的一致性;②GPS航点航迹资料的完整性及存储情况等;③样品加工检查,主要核对野外采样组移交样品的一致性,要求样袋完好、编号清楚、原始质量满足要求,样本数与样袋数一致,样品编号与样袋编号对应;④填写野外样品加工日常检查登记表,组合与副样入库等过程符合规范要求。

二、分析测试与质量控制

1. 分析指标

衢州市1:25万多目标区域地球化学调查土壤样品测试由中国地质科学院地球物理地球化学勘查研究所实验测试中心、浙江省地质矿产研究所承担,共分析54项元素/指标:银(Ag)、砷(As)、金(Au)、硼(B)、钡(Ba)、铍(Be)、铋(Bi)、溴(Br)、碳(C)、镉(Cd)、铈(Ce)、氯(Cl)、钴(Co)、铬(Cr)、铜(Cu)、氟(F)、镓(Ga)、锗(Ge)、汞(Hg)、碘(I)、镧(La)、锂(Li)、锰(Mn)、钼(Mo)、氮(N)、铌(Nb)、镍(Ni)、磷(P)、铅(Pb)、铷(Rb)、硫(S)、锑(Sb)、钪(Sc)、硒(Se)、锡(Sn)、锶(Sr)、钍(Th)、钛(Ti)、铊(Tl)、铀(U)、钒(V)、钨(W)、钇(Y)、锌(Zn)、锆(Zr)、硅(SiO_2)、铝(Al_2O_3)、铁(Fe_2O_3)、镁(MgO)、钙(CaO)、钠(Na_2O)、钾(K_2O)、有机碳(Corg)、pH。

2. 分析方法及检出限

优化选择以X射线荧光光谱法(XRF)、电感耦合等离子体质谱法(ICP-MS)为主,以发射光谱法(ES)、原子荧光光谱法(AFS)、催化分光光度法(COL)以及离子选择性电极法(ISE)等为辅的分析方法配套方案。该套分析方案技术参数均满足中国地质调查局规范要求。分析测试方法和要求方法的检出限列于表2-1。

表2-1 各元素/指标分析方法及检出限

元素/指标		分析方法	检出限	元素/指标		分析方法	检出限
Ag	银	ES	0.02μg/kg	Mn	锰	ICP-OES	10mg/kg
Al_2O_3	铝	XRF	0.05%	Mo	钼	ICP-MS	0.2mg/kg
As	砷	HG-AFS	1mg/kg	N	氮	KD-VM	20mg/kg
Au	金	GF-AAS	0.2μg/kg	Na_2O	钠	ICP-OES	0.05%
B	硼	ES	1mg/kg	Nb	铌	ICP-MS	2mg/kg
Ba	钡	ICP-OES	10mg/kg	Ni	镍	ICP-MS	2mg/kg
Be	铍	ICP-OES	0.2mg/kg	P	磷	ICP-OES	10mg/kg
Bi	铋	ICP-MS	0.05mg/kg	Pb	铅	ICP-MS	2mg/kg
Br	溴	XRF	1.5mg/kg	Rb	铷	XRF	5mg/kg
C	碳	氧化热解-电导法	0.1%	S	硫	XRF	50mg/kg
CaO	钙	XRF	0.05%	Sb	锑	ICP-MS	0.05mg/kg
Cd	镉	ICP-MS	0.03mg/kg	Sc	钪	ICP-MS	1mg/kg
Ce	铈	ICP-MS	2mg/kg	Se	硒	HG-AFS	0.01mg/kg
Cl	氯	XRF	20mg/kg	SiO_2	硅	XRF	0.1%
Co	钴	ICP-MS	1mg/kg	Sn	锡	ES	1mg/kg
Cr	铬	ICP-MS	5mg/kg	Sr	锶	ICP-OES	5mg/kg

续表 2-1

元素/指标		分析方法	检出限	元素/指标		分析方法	检出限
Cu	铜	ICP-MS	1mg/kg	Th	钍	ICP-MS	1mg/kg
F	氟	ISE	100mg/kg	Ti	钛	ICP-OES	10mg/kg
Fe_2O_3	铁	XRF	0.1%	Tl	铊	ICP-MS	0.1mg/kg
Ga	镓	ICP-MS	2mg/kg	U	铀	ICP-MS	0.1mg/kg
Ge	锗	HG-AFS	0.1mg/kg	V	钒	ICP-OES	5mg/kg
Hg	汞	CV-AFS	3μg/kg	W	钨	ICP-MS	0.2mg/kg
I	碘	COL	0.5mg/kg	Y	钇	ICP-MS	1mg/kg
K_2O	钾	XRF	0.05%	Zn	锌	ICP-OES	2mg/kg
La	镧	ICP-MS	1mg/kg	Zr	锆	XRF	2mg/kg
Li	锂	ICP-MS	1mg/kg	Corg	有机碳	氧化热解-电导法	0.1%
MgO	镁	ICP-OES	0.05%	pH		电位法	0.1

注:ICP-MS 为电感耦合等离子体质谱法;XRF 为 X 射线荧光光谱法;ICP-OES 为电感耦合等离子体光学发射光谱法;HG-AFS 为氢化物发生-原子荧光光谱法;GF-AAS 为石墨炉原子吸收光谱法;ISE 为离子选择性电极法;CV-AFS 为冷蒸气-原子荧光光谱法;ES 为发射光谱法;COL 为催化分光光度法;KD-VM 为凯氏蒸馏-容量法。

3. 实验室内部质量控制

(1)报出率(P):土壤分析样品各元素报出率均为 99.99% 以上,满足《多目标区域地球化学调查规范(1∶250 000)》(DZ/T 0258—2014)不低于 95% 的要求,说明所采用分析方法能完全满足分析要求。

(2)准确度和精密度:按《多目标区域地球化学调查规范(1∶250 000)》(DZ/T 0258—2014)中"土壤地球化学样品分析测试质量要求及质量控制"的有关规定,根据国家一级土壤地球化学标准物质的 12 次分析值,统计测定平均值与标准值之间的对数误差($\Delta lgC=|lgC_i-lgC_s|$)和相对标准偏差(RSD),结果表明对数误差(ΔlgC)和相对标准偏差(RSD)均满足规范要求。

Au 采用国家一级痕量金标准物质的 12 次 Au 元素分析值,统计得到 $|\Delta lgC|\leqslant 0.026$,RSD$\leqslant 10.0\%$,满足规范要求。

pH 参照《生态地球化学评价样品分析技术要求(试行)》(DD 2005-03)要求,依据国家一级土壤有效态标准物质 pH 指标的 6 次分析值,计算结果绝对偏差的绝对值不大于 0.1,满足规范要求。

(3)异常点检验:每批次样品分析测试工作完成后,检查各项指标的含量范围,对部分指标含量特高的试样进行了异常点重复性分析,异常点检验合格率均为 100%。

(4)重复性检验监控:土壤测试分析按不低于 5.0% 的比例进行重复性检验,计算两次分析之间相对偏差(RD),对照规范允许限,统计合格率,其中 Au 重复性检验比例为 10%。重复性检验合格率满足规范《多目标区域地质化学调查规范(1∶250 000)》(DZ/T 0258—2014)一次重复性检验合格率 90% 的要求。

4. 用户方数据质量检验

(1)重复样检验:在区域地球化学调查中,为了监控野外调查采样质量及分析测试质量,一般均按不低于 2% 的比例要求插入重复样。重复样与基本样品一样,以密码的形式连续编号进行送检分析。在收到分析测试数据之后,计算相对偏差(RD),根据相对偏差允许限量要求统计合格率,合格率要求不低于 90%。

(2)元素地球化学图检验:依据实验室提供的样品分析数据,按照《多目标区域地球化学调查规范

(1∶250 000)》(DZ/T 0258—2014)相关要求绘制地球化学图。地球化学图采用累积频率法成图,按累积频率的0.5%、1.5%、4%、8%、15%、25%、40%、60%、75%、85%、92%、96%、98.5%、99.5%、100%划分等值线含量,进行色阶分级。各元素地球化学图所反映的背景和异常分布情况与地质背景基本吻合,图面结构"协调",未出现阶梯状、条带状或区块状图形分布。

5. 分析数据质量检查验收

根据中国地质调查局有关区域地球化学样品测试要求,中国地质调查局区域化探样品质量检查组对全部样品测试分析数据进行了质量检查验收。检查组重点对测试分析中配套方法的选择、实验室内、外部质量监控,标准样插入比例,异常点复检、外检,日常准确度、精密度复核等进行了仔细检查。检查认为,各项测试分析数据质量指标达到规定要求,检查组同意通过验收。

第二节 1∶5万土地质量地质调查

2016年8月5日,浙江省国土资源厅发布了《浙江省土地质量地质调查行动计划(2016—2020年)》(浙土资发〔2016〕15号),在全省范围内全面部署实施"711"土地质量调查工程。根据文件要求,衢州市自然资源和规划局相继于2016—2020年落实完成了全市范围内除主城区(无永久基本农田分布)外6个县(市、区)的1∶5万土地质量地质调查工作。

全市以各县(市、区)行政辖区为调查范围,共分6个土地质量地质调查项目,选择5家项目承担单位、5家测试单位共同完成,具体工作情况见表2-2。

表2-2 衢州市土地质量地质调查工作情况一览表

序号	工作区	承担单位	项目负责人	样品测试单位
1	柯城区	浙江省核工业二六二大队	索滴、贾飞	华北有色(三河)燕郊中心实验室有限公司
2	衢江区	浙江省地质调查院	梁河、黄雯、董利明	浙江省地质矿产研究所
3	龙游县	浙江省第一地质大队	方平辉	湖南省地质实验测试中心
4	江山市	中化地质矿山总局浙江地质勘查院	李良传	江苏地质矿产设计研究院
5	常山县	中化地质矿山总局浙江地质勘查院	周漪	华北有色(三河)燕郊中心实验室有限公司
6	开化县	浙江省有色金属地质勘查局	周炜	承德华勘五一四地矿测试研究有限公司

衢州市土地质量地质调查严格按照《土地质量地球化学评价规范》(DZ/T 0295—2016)等技术规范要求,开展土壤地球化学调查采样点的布设和样品采集、加工、分析测试等工作。衢州市1∶5万土地质量地质调查土壤采样点分布如图2-2所示。

一、样点布设与采集

1. 样点布设

以"二调"图斑为基本调查单元,根据市内地形地貌、地质背景、成土母质、土地利用方式、地球化学异常、工矿企业分布以及种植结构特点等(遥感影像图及踏勘情况),将调查区划分为地球化学异常区、重要

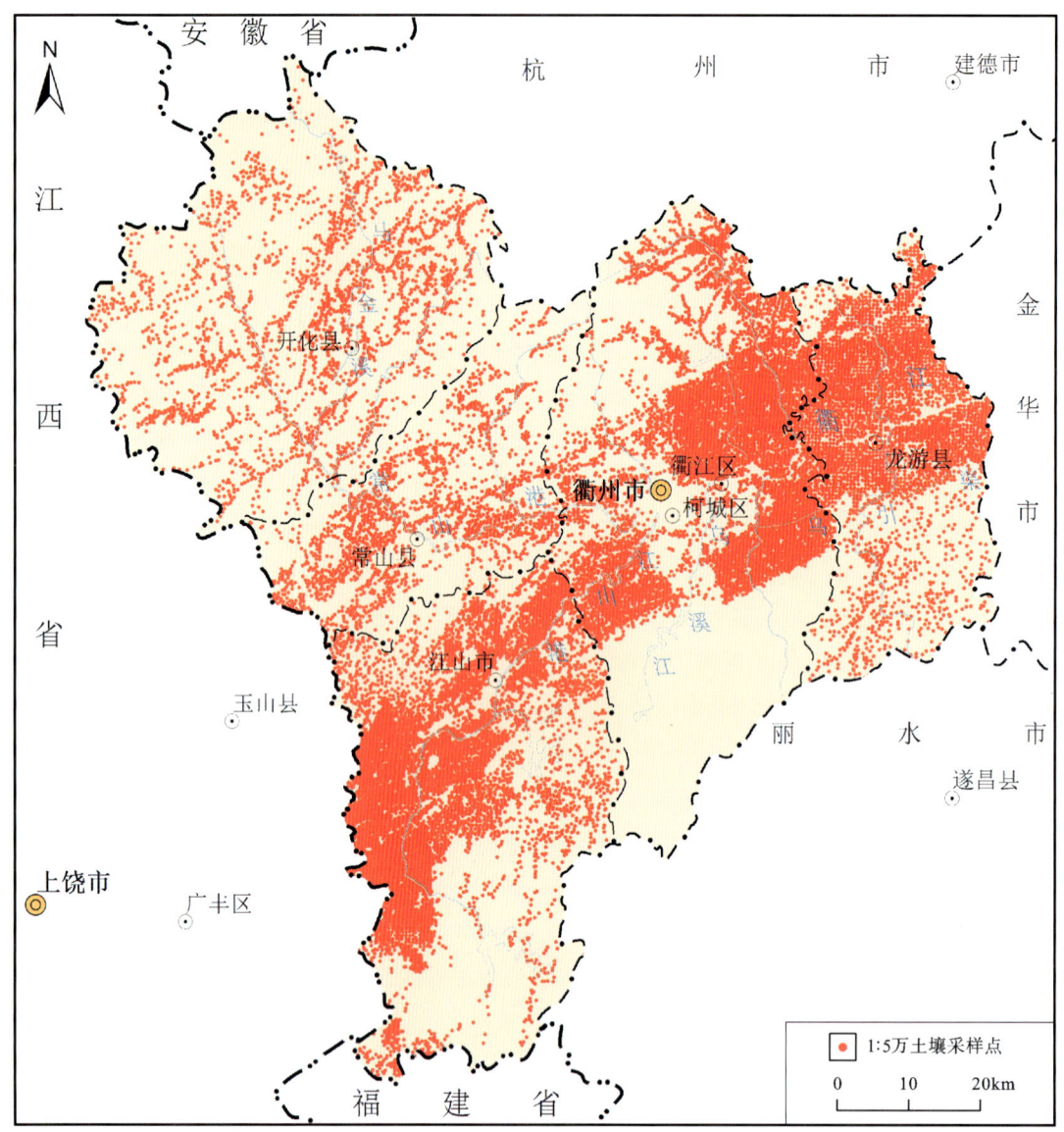

图2-2 衢州市1∶5万土地质量地质调查土壤采样点分布图

农业产区、低山丘陵区及一般耕地区。按照不同分区采样密度布设样点,异常区为11~12件/km²,农业产区为9~10件/km²,低山丘陵区为7~8件/km²,一般耕地区为4~6件/km²,控制全市平均采样密度约为9件/km²。在地形地貌复杂、土地利用方式多样、人为污染强烈、元素及污染物含量空间变异性大的地区,根据实际情况适当增加采样密度。

样品主要布设在耕地中,对调查范围内园地、林地以及未利用地等进行有效控制。样品布设时避开沟渠、田埂、路边、人工堆土及微地形高低不平等无代表性地段。每件样品均由5件分样等量均匀混合而成,采样深度为0~20cm。

样品由左至右、自上而下连续顺序编号,每50件样品随机取1个号码为重复采样号。样品编号时将县(市、区)名称汉语拼音的第一字母缩写(大写)作为样品编号的前缀,如江山市样品编号为JS0001,便于成果资料供县级使用。

2. 样品采集与记录

选择种植现状具有代表性的地块,在采样图斑中央采集样品。采样时避开人为干扰较大地段,用不锈钢小铲一点多坑(5个点以上)均匀采集地表至20cm深处的土柱组合成1件样品。样品装于干净布袋中，湿度大的样品在布袋外套塑料密封袋隔离，防止样品间相互污染。土壤样品质量要达到1500g以上。野外利用GPS定位仪确定地理坐标，以布设的采样点为主采样坑，定点误差均小于10m，保存所有采样点航点与航迹文件。

现场用2H铅笔填写土壤样品野外采集记录卡，根据设计要求，主要采用代码和简明文字记录样品的各种特征。记录卡填写的内容真实、正确、齐全，字迹要清晰、工整，不得涂擦，对于需要修改的文字需轻轻划掉后，再将正确内容填写好。

3. 样品保存与加工

保存当日野外调查航迹文件，收队前清点采集的样本数量，与布样图进行编号核对，并在野外手图中汇总；晚上对信息采集记录卡、航点航迹等进行检查，完成当天自检和互检工作，资料由专人管理。

从野外采回的土壤样品及时清理登记后，由专人进行晾晒和加工处理，并按要求填写样品加工登记表。加工场地和加工处理均严格按照下列要求进行。

样品晾晒场地应确保无污染。将样品置于干净整洁的室内通风场地晾晒，或悬挂在样品架上自然风干，严禁暴晒和烘烤，并注意防止雨淋以及酸、碱等气体和灰尘污染。在风干过程中，适时翻动，并将大土块用木棒敲碎以防止固结，加速干燥，同时剔除土壤以外的杂物。

将风干后样品平铺在制样板上，用木棍或塑料棍碾压，并将植物残体、石块等侵入体和新生体剔除干净，细小已断的植物须根可采用静电吸附的方法清除。压碎的土样要全部通过2mm(10目)的孔径筛；未过筛的土粒必须重新碾压过筛，直至全部样品通过2mm孔径筛为止。

过筛后土壤样品充分混匀、缩分、称重，分为正样、副样两件样品。正样送实验室分析，用塑料瓶或纸袋盛装(质量一般在500g左右)。副样(质量不低于500 g)装入干净塑料瓶，送样品库长期保存。

4. 质量管理

野外各项工作严格按照质量管理要求开展小组自(互)检、二级部门抽检、单位抽检等三级质量检查，并在全部野外工作结束前，由当地自然资源部门组织专家进行野外工作检查验收，确保各项野外工作系统、规范、质量可靠。

二、分析测试与质量监控

1. 分析实验室及资质

全市各县(市、区)6个土地质量地质调查项目的样品测试由5家测试单位承担，分别为华北有色(三河)燕郊中心实验室有限公司、湖南省地质实验测试中心、江苏地质矿产设计研究院、浙江省地质矿产研究所、承德华勘五一四地矿测试研究有限公司。以上各测试单位均具有省级检验检测机构资质认定证书，并得到中国地质调查局的资质认定，满足本次土地质量地质调查项目的样品检测工作要求。

2. 分析测试指标

根据技术规范要求，本次土地质量地质调查土壤全量测试砷(As)、硼(B)、镉(Cd)、钴(Co)、铬(Cr)、铜(Cu)、锗(Ge)、汞(Hg)、锰(Mn)、钼(Mo)、氮(N)、镍(Ni)、磷(P)、铅(Pb)、硒(Se)、钒(V)、锌(Zn)、钾(K_2O)、有机碳(Corg)、pH 共20项元素/指标。

3. 分析方法配套方案

依据国家标准方法和相关行业标准分析方法，制订了以X射线荧光光谱法(XRF)、电感耦合等离子体质谱法(ICP-MS)为主,以发射光谱法(ES)、原子荧光光谱法(AFS)以及容量法(VOL)等为辅的分析方法配套方案。提供以下元素指标的分析数据,具体见表2-3。

表2-3 土壤样品元素/指标全量分析方法配套方案

分析方法	简称	项数/项	测定元素/指标
电感耦合等离子体质谱法	ICP-MS	6	Cd、Co、Cu、Mo、Ni、Ge
X射线荧光光谱法	XRF	8	Cr、Cu、Mn、P、Pb、V、Zn、K_2O
交流电弧-发射光谱法	ES	1	B
氢化物-原子荧光光谱法	HG-AFS	2	As、Se
冷蒸气-原子荧光光谱法	CV-AFS	1	Hg
容量法	VOL	1	N
玻璃电极法	—	1	pH
重铬酸钾容量法	VOL	1	Corg

4. 分析方法的检出限

本配套方案各分析方法检出限见表2-4,满足《多目标区域地球化学调查规范(1∶250 000)》(DZ/T 0258—2014)和《生态地球化学评价样品分析技术要求(试行)》(DD 2005-03)的要求。

表2-4 各元素/指标分析方法检出限要求

元素/指标	单位	要求检出限	方法检出限	元素/指标	单位	要求检出限	方法检出限
pH		0.1	0.1	$Cu^{②}$	mg/kg	1	0.5
Cr	mg/kg	5	3	Mo	mg/kg	0.3	0.2
$Cu^{①}$	mg/kg	1	0.1	Ni	mg/kg	2	0.2
Mn	mg/kg	10	10	Ge	mg/kg	0.1	0.1
P	mg/kg	10	10	B	mg/kg	1	1
Pb	mg/kg	2	2	K_2O	%	0.05	0.01
V	mg/kg	5	5	As	mg/kg	1	0.5
Zn	mg/kg	4	1	Hg	mg/kg	0.000 5	0.000 5
Cd	mg/kg	0.03	0.02	Se	mg/kg	0.01	0.01
Corg	mg/kg	250	200	N	mg/kg	20	20
Co	mg/kg	1	0.1				

注:$Cu^{①}$和$Cu^{②}$采用不同检测方法,$Cu^{①}$为X射线荧光光谱法,$Cu^{②}$为电感耦合等离子体质谱法。

5. 分析测试质量控制

(1)实验室资质能力条件:选择的实验室均具备相应资质要求,软硬件、人员技术能力等方面均具备相关分析测试条件,均制订了工作实施方案,并严格按照方案要求开展各类样品测试工作。

（2）实验室内部质量监控：实验室在接受委托任务后，制订了行之有效的工作方案，并严格按照方案进行各类样品分析测试；各类样品分析选择的分析方法、检出限、准确度、精密度等均满足相关规范要求；内部质量监控各环节均有效运行，均满足规范要求。

（3）实验室外部质量监控：主要通过密码外控样和外检样的形式进行监控，各批次监控样品相对偏差均符合规范要求。

（4）土壤元素/指标含量分布与土壤环境背景吻合状况：依据实验室提供的样品分析数据，按照相互规范要求绘制了各元素/指标地球化学图。元素土壤地球化学图反映的地球化学背景和异常分布与地质、土壤和地貌等基本吻合；未发现明显成图台阶，不存在明显的非地质条件引起的条带异常；依据土壤元素含量评价得出的土壤环境质量、养分等级分布规律与地质背景、土地利用、人类活动影响等情况基本一致。

6. 测试分析数据质量检查验收

在完成样品测试分析提交用户方验收之前，由浙江省自然资源厅项目管理办公室邀请国内权威专家，对每个县区分析测试数据质量进行了检查验收。验收专家认为各项目样品分析质量和质量监控已达到《多目标区域地球化学调查规范（1∶250 000）》（DZ/T 0258—2014）和《生态地球化学评价样品分析技术要求（试行）》（DD 2005-03）要求，一致同意予以验收。

第三节　土壤元素背景值研究方法

一、概念与约定

土壤元素地球化学基准值是土壤地球化学本底的量值，反映了一定范围内深层土壤地球化学特征，是指在未受人为影响（污染）条件下，原始沉积环境中的元素含量水平；通常以深层土壤地球化学元素含量来表征，其含量水平主要受地形地貌、地质背景、成土母质来源与类型等因素影响，以区域地球化学调查取得的深层土壤地球化学资料作为土壤元素地球化学基准值统计的资料依据。

土壤元素（环境）背景值是指在不受或少受人类活动及现代工业污染影响下的土壤元素与化合物的含量水平。由于人类活动与现代工业发展的影响已遍布全球，已很难找到绝对不受人类活动影响的土壤，严格意义上土壤自然背景已很难确定。因此，土壤元素背景值只能是一个相对的概念，即在一定自然历史时期、一定地域内土壤元素（或化合物）的含量水平。目前，一般以区域地球化学调查获取的表层土壤地球化学资料作为土壤元素背景值统计的资料依据。

基准值和背景值的求取必须同时满足以下条件：样品要有足够的代表性；样品分析方法技术先进，分析质量可靠，数据具有权威性；经过地球化学分布形态检验，并在此基础上，统计系列地球化学参数，确定地球化学基准值和背景值。

二、参数计算方法

土壤元素地球化学基准值、背景值统计参数主要有：样本数（N）、极大值（$X_{\max}$）、极小值（$X_{\min}$）、算术平均值（$\overline{X}$）、几何平均值（$\overline{X}_g$）、中位数（X_{me}）、众值（X_{mo}）、算术标准差（S）、几何标准差（S_g）、变异系数（CV）、分位值（$X_{5\%}$、$X_{10\%}$、$X_{25\%}$、$X_{50\%}$、$X_{75\%}$、$X_{90\%}$、$X_{95\%}$）等。

算术平均值（$\overline{X}$）：$\overline{X} = \dfrac{1}{N}\sum\limits_{i=1}^{N} X_i$

几何平均值$(\overline{X}_g)$：$\overline{X}_g = \sqrt[N]{\prod_{i=1}^{N} X_i} = \frac{1}{N}\sum_{i=1}^{N} \ln X_i$

算术标准差(S)：$S = \sqrt{\dfrac{\sum_{i=1}^{N}(X_i - \overline{X})^2}{N}}$

几何标准差(S_g)：$S_g = \exp\left(\sqrt{\dfrac{\sum_{i=1}^{N}(\ln X_i - \ln \overline{X}_g)^2}{N}}\right)$

变异系数(CV)：$CV = \dfrac{S}{\overline{X}} \times 100\%$

中位数(X_{me})：将一组数据排序后，处于中间位置的数值。当样本数为奇数时，中位数为第$(N+1)/2$位的数值；当样本数为偶数时，中位数为第$N/2$位与第$(N+1)/2$位数的平均值。

众值(X_{mo})：一组数据中出现频率最高的那个数值。

pH平均值计算方法：在进行pH参数统计时，先将土壤pH换算为$[H^+]$平均浓度进行统计计算，然后换算成pH。换算公式为：$[H^+] = 10^{-pH}$，$[H^+]_{平均浓度} = \Sigma 10^{-pH}/N$，$pH = -\lg[H^+]_{平均浓度}$。

三、统计单元划分

科学合理的统计单元划分是统计土壤元素地球化学参数、确定地球化学基准值和背景值的前提性工作。本次衢州市土壤元素地球化学基准值、背景值参数统计参照区域土壤元素地球化学基准值和背景值研究的通用方法，结合代杰瑞和庞绪贵（2019）、张伟等（2021）、苗国文等（2020）及陈永宁等（2014）的研究成果，按照行政区、土壤母质类型、土壤类型、土地利用类型划分统计单元，分别进行地球化学参数统计。

1. 行政区

根据衢州市行政区及最新统计数据划分情况，分别按照衢州市（全市）、柯城区、衢江区、江山市、龙游县、常山县进行统计单元划分。开化县仅采集1件深层土壤样品，本次不进行地球化学基准值统计。

2. 土壤母质类型

基于衢州市岩石地层地质成因及地球化学特征，衢州市土壤母质类型将按照松散岩类沉积物、古土壤风化物、碎屑岩类风化物、碳酸盐岩类风化物、紫色碎屑岩类风化物、中酸性火成岩类风化物、中基性火成岩类风化物、变质岩类风化物8种类型划分统计单元。

3. 土壤类型

衢州市地貌类型多样，成土环境复杂，土壤性质差异较大，全市共有7个土类14个亚类36个土属。本次土壤元素地球化学基准值和背景值研究按照黄壤、红壤、粗骨土、石灰岩土、紫色土、水稻土、潮土7种土壤类型进行统计单元划分。

4. 土地利用类型

由于本次调查主要涉及农用地，因此根据土地利用分类，结合第三次全国国土调查情况，土地利用类型按照水田、旱地、园地、林地4类划分统计单元。

四、数据处理与背景值确定

基于统计单元内样本数据，依据《区域性土壤环境背景含量统计技术导则（试行）》（HJ 1185—2021），进行数据分布类型检验、异常值判别与处理及区域性土壤环境背景含量统计和表征。

1. 数据分布形态检验

依据《数据的统计处理和解释正态性检验》(GB/T 4882—2001)进行样本数据的分布形态检验。首先利用 SPSS 19 对原始数据频率分布进行正态分布检验,不符合正态分布的数据进行对数转换后再进行对数正态分布检验。当数据不服从正态分布或对数正态分布时,采用箱线图法判别并剔除异常值,再进行正态分布或对数正态分布检验。注意:部分统计单元(或部分元素/指标)因样品较少无法进行正态分布检验。

2. 异常值判别与剔除

对于明显来源于局部受污染场所的数据,或者因样品采集、分析检测等导致的异常值,必须进行判别和剔除。由于本次衢州市土壤元素地球化学基准值、背景值研究的数据样本量较大,采用箱线图法判别并剔除异常值。

根据收集整理的原始数据各项元素/指标分别计算第一四分位数(Q_1)、第三四分位数(Q_3),以及四分位距($IQR=Q_3-Q_1$)、$Q_3+1.5IQR$ 值、$Q_1-1.5IQR$ 内限值。根据计算结果对内限值以外的异常数据,结合频率分布直方图与点位区域分布特征逐个甄别并剔除。

3. 参数表征与背景值确定

(1)参数表征主要包括统计样本数(N)、极大值(X_{max})、极小值(X_{min})、算术平均值($\overline{X}$)、几何平均值($\overline{X}_g$)、中位数(X_{me})、众值(X_{mo})、算术标准差(S)、几何标准差(S_g)、变异系数(CV)、分位值($X_{5\%}$、$X_{10\%}$、$X_{25\%}$、$X_{50\%}$、$X_{75\%}$、$X_{90\%}$、$X_{95\%}$)、数据分布类型等。

(2)地球化学基准值、背景值分为以下几种情况加以确定:①当数据为正态分布或剔除异常值后正态分布时,取算术平均值作为地球化学基准值、背景值;②当数据为对数正态分布或剔除异常值后对数正态分布时,取几何平均值作为地球化学基准值、背景值;③当数据经反复剔除异常值后,仍不服从正态分布或对数正态分布时,取众值作为地球化学基准值、背景值,具有 2 个众值时取靠近中位数的众值,具有 3 个众值时取中间位众值;④对于样本数少于 30 件的统计单元,则取中位数作为地球化学基准值、背景值。

(3)数值有效位数确定原则:参数统计结果取值原则,数值小于等于 50 的小数点后保留 2 位,数值大于 50 小于等于 100 时,小数点后保留 1 位,数值大于 100 的取整数。注意:极个别数值保留 3 位小数。

说明:本书中样本数单位统一为"件";变异系数(CV)为无量纲,按照计算公式结果用百分数表示,为方便表示本书统一换算成小数,且小数点后保留 2 位;氧化物、TC、Corg 单位为%,N、P 单位为 g/kg,Au、Ag 单位为 μg/kg,pH 为无量纲,其他元素/指标单位为 mg/kg。

第三章 土壤地球化学基准值

第一节 各行政区土壤地球化学基准值

一、衢州市土壤地球化学基准值

衢州市土壤地球化学基准值数据经正态分布检验,结果表明,原始数据中仅 B、Cr、Ga、Ge、I、Rb、Sc、Zr、SiO_2、Al_2O_3、TFe_2O_3、MgO、K_2O 符合正态分布,As、Ba、Be、Bi、Br、Ce、Co、Cu、F、Hg、La、Li、N、Nb、Ni、P、Pb、Sb、Se、Sn、Sr、Th、Tl、V、Y、Zn、Na_2O、TC、Corg、pH 符合对数正态分布,Au、Cd、Cl、S、Ti、U、W、CaO 剔除异常值后符合正态分布(简称剔除后正态分布),Ag、Mn、Mo 剔除异常值后符合对数正态分布(简称剔除后对数分布)(表3-1)。

衢州市深层土壤总体呈酸性,土壤 pH 基准值为 5.30,极大值为 8.16,极小值为 4.43,基本接近于浙江省基准值,略低于中国基准值。

深层土壤各元素/指标中,约一半变异系数小于 0.40,分布相对均匀;Ba、pH、As、Bi、Na_2O、Sb、Hg、Sr、Ni、P、Sn、Co、Cu、Br、I、Se、V、Tl、Zn、F、CaO、B、Mo、Cr、Mn、Pb 共 26 项元素/指标变异系数不小于 0.40,其中 Ba、pH、As、Bi、Na_2O 变异系数大于 0.80,空间变异性较大。

与浙江省土壤基准值相比,衢州市土壤基准值中 Sr 基准值明显偏低,为浙江省基准值的 39.76%;而 Ag、B、Ba、Mn、V、K_2O 基准值略低于浙江省基准值,为浙江省基准值的 60%~80%;Au、F、S、Sc、Se、Sn、MgO、Hg 基准值略高于浙江省基准值,与浙江省基准值比值在 1.2~1.4 之间;而 As、Bi、Br、Cu、Mo、Ni、Sb、Na_2O 基准值明显偏高,与浙江省基准值比值均在 1.4 以上,其中 Mo 基准值最高,为浙江省基准值的 2.12 倍;其他元素/指标基准值则与浙江省基准值基本接近。

与中国土壤基准值相比,衢州市土壤基准值中 CaO、Na_2O、Sr、Cl、TC、P 基准值明显偏低,其中 CaO 基准值为 0.21%,中国基准值为 2.57%,CaO 基准值是中国基准值的 8.17%;而 MgO、Ba、Ag 基准值略低于中国基准值,为中国基准值的 60%~80%;F、Y、Cu、Ga、Zn、Corg、Rb、Al_2O_3、Sb、Ge、Br、Sc、Bi、V、TFe_2O_3、N、Ti、Cr、La、Ce、Li、W、Tl、Au、Zr 基准值略高于中国基准值,与中国基准值比值在 1.2~1.4 之间;Pb、U、Th、Nb、Mo、Se、Hg、I 基准值明显高于中国基准值,是中国基准值的 1.4 倍以上,其中 I 的基准值为 3.98mg/kg,是中国基准值的 3.98 倍;其他元素/指标基准值则与中国基准值基本接近。

二、柯城区土壤地球化学基准值

柯城区采集深层土壤样品 26 件,土壤地球化学参数统计结果见表 3-2。

第三章 土壤地球化学基准值

表 3-1 衢州市土壤地球化学基准值参数统计表

元素/指标	N	$X_{5\%}$	$X_{10\%}$	$X_{25\%}$	$X_{50\%}$	$X_{75\%}$	$X_{90\%}$	$X_{95\%}$	$\bar{X}$	S	$\bar{X}_g$	S_g	X_{max}	X_{min}	CV	X_{me}	X_{mo}	分布类型	衢州市基准值	浙江省基准值	中国基准值
Ag	211	34.00	38.00	45.00	54.0	67.0	81.0	93.0	57.4	17.69	54.9	10.37	110	21.00	0.31	54.0	54.0	剔除后对数分布	54.9	70.0	70.0
As	228	3.97	5.07	6.88	9.40	13.80	21.80	32.67	12.42	10.71	9.99	4.40	94.3	2.70	0.86	9.40	10.30	对数正态分布	9.99	6.83	9.00
Au	203	0.89	0.90	1.10	1.50	1.80	2.20	2.50	1.52	0.49	1.44	1.48	2.90	0.60	0.32	1.50	1.50	剔除后正态分布	1.52	1.10	1.10
B	228	16.00	21.70	31.00	45.50	63.0	76.0	82.0	47.17	20.47	42.27	9.37	91.0	8.00	0.43	45.50	32.00	正态分布	47.17	73.0	41.00
Ba	228	226	245	290	359	461	555	634	438	837	370	31.00	12 872	168	1.91	359	323	对数正态分布	370	482	522
Be	228	1.49	1.63	1.94	2.21	2.54	2.97	3.31	2.28	0.59	2.21	1.67	4.94	1.01	0.26	2.21	2.26	对数正态分布	2.21	2.31	2.00
Bi	228	0.19	0.21	0.26	0.33	0.43	0.52	0.68	0.39	0.33	0.35	2.09	3.52	0.16	0.84	0.33	0.33	对数正态分布	0.35	0.24	0.27
Br	228	1.00	1.20	1.68	2.33	3.17	4.17	4.94	2.59	1.33	2.32	1.93	9.99	1.00	0.51	2.33	1.00	对数正态分布	2.32	1.50	1.80
Cd	212	0.08	0.09	0.11	0.13	0.16	0.17	0.19	0.13	0.03	0.13	3.41	0.24	0.06	0.26	0.13	0.13	剔除后正态分布	0.13	0.11	0.11
Ce	228	59.1	62.3	70.2	81.6	95.6	117	134	85.7	22.75	83.0	12.75	173	40.87	0.27	81.6	84.3	对数正态分布	83.0	84.1	62.0
Cl	213	20.00	21.20	27.00	34.00	39.00	46.00	49.00	33.74	8.89	32.58	7.81	60.0	20.00	0.26	34.00	20.00	剔除后对数正态分布	33.74	39.00	72.0
Co	228	4.60	5.66	7.76	10.20	15.80	20.02	23.63	12.15	6.64	10.66	4.16	47.40	3.00	0.55	10.20	10.00	对数正态分布	10.66	11.90	11.0
Cr	228	30.06	33.70	47.04	62.9	81.2	101	119	66.8	28.04	61.1	10.98	186	14.20	0.42	62.9	70.6	正态分布	66.8	71.0	50.0
Cu	228	11.28	12.67	16.68	22.36	32.40	44.13	49.94	26.29	14.03	23.37	6.39	101	9.06	0.53	22.36	14.01	对数正态分布	23.37	11.20	19.00
F	228	291	347	418	528	710	923	1136	599	268	550	39.17	1605	229	0.45	528	423	对数正态分布	550	431	456
Ga	228	12.32	13.88	16.09	18.64	21.45	22.96	24.07	18.66	3.62	18.28	5.31	28.11	9.20	0.19	18.64	21.07	正态分布	18.66	18.92	15.00
Ge	228	1.30	1.37	1.50	1.66	1.80	1.92	2.07	1.67	0.26	1.65	1.38	3.18	1.06	0.16	1.66	1.66	正态分布	1.67	1.50	1.30
Hg	228	0.02	0.03	0.04	0.05	0.08	0.13	0.18	0.07	0.05	0.06	5.75	0.49	0.02	0.74	0.05	0.05	对数正态分布	0.06	0.048	0.018
I	228	1.55	1.96	2.78	3.67	4.91	6.33	7.19	3.98	1.85	3.58	2.33	15.65	0.56	0.47	3.67	3.44	正态分布	3.98	3.86	1.00
La	228	30.64	32.60	36.70	42.72	48.45	58.8	64.2	44.01	10.97	42.78	8.69	85.6	23.63	0.25	42.72	33.13	对数正态分布	42.78	41.00	32.00
Li	228	25.33	28.95	33.95	39.50	46.08	53.5	58.7	40.92	11.76	39.50	8.49	129	17.15	0.29	39.50	43.60	对数正态分布	39.50	37.51	29.00
Mn	217	255	305	363	451	655	844	958	520	217	479	34.85	1129	148	0.42	451	451	剔除后正态分布	479	713	562
Mo	202	0.70	0.82	1.01	1.26	1.69	2.31	2.71	1.43	0.61	1.32	1.54	3.41	0.47	0.43	1.26	0.94	对数正态分布	1.32	1.50	0.70
N	228	0.34	0.38	0.43	0.52	0.64	0.79	0.86	0.55	0.16	0.53	1.61	1.11	0.28	0.30	0.52	0.40	正态分布	0.53	0.49	0.399
Nb	228	14.09	15.60	18.09	20.53	24.27	28.31	33.00	21.71	5.76	21.04	5.82	49.49	10.98	0.27	20.53	19.80	对数正态分布	21.04	19.60	12.00
Ni	228	9.54	11.17	14.57	21.20	33.42	46.28	57.5	25.85	15.97	22.13	6.33	107	7.20	0.62	21.20	21.20	对数正态分布	22.13	11.00	22.00
P	228	0.12	0.15	0.20	0.28	0.40	0.53	0.66	0.32	0.19	0.28	2.55	1.28	0.05	0.58	0.28	0.30	对数正态分布	0.28	0.24	0.488
Pb	228	21.20	22.20	25.07	28.69	33.33	41.01	48.57	30.99	12.26	29.62	7.21	154	17.35	0.40	28.69	28.32	对数正态分布	29.62	30.00	21.00

27

续表 3-1

元素/指标	N	$X_{5\%}$	$X_{10\%}$	$X_{25\%}$	$X_{50\%}$	$X_{75\%}$	$X_{90\%}$	$X_{95\%}$	$\overline{X}$	S	$\overline{X}_g$	S_g	X_{max}	X_{min}	CV	X_{me}	X_{mo}	分布类型	衢州市基准值	浙江省基准值	中国基准值
Rb	228	67.3	75.5	96.9	118	144	169	190	122	40.22	116	15.77	355	40.60	0.33	118	123	正态分布	122	128	96.0
S	223	81.1	89.6	110	142	173	213	232	146	46.21	139	17.52	271	58.0	0.32	142	136	剔除后正态分布	146	114	166
Sb	228	0.42	0.47	0.58	0.74	1.12	1.93	2.92	1.04	0.81	0.86	1.77	5.07	0.34	0.78	0.74	0.61	对数正态分布	0.86	0.53	0.67
Sc	228	6.61	7.27	9.30	11.22	13.50	16.11	18.70	11.66	3.59	11.14	4.03	24.80	4.71	0.31	11.22	11.60	正态分布	11.66	9.70	9.00
Se	228	0.16	0.18	0.22	0.29	0.36	0.43	0.50	0.31	0.14	0.29	2.28	1.59	0.08	0.47	0.29	0.24	对数正态分布	0.29	0.21	0.13
Sn	228	2.10	2.30	2.70	3.20	4.12	5.73	7.52	3.78	2.13	3.44	2.29	23.30	1.30	0.56	3.20	2.70	对数正态分布	3.44	2.60	3.00
Sr	228	23.64	28.49	33.22	42.07	53.9	77.3	97.4	50.2	32.93	44.53	9.28	283	20.00	0.66	42.07	39.59	剔除后正态分布	44.53	112	197
Th	228	10.31	11.73	13.74	16.40	19.58	24.04	27.21	17.49	6.06	16.66	5.17	56.3	7.50	0.35	16.40	17.08	正态分布	16.66	14.50	10.00
Ti	218	2960	3213	3812	4467	5205	6043	6561	4536	1063	4410	125	7452	1922	0.23	4467	4196	正态分布	4536	4602	3406
Tl	228	0.45	0.52	0.66	0.78	0.97	1.40	1.72	0.89	0.41	0.82	1.50	2.82	0.37	0.46	0.78	0.79	剔除后正态分布	0.82	0.82	0.60
U	209	2.29	2.71	3.12	3.64	4.16	4.89	5.21	3.70	0.85	3.60	2.16	6.04	1.56	0.23	3.64	3.12	对数正态分布	3.70	3.14	2.40
V	228	39.87	48.69	66.4	88.8	120	156	171	96.5	45.58	87.5	13.34	424	28.78	0.47	88.8	98.0	对数正态分布	87.5	110	67.0
W	218	1.20	1.36	1.72	1.99	2.31	2.62	2.81	2.01	0.47	1.95	1.58	3.23	0.90	0.23	1.99	1.99	剔除后正态分布	2.01	1.93	1.50
Y	228	17.69	20.30	22.96	27.29	32.73	41.98	45.47	29.36	11.35	27.91	6.86	122	13.16	0.39	27.29	22.97	对数正态分布	27.91	26.13	23.00
Zn	228	43.55	52.1	61.4	72.2	90.0	112	143	80.9	37.50	75.2	12.20	350	25.90	0.46	72.2	69.6	对数正态分布	75.2	77.4	60.0
Zr	228	208	220	249	285	336	394	426	298	70.7	290	26.41	679	161	0.24	285	285	正态分布	298	287	215
SiO$_2$	228	57.7	61.6	67.1	70.9	73.9	76.5	78.3	69.8	6.00	69.6	11.66	81.6	50.5	0.09	70.9	69.0	正态分布	69.8	70.5	67.9
Al$_2$O$_3$	228	11.60	12.38	13.58	14.77	16.57	18.41	19.91	15.14	2.43	14.95	4.72	22.95	9.65	0.16	14.77	14.87	正态分布	15.14	14.82	11.90
TFe$_2$O$_3$	228	3.05	3.36	4.24	5.25	6.29	7.29	8.40	5.39	1.66	5.15	2.63	11.69	2.04	0.31	5.25	6.05	正态分布	5.39	4.70	4.10
MgO	228	0.42	0.49	0.58	0.78	1.01	1.19	1.40	0.83	0.32	0.77	1.49	2.23	0.37	0.38	0.78	0.78	正态分布	0.83	0.67	1.36
CaO	209	0.09	0.10	0.13	0.20	0.27	0.33	0.37	0.21	0.09	0.19	2.83	0.53	0.06	0.44	0.20	0.12	剔除后正态分布	0.21	0.22	2.57
Na$_2$O	228	0.07	0.08	0.12	0.22	0.44	0.72	0.87	0.32	0.26	0.23	3.13	1.72	0.05	0.83	0.22	0.07	正态分布	0.23	0.16	1.81
K$_2$O	228	1.40	1.53	1.94	2.31	2.74	3.17	3.37	2.34	0.63	2.26	1.73	4.96	0.68	0.27	2.31	2.39	对数正态分布	2.34	2.99	2.36
TC	228	0.29	0.34	0.40	0.47	0.57	0.69	0.79	0.50	0.16	0.48	1.70	1.18	0.23	0.32	0.47	0.51	对数正态分布	0.48	0.43	0.90
Corg	228	0.24	0.26	0.31	0.37	0.45	0.57	0.63	0.40	0.14	0.38	1.93	1.06	0.19	0.35	0.37	0.33	对数正态分布	0.38	0.42	0.30
pH	228	4.67	4.74	4.93	5.12	5.43	6.06	6.63	5.07	5.18	5.30	2.63	8.16	4.43	1.02	5.12	5.10	对数正态分布	5.30	5.12	8.10

注：氧化物、TC、Corg 单位为%，N、P 单位为 g/kg，Au、Ag 单位为 μg/kg，pH 为无量纲，其他元素/指标单位为 mg/kg；浙江省基准值引自《浙江省土壤元素背景值》(黄春雷等，2023)；中国基准值引自《全国地球化学基准网建立土壤地球化学基准值特征》(王学求等，2016)；后表单位和资料来源相同。

第三章 土壤地球化学基准值

表 3-2 柯城区土壤地球化学参数统计表

元素/指标	N	$X_{5\%}$	$X_{10\%}$	$X_{25\%}$	$X_{50\%}$	$X_{75\%}$	$X_{90\%}$	$X_{95\%}$	$\bar{X}$	S	$\bar{X}_g$	S_g	X_{max}	X_{min}	CV	X_{me}	X_{mo}	柯城区基准值	衢州市基准值	浙江省基准值
Ag	26	25.75	34.00	43.50	59.5	68.5	86.5	124	61.8	29.79	56.1	9.96	156	21.00	0.48	59.5	65.0	59.5	54.9	70.0
As	26	4.40	5.35	7.10	8.60	11.70	15.35	18.20	9.74	4.32	8.90	3.97	20.90	3.70	0.44	8.60	7.80	8.60	9.99	6.83
Au	26	0.90	0.90	1.10	1.40	1.77	2.25	2.65	1.67	1.21	1.47	1.65	7.10	0.80	0.72	1.40	1.10	1.40	1.52	1.10
B	26	26.25	31.00	32.25	40.00	47.75	65.5	68.2	43.58	15.20	41.39	8.85	89.0	23.00	0.35	40.00	32.00	40.00	47.17	73.0
Ba	26	250	263	313	354	403	481	526	364	85.8	354	28.76	573	225	0.24	354	367	354	370	482
Be	26	1.45	1.57	1.70	2.02	2.25	2.61	2.73	2.04	0.43	1.99	1.57	2.95	1.20	0.21	2.02	2.01	2.02	2.21	2.31
Bi	26	0.19	0.22	0.25	0.28	0.32	0.38	0.44	0.29	0.07	0.28	2.09	0.46	0.19	0.24	0.28	0.33	0.28	0.35	0.24
Br	26	1.04	1.13	1.41	1.81	2.34	2.98	3.06	1.95	0.76	1.82	1.65	4.04	1.00	0.39	1.81	1.15	1.81	2.32	1.50
Cd	26	0.08	0.09	0.10	0.12	0.16	0.18	0.20	0.13	0.05	0.13	3.47	0.28	0.07	0.35	0.12	0.13	0.12	0.13	0.11
Ce	26	55.2	59.2	64.5	71.4	83.3	108	129	78.5	23.23	75.7	11.99	142	44.39	0.30	71.4	79.1	71.4	83.0	84.1
Cl	26	24.25	25.50	29.00	32.50	40.00	42.50	46.00	34.12	7.67	33.34	7.46	54.0	24.00	0.22	32.50	29.00	32.50	33.74	39.00
Co	26	4.31	4.90	7.21	9.26	11.97	16.06	19.18	9.95	4.34	9.09	3.94	19.90	3.50	0.44	9.26	10.00	9.26	10.66	11.90
Cr	26	30.84	33.37	45.36	53.3	65.4	76.0	77.4	55.2	18.30	52.3	10.07	108	21.80	0.33	53.3	56.3	53.3	66.8	71.0
Cu	26	11.94	13.52	15.01	20.73	23.99	40.99	46.18	22.69	10.58	20.75	6.11	48.98	9.06	0.47	20.73	14.99	20.73	23.37	11.20
F	26	284	300	352	437	608	690	834	496	203	463	35.37	1136	257	0.41	437	443	437	550	431
Ga	26	10.97	11.69	13.77	17.75	19.39	21.00	22.19	16.91	3.67	16.51	5.08	23.95	10.70	0.22	17.75	16.80	17.75	18.66	18.92
Ge	26	1.37	1.40	1.50	1.62	1.76	1.88	1.90	1.61	0.19	1.60	1.34	1.91	1.23	0.12	1.62	1.50	1.62	1.67	1.50
Hg	26	0.03	0.03	0.04	0.05	0.06	0.10	0.15	0.06	0.04	0.05	5.90	0.19	0.02	0.67	0.05	0.04	0.05	0.06	0.048
I	26	1.65	1.84	2.19	3.03	3.50	3.81	4.21	2.91	0.89	2.77	1.96	4.87	1.13	0.31	3.03	3.37	3.03	3.98	3.86
La	26	30.66	31.55	33.37	36.34	42.20	58.9	66.9	41.45	13.68	39.75	8.26	85.6	24.97	0.33	36.34	34.09	36.34	42.78	41.00
Li	26	24.13	25.97	30.99	36.90	42.88	52.4	58.0	39.31	13.46	37.54	8.32	87.8	23.52	0.34	36.90	38.12	36.90	39.50	37.51
Mn	26	262	321	355	426	518	701	832	465	171	438	33.19	900	204	0.37	426	456	426	479	713
Mo	26	0.80	0.83	0.95	1.24	1.47	1.89	2.42	1.43	0.87	1.29	1.56	5.17	0.70	0.61	1.24	1.44	1.24	1.32	0.62
N	26	0.34	0.34	0.39	0.43	0.53	0.58	0.63	0.47	0.12	0.45	1.66	0.86	0.30	0.26	0.43	0.40	0.43	0.53	0.49
Nb	26	12.54	13.92	15.59	18.96	22.43	26.94	30.61	19.91	5.91	19.15	5.42	36.43	11.76	0.30	18.96	19.89	18.96	21.04	19.60
Ni	26	9.75	10.30	16.47	18.30	22.05	27.00	36.85	20.18	9.21	18.49	5.75	50.4	7.50	0.46	18.30	21.20	18.30	22.13	11.00
P	26	0.11	0.12	0.17	0.24	0.31	0.39	0.58	0.27	0.15	0.24	2.58	0.73	0.08	0.56	0.24	0.31	0.24	0.28	0.24
Pb	26	20.23	21.20	23.23	25.08	28.90	35.87	37.93	26.88	5.88	26.32	6.51	41.73	18.27	0.22	25.08	26.89	25.08	29.62	30.00

续表 3-2

元素/指标	N	$X_{5\%}$	$X_{10\%}$	$X_{25\%}$	$X_{50\%}$	$X_{75\%}$	$X_{90\%}$	$X_{95\%}$	$\bar{X}$	S	$\bar{X}_g$	S_g	X_{max}	X_{min}	CV	X_{me}	X_{mo}	柯城区基准值	衢州市基准值	浙江省基准值
Rb	26	72.8	76.4	86.4	105	118	142	152	106	26.28	103	14.20	169	61.0	0.25	105	106	105	122	128
S	26	80.2	91.0	106	116	155	174	192	129	38.73	123	16.27	228	58.0	0.30	116	115	116	146	114
Sb	26	0.50	0.52	0.64	0.81	0.95	1.18	1.23	0.84	0.30	0.80	1.40	1.84	0.43	0.35	0.81	0.83	0.81	0.86	0.53
Sc	26	6.16	6.46	8.80	10.25	11.93	13.73	15.78	10.42	2.95	10.01	3.94	17.38	6.04	0.28	10.25	10.30	10.25	11.66	9.70
Se	26	0.14	0.16	0.20	0.23	0.28	0.31	0.31	0.24	0.07	0.23	2.46	0.43	0.08	0.30	0.23	0.21	0.23	0.29	0.21
Sn	26	2.12	2.25	2.52	2.90	3.90	4.25	6.02	3.49	2.03	3.17	2.12	12.10	1.50	0.58	2.90	4.20	2.90	3.44	2.60
Sr	26	29.71	32.00	34.59	39.69	46.53	98.2	120	56.5	51.4	46.63	9.60	279	21.40	0.91	39.69	38.16	39.69	44.53	112
Th	26	8.77	9.38	11.04	12.81	16.74	20.02	22.22	14.14	4.47	13.49	4.53	24.89	7.50	0.32	12.81	12.81	12.81	16.66	14.50
Ti	26	2809	2965	3551	4211	4817	5143	6264	4225	1029	4107	118	6650	2486	0.24	4211	4279	4211	4536	4602
Tl	26	0.43	0.47	0.52	0.64	0.78	0.93	0.97	0.67	0.18	0.65	1.45	1.04	0.40	0.26	0.64	0.52	0.64	0.82	0.82
U	26	2.21	2.29	2.71	3.28	3.83	4.53	4.66	3.38	1.05	3.24	2.10	6.87	1.77	0.31	3.28	3.44	3.28	3.70	3.14
V	26	37.69	42.85	58.4	74.5	88.5	107	136	77.4	29.41	72.2	12.14	154	28.78	0.38	74.5	78.1	74.5	87.5	110
W	26	1.20	1.28	1.54	1.83	1.98	2.17	2.25	1.77	0.43	1.72	1.49	3.14	1.01	0.24	1.83	1.84	1.83	2.01	1.93
Y	26	17.31	19.68	22.09	26.70	30.78	40.48	45.93	27.71	9.01	26.45	6.64	51.8	13.16	0.33	26.70	26.70	26.70	27.91	26.13
Zn	26	40.52	43.25	54.8	61.2	69.2	78.8	83.4	62.4	15.23	60.7	10.57	107	34.40	0.24	61.2	65.0	61.2	75.2	77.4
Zr	26	208	240	256	275	336	404	432	300	68.3	293	25.10	450	193	0.23	275	300	275	298	287
SiO$_2$	26	65.9	67.0	68.5	73.1	77.2	79.3	79.6	72.6	5.31	72.4	11.56	81.6	59.2	0.07	73.1	73.0	73.1	69.8	70.5
Al$_2$O$_3$	26	10.74	11.13	12.05	14.04	15.62	16.85	17.35	13.96	2.17	13.79	4.53	17.49	10.21	0.16	14.04	13.75	14.04	15.14	14.82
TFe$_2$O$_3$	26	2.69	2.99	3.60	4.52	5.40	6.04	6.88	4.65	1.40	4.45	2.51	8.31	2.36	0.30	4.52	4.30	4.52	5.39	4.70
MgO	26	0.44	0.46	0.54	0.70	0.87	1.06	1.35	0.75	0.31	0.71	1.49	1.68	0.42	0.40	0.70	0.76	0.70	0.83	0.67
CaO	26	0.12	0.13	0.21	0.26	0.35	0.64	1.39	0.45	0.67	0.29	2.83	3.41	0.10	1.51	0.26	0.26	0.26	0.21	0.22
Na$_2$O	26	0.10	0.11	0.18	0.35	0.57	0.72	0.87	0.39	0.25	0.30	2.96	0.94	0.06	0.65	0.35	0.59	0.35	0.23	0.16
K$_2$O	26	1.64	1.73	1.98	2.21	2.44	2.96	3.12	2.28	0.50	2.23	1.66	3.58	1.53	0.22	2.21	2.26	2.21	2.34	2.99
TC	26	0.28	0.29	0.35	0.38	0.46	0.51	0.56	0.41	0.13	0.40	1.78	0.94	0.25	0.32	0.38	0.36	0.38	0.48	0.43
Corg	26	0.23	0.25	0.28	0.32	0.38	0.43	0.46	0.33	0.08	0.32	1.98	0.53	0.20	0.24	0.32	0.26	0.32	0.38	0.42
pH	26	4.72	4.84	4.96	5.21	5.78	6.14	6.69	5.12	5.14	5.42	2.64	7.54	4.50	1.00	5.21	4.96	5.21	5.30	5.12

柯城区深层土壤总体呈强酸性,土壤 pH 基准值为 5.21,极大值为 7.54,极小值为 4.50,基本接近于衢州市基准值及浙江省基准值。

深层土壤各元素/指标中,大多数元素/指标变异系数小于 0.40,说明分布较为均匀;F、As、Co、Ni、Cu、Ag、P、Sn、Mo、Na_2O、Hg、Au、Sr、pH、CaO 共 15 项元素/指标变异系数大于 0.40,其中 Sr、pH、CaO 变异系数大于 0.80,空间变异性较大。

与衢州市土壤基准值相比,柯城区土壤基准值中 I、Th、Br、Tl、TC、Se、S、F、Cr 基准值略低于衢州市基准值,不足衢州市基准值的 80%;CaO 基准值略高于衢州市基准值,与衢州市基准值比值在 1.2~1.4 之间;Na_2O 基准值明显高于衢州市基准值,是衢州市基准值的 1.4 倍以上;其他元素/指标基准值则与衢州市基准值基本接近。

与浙江省土壤基准值相比,柯城区土壤基准值中 B、Mn、Sr 基准值明显偏低,不足浙江省基准值的 60%;而 Ba、Co、Cr、I、Tl、V、Zn、K_2O、Corg 基准值略低于浙江省基准值,是浙江省基准值的 60%~80%;As、Au、Br 基准值略高于浙江省基准值,与浙江省基准值比值在 1.2~1.4 之间;Cu、Mo、Ni、Sb、Na_2O 基准值明显高于浙江省基准值,是浙江省基准值的 1.4 倍以上;其他元素/指标基准值则与浙江省基准值基本接近。

三、衢江区土壤地球化学基准值

衢江区土壤地球化学基准值数据经正态分布检验,结果表明,原始数据中仅 Au、Cd、Mo、Sn、CaO、pH 符合对数正态分布,其他元素/指标均符合对数正态分布(表 3-3)。

衢江区深层土壤总体呈酸性,土壤 pH 基准值为 5.35,极大值为 7.84,极小值为 4.61,基本接近于衢州市基准值及浙江省基准值。

深层土壤各元素/指标中,多数元素/指标变异系数均在 0.40 以下,说明分布较为均匀;Co、I、Hg、P、Ni、V、MgO、Br、Cd、Sb、Na_2O、Mo、As、Au、pH、CaO 共 16 项元素/指标变异系数大于 0.40,其中 pH、CaO 变异系数大于 0.80,空间变异性较大。

与衢州市土壤基准值相比,衢江区土壤基准值中多数元素/指标基准值与衢州市基准值基本接近;Cu、P、Sc 基准值略低于衢州市基准值;As 基准值略高于衢州市基准值;Na_2O 基准值明显偏高,是衢州市基准值的 1.56 倍以上。

与浙江省土壤基准值相比,衢江区土壤基准值中 Sr 基准值明显偏低,仅为浙江省基准值的 35.93%;B、Ba、Co、Cr、Mn、V、K_2O 基准值略低于浙江省基准值,是浙江省基准值的 60%~80%;Bi、Br、Se、Sn 基准值略高于浙江省基准值,是浙江省基准值的 1.2~1.4 倍;As、Au、Cu、Mo、Ni、S、Sb、Na_2O 基准值明显高于浙江省基准值,是浙江省基准值的 1.4 倍以上;其他元素/指标基准值则与浙江省基准值基本接近。

四、江山市土壤地球化学基准值

江山市土壤地球化学基准值数据经正态分布检验,结果表明,原始数据中 Ag、B、Ba、Be、Bi、Br、Cd、Ce、Co、Cr、Cu、F、Ga、Ge、I、La、Li、Mn、N、Nb、Ni、P、Pb、Rb、S、Sc、Se、Th、Tl、U、V、W、Y、Zn、Zr、SiO_2、Al_2O_3、TFe_2O_3、MgO、K_2O 符合正态分布,As、Au、Hg、Mo、Sb、Sn、Sr、CaO、Na_2O、pH 符合对数正态分布,其他元素/指标不符合正态分布或对数正态分布(表 3-4)。

江山市深层土壤总体呈酸性,土壤 pH 基准值为 5.21,极大值为 8.16,极小值为 4.43,基本接近于衢州市基准值及浙江省基准值。

深层土壤各元素/指标中,多数变异系数在 0.40 以下,说明分布较为均匀;Se、B、F、P、Co、Ni、Sr、Sn、Sb、Au、Hg、pH、As、Na_2O、CaO、Mo 共 16 项元素/指标变异系数大于 0.40,其中 Au、Hg、pH、As、Na_2O、

表 3-3 衢江区土壤地球化学基准值参数统计表

元素/指标	N	$X_{5\%}$	$X_{10\%}$	$X_{25\%}$	$X_{50\%}$	$X_{75\%}$	$X_{90\%}$	$X_{95\%}$	$\overline{X}$	S	$\overline{X}_g$	S_g	X_{max}	X_{min}	CV	X_{me}	X_{mo}	分布类型	衢江区基准值	衢州市基准值	浙江省基准值
Ag	41	31.00	43.00	48.00	59.0	74.0	87.0	91.0	61.1	17.68	58.5	10.45	97.0	27.00	0.29	59.0	65.0	正态分布	61.1	54.9	70.0
As	41	4.90	5.10	6.10	9.80	13.70	20.90	33.20	12.10	8.63	10.08	4.47	44.50	3.50	0.71	9.80	4.90	正态分布	12.10	9.99	6.83
Au	41	0.90	1.00	1.20	1.50	1.80	2.60	3.10	1.80	1.38	1.58	1.69	9.30	0.80	0.76	1.50	1.70	对数正态分布	1.58	1.52	1.10
B	41	26.00	27.00	33.00	48.00	57.0	72.0	77.0	47.98	16.65	45.07	9.63	84.0	24.00	0.35	48.00	48.00	正态分布	47.98	47.17	73.0
Ba	41	205	239	266	320	392	472	497	335	100.0	321	27.68	659	168	0.30	320	323	正态分布	335	370	482
Be	41	1.23	1.38	1.81	2.04	2.29	2.41	2.63	2.01	0.47	1.95	1.56	3.31	1.01	0.23	2.04	2.04	正态分布	2.01	2.21	2.31
Bi	41	0.19	0.20	0.22	0.30	0.41	0.50	0.53	0.33	0.13	0.31	2.06	0.70	0.17	0.39	0.30	0.25	正态分布	0.33	0.35	0.24
Br	41	1.00	1.03	1.34	1.91	2.46	3.21	3.42	2.04	0.93	1.86	1.70	5.37	1.00	0.46	1.91	1.00	正态分布	2.04	2.32	1.50
Cd	41	0.07	0.09	0.11	0.13	0.15	0.17	0.19	0.14	0.06	0.13	3.40	0.47	0.06	0.47	0.13	0.12	对数正态分布	0.13	0.13	0.11
Ce	41	52.9	57.3	64.9	72.2	84.9	113	128	77.7	21.99	75.1	11.70	141	40.87	0.28	72.2	85.2	正态分布	77.7	83.0	84.1
Cl	41	26.00	27.00	30.00	34.00	38.00	47.00	48.00	35.70	7.62	34.97	7.71	60.0	25.00	0.21	34.00	35.00	正态分布	35.70	33.74	39.00
Co	41	3.63	4.31	5.80	8.60	11.30	12.94	13.30	8.64	3.61	7.89	3.61	18.52	3.00	0.42	8.60	4.90	正态分布	8.64	10.66	11.90
Cr	41	25.40	30.20	39.70	56.6	72.8	81.8	83.3	56.4	21.83	52.2	10.52	126	22.30	0.39	56.6	75.6	正态分布	56.4	66.8	71.0
Cu	41	9.80	10.41	11.96	18.22	22.20	25.50	29.60	18.21	7.01	17.01	5.45	41.10	9.41	0.38	18.22	18.22	正态分布	18.21	23.37	11.20
F	41	259	284	365	453	575	801	923	501	195	468	35.66	967	258	0.39	453	575	正态分布	501	550	431
Ga	41	10.30	12.30	14.50	15.72	18.20	21.46	21.76	16.16	3.32	15.82	4.91	23.01	9.60	0.21	15.72	16.30	正态分布	16.16	18.66	18.92
Ge	41	1.28	1.35	1.45	1.58	1.69	1.77	1.86	1.57	0.19	1.56	1.33	2.07	1.06	0.12	1.58	1.69	正态分布	1.57	1.67	1.50
Hg	41	0.03	0.03	0.04	0.05	0.07	0.09	0.10	0.05	0.02	0.05	5.91	0.12	0.02	0.42	0.05	0.05	正态分布	0.05	0.06	0.048
I	41	1.23	1.54	2.21	3.13	4.33	5.00	5.40	3.22	1.34	2.89	2.25	6.10	0.56	0.42	3.13	5.00	正态分布	3.22	3.98	3.86
La	41	27.28	28.61	33.13	36.80	43.51	48.02	58.6	38.88	9.39	37.86	7.94	63.9	23.63	0.24	36.80	36.80	正态分布	38.88	42.78	41.00
Li	41	24.50	27.93	31.65	38.12	46.75	52.6	54.8	39.54	9.82	38.33	8.33	59.7	21.95	0.25	38.12	35.48	正态分布	39.54	39.50	37.51
Mn	41	185	215	333	438	493	655	705	436	168	405	31.50	1014	148	0.39	438	438	正态分布	436	479	713
Mo	41	0.68	0.88	0.95	1.23	1.62	2.27	2.72	1.50	0.98	1.31	1.64	5.67	0.59	0.65	1.23	1.62	对数正态分布	1.31	1.32	0.62
N	41	0.33	0.36	0.40	0.46	0.57	0.62	0.66	0.49	0.12	0.47	1.61	0.85	0.30	0.24	0.46	0.46	正态分布	0.49	0.53	0.49
Nb	41	13.82	15.56	18.34	20.07	23.50	28.57	36.22	21.94	6.46	21.14	5.71	43.98	11.86	0.29	20.07	19.40	正态分布	21.94	21.04	19.60
Ni	41	8.60	10.40	11.40	19.10	26.20	27.90	33.10	18.86	8.18	17.13	5.65	36.30	7.90	0.43	19.10	11.40	正态分布	18.86	22.13	11.00
P	41	0.10	0.11	0.14	0.21	0.27	0.35	0.37	0.22	0.09	0.20	2.76	0.47	0.07	0.43	0.21	0.14	正态分布	0.22	0.28	0.24
Pb	41	19.90	21.33	22.90	26.89	30.71	33.33	35.71	27.39	5.57	26.85	6.69	42.35	17.35	0.20	26.89	26.89	正态分布	27.39	29.62	30.00

续表 3-3

元素/指标	N	$X_{5\%}$	$X_{10\%}$	$X_{25\%}$	$X_{50\%}$	$X_{75\%}$	$X_{90\%}$	$X_{95\%}$	$\bar{X}$	S	$\bar{X}_g$	S_g	X_{max}	X_{min}	CV	X_{me}	X_{mo}	分布类型	衢江区基准值	衢州市基准值	浙江省基准值
Rb	41	62.2	69.0	85.1	107	123	159	163	108	32.02	104	14.33	187	55.8	0.30	107	109	正态分布	108	122	128
S	41	81.0	98.0	132	157	190	239	254	160	50.6	152	18.34	281	78.0	0.32	157	157	正态分布	160	146	114
Sb	41	0.48	0.52	0.58	0.79	1.12	1.50	2.36	0.99	0.61	0.86	1.64	3.06	0.40	0.62	0.79	1.12	正态分布	0.99	0.86	0.53
Sc	41	6.20	6.40	7.20	9.32	10.90	11.81	13.43	9.23	2.23	8.96	3.64	13.80	5.50	0.24	9.32	9.32	正态分布	9.23	11.66	9.70
Se	41	0.16	0.16	0.21	0.29	0.34	0.40	0.41	0.28	0.09	0.27	2.23	0.43	0.14	0.30	0.29	0.33	正态分布	0.28	0.29	0.21
Sn	41	2.30	2.50	2.80	3.30	4.90	5.70	6.40	3.84	1.52	3.58	2.30	8.30	1.40	0.40	3.30	3.20	对数正态分布	3.58	3.44	2.60
Sr	41	27.60	30.20	31.63	36.12	44.80	51.3	74.3	40.24	13.94	38.46	8.13	93.4	23.78	0.35	36.12	39.59	正态分布	40.24	44.53	112
Th	41	9.48	12.58	13.64	14.79	16.90	20.10	23.01	15.44	3.39	15.08	4.72	24.26	8.23	0.22	14.79	15.85	正态分布	15.44	16.66	14.50
Ti	41	2808	2909	3506	4028	4860	5471	5634	4136	1020	4009	119	6561	2082	0.25	4028	4179	正态分布	4136	4536	4602
Tl	41	0.42	0.48	0.62	0.71	0.83	0.91	0.97	0.72	0.18	0.70	1.39	1.28	0.38	0.25	0.71	0.70	正态分布	0.72	0.82	0.82
U	41	1.87	2.50	3.12	3.64	4.06	4.58	4.79	3.58	0.88	3.46	2.13	6.04	1.56	0.24	3.64	3.12	正态分布	3.58	3.70	3.14
V	41	35.40	39.20	46.22	72.4	95.6	117	126	75.7	32.45	69.2	12.25	164	31.50	0.43	72.4	39.80	正态分布	75.7	87.5	110
W	41	1.11	1.36	1.63	1.92	2.31	2.49	2.67	1.94	0.50	1.87	1.57	3.00	0.90	0.26	1.92	1.84	正态分布	1.94	2.01	1.93
Y	41	15.85	17.25	22.14	24.60	28.91	35.14	40.53	26.02	7.07	25.14	6.32	44.18	15.08	0.27	24.60	26.10	正态分布	26.02	27.91	26.13
Zn	41	38.70	43.30	55.1	65.5	76.5	83.2	94.5	65.4	17.76	62.9	10.95	113	28.70	0.27	65.5	62.8	正态分布	65.4	75.2	77.4
Zr	41	233	251	279	318	394	425	430	333	68.2	326	27.11	465	222	0.20	318	336	正态分布	333	298	287
SiO_2	41	67.6	68.2	70.1	74.4	75.8	77.5	79.9	73.4	4.03	73.3	11.75	81.6	63.9	0.05	74.4	74.4	正态分布	73.4	69.8	70.5
Al_2O_3	41	11.08	11.53	12.47	13.41	14.87	16.11	16.62	13.61	1.79	13.49	4.48	17.50	9.65	0.13	13.41	15.34	正态分布	13.61	15.14	14.82
TFe_2O_3	41	2.83	2.85	3.62	4.33	5.35	5.82	6.15	4.52	1.17	4.37	2.46	7.23	2.44	0.26	4.33	4.64	正态分布	4.52	5.39	4.70
MgO	41	0.39	0.40	0.49	0.58	0.79	1.02	1.13	0.68	0.30	0.63	1.55	1.79	0.38	0.44	0.58	0.51	正态分布	0.68	0.83	0.67
CaO	41	0.11	0.13	0.16	0.23	0.30	0.42	0.88	0.37	0.63	0.25	2.80	4.09	0.08	1.72	0.23	0.26	对数正态分布	0.25	0.21	0.22
Na_2O	41	0.09	0.11	0.17	0.31	0.52	0.66	0.80	0.36	0.23	0.29	2.86	0.91	0.07	0.64	0.31	0.44	正态分布	0.36	0.23	0.16
K_2O	41	1.26	1.40	1.55	2.00	2.44	3.04	3.05	2.07	0.61	1.99	1.61	3.38	1.18	0.29	2.00	2.03	正态分布	2.07	2.34	2.99
TC	41	0.25	0.27	0.35	0.44	0.51	0.55	0.59	0.44	0.15	0.42	1.76	1.17	0.23	0.35	0.44	0.46	正态分布	0.44	0.48	0.43
Corg	41	0.22	0.24	0.28	0.33	0.41	0.45	0.47	0.34	0.09	0.33	1.98	0.55	0.19	0.25	0.33	0.33	正态分布	0.34	0.38	0.42
pH	41	4.68	4.77	4.95	5.22	5.47	6.07	6.65	5.10	5.19	5.35	2.63	7.84	4.61	1.02	5.22	5.39	对数正态分布	5.35	5.30	5.12

表 3-4 江山市土壤地球化学基准值参数统计表

元素/指标	N	$X_{5\%}$	$X_{10\%}$	$X_{25\%}$	$X_{50\%}$	$X_{75\%}$	$X_{90\%}$	$X_{95\%}$	$\bar{X}$	S	$\bar{X}_g$	S_g	X_{max}	X_{min}	CV	X_{me}	X_{mo}	分布类型	江山市基准值	衢州市基准值	浙江省基准值
Ag	58	35.70	37.00	42.00	48.50	55.0	61.0	67.2	50.1	13.76	48.64	9.55	123	33.00	0.27	48.50	52.0	正态分布	50.1	54.9	70.0
As	58	3.20	4.79	6.90	9.15	15.78	30.93	36.28	14.86	16.03	10.69	5.22	94.3	3.00	1.08	9.15	8.00	对数正态分布	10.69	9.99	6.83
Au	58	0.90	1.07	1.30	1.65	1.98	3.25	4.14	2.04	1.70	1.74	1.88	12.10	0.70	0.83	1.65	1.90	对数正态分布	1.74	1.52	1.10
B	58	16.70	21.00	31.00	45.00	65.5	78.6	83.8	48.60	22.05	43.12	9.85	91.0	10.00	0.45	45.00	21.00	正态分布	48.60	47.17	73.0
Ba	58	212	234	261	333	418	551	584	359	125	340	29.31	709	190	0.35	333	359	正态分布	359	370	482
Be	58	1.73	1.83	1.96	2.23	2.54	2.71	2.96	2.28	0.40	2.25	1.66	3.32	1.61	0.17	2.23	2.50	正态分布	2.28	2.21	2.31
Bi	58	0.19	0.22	0.27	0.34	0.44	0.52	0.57	0.36	0.13	0.34	1.95	0.90	0.17	0.37	0.34	0.27	正态分布	0.36	0.35	0.24
Br	58	1.34	1.71	2.14	2.56	3.22	3.71	3.93	2.66	0.82	2.53	1.93	4.71	1.00	0.31	2.56	2.51	正态分布	2.66	2.32	1.50
Cd	58	0.10	0.10	0.13	0.14	0.16	0.18	0.21	0.14	0.04	0.14	3.17	0.28	0.08	0.25	0.14	0.15	正态分布	0.14	0.13	0.11
Ce	58	68.2	69.8	74.7	82.6	91.9	104	117	86.7	17.53	85.2	12.72	157	62.1	0.20	82.6	82.5	正态分布	86.7	83.0	84.1
Cl	58	20.00	20.00	20.00	25.00	32.75	37.00	39.30	26.93	7.37	26.02	6.77	47.00	20.00	0.27	25.00	20.00	其他分布	26.02	33.74	39.00
Co	58	6.51	7.48	8.65	14.10	18.62	26.17	29.90	15.81	8.50	13.87	5.03	47.40	4.90	0.54	14.10	17.80	正态分布	15.81	10.66	11.90
Cr	58	33.29	43.64	59.5	82.6	96.5	121	131	81.4	29.62	75.7	12.74	147	29.99	0.36	82.6	81.6	正态分布	81.4	66.8	71.0
Cu	58	16.35	17.17	21.15	29.00	37.02	47.96	54.5	31.05	11.56	28.97	7.46	57.3	13.10	0.37	29.00	41.70	正态分布	31.05	23.37	11.20
F	58	329	349	423	552	780	970	1414	646	312	588	41.96	1605	286	0.48	552	540	正态分布	646	550	431
Ga	58	17.20	17.58	18.94	21.07	22.12	23.53	24.47	20.74	2.35	20.61	5.71	26.95	16.07	0.11	21.07	21.07	正态分布	20.74	18.66	18.92
Ge	58	1.44	1.49	1.63	1.75	1.85	1.93	2.01	1.72	0.18	1.71	1.39	2.11	1.20	0.11	1.75	1.63	正态分布	1.72	1.67	1.50
Hg	58	0.03	0.03	0.05	0.07	0.10	0.15	0.20	0.09	0.07	0.07	4.82	0.49	0.02	0.85	0.07	0.09	对数正态分布	0.07	0.06	0.048
I	58	2.64	2.91	3.33	4.41	6.35	7.26	7.64	4.81	1.70	4.52	2.55	8.05	2.22	0.35	4.41	4.45	正态分布	4.81	3.98	3.86
La	58	34.51	36.12	39.49	44.25	49.39	57.1	61.0	45.92	9.56	45.08	8.78	81.6	32.62	0.21	44.25	45.47	正态分布	45.92	42.78	41.00
Li	58	26.94	29.23	34.08	39.20	45.00	55.2	59.7	41.51	14.85	39.75	8.43	129	21.60	0.36	39.20	35.80	正态分布	41.51	39.50	37.51
Mn	58	329	355	424	618	792	975	1070	635	253	589	41.08	1514	266	0.40	618	631	正态分布	635	479	713
Mo	58	0.72	0.92	1.10	1.32	1.91	2.52	3.75	1.97	2.59	1.50	1.94	18.14	0.54	1.32	1.32	1.12	对数正态分布	1.50	1.32	0.62
N	58	0.40	0.41	0.46	0.58	0.73	0.85	0.86	0.61	0.16	0.58	1.48	0.94	0.28	0.27	0.58	0.52	正态分布	0.61	0.53	0.49
Nb	58	17.03	17.47	18.90	20.75	23.75	27.99	29.61	21.86	4.69	21.43	5.71	38.60	14.40	0.21	20.75	19.80	正态分布	21.86	21.04	19.60
Ni	58	12.62	13.71	19.45	29.95	39.00	56.9	70.1	32.66	18.48	28.27	7.59	91.3	10.50	0.57	29.95	33.60	正态分布	32.66	22.13	11.00
P	58	0.18	0.19	0.26	0.34	0.47	0.64	0.73	0.39	0.19	0.35	2.07	1.19	0.11	0.50	0.34	0.40	正态分布	0.39	0.28	0.24
Pb	58	21.29	22.46	25.04	28.36	31.71	35.26	37.68	28.71	5.19	28.27	6.88	43.89	20.17	0.18	28.36	28.32	正态分布	28.71	29.62	30.00

续表 3-4

元素/指标	N	$X_{5\%}$	$X_{10\%}$	$X_{25\%}$	$X_{50\%}$	$X_{75\%}$	$X_{90\%}$	$X_{95\%}$	$\bar{X}$	S	$\bar{X}_g$	S_g	X_{max}	X_{min}	CV	X_{me}	X_{mo}	分布类型	江山市基准值	衢州市基准值	浙江省基准值
Rb	58	64.7	68.5	92.0	119	144	156	170	117	35.22	111	15.23	191	40.60	0.30	119	145	正态分布	117	122	128
S	58	83.8	91.8	115	140	188	240	255	156	56.5	147	18.56	307	79.0	0.36	140	161	正态分布	156	146	114
Sb	58	0.42	0.46	0.59	0.77	1.13	1.91	2.79	1.06	0.85	0.87	1.79	5.04	0.36	0.80	0.77	0.95	对数正态分布	0.87	0.86	0.53
Sc	58	9.36	10.54	12.03	13.50	15.85	18.93	19.44	14.06	3.27	13.71	4.60	24.80	8.90	0.23	13.50	12.10	正态分布	14.06	11.66	9.70
Se	58	0.19	0.20	0.25	0.33	0.41	0.50	0.52	0.35	0.14	0.32	2.05	1.05	0.14	0.42	0.33	0.35	对数正态分布	0.35	0.29	0.21
Sn	58	1.97	2.27	2.60	2.95	3.90	5.48	6.78	3.74	3.01	3.28	2.28	23.30	1.60	0.80	2.95	2.70	对数正态分布	3.28	3.44	2.60
Sr	58	21.88	27.08	31.70	42.80	62.0	84.8	123	54.9	42.25	46.45	9.80	283	20.00	0.77	42.80	32.90	正态分布	46.45	44.53	112
Th	58	10.89	12.00	14.76	16.50	18.51	22.13	25.21	17.10	4.59	16.56	5.04	35.19	10.20	0.27	16.50	15.93	正态分布	17.10	16.66	14.50
Ti	55	3774	4123	4677	5078	6085	7701	8498	5510	1376	5358	140	8927	3313	0.25	5078	4196	偏峰分布	4196	4536	4602
Tl	58	0.46	0.50	0.64	0.78	0.96	1.15	1.23	0.82	0.26	0.78	1.42	1.63	0.37	0.32	0.78	0.78	正态分布	0.82	0.82	0.82
U	58	2.80	2.88	3.25	3.85	4.45	5.82	6.35	4.09	1.26	3.93	2.35	9.58	2.19	0.31	3.85	3.12	对数正态分布	4.09	3.70	3.14
V	58	60.3	69.2	91.9	116	140	169	182	118	38.83	111	15.94	207	48.98	0.33	116	102	正态分布	118	87.5	110
W	58	1.25	1.36	1.74	1.99	2.26	2.62	2.73	2.01	0.48	1.96	1.58	3.53	0.99	0.24	1.99	1.99	正态分布	2.01	2.01	1.93
Y	58	20.73	22.51	24.88	28.70	33.58	38.99	42.37	30.16	7.25	29.38	6.89	55.1	19.10	0.24	28.70	28.90	正态分布	30.16	27.91	26.13
Zn	58	63.6	65.8	69.8	82.0	92.7	109	112	84.0	16.19	82.5	12.93	122	57.6	0.19	82.0	91.7	正态分布	84.0	75.2	77.4
Zr	58	195	206	225	278	337	395	428	292	77.7	282	24.84	501	167	0.27	278	296	正态分布	292	298	287
SiO_2	58	55.3	60.1	64.2	67.8	69.9	72.9	74.0	66.8	5.39	66.6	11.26	77.6	53.3	0.08	67.8	69.0	正态分布	66.8	69.8	70.5
Al_2O_3	58	13.16	13.81	14.75	16.25	17.76	19.62	20.42	16.47	2.31	16.31	4.91	22.95	12.13	0.14	16.25	13.91	正态分布	16.47	15.14	14.82
TFe_2O_3	58	4.52	4.92	5.49	6.37	7.07	8.99	9.98	6.65	1.74	6.45	3.02	11.69	3.74	0.26	6.37	6.40	正态分布	6.65	5.39	4.70
MgO	58	0.57	0.62	0.74	0.94	1.12	1.23	1.38	0.95	0.30	0.90	1.37	2.23	0.41	0.32	0.94	0.94	正态分布	0.95	0.83	0.67
CaO	58	0.08	0.10	0.13	0.19	0.28	0.37	0.63	0.27	0.31	0.20	3.02	2.14	0.06	1.15	0.19	0.15	对数正态分布	0.20	0.21	0.22
Na_2O	58	0.07	0.07	0.09	0.14	0.34	0.61	0.89	0.27	0.31	0.18	3.79	1.72	0.05	1.14	0.14	0.07	对数正态分布	0.18	0.23	0.16
K_2O	58	1.15	1.36	1.81	2.35	2.79	3.19	3.47	2.30	0.69	2.18	1.77	3.68	0.68	0.30	2.35	2.39	正态分布	2.30	2.34	2.99
TC	58	0.36	0.41	0.45	0.52	0.61	0.66	0.76	0.53	0.12	0.52	1.53	0.91	0.25	0.23	0.52	0.59	正态分布	0.53	0.48	0.43
Corg	58	0.28	0.30	0.35	0.42	0.51	0.59	0.61	0.43	0.11	0.41	1.74	0.71	0.19	0.27	0.42	0.43	正态分布	0.43	0.38	0.42
pH	58	4.66	4.73	4.91	5.09	5.31	5.77	6.10	5.03	5.16	5.21	2.60	8.16	4.43	1.03	5.09	5.24	对数正态分布	5.21	5.30	5.12

CaO、Mo变异系数大于0.80,空间变异性较大。

与衢州市土壤基准值相比,江山市土壤基准值中Cl基准值明显低于衢州市基准值,为衢州市基准值的59.27%;Na_2O基准值略低于衢州市基准值;Sc、Se、I、Cr、TFe_2O_3、Mn、Cu、V、P基准值略高于衢州市基准值;Ni、Co基准值明显高于衢州市基准值,为衢州市基准值的1.4倍以上;其他元素/指标基准值则与衢州市基准值基本接近。

与浙江省土壤基准值相比,江山市土壤基准值中Cl、Sr基准值明显偏低,为浙江省基准值的60%以下;Ag、B、Ba、K_2O基准值略低于浙江省基准值,是浙江省基准值的60%~80%;Cd、Co、I、N、S、Sn、U、TC基准值略高于浙江省基准值,是浙江省基准值的1.2~1.4倍;As、Au、Bi、Br、Cu、F、Mo、Ni、P、Sb、Sc、Se、TFe_2O_3、MgO、Hg基准值明显高于浙江省基准值,是浙江省基准值的1.4倍以上;其他元素/指标基准值则与浙江省基准值基本接近。

五、龙游县土壤地球化学基准值

龙游县土壤地球化学基准值数据经正态分布检验,结果表明,原始数据中B、Ba、Be、Ce、Cr、Ga、Ge、I、La、Li、Nb、Rb、S、Se、Th、U、V、Y、Zr、Al_2O_3、TFe_2O_3、MgO、K_2O符合正态分布,Ag、As、Au、Bi、Br、Cd、Cl、Co、Cu、Hg、Mo、N、Ni、P、Pb、Sb、Sc、Sn、Sr、Tl、W、Zn、CaO、Na_2O、TC、Corg、pH符合对数正态分布,F、Mn剔除异常值后符合正态分布,Ti剔除异常值后符合对数正态分布(表3-5);SiO_2不符合正态分布或对数正态分布。

龙游县深层土壤总体呈酸性,土壤pH基准值为5.32,极大值为7.80,极小值为4.53,基本接近于衢州市基准值及浙江省基准值。

深层土壤各元素/指标中,一少半元素/指标变异系数在0.40以下,说明分布较为均匀;MgO、V、Corg、Sr、W、I、Sn、Tl、Cr、Pb、Co、B、Cd、Zn、P、Br、Ag、Sb、Hg、As、Ni、Na_2O、Cu、Mo、Au、pH、Cl、Bi、CaO共29项元素/指标变异系数大于0.40,其中pH、Cl、Bi、CaO变异系数大于0.80,空间变异性较大。

与衢州市土壤基准值相比,龙游县土壤基准值中Sb基准值略低于衢州市基准值,为衢州市基准值的79.06%;Ag、Mo、Tl、Na_2O、Th基准值略高于衢州市基准值,与衢州市基准值比值在1.2~1.4之间;Cl基准值明显高于衢州市基准值,是衢州市基准值的1.47倍;其他元素/指标基准值则与衢州市基准值基本接近。

与浙江省土壤基准值相比,龙游县土壤基准值中B、Sr基准值明显偏低,不足浙江省基准值的60%;Mn、V基准值略低于浙江省基准值,为浙江省基准值的60%~80%;As、Au、Cd、Cl、F、S、Sb、Se、Tl、U基准值略高于浙江省基准值,与浙江省基准值比值在1.2~1.4之间;Bi、Br、Cu、Mo、Ni、Sn、Th、Na_2O基准值明显高于浙江省基准值,为浙江省基准值的1.4倍以上;其他元素/指标基准值则与浙江省基准值基本接近。

六、常山县土壤地球化学基准值

常山县土壤地球化学基准值数据经正态分布检验,结果表明,原始数据中As、Au、B、Be、Bi、Br、Ce、Co、Cr、Cu、F、Ga、Hg、I、La、Li、Mn、N、Nb、Ni、P、Rb、Sb、Sc、Sn、Th、Ti、Tl、V、W、Zr、SiO_2、Al_2O_3、TFe_2O_3、MgO、CaO、Na_2O、K_2O、TC、Corg、pH符合正态分布,Ag、Ba、Cd、Cl、Ge、Mo、Pb、S、Se、Sr、U、Y符合对数正态分布,Zn剔除异常值后符合正态分布(表3-6)。

常山县深层土壤总体呈酸性,土壤pH基准值为5.15,极大值为6.08,极小值为4.82,基本接近于衢州市基准值及浙江省基准值。

第三章 土壤地球化学基准值

表3-5 龙游县土壤地球化学基准值参数统计表

元素/指标	N	$X_{5\%}$	$X_{10\%}$	$X_{25\%}$	$X_{50\%}$	$X_{75\%}$	$X_{90\%}$	$X_{95\%}$	$\overline{X}$	S	$\overline{X}_g$	S_g	X_{max}	X_{min}	CV	X_{me}	X_{mo}	分布类型	龙游县基准值	衢州市基准值	浙江省基准值
Ag	69	35.80	40.40	50.00	62.0	85.0	127	147	76.5	48.85	67.2	11.42	332	27.00	0.64	62.0	50.00	对数正态分布	67.2	54.9	70.0
As	69	3.98	4.94	6.30	8.20	10.60	14.78	17.92	9.48	6.28	8.30	3.82	48.60	2.70	0.66	8.20	7.10	对数正态分布	8.30	9.99	6.83
Au	69	0.74	0.90	1.00	1.40	1.80	2.52	2.78	1.61	1.27	1.40	1.65	10.80	0.60	0.79	1.40	1.50	对数正态分布	1.40	1.52	1.10
B	69	13.80	15.80	24.00	32.00	56.0	70.2	78.4	39.13	21.23	33.64	8.90	90.0	8.00	0.54	32.00	32.00	正态分布	39.13	47.17	73.0
Ba	69	229	256	323	404	489	571	633	415	127	395	31.10	782	169	0.31	404	380	正态分布	415	370	482
Be	69	1.51	1.61	2.01	2.36	2.96	3.42	3.80	2.50	0.77	2.39	1.74	4.94	1.03	0.31	2.36	2.47	对数正态分布	2.50	2.21	2.31
Bi	69	0.19	0.21	0.28	0.33	0.41	0.73	1.01	0.47	0.56	0.37	2.25	3.52	0.16	1.18	0.33	0.39	对数正态分布	0.37	0.35	0.24
Br	69	1.00	1.27	1.60	2.35	4.01	5.18	6.93	2.95	1.83	2.51	2.05	9.99	1.00	0.62	2.35	1.00	对数正态分布	2.51	2.32	1.50
Cd	69	0.08	0.09	0.11	0.13	0.16	0.24	0.31	0.15	0.09	0.14	3.47	0.59	0.06	0.58	0.13	0.16	对数正态分布	0.14	0.13	0.11
Ce	69	59.6	61.5	71.9	84.9	109	134	138	92.4	28.04	88.5	12.94	173	44.74	0.30	84.9	79.6	正态分布	92.4	83.0	84.1
Cl	69	28.00	29.00	35.00	41.00	53.0	119	152	63.8	74.9	49.61	9.78	575	23.00	1.18	41.00	46.00	对数正态分布	49.61	33.74	39.00
Co	69	4.58	5.28	6.86	9.40	13.10	19.82	22.96	10.97	5.79	9.71	3.98	29.70	3.20	0.53	9.40	10.78	对数正态分布	9.71	10.66	11.90
Cr	69	28.26	34.76	42.55	54.3	70.6	105	123	61.8	31.48	55.5	10.57	186	17.00	0.51	54.3	56.2	正态分布	61.8	66.8	71.0
Cu	69	11.04	11.56	14.80	19.02	25.82	44.40	60.7	24.93	18.04	21.22	6.14	101	9.60	0.72	19.02	14.01	对数正态分布	21.22	23.37	11.20
F	68	362	385	423	513	688	801	866	565	173	540	38.04	1034	229	0.31	513	498	剔除后正态分布	565	550	431
Ga	69	12.68	14.34	15.91	18.40	22.07	24.03	25.28	18.94	4.01	18.50	5.30	28.11	9.20	0.21	18.40	19.10	正态分布	18.94	18.66	18.92
Ge	69	1.28	1.35	1.42	1.55	1.71	1.92	2.05	1.60	0.27	1.58	1.36	2.85	1.16	0.17	1.55	1.66	正态分布	1.60	1.67	1.50
Hg	69	0.02	0.02	0.04	0.05	0.06	0.08	0.12	0.06	0.04	0.05	6.19	0.24	0.02	0.66	0.05	0.05	对数正态分布	0.05	0.06	0.048
I	69	1.36	1.68	2.54	3.60	4.74	5.54	6.31	3.78	1.81	3.36	2.29	11.97	0.88	0.48	3.60	3.44	正态分布	3.78	3.98	3.86
La	69	31.68	33.44	38.00	44.20	49.80	63.1	70.4	46.23	11.53	44.91	8.82	78.4	25.30	0.25	44.20	37.94	正态分布	46.23	42.78	41.00
Li	69	27.77	30.58	33.71	39.00	43.81	51.0	55.7	39.72	8.98	38.70	8.46	66.0	17.15	0.23	39.00	39.00	正态分布	39.72	39.50	37.5
Mn	61	218	283	350	412	541	694	887	457	178	426	32.31	957	153	0.39	412	451	剔除后正态分布	457	479	713
Mo	69	0.70	0.84	1.09	1.48	2.57	3.60	4.14	1.97	1.41	1.63	1.90	8.63	0.47	0.72	1.48	1.26	对数正态分布	1.63	1.32	0.62
N	69	0.35	0.38	0.43	0.49	0.58	0.77	0.86	0.54	0.16	0.52	1.62	1.11	0.33	0.30	0.49	0.49	对数正态分布	0.52	0.53	0.49
Nb	69	15.45	16.98	19.50	22.86	25.92	31.50	34.12	23.49	6.37	22.72	5.98	49.49	11.62	0.27	22.86	23.62	正态分布	23.49	21.04	19.60
Ni	69	8.72	10.54	13.40	18.10	24.20	47.20	56.6	22.74	15.40	19.21	6.00	77.5	7.20	0.68	18.10	12.50	对数正态分布	19.21	22.13	11.00
P	69	0.12	0.15	0.18	0.25	0.34	0.47	0.62	0.30	0.18	0.26	2.60	1.28	0.05	0.62	0.25	0.25	对数正态分布	0.26	0.28	0.24
Pb	69	21.73	23.88	27.04	32.55	39.69	49.68	62.4	36.31	18.36	33.80	7.56	154	19.30	0.51	32.55	43.27	对数正态分布	33.80	29.62	30.00

续表 3-5

元素/指标	N	$X_{5\%}$	$X_{10\%}$	$X_{25\%}$	$X_{50\%}$	$X_{75\%}$	$X_{90\%}$	$X_{95\%}$	$\overline{X}$	S	$\overline{X}_g$	S_g	X_{max}	X_{min}	CV	X_{me}	X_{mo}	分布类型	龙游县基准值	衢州市基准值	浙江省基准值
Rb	69	79.5	91.4	115	140	169	202	225	144	51.0	136	16.56	355	58.0	0.35	140	154	正态分布	144	122	128
S	69	78.8	86.8	105	142	177	209	223	143	49.04	135	16.81	271	67.0	0.34	142	108	正态分布	143	146	114
Sb	69	0.39	0.43	0.50	0.63	0.85	1.16	1.55	0.77	0.50	0.68	1.61	3.60	0.34	0.65	0.63	0.61	对数正态分布	0.68	0.86	0.53
Sc	69	7.09	7.62	8.64	9.89	12.30	16.23	19.50	11.02	3.87	10.47	3.90	24.26	4.71	0.35	9.89	10.90	对数正态分布	10.47	11.66	9.70
Se	69	0.13	0.17	0.23	0.29	0.34	0.42	0.43	0.29	0.09	0.27	2.32	0.56	0.12	0.32	0.29	0.24	正态分布	0.29	0.29	0.21
Sn	69	2.14	2.30	2.90	3.60	4.70	7.12	8.58	4.13	2.03	3.76	2.42	11.40	1.30	0.49	3.60	3.70	对数正态分布	3.76	3.44	2.60
Sr	69	27.71	30.20	37.65	44.60	56.0	74.0	89.3	51.7	24.98	47.60	9.48	170	20.00	0.48	44.60	54.1	对数正态分布	47.60	44.53	112
Th	69	12.43	13.27	15.93	19.47	23.95	30.32	37.40	21.17	8.08	19.95	5.50	56.3	8.74	0.38	19.47	15.08	剔除后对数分布	21.17	16.66	14.50
Ti	67	3055	3211	3590	3999	4912	5808	6205	4259	1011	4145	121	6816	1922	0.24	3999	4263	对数正态分布	4145	4536	4602
Tl	69	0.53	0.62	0.73	0.91	1.50	1.80	2.28	1.14	0.57	1.02	1.61	2.82	0.37	0.50	0.91	0.82	对数正态分布	1.02	0.82	0.82
U	69	2.62	2.92	3.27	4.03	4.69	5.33	6.42	4.21	1.43	4.02	2.28	10.41	1.87	0.34	4.03	3.12	正态分布	4.21	3.70	3.14
V	69	40.88	47.94	60.3	74.4	95.9	138	153	83.7	36.42	77.0	12.40	202	29.69	0.44	74.4	83.1	正态分布	83.7	87.5	110
W	69	1.40	1.61	1.81	2.12	2.44	3.18	3.87	2.38	1.14	2.21	1.75	8.95	1.01	0.48	2.12	2.44	对数正态分布	2.21	2.01	1.93
Y	69	18.10	21.21	22.97	27.30	34.48	43.92	45.45	29.68	8.77	28.50	6.82	58.0	15.13	0.30	27.30	27.30	正态分布	29.68	27.91	26.13
Zn	69	43.56	50.9	61.4	70.4	94.9	154	191	88.8	53.1	78.7	12.44	350	25.90	0.60	70.4	61.4	对数正态分布	78.7	75.2	77.4
Zr	69	221	227	258	297	332	358	391	302	67.7	296	26.64	679	204	0.22	297	304	正态分布	302	298	287
SiO₂	69	53.7	58.6	64.3	71.6	73.8	76.4	77.3	69.0	7.25	68.6	11.55	81.2	50.5	0.11	71.6	69.2	偏峰分布	69.2	69.8	70.5
Al₂O₃	69	12.26	12.53	13.74	14.67	17.78	19.70	20.72	15.60	2.71	15.38	4.77	22.04	11.11	0.17	14.67	13.82	正态分布	15.60	15.14	14.82
TFe₂O₃	69	3.09	3.34	3.94	4.64	5.52	7.34	7.84	4.93	1.57	4.71	2.52	10.04	2.04	0.32	4.64	4.49	正态分布	4.93	5.39	4.70
MgO	69	0.45	0.49	0.53	0.72	0.90	1.15	1.51	0.79	0.34	0.74	1.51	2.10	0.37	0.43	0.72	0.76	对数正态分布	0.79	0.83	0.67
CaO	69	0.09	0.09	0.12	0.20	0.30	0.48	1.20	0.31	0.41	0.21	3.08	2.24	0.07	1.32	0.20	0.09	对数正态分布	0.21	0.21	0.22
Na₂O	69	0.09	0.13	0.17	0.26	0.51	0.75	0.93	0.36	0.26	0.29	2.74	1.07	0.06	0.72	0.26	0.17	对数正态分布	0.29	0.23	0.16
K₂O	69	1.60	1.72	2.20	2.54	2.99	3.33	3.48	2.57	0.66	2.49	1.77	4.96	1.33	0.26	2.54	2.68	正态分布	2.57	2.34	2.99
TC	69	0.33	0.35	0.40	0.47	0.63	0.77	0.97	0.54	0.20	0.51	1.68	1.18	0.27	0.37	0.47	0.45	对数正态分布	0.51	0.48	0.43
Corg	69	0.24	0.27	0.30	0.38	0.48	0.64	0.83	0.43	0.19	0.40	1.96	1.06	0.20	0.44	0.38	0.33	对数正态分布	0.40	0.38	0.42
pH	69	4.66	4.68	4.90	5.10	5.46	6.20	6.94	5.04	5.14	5.32	2.65	7.80	4.53	1.02	5.10	5.09	对数正态分布	5.32	5.30	5.12

第三章 土壤地球化学基准值

表 3-6 常山县土壤地球化学基准值参数统计表

元素/指标	N	$X_{5\%}$	$X_{10\%}$	$X_{25\%}$	$X_{50\%}$	$X_{75\%}$	$X_{90\%}$	$X_{95\%}$	$\overline{X}$	S	$\overline{X}_g$	S_g	X_{max}	X_{min}	CV	X_{me}	X_{mo}	分布类型	常山县基准值	衢州市基准值	浙江省基准值
Ag	33	37.80	42.40	51.0	62.0	93.0	155	207	95.6	108	73.9	12.56	643	35.00	1.13	62.0	74.0	对数正态分布	73.9	54.9	70.0
As	33	5.86	7.58	9.80	13.70	21.80	30.98	37.96	16.91	10.36	14.17	5.03	45.20	3.10	0.61	13.70	10.30	正态分布	16.91	9.99	6.83
Au	33	1.16	1.34	1.70	2.30	3.10	4.06	4.60	2.47	1.18	2.25	1.85	6.40	1.00	0.48	2.30	1.80	正态分布	2.47	1.52	1.10
B	33	38.20	42.00	54.0	63.0	73.0	81.2	85.4	62.9	14.41	61.1	10.50	88.0	33.00	0.23	63.0	63.0	对数正态分布	62.9	47.17	73.0
Ba	33	282	303	322	394	516	685	845	811	2171	457	34.25	12 872	227	2.68	394	773	对数正态分布	457	370	482
Be	33	1.63	1.75	2.02	2.32	2.52	2.95	3.27	2.35	0.53	2.30	1.66	4.04	1.57	0.22	2.32	2.33	正态分布	2.35	2.21	2.31
Bi	33	0.30	0.32	0.34	0.39	0.50	0.55	0.59	0.43	0.12	0.41	1.83	0.87	0.17	0.29	0.39	0.39	正态分布	0.43	0.35	0.24
Br	33	1.27	1.44	2.06	2.63	3.36	4.30	4.92	2.84	1.20	2.60	1.93	5.96	1.00	0.42	2.63	2.89	正态分布	2.84	2.32	1.50
Cd	33	0.10	0.10	0.12	0.13	0.17	0.27	0.42	0.21	0.26	0.16	3.30	1.56	0.09	1.27	0.13	0.10	对数正态分布	0.16	0.13	0.11
Ce	33	65.5	68.2	73.7	84.1	93.6	104	107	84.9	13.34	83.9	12.59	108	58.2	0.16	84.1	84.7	正态分布	84.9	83.0	84.1
Cl	33	24.60	25.20	26.00	34.00	38.00	44.60	47.20	38.00	28.81	34.27	7.81	194	23.00	0.76	34.00	26.00	对数正态分布	34.27	33.74	39.00
Co	33	8.53	8.95	10.19	12.84	16.80	19.26	20.74	14.07	5.50	13.26	4.47	36.00	8.10	0.39	12.84	15.80	正态分布	14.07	10.66	11.90
Cr	33	46.14	50.8	66.7	74.9	87.5	93.6	96.9	73.0	17.82	69.8	11.52	99.5	14.20	0.24	74.9	73.7	正态分布	73.0	66.8	71.0
Cu	33	18.05	19.53	23.72	31.86	41.40	49.19	52.2	33.50	11.13	31.68	7.19	55.8	16.76	0.33	31.86	32.00	正态分布	33.50	23.37	11.20
F	33	382	412	514	624	1003	1183	1397	768	337	700	43.49	1531	272	0.44	624	533	正态分布	768	550	431
Ga	33	14.98	16.04	17.49	18.53	20.48	22.03	22.50	18.83	2.43	18.67	5.35	23.95	13.90	0.13	18.53	19.40	正态分布	18.83	18.66	18.92
Ge	33	1.45	1.52	1.70	1.80	1.92	2.29	2.49	1.86	0.36	1.83	1.49	3.18	1.12	0.19	1.80	1.86	对数正态分布	1.83	1.67	1.50
Hg	33	0.04	0.05	0.06	0.08	0.14	0.18	0.19	0.10	0.05	0.09	4.60	0.20	0.03	0.53	0.08	0.08	正态分布	0.10	0.06	0.048
I	33	2.48	2.64	3.34	4.19	5.72	6.38	7.06	4.71	2.42	4.30	2.46	15.65	2.19	0.51	4.19	4.70	正态分布	4.71	3.98	3.86
La	33	33.10	33.28	37.80	44.37	48.69	52.6	56.5	44.05	9.54	43.16	8.74	78.5	30.83	0.22	44.37	44.37	正态分布	44.05	42.78	41.00
Li	33	31.99	34.97	39.49	43.60	50.8	53.2	60.6	44.64	10.76	43.45	8.71	81.6	21.27	0.24	43.60	44.59	正态分布	44.64	39.50	37.51
Mn	33	325	338	390	590	858	1227	1298	673	329	602	38.91	1344	300	0.49	590	590	正态分布	673	479	713
Mo	33	0.79	0.91	1.16	1.97	5.43	13.36	19.79	5.10	7.20	2.62	3.26	32.10	0.57	1.41	1.97	1.16	对数正态分布	2.62	1.32	0.62
N	33	0.38	0.40	0.46	0.62	0.78	0.89	0.91	0.62	0.19	0.59	1.58	1.05	0.28	0.31	0.62	0.40	正态分布	0.62	0.53	0.49
Nb	33	14.04	14.59	16.90	18.80	21.43	23.20	23.56	18.83	3.53	18.51	5.42	29.40	10.98	0.19	18.80	18.88	正态分布	18.83	21.04	19.60
Ni	33	15.74	19.54	22.60	31.40	36.10	47.68	53.2	33.04	17.07	30.04	7.01	107	13.30	0.52	31.40	35.00	正态分布	33.04	22.13	11.00
P	33	0.15	0.19	0.28	0.40	0.50	0.59	0.87	0.42	0.21	0.37	2.20	1.05	0.12	0.50	0.40	0.41	正态分布	0.42	0.28	0.24
Pb	33	21.91	23.58	25.61	29.15	31.94	42.63	49.92	31.72	11.53	30.38	7.28	83.2	20.61	0.36	29.15	31.94	对数正态分布	30.38	29.62	30.00

续表 3-6

元素/指标	N	$X_{5\%}$	$X_{10\%}$	$X_{25\%}$	$X_{50\%}$	$X_{75\%}$	$X_{90\%}$	$X_{95\%}$	$\overline{X}$	S	$\overline{X}_g$	S_g	X_{max}	X_{min}	CV	X_{me}	X_{mo}	分布类型	常山县基准值	衢州市基准值	浙江省基准值
Rb	33	84.3	92.9	106	121	126	131	142	116	17.11	114	15.09	148	75.5	0.15	121	125	正态分布	116	122	128
S	33	101	108	127	142	168	222	231	199	291	156	18.61	1806	88.0	1.46	142	162	对数正态分布	156	146	114
Sb	33	0.59	0.65	0.75	1.35	2.51	3.68	4.18	1.78	1.26	1.41	2.03	5.07	0.40	0.71	1.35	1.35	正态分布	1.78	0.86	0.53
Sc	33	9.56	9.83	10.93	12.80	13.95	15.85	16.54	12.77	2.43	12.54	4.23	18.33	8.30	0.19	12.80	15.51	对数正态分布	12.77	11.66	9.70
Se	33	0.19	0.22	0.26	0.33	0.40	0.49	0.71	0.38	0.26	0.34	2.20	1.59	0.14	0.67	0.33	0.36	对数正态分布	0.34	0.29	0.21
Sn	33	2.34	2.60	2.70	3.00	3.70	4.28	4.58	3.26	0.82	3.17	2.03	5.90	2.00	0.25	3.00	3.00	正态分布	3.26	3.44	2.60
Sr	33	23.06	26.24	30.60	38.88	49.18	81.6	95.1	45.98	25.61	41.34	9.07	144	20.80	0.56	38.88	28.67	对数正态分布	41.34	44.53	112
Th	33	11.72	12.37	13.85	16.56	17.49	19.16	19.99	15.80	2.68	15.57	4.84	20.62	9.89	0.17	16.56	17.08	正态分布	15.80	16.66	14.50
Ti	33	3596	3861	4071	4783	5304	5985	6110	4785	826	4715	126	6252	3094	0.17	4783	4783	正态分布	4785	4536	4602
Tl	33	0.56	0.64	0.71	0.78	0.99	1.27	1.38	0.88	0.26	0.84	1.35	1.61	0.49	0.30	0.78	0.89	正态分布	0.88	0.82	0.82
U	33	2.73	3.02	3.23	3.64	6.25	7.75	8.25	4.71	2.43	4.28	2.47	13.95	2.39	0.52	3.64	3.85	对数正态分布	4.28	3.70	3.14
V	33	67.3	78.1	92.7	111	133	185	202	126	65.5	116	15.11	424	54.1	0.52	111	126	正态分布	126	87.5	110
W	33	1.48	1.76	1.94	2.17	2.49	2.85	4.03	2.38	0.90	2.26	1.77	5.53	0.99	0.38	2.17	2.49	正态分布	2.38	2.01	1.93
Y	33	19.18	20.27	21.90	26.60	32.17	46.71	73.5	32.77	22.39	29.00	7.37	122	16.42	0.68	26.60	31.50	对数正态分布	29.00	27.91	26.13
Zn	29	56.9	59.1	60.8	81.8	91.3	98.7	104	78.8	16.42	77.1	11.85	107	46.20	0.21	81.8	60.2	剔除后正态分布	60.2	75.2	77.4
Zr	33	192	213	225	250	284	306	316	253	42.14	250	24.02	351	161	0.17	250	252	正态分布	253	298	287
SiO_2	33	66.4	66.7	67.6	70.5	72.8	74.2	74.9	70.4	2.96	70.3	11.44	75.8	65.1	0.04	70.5	70.4	正态分布	70.4	69.8	70.5
Al_2O_3	33	13.20	13.32	13.98	14.32	15.35	15.83	16.36	14.65	1.03	14.62	4.67	16.83	12.98	0.07	14.32	14.16	正态分布	14.65	15.14	14.82
TFe_2O_3	33	4.15	4.60	5.28	5.82	6.44	6.91	7.01	5.79	0.92	5.71	2.71	7.29	3.51	0.16	5.82	6.83	正态分布	5.79	5.39	4.70
MgO	33	0.57	0.67	0.78	0.89	1.04	1.20	1.28	0.92	0.21	0.90	1.28	1.37	0.54	0.23	0.89	0.89	正态分布	0.92	0.83	0.67
CaO	33	0.11	0.12	0.14	0.21	0.26	0.35	0.36	0.22	0.12	0.20	2.64	0.72	0.11	0.52	0.21	0.12	正态分布	0.22	0.21	0.22
Na_2O	33	0.08	0.08	0.09	0.13	0.21	0.41	0.44	0.19	0.16	0.15	3.45	0.80	0.07	0.83	0.13	0.10	正态分布	0.19	0.23	0.16
K_2O	33	1.63	1.79	2.19	2.35	2.53	2.79	2.96	2.34	0.37	2.31	1.66	3.01	1.52	0.16	2.35	2.26	正态分布	2.34	2.34	2.99
TC	33	0.29	0.33	0.42	0.47	0.58	0.66	0.72	0.49	0.13	0.48	1.68	0.81	0.27	0.27	0.47	0.42	正态分布	0.49	0.48	0.43
Corg	33	0.25	0.30	0.33	0.38	0.42	0.56	0.60	0.39	0.10	0.37	1.89	0.61	0.19	0.26	0.38	0.39	正态分布	0.39	0.38	0.42
pH	33	4.87	4.88	5.01	5.12	5.42	5.81	5.97	5.15	5.38	5.26	2.59	6.08	4.82	1.04	5.12	5.12	正态分布	5.15	5.30	5.12

深层土壤各元素/指标中,一多半变异系数在 0.40 以下,说明分布较为均匀;Br、F、Au、Mn、P、I、Ni、U、V、CaO、Hg、Sr、As、Se、Y、Sb、Cl、Na$_2$O、pH、Ag、Cd、Mo、S、Ba 共 24 项元素/指标变异系数大于 0.40,其中 Na$_2$O、pH、Ag、Cd、Mo、S、Ba 变异系数大于 0.80,空间变异性较大。

与衢州市土壤基准值相比,常山县土壤基准值中大多数元素/指标基准值与衢州市基准值接近,无明显偏低元素/指标;Br、Bi、Cd、Ba、Co、B、Ag、F 基准值略高于衢州市基准值,与衢州市基准值比值在 1.2~1.4 之间;Mn、Cu、V、Ni、P、Au、Hg、As、Mo、Sb 基准值明显高于衢州市基准值,是衢州市基准值的 1.4 倍以上。

与浙江省土壤基准值相比,常山县土壤基准值中 Sr 基准值明显偏低,不足浙江省基准值的 60%;Zn、K$_2$O 基准值略低于浙江省基准值,为浙江省基准值的 60%~80%;Ge、I、N、S、Sc、Sn、U、W、TFe$_2$O$_3$、MgO 基准值略高于浙江省基准值,与浙江省基准值比值在 1.2~1.4 之间;As、Au、Bi、Br、Cd、Cu、F、Hg、Mo、Ni、P、Sb、Se 基准值明显高于浙江省基准值,是浙江省基准值的 1.4 倍以上;其他元素/指标基准值则与浙江省基准值基本接近。

第二节 主要土壤母质类型地球化学基准值

一、松散岩类沉积物土壤母质地球化学基准值

衢州市松散岩类沉积物土壤母质地球化学基准值数据经正态分布检验,结果表明,原始数据中 Au、Hg、Mo、Sn、CaO 共 5 项元素/指标符合对数正态分布,其余 49 项元素/指标均符合正态分布(表 3-7)。

衢州市松散岩类沉积物区深层土壤总体呈酸性,土壤 pH 基准值为 5.24,极大值为 7.72,极小值为 4.68,与衢州市基准值基本接近。

各元素/指标中,多数元素/指标变异系数在 0.40 以下,说明分布较为均匀;B、V、Cu、Cr、P、Sn、Sb、Mo、Ag、I、As、Co、Se、Na$_2$O、Ni、Hg、Au、pH、CaO 共 19 项元素/指标变异系数大于 0.40,其中 Au、pH、CaO 变异系数大于 0.80,空间变异性较大。

与衢州市土壤基准值相比,松散岩类沉积物区土壤基准值中 I、Cr 基准值略低于衢州市基准值,为衢州市基准值的 60%~80%;CaO、Ag 基准值略高于衢州市基准值,与衢州市基准值比值在 1.2~1.4 之间;Na$_2$O 基准值明显高于衢州市基准值,为衢州市基准值的 1.9 倍;其他元素/指标基准值则与衢州市基准值基本接近。

二、古土壤风化物土壤母质地球化学基准值

衢州市古土壤风化物区采集深层土壤样品 8 件,该类土壤母质地球化学参数统计结果见表 3-8。

衢州市古土壤风化物区深层土壤总体为酸性,土壤 pH 基准值为 5.18,极大值为 6.01,极小值为 4.87,与衢州市基准值基本接近。

各元素/指标中,大多数元素/指标变异系数在 0.40 以下,说明分布较为均匀;As、Br、W、Hg、Sb、Na$_2$O、pH 共 7 项元素/指标变异系数大于 0.40,其中 pH 变异系数大于 0.80,空间变异性较大。

与衢州市土壤基准值相比,古土壤风化物土壤基准值中 MgO、P、Br、N、Y、Mn、Sr 基准值略低于衢州市基准值,为衢州市基准值的 60%~80%;其他元素/指标基准值则与衢州市基准值基本接近。

三、碎屑岩类风化物土壤母质地球化学基准值

衢州市碎屑岩风化物地球化学基准值数据经正态分布检验,结果表明,原始数据中 As、B、Ba、Be、Bi、

表 3-7 松散岩类沉积物土壤母质地球化学基准值参数统计表

元素/指标	N	$X_{5\%}$	$X_{10\%}$	$X_{25\%}$	$X_{50\%}$	$X_{75\%}$	$X_{90\%}$	$X_{95\%}$	$\bar{X}$	S	$\bar{X}_g$	S_g	X_{max}	X_{min}	CV	X_{me}	X_{mo}	分布类型	松散岩类沉积物基准值	衢州市基准值
Ag	40	40.65	43.00	51.2	65.0	84.8	112	140	74.2	38.53	67.2	12.05	234	27.00	0.52	65.0	65.0	正态分布	74.2	54.9
As	40	4.84	5.17	5.65	7.70	9.65	14.01	14.23	8.79	4.71	7.94	3.70	30.60	3.00	0.54	7.70	9.40	正态分布	8.79	9.99
Au	40	0.90	0.90	1.18	1.50	1.90	2.51	3.30	1.85	1.58	1.56	1.76	9.30	0.80	0.86	1.50	1.60	对数正态分布	1.56	1.52
B	40	18.90	22.90	27.00	38.50	47.00	61.4	72.0	39.83	16.26	36.75	8.53	85.0	15.00	0.41	38.50	44.00	正态分布	39.83	47.17
Ba	40	231	242	309	355	433	522	536	367	102	352	29.96	573	168	0.28	355	364	正态分布	367	370
Be	40	1.44	1.74	2.00	2.25	2.39	2.64	2.76	2.20	0.38	2.17	1.64	3.08	1.31	0.17	2.25	2.47	正态分布	2.20	2.21
Bi	40	0.19	0.20	0.23	0.31	0.42	0.45	0.49	0.32	0.10	0.30	2.05	0.53	0.17	0.33	0.31	0.45	正态分布	0.32	0.35
Br	40	1.02	1.04	1.34	1.83	2.29	2.85	3.16	1.90	0.73	1.78	1.64	4.13	1.00	0.38	1.83	1.97	正态分布	1.90	2.32
Cd	40	0.09	0.09	0.11	0.13	0.16	0.19	0.21	0.14	0.04	0.13	3.28	0.24	0.08	0.29	0.13	0.16	正态分布	0.14	0.13
Ce	40	60.4	62.0	69.8	76.9	86.3	95.1	101	81.1	19.48	79.2	12.17	157	54.5	0.24	76.9	85.2	正态分布	81.1	83.0
Cl	40	20.00	20.00	29.00	34.50	40.25	48.10	50.1	35.30	9.22	34.06	7.96	53.0	20.00	0.26	34.50	20.00	正态分布	35.30	33.74
Co	40	3.50	4.56	5.83	7.70	10.29	12.88	13.60	8.65	4.80	7.75	3.48	31.60	3.00	0.55	7.70	7.20	正态分布	8.65	10.66
Cr	40	29.29	31.41	35.84	49.35	61.3	76.9	79.2	53.4	23.83	49.27	9.73	146	21.80	0.45	49.35	52.6	正态分布	53.4	66.8
Cu	40	11.15	11.46	13.27	18.05	22.15	26.73	28.95	18.86	8.17	17.55	5.33	54.8	9.06	0.43	18.05	28.80	正态分布	18.86	23.37
F	40	283	286	359	427	526	706	804	468	165	444	34.68	912	259	0.35	427	498	正态分布	468	550
Ga	40	12.27	12.34	14.34	16.96	18.47	21.47	21.87	16.83	3.44	16.50	4.99	26.95	11.10	0.20	16.96	17.60	正态分布	16.83	18.66
Ge	40	1.23	1.28	1.45	1.58	1.69	1.86	1.90	1.57	0.21	1.55	1.33	1.94	1.06	0.13	1.58	1.50	正态分布	1.57	1.67
Hg	40	0.02	0.03	0.04	0.05	0.06	0.09	0.15	0.06	0.04	0.05	6.11	0.19	0.02	0.64	0.05	0.05	对数正态分布	0.06	0.06
I	40	1.12	1.36	1.96	2.66	3.72	4.60	6.43	3.04	1.66	2.65	2.16	8.05	0.56	0.54	2.66	3.11	正态分布	3.04	3.98
La	40	32.52	34.00	37.00	39.86	45.95	47.72	61.9	42.39	9.73	41.53	8.38	81.6	30.54	0.23	39.86	41.68	正态分布	42.39	42.78
Li	40	24.49	27.82	31.59	35.98	40.86	46.82	51.4	36.85	8.11	36.02	8.02	59.1	23.52	0.22	35.98	36.85	正态分布	36.85	39.50
Mn	40	244	324	375	442	544	640	656	465	156	441	33.21	1014	185	0.34	442	468	正态分布	465	479
Mo	40	0.78	0.88	0.99	1.19	1.48	1.90	2.13	1.35	0.70	1.25	1.47	4.76	0.70	0.52	1.19	1.48	正态分布	1.35	1.32
N	40	0.33	0.34	0.40	0.45	0.51	0.56	0.65	0.46	0.09	0.45	1.63	0.71	0.30	0.20	0.45	0.46	对数正态分布	0.46	0.53
Nb	40	15.55	17.35	19.27	21.97	24.67	27.15	29.37	22.17	4.76	21.71	5.85	36.43	14.80	0.21	21.97	19.40	正态分布	22.17	21.04
Ni	40	9.52	10.38	11.97	17.30	21.40	27.18	33.35	19.13	11.84	17.04	5.44	79.3	7.50	0.62	17.30	21.20	正态分布	19.13	22.13
P	40	0.12	0.12	0.18	0.22	0.28	0.39	0.44	0.25	0.11	0.23	2.53	0.64	0.08	0.45	0.22	0.12	正态分布	0.25	0.28
Pb	40	22.15	22.54	25.05	27.78	32.49	36.77	40.04	29.02	5.65	28.51	6.94	42.64	19.90	0.19	27.78	29.29	正态分布	29.02	29.62

续表 3-7

元素/指标	N	$X_{5\%}$	$X_{10\%}$	$X_{25\%}$	$X_{50\%}$	$X_{75\%}$	$X_{90\%}$	$X_{95\%}$	$\overline{X}$	S	$\overline{X}_g$	S_g	X_{max}	X_{min}	CV	X_{me}	X_{mo}	分布类型	松散岩类沉积物基准值	衢州市基准值
Rb	40	68.2	79.8	103	125	145	169	175	124	32.85	119	15.98	193	58.4	0.26	125	169	正态分布	124	122
S	40	74.6	78.9	97.8	120	159	198	238	134	51.9	125	16.10	277	58.0	0.39	120	113	正态分布	134	146
Sb	40	0.43	0.48	0.55	0.68	0.89	1.24	1.32	0.79	0.40	0.72	1.52	2.55	0.38	0.51	0.68	0.52	正态分布	0.79	0.86
Sc	40	6.10	6.38	7.28	9.32	11.06	12.36	13.80	9.67	2.97	9.29	3.64	21.90	5.94	0.31	9.32	9.32	正态分布	9.67	11.66
Se	40	0.13	0.14	0.17	0.23	0.33	0.41	0.43	0.27	0.16	0.24	2.55	1.05	0.08	0.58	0.23	0.21	正态分布	0.27	0.29
Sn	40	2.39	2.50	2.90	3.45	4.22	6.42	8.42	4.03	2.01	3.70	2.41	12.10	1.80	0.50	3.45	3.20	对数正态分布	3.70	3.44
Sr	40	27.35	27.78	34.93	39.95	49.73	60.3	64.3	42.42	11.81	40.84	8.80	70.4	20.00	0.28	39.95	38.16	正态分布	42.42	44.53
Th	40	10.99	12.57	14.79	16.19	19.37	20.85	21.32	16.99	4.47	16.49	5.07	35.19	9.68	0.26	16.19	15.51	正态分布	16.99	16.66
Ti	40	2788	2906	3352	3828	4527	5084	5415	4050	1167	3914	114	8893	2212	0.29	3828	4116	正态分布	4050	4536
Tl	40	0.48	0.52	0.66	0.75	0.89	0.98	1.21	0.78	0.20	0.75	1.35	1.25	0.40	0.25	0.75	0.52	正态分布	0.78	0.82
U	40	2.60	2.71	3.20	3.75	4.09	4.69	5.03	3.79	0.82	3.70	2.20	6.35	2.19	0.22	3.75	3.75	正态分布	3.79	3.70
V	40	35.89	39.74	47.33	67.6	84.9	102	120	70.6	29.51	65.2	11.32	169	28.78	0.42	67.6	39.80	正态分布	70.6	87.5
W	40	1.29	1.36	1.63	1.90	2.12	2.31	2.60	1.90	0.43	1.85	1.53	3.23	0.99	0.23	1.90	1.81	正态分布	1.90	2.01
Y	40	20.50	20.84	24.10	27.18	28.97	32.91	38.63	27.57	5.97	27.01	6.54	47.30	17.38	0.22	27.18	26.70	正态分布	27.57	27.91
Zn	40	42.31	45.01	63.1	69.0	72.7	82.3	87.0	67.1	13.14	65.7	11.24	94.9	34.40	0.20	69.0	69.0	正态分布	67.1	75.2
Zr	40	238	251	272	320	381	420	427	327	62.5	322	27.30	450	231	0.19	320	324	正态分布	327	298
SiO_2	40	64.7	67.1	70.1	73.1	75.4	77.8	79.1	72.4	5.23	72.2	11.75	81.6	53.3	0.07	73.1	72.6	正态分布	72.4	69.8
Al_2O_3	40	11.00	11.43	12.19	13.38	15.07	17.16	19.95	13.96	2.57	13.75	4.47	21.30	9.65	0.18	13.38	15.07	正态分布	13.96	15.14
TFe_2O_3	40	2.74	3.00	3.37	4.22	5.27	6.04	6.14	4.51	1.56	4.30	2.39	11.06	2.36	0.35	4.22	4.49	正态分布	4.51	5.39
MgO	40	0.40	0.42	0.49	0.64	0.82	1.03	1.14	0.68	0.26	0.64	1.53	1.36	0.38	0.38	0.64	0.42	正态分布	0.68	0.83
CaO	40	0.09	0.11	0.22	0.28	0.33	0.40	1.16	0.38	0.54	0.27	2.63	3.41	0.07	1.42	0.28	0.30	对数正态分布	0.38	0.21
Na_2O	40	0.10	0.11	0.17	0.42	0.60	0.80	0.86	0.44	0.26	0.36	2.50	0.97	0.08	0.59	0.42	0.17	正态分布	0.44	0.23
K_2O	40	1.25	1.61	2.04	2.32	2.86	3.15	3.30	2.40	0.60	2.31	1.76	3.47	1.11	0.25	2.32	1.96	正态分布	2.40	2.34
TC	40	0.26	0.30	0.35	0.40	0.46	0.57	0.68	0.42	0.14	0.41	1.78	0.94	0.24	0.32	0.40	0.41	正态分布	0.42	0.48
Corg	40	0.22	0.24	0.28	0.33	0.36	0.41	0.48	0.33	0.09	0.32	1.99	0.69	0.20	0.28	0.33	0.33	正态分布	0.33	0.38
pH	40	4.77	4.82	5.09	5.40	6.05	6.66	6.87	5.24	5.23	5.61	2.72	7.72	4.68	1.00	5.40	5.63	正态分布	5.24	5.30

注：氧化物、TC、Corg 单位为%，N、P 单位为 g/kg，Au、Ag 单位为 μg/kg，其他元素/指标单位为 mg/kg；pH 为无量纲；后表单位相同。

表 3-8 古土壤风化物土壤母质地球化学基准值参数统计表

元素/指标	N	$X_{5\%}$	$X_{10\%}$	$X_{25\%}$	$X_{50\%}$	$X_{75\%}$	$X_{90\%}$	$X_{95\%}$	$\bar{X}$	S	$\bar{X}_g$	S_g	X_{max}	X_{min}	CV	X_{me}	X_{mo}	古土壤风化物基准值	衢州市基准值
Ag	8	29.05	30.10	34.00	56.0	65.5	71.2	72.6	51.8	18.12	48.68	8.80	74.0	28.00	0.35	56.0	54.0	56.0	54.9
As	8	6.57	7.23	8.47	10.80	12.12	15.86	18.38	11.27	4.58	10.56	4.07	20.90	5.90	0.41	10.80	11.00	10.80	9.99
Au	8	1.10	1.21	1.38	1.65	1.85	2.00	2.00	1.60	0.35	1.56	1.39	2.00	1.00	0.22	1.65	2.00	1.65	1.52
B	8	34.15	37.30	46.00	52.0	60.0	71.4	74.2	53.2	14.78	51.4	9.49	77.0	31.00	0.28	52.0	53.0	52.0	47.17
Ba	8	231	250	283	329	351	369	387	317	60.0	311	24.42	405	211	0.19	329	321	329	370
Be	8	1.53	1.56	1.77	2.19	2.42	2.56	2.58	2.10	0.42	2.06	1.54	2.61	1.50	0.20	2.19	2.12	2.19	2.21
Bi	8	0.31	0.32	0.36	0.40	0.47	0.55	0.61	0.43	0.12	0.42	1.65	0.67	0.30	0.27	0.40	0.41	0.40	0.35
Br	8	1.08	1.15	1.41	1.78	2.61	2.94	3.31	2.02	0.90	1.86	1.71	3.67	1.00	0.44	1.78	2.00	1.78	2.32
Cd	8	0.09	0.09	0.11	0.12	0.13	0.13	0.13	0.12	0.02	0.11	3.48	0.13	0.09	0.16	0.12	0.12	0.12	0.13
Ce	8	60.2	61.0	63.0	67.0	77.2	83.5	88.2	70.9	11.32	70.2	10.61	92.8	59.3	0.16	67.0	68.9	67.0	83.0
Cl	8	24.00	24.00	25.50	28.00	33.75	41.40	44.20	31.00	8.14	30.18	6.62	47.00	24.00	0.26	28.00	24.00	28.00	33.74
Co	8	6.73	6.96	8.09	9.35	9.62	9.79	9.89	8.76	1.30	8.66	3.46	10.00	6.50	0.15	9.35	9.60	9.35	10.66
Cr	8	46.01	48.75	56.2	60.6	71.2	75.8	79.0	62.4	12.55	61.3	10.28	82.2	43.27	0.20	60.6	62.9	60.6	66.8
Cu	8	16.13	17.27	19.01	20.09	20.98	23.39	24.68	20.19	3.16	19.97	5.44	25.97	14.99	0.16	20.09	20.40	20.09	23.37
F	8	345	374	417	442	453	551	665	463	135	449	31.26	779	316	0.29	442	453	442	550
Ga	8	14.68	14.85	15.23	15.64	16.77	19.99	20.72	16.60	2.46	16.46	4.72	21.45	14.50	0.15	15.64	15.90	15.64	18.66
Ge	8	1.42	1.43	1.47	1.56	1.77	2.30	2.74	1.78	0.59	1.72	1.49	3.18	1.42	0.33	1.56	1.72	1.56	1.67
Hg	8	0.04	0.04	0.05	0.05	0.07	0.11	0.15	0.07	0.05	0.06	5.26	0.19	0.04	0.70	0.05	0.07	0.05	0.06
I	8	2.04	2.26	3.08	3.45	4.77	5.14	5.26	3.69	1.25	3.49	2.24	5.39	1.83	0.34	3.45	3.45	3.45	3.98
La	8	31.24	31.38	31.58	36.00	41.92	42.73	42.83	36.68	5.15	36.37	7.32	42.93	31.10	0.14	36.00	36.80	36.00	42.78
Li	8	34.83	36.54	40.37	42.19	47.29	54.1	60.1	44.81	9.90	43.96	8.42	66.2	33.12	0.22	42.19	46.75	42.19	39.50
Mn	8	290	299	332	377	411	467	499	382	79.4	375	27.91	531	281	0.21	377	394	377	479
Mo	8	0.92	0.95	1.09	1.29	1.47	1.59	1.59	1.27	0.26	1.25	1.27	1.60	0.90	0.18	1.29	1.26	1.29	1.32
N	8	0.38	0.38	0.39	0.41	0.55	0.55	0.55	0.45	0.08	0.45	1.62	0.55	0.37	0.18	0.41	0.55	0.41	0.53
Nb	8	18.24	18.71	20.98	22.19	23.51	25.96	28.69	22.67	4.08	22.38	5.55	31.43	17.77	0.18	22.19	22.28	22.19	21.04
Ni	8	13.97	15.44	17.60	19.75	20.38	21.86	22.28	18.85	3.18	18.58	5.25	22.70	12.50	0.17	19.75	19.60	19.75	22.13
P	8	0.14	0.16	0.19	0.20	0.21	0.26	0.28	0.20	0.05	0.20	2.56	0.30	0.13	0.26	0.20	0.20	0.20	0.28
Pb	8	22.79	23.98	26.42	30.79	33.95	36.06	36.35	30.11	5.31	29.67	6.67	36.63	21.61	0.18	30.79	29.69	30.79	29.62

续表 3-8

元素/指标	N	$X_{5\%}$	$X_{10\%}$	$X_{25\%}$	$X_{50\%}$	$X_{75\%}$	$X_{90\%}$	$X_{95\%}$	$\bar{X}$	S	$\bar{X}_g$	S_g	X_{max}	X_{min}	CV	X_{me}	X_{mo}	古土壤风化物基准值	衢州市基准值
Rb	8	83.0	84.1	97.3	113	150	165	176	123	37.09	118	14.06	188	81.9	0.30	113	115	113	122
S	8	122	140	164	170	179	199	206	168	31.47	165	18.36	212	104	0.19	170	167	170	146
Sb	8	0.60	0.67	0.74	0.88	1.12	1.75	2.42	1.14	0.82	0.98	1.65	3.10	0.52	0.72	0.88	0.74	0.88	0.86
Sc	8	8.46	8.91	9.31	9.94	10.27	10.86	10.91	9.80	0.94	9.75	3.59	10.95	8.00	0.10	9.94	9.89	9.94	11.66
Se	8	0.22	0.23	0.24	0.33	0.38	0.39	0.39	0.31	0.07	0.30	1.98	0.40	0.22	0.24	0.33	0.30	0.33	0.29
Sn	8	2.97	3.15	3.60	4.00	4.51	5.55	5.68	4.16	1.02	4.05	2.25	5.80	2.80	0.25	4.00	4.20	4.00	3.44
Sr	8	29.95	30.89	32.90	35.39	42.30	45.28	46.31	37.27	6.49	36.78	7.36	47.35	29.00	0.17	35.39	36.30	35.39	44.53
Th	8	12.87	12.98	14.07	15.04	18.56	21.64	22.22	16.50	3.72	16.16	4.64	22.80	12.77	0.23	15.04	17.70	15.04	16.66
Ti	8	3598	3965	4466	4739	5276	5702	5799	4774	831	4705	115	5895	3232	0.17	4739	4844	4739	4536
Tl	8	0.49	0.60	0.70	0.81	0.92	1.06	1.08	0.80	0.22	0.77	1.44	1.10	0.39	0.28	0.81	0.79	0.81	0.82
U	8	3.26	3.30	3.33	3.54	4.01	4.29	4.44	3.71	0.48	3.68	2.07	4.58	3.23	0.13	3.54	3.33	3.54	3.70
V	8	58.7	62.8	70.9	77.7	88.2	94.0	96.4	78.3	14.34	77.1	11.59	98.7	54.5	0.18	77.7	80.6	77.7	87.5
W	8	1.93	1.96	2.02	2.31	2.49	3.40	4.47	2.63	1.20	2.47	1.82	5.53	1.90	0.45	2.31	2.49	2.31	2.01
Y	8	17.19	17.22	18.77	21.90	24.20	29.95	30.73	22.60	5.27	22.10	5.49	31.50	17.16	0.23	21.90	22.51	21.90	27.91
Zn	8	56.1	57.9	60.3	62.3	65.8	70.3	74.2	63.7	6.98	63.4	10.13	78.1	54.3	0.11	62.3	62.8	62.3	75.2
Zr	8	284	284	300	330	359	377	379	330	38.31	328	25.15	381	284	0.12	330	342	330	298
SiO$_2$	8	69.1	70.3	72.6	74.0	75.3	75.6	75.6	73.3	2.65	73.3	11.10	75.7	67.9	0.04	74.0	73.5	74.0	69.8
Al$_2$O$_3$	8	12.60	12.73	13.22	13.56	14.13	15.72	16.27	13.95	1.42	13.89	4.31	16.83	12.47	0.10	13.56	13.77	13.56	15.14
TFe$_2$O$_3$	8	3.76	4.04	4.30	4.58	5.07	5.47	5.62	4.67	0.70	4.62	2.37	5.76	3.49	0.15	4.58	4.67	4.58	5.39
MgO	8	0.51	0.52	0.54	0.56	0.63	0.71	0.80	0.60	0.13	0.59	1.41	0.89	0.50	0.21	0.56	0.62	0.56	0.83
CaO	8	0.14	0.17	0.20	0.21	0.22	0.23	0.25	0.20	0.05	0.20	2.67	0.27	0.10	0.23	0.21	0.22	0.21	0.21
Na$_2$O	8	0.10	0.11	0.14	0.22	0.29	0.53	0.64	0.28	0.22	0.22	3.15	0.75	0.08	0.79	0.22	0.25	0.22	0.23
K$_2$O	8	1.42	1.45	1.76	1.99	2.24	2.49	2.75	2.03	0.51	1.97	1.51	3.02	1.40	0.25	1.99	2.09	1.99	2.34
TC	8	0.32	0.32	0.35	0.42	0.47	0.51	0.54	0.42	0.09	0.41	1.63	0.56	0.31	0.21	0.42	0.39	0.42	0.48
Corg	8	0.27	0.28	0.30	0.31	0.33	0.38	0.39	0.32	0.04	0.32	1.88	0.40	0.26	0.14	0.31	0.31	0.31	0.38
pH	8	4.91	4.95	5.00	5.18	5.39	5.63	5.82	5.15	5.38	5.26	2.53	6.01	4.87	1.04	5.18	5.28	5.18	5.30

Br、Ce、Cl、Co、Cr、Cu、F、Ga、Ge、Hg、I、La、Li、Mn、N、Nb、Ni、P、Pb、Rb、S、Sc、Se、Sr、Th、Ti、Tl、V、W、Zr、SiO_2、Al_2O_3、TFe_2O_3、MgO、CaO、K_2O、TC、Corg 共 43 项元素/指标符合正态分布，Ag、Au、Cd、Mo、Sb、Sn、U、Y、Na_2O、pH 共 10 项元素/指标符合对数正态分布，Zn 剔除异常值后符合正态分布（表 3-9）。

衢州市碎屑岩风化物区深层土壤总体为酸性，土壤 pH 基准值为 5.21，极大值为 8.16，极小值为 4.43，与衢州市基准值基本接近。

各元素/指标中，多数元素/指标变异系数在 0.40 以下，说明分布较为均匀；Co、Mn、I、Sr、Au、Y、CaO、Sb、As、Hg、Sn、pH、Na_2O、Cd、Mo、Ag 共 16 项元素/指标变异系数大于 0.40，其中 Sn、pH、Na_2O、Cd、Mo、Ag 变异系数大于 0.80，空间变异性较大。

与衢州市土壤基准值相比，碎屑岩类风化物土壤基准值中 Na_2O 基准值略低于衢州市基准值，为衢州市基准值的 61%；I、Se、Cr、Br、N、Sb、F、B、Au、V、Mn、Mo、P 基准值略高于衢州市基准值，与衢州市基准值比值在 1.2～1.4 之间；Co、Ni、Cu、Hg、As 基准值明显高于衢州市基准值，是衢州市基准值的 1.4 倍以上；其他元素/指标基准值则与衢州市基准值基本接近。

四、碳酸盐岩类风化物土壤母质地球化学基准值

衢州市碳酸盐岩类风化物区采集深层土壤样品 12 件，该类土壤母质地球化学参数统计结果见表 3-10。

衢州市碳酸盐岩类风化物区深层土壤总体为酸性，土壤 pH 基准值为 5.35，极大值为 5.96，极小值为 4.89，与衢州市基准值基本接近。

各元素/指标中，多数元素/指标变异系数在 0.40 以下，说明分布较为均匀；P、F、Sr、CaO、Sb、Hg、Ag、Mn、Sn、Y、Au、As、Na_2O、pH、Cl、Mo、S、Ba 共 18 项元素/指标变异系数大于 0.40，其中 As、Na_2O、pH、Cl、Mo、S、Ba 变异系数大于 0.80，空间变异性较大。

与衢州市土壤基准值相比，碳酸盐岩类风化物土壤基准值中 Na_2O 基准值略低于衢州市基准值，为衢州市基准值的 74%；Sr、Ag、Cd、N、Zn、Co、Ba、Cr、B、Bi、U、Se 基准值略高于衢州市基准值，与衢州市基准值比值在 1.2～1.4 之间；F、P、Cu、Ni、V、Hg、Au、As、Sb、Mo 基准值明显高于衢州市基准值，是衢州市基准值的 1.4 倍以上，其中 Mo 明显富集，基准值是衢州市基准值的 3.96 倍；其他元素/指标基准值则与衢州市基准值基本接近。

五、紫色碎屑岩类风化物土壤母质地球化学基准值

衢州市紫色碎屑岩类风化物土壤母质地球化学基准值数据经正态分布检验，结果表明，原始数据中 Ag、B、Be、Bi、Br、Cd、Ce、Cl、Cr、Cu、F、Ga、Ge、I、La、Li、Mn、N、Nb、Rb、S、Sc、Se、Th、Tl、U、V、W、Y、Zn、Zr、SiO_2、Al_2O_3、TFe_2O_3、MgO、Na_2O、K_2O、Corg 共 38 项元素/指标符合正态分布，As、Au、Co、Hg、Mo、Ni、P、Pb、Sb、Sn、Sr、CaO、TC、pH 共 14 项元素/指标符合对数正态分布，Ba、Ti 剔除异常值后符合正态分布（表 3-11）。

紫色碎屑岩类风化物区深层土壤总体为酸性，土壤 pH 基准值为 5.32，极大值为 7.84，极小值为 4.61，与衢州市基准值基本接近。

各元素/指标中，多数元素/指标变异系数在 0.40 以下，说明分布较为均匀；Br、F、I、V、Au、Cu、Mn、Sn、Co、As、Ni、Hg、P、Na_2O、Sr、Sb、pH、Mo、CaO 共 19 项元素/指标变异系数大于 0.40，其中 Sb、pH、Mo、CaO 变异系数大于 0.80，空间变异性较大。

与衢州市土壤基准值相比，紫色碎屑岩类风化物区土壤基准值中 Hg、P、As 基准值略低于衢州市基准值，为衢州市基准值的 60%～80%；Na_2O 基准值明显高于衢州市基准值，是衢州市基准值的 1.4 倍以上；其他元素/指标基准值则与衢州市基准值基本接近。

第三章 土壤地球化学基准值

表3-9 碎屑岩类风化物土壤母质地球化学基准值参数统计表

元素/指标	N	$X_{5\%}$	$X_{10\%}$	$X_{25\%}$	$X_{50\%}$	$X_{75\%}$	$X_{90\%}$	$X_{95\%}$	$\overline{X}$	S	$\overline{X}_g$	S_g	X_{max}	X_{min}	CV	X_{me}	X_{mo}	分布类型	碎屑岩类风化物基准值	衢州市基准值
Ag	44	38.15	41.00	44.00	52.0	63.8	86.3	144	71.9	91.6	58.3	11.30	643	33.00	1.27	52.0	44.00	对数正态分布	58.3	54.9
As	44	7.67	8.52	9.60	13.70	23.05	33.90	38.20	18.63	13.27	15.36	5.33	75.1	3.10	0.71	13.70	16.00	正态分布	18.63	9.99
Au	44	1.04	1.30	1.70	1.90	2.50	3.38	4.60	2.28	1.14	2.08	1.83	6.50	1.00	0.50	1.90	1.90	对数正态分布	2.08	1.52
B	44	37.00	39.90	53.5	65.0	76.2	87.4	88.8	64.5	16.42	62.2	10.84	91.0	32.00	0.25	65.0	59.0	正态分布	64.5	47.17
Ba	44	228	248	292	355	431	526	645	383	141	362	30.41	954	203	0.37	355	379	正态分布	383	370
Be	44	1.64	1.71	1.94	2.34	2.59	2.91	2.96	2.30	0.43	2.26	1.65	3.21	1.57	0.19	2.34	2.54	正态分布	2.30	2.21
Bi	44	0.25	0.29	0.35	0.42	0.47	0.54	0.56	0.42	0.12	0.40	1.82	0.87	0.17	0.28	0.42	0.45	正态分布	0.42	0.35
Br	44	1.40	1.49	2.20	2.90	3.32	4.01	5.04	2.87	1.09	2.67	1.96	5.96	1.00	0.38	2.90	3.01	正态分布	2.87	2.32
Cd	44	0.10	0.10	0.13	0.14	0.16	0.22	0.29	0.18	0.22	0.15	3.23	1.56	0.08	1.21	0.14	0.13	对数正态分布	0.15	0.13
Ce	44	62.3	65.6	73.0	83.6	94.1	106	108	84.7	15.12	83.4	12.65	114	57.4	0.18	83.6	82.1	正态分布	84.7	83.0
Cl	44	20.00	21.30	25.00	31.00	36.25	41.67	43.00	31.29	7.60	30.38	7.40	49.00	20.00	0.24	31.00	20.00	正态分布	31.29	33.74
Co	44	7.35	8.43	10.00	13.66	18.85	21.37	26.05	15.17	6.49	13.89	4.78	36.00	5.19	0.43	13.66	18.20	正态分布	15.17	10.66
Cr	44	49.79	56.5	72.3	82.6	91.7	98.4	102	80.9	18.32	78.6	12.30	126	32.45	0.23	82.6	81.0	正态分布	80.9	66.8
Cu	44	18.74	23.21	27.85	34.15	40.12	43.14	46.80	33.84	8.92	32.60	7.52	57.3	14.60	0.26	34.15	33.90	正态分布	33.84	23.37
F	44	383	424	528	707	880	1110	1151	742	290	690	43.56	1605	272	0.39	707	870	正态分布	742	550
Ga	44	14.32	16.05	18.13	19.70	21.34	22.24	22.76	19.59	2.57	19.41	5.47	25.48	13.60	0.13	19.70	21.07	正态分布	19.59	18.66
Ge	44	1.42	1.48	1.62	1.77	1.85	2.02	2.08	1.75	0.22	1.74	1.40	2.33	1.12	0.12	1.77	1.77	正态分布	1.75	1.67
Hg	44	0.04	0.05	0.06	0.08	0.12	0.17	0.20	0.10	0.08	0.08	4.82	0.49	0.03	0.77	0.08	0.08	对数正态分布	0.10	0.06
I	44	2.28	2.87	3.38	4.30	5.81	7.01	7.20	4.78	2.26	4.39	2.52	15.65	1.79	0.47	4.30	4.83	正态分布	4.78	3.98
La	44	31.32	33.13	37.65	43.85	48.26	52.9	55.3	43.52	8.03	42.79	8.60	61.7	28.80	0.18	43.85	33.13	正态分布	43.52	42.78
Li	44	28.54	33.46	35.72	41.70	48.25	56.0	61.4	44.22	16.10	42.28	8.65	129	21.27	0.36	41.70	43.60	正态分布	44.22	39.50
Mn	44	331	349	396	632	827	1080	1150	664	288	605	39.89	1344	300	0.43	632	662	正态分布	664	479
Mo	44	0.88	0.92	1.16	1.46	2.31	5.35	9.57	2.61	3.18	1.83	2.27	17.39	0.57	1.22	1.46	1.22	对数正态分布	1.83	1.32
N	44	0.40	0.44	0.54	0.64	0.76	0.86	0.89	0.66	0.16	0.64	1.44	1.05	0.38	0.25	0.64	0.40	正态分布	0.66	0.53
Nb	44	14.29	15.83	17.42	18.90	20.25	21.91	22.49	18.81	2.52	18.63	5.34	23.52	10.98	0.13	18.90	18.90	正态分布	18.81	21.04
Ni	44	15.11	16.93	22.88	33.60	37.83	44.45	47.51	31.60	10.94	29.56	7.26	58.7	10.40	0.35	33.60	33.60	正态分布	31.60	22.13
P	44	0.18	0.21	0.30	0.38	0.48	0.55	0.60	0.39	0.15	0.37	2.01	0.84	0.15	0.37	0.38	0.47	正态分布	0.39	0.28
Pb	44	22.05	23.07	25.59	28.89	31.84	34.80	40.33	29.38	5.82	28.88	6.96	50.4	20.61	0.20	28.89	28.32	正态分布	29.38	29.62

续表 3-9

元素/指标	N	$X_{5\%}$	$X_{10\%}$	$X_{25\%}$	$X_{50\%}$	$X_{75\%}$	$X_{90\%}$	$X_{95\%}$	$\overline{X}$	S	$\overline{X}_g$	S_g	X_{max}	X_{min}	CV	X_{me}	X_{mo}	分布类型	碎屑岩类风化物基准值	衢州市基准值
Rb	44	76.7	82.6	100.0	117	132	143	151	115	23.53	113	15.11	166	75.5	0.20	117	75.5	正态分布	115	122
S	44	95.6	109	120	136	166	212	248	150	46.77	144	17.59	307	83.0	0.31	136	148	正态分布	150	146
Sb	44	0.65	0.73	0.81	1.04	1.71	2.49	2.81	1.34	0.80	1.16	1.67	4.15	0.40	0.60	1.04	1.06	对数正态分布	1.16	0.86
Sc	44	9.42	9.99	11.67	13.50	15.35	16.08	17.21	13.44	2.58	13.18	4.42	19.40	7.20	0.19	13.50	13.50	正态分布	13.44	11.66
Se	44	0.20	0.22	0.25	0.35	0.42	0.50	0.51	0.35	0.11	0.33	2.08	0.62	0.17	0.32	0.35	0.28	正态分布	0.35	0.29
Sn	44	2.50	2.60	2.70	3.05	4.03	4.85	5.81	3.86	3.20	3.42	2.22	23.30	2.00	0.83	3.05	2.90	对数正态分布	3.42	3.44
Sr	44	22.58	27.18	30.60	41.00	55.0	72.9	94.1	47.33	23.32	43.00	8.68	127	20.80	0.49	41.00	30.60	正态分布	47.33	44.53
Th	44	11.04	12.37	14.13	15.98	17.49	18.58	20.34	15.74	2.74	15.49	4.84	21.97	9.16	0.17	15.98	16.56	正态分布	15.74	16.66
Ti	44	3415	3947	4661	4983	5471	6070	6577	5064	947	4972	131	7452	2822	0.19	4983	5471	正态分布	5064	4536
Tl	44	0.51	0.60	0.71	0.79	0.91	1.05	1.14	0.82	0.22	0.80	1.33	1.61	0.49	0.27	0.79	0.79	正态分布	0.82	0.82
U	44	2.51	3.05	3.33	3.82	4.63	6.26	6.65	4.18	1.30	4.01	2.33	7.91	2.29	0.31	3.82	3.64	对数正态分布	4.01	3.70
V	44	62.4	79.4	105	124	138	164	179	121	33.37	116	15.47	191	43.30	0.28	124	92.7	正态分布	121	87.5
W	44	1.37	1.56	1.81	1.99	2.27	2.44	2.60	2.02	0.38	1.98	1.55	2.86	0.99	0.19	1.99	1.99	正态分布	2.02	2.01
Y	44	20.55	20.70	22.93	25.39	30.68	37.36	40.23	29.14	15.70	27.22	6.89	122	16.42	0.54	25.39	23.10	对数正态分布	27.22	27.91
Zn	42	53.9	60.3	69.5	85.1	91.5	107	109	82.3	16.81	80.5	12.46	113	46.20	0.20	85.1	74.7	剔除后正态分布	82.3	75.2
Zr	44	194	206	218	237	271	290	301	244	39.29	241	23.32	383	179	0.16	237	242	正态分布	244	298
SiO$_2$	44	66.1	66.6	67.8	69.7	73.2	75.3	76.4	70.4	3.76	70.3	11.52	81.6	62.9	0.05	69.7	70.4	正态分布	70.4	69.8
Al$_2$O$_3$	44	12.98	13.16	13.73	14.50	15.73	16.51	16.79	14.66	1.44	14.59	4.66	17.25	10.21	0.10	14.50	13.16	正态分布	14.66	15.14
TFe$_2$O$_3$	44	4.00	4.87	5.48	6.28	6.84	7.10	7.24	6.08	1.08	5.97	2.81	8.74	3.15	0.18	6.28	6.27	正态分布	6.08	5.39
MgO	44	0.56	0.62	0.77	0.92	1.05	1.14	1.22	0.91	0.25	0.88	1.33	1.79	0.41	0.27	0.92	0.83	正态分布	0.91	0.83
CaO	44	0.11	0.12	0.15	0.19	0.25	0.33	0.40	0.22	0.12	0.20	2.76	0.81	0.08	0.55	0.19	0.15	正态分布	0.22	0.21
Na$_2$O	44	0.07	0.07	0.08	0.11	0.21	0.45	0.59	0.20	0.20	0.14	3.83	0.88	0.06	1.03	0.11	0.07	对数正态分布	0.14	0.23
K$_2$O	44	1.55	1.69	2.03	2.38	2.77	2.93	3.13	2.38	0.51	2.33	1.70	3.55	1.42	0.22	2.38	2.46	正态分布	2.38	2.34
TC	44	0.36	0.42	0.45	0.52	0.59	0.65	0.75	0.53	0.11	0.52	1.57	0.81	0.28	0.21	0.52	0.47	正态分布	0.53	0.48
Corg	44	0.30	0.31	0.37	0.42	0.51	0.59	0.61	0.43	0.11	0.42	1.76	0.71	0.25	0.24	0.42	0.39	正态分布	0.43	0.38
pH	44	4.69	4.79	5.02	5.13	5.36	5.45	5.67	5.05	5.14	5.21	2.58	8.16	4.43	1.02	5.13	5.24	对数正态分布	5.21	5.30

第三章 土壤地球化学基准值

表 3-10 碳酸盐岩类风化物土壤母质地球化学基准值参数统计表

元素/指标	N	$X_{5\%}$	$X_{10\%}$	$X_{25\%}$	$X_{50\%}$	$X_{75\%}$	$X_{90\%}$	$X_{95\%}$	$\bar{X}$	S	$\bar{X}_g$	S_g	X_{max}	X_{min}	CV	X_{me}	X_{mo}	碳酸盐岩类风化物基准值	衢州市基准值
Ag	12	39.75	43.30	55.0	67.5	106	138	173	86.2	50.9	75.5	12.13	213	37.00	0.59	67.5	74.0	67.5	54.9
As	12	13.02	13.26	16.20	20.60	28.62	36.65	62.6	27.61	22.48	22.99	6.51	94.3	12.80	0.81	20.60	26.10	20.60	9.99
Au	12	1.71	1.81	1.90	2.80	3.82	4.17	7.75	3.55	2.85	2.97	2.20	12.10	1.60	0.80	2.80	1.90	2.80	1.52
B	12	46.60	52.4	58.2	63.0	74.8	81.8	82.5	65.2	13.12	64.0	10.64	83.0	40.00	0.20	63.0	63.0	63.0	47.17
Ba	12	243	257	379	486	547	674	6170	1485	3588	570	42.56	12 872	238	2.42	486	686	486	370
Be	12	1.72	1.82	1.99	2.28	2.54	3.12	3.24	2.34	0.51	2.29	1.70	3.32	1.61	0.22	2.28	2.32	2.28	2.21
Bi	12	0.33	0.36	0.38	0.47	0.54	0.63	0.75	0.49	0.16	0.47	1.70	0.90	0.28	0.33	0.47	0.49	0.47	0.35
Br	12	1.93	1.98	2.31	2.49	3.69	4.25	4.29	2.95	0.92	2.82	1.92	4.33	1.91	0.31	2.49	3.24	2.49	2.32
Cd	12	0.11	0.12	0.14	0.16	0.17	0.28	0.29	0.17	0.06	0.16	2.79	0.29	0.10	0.35	0.16	0.17	0.16	0.13
Ce	12	65.0	68.1	76.6	82.5	88.9	97.8	102	82.8	12.13	82.0	12.31	105	62.1	0.15	82.5	82.5	82.5	83.0
Cl	12	20.00	20.60	26.00	35.50	39.00	40.80	110	45.33	47.40	35.97	8.48	194	20.00	1.05	35.50	39.00	35.50	33.74
Co	12	7.18	8.13	11.70	13.70	16.95	18.21	18.34	13.52	3.93	12.90	4.48	18.40	6.30	0.29	13.70	13.40	13.70	10.66
Cr	12	37.96	57.4	64.7	88.7	95.7	108	111	79.4	27.36	71.9	11.85	111	14.20	0.34	88.7	73.5	88.7	66.8
Cu	12	20.13	24.15	26.33	36.06	49.72	54.0	55.5	37.70	13.52	35.24	7.68	56.8	15.41	0.36	36.06	38.42	36.06	23.37
F	12	510	516	560	796	1200	1517	1564	903	410	826	47.32	1605	507	0.45	796	840	796	550
Ga	12	17.05	18.15	18.56	19.77	22.12	23.93	24.20	20.19	2.58	20.04	5.48	24.30	15.72	0.13	19.77	20.14	19.77	18.66
Ge	12	1.61	1.63	1.66	1.68	1.81	1.88	1.91	1.73	0.11	1.73	1.37	1.93	1.58	0.06	1.68	1.66	1.68	1.67
Hg	12	0.05	0.06	0.07	0.10	0.17	0.19	0.23	0.12	0.07	0.11	4.04	0.27	0.04	0.55	0.10	0.14	0.10	0.06
I	12	2.82	3.09	3.40	4.01	6.31	7.18	7.43	4.70	1.76	4.41	2.33	7.63	2.51	0.37	4.01	3.44	4.01	3.98
La	12	33.54	34.55	37.25	41.33	47.19	49.60	62.6	44.46	12.12	43.26	8.74	78.5	32.62	0.27	41.33	49.60	41.33	42.78
Li	12	36.37	39.25	41.65	45.15	49.27	54.7	55.2	45.38	6.61	44.93	8.53	55.5	32.90	0.15	45.15	45.40	45.15	39.50
Mn	12	364	384	389	488	815	1332	1418	691	427	596	37.37	1514	340	0.62	488	663	488	479
Mo	12	1.69	2.12	2.84	5.24	9.13	17.39	24.42	8.17	8.88	5.36	3.72	32.10	1.23	1.09	5.24	8.63	5.24	1.32
N	12	0.43	0.50	0.57	0.66	0.80	0.88	0.90	0.68	0.17	0.65	1.43	0.92	0.36	0.25	0.66	0.69	0.66	0.53
Nb	12	15.21	16.26	17.70	20.03	21.35	22.08	22.46	19.43	2.64	19.25	5.35	22.86	14.08	0.14	20.03	19.50	20.03	21.04
Ni	12	16.96	21.94	27.40	34.90	43.95	49.77	52.4	35.30	12.80	32.71	7.60	55.2	11.40	0.36	34.90	35.80	34.90	22.13
P	12	0.28	0.28	0.33	0.41	0.52	0.71	0.80	0.46	0.19	0.43	1.78	0.91	0.27	0.42	0.41	0.48	0.41	0.28
Pb	12	25.54	27.53	29.31	31.33	34.54	37.42	43.01	32.73	6.58	32.19	7.18	49.59	23.27	0.20	31.33	32.27	31.33	29.62

续表 3-10

元素/指标	N	$X_{5\%}$	$X_{10\%}$	$X_{25\%}$	$X_{50\%}$	$X_{75\%}$	$X_{90\%}$	$X_{95\%}$	$\overline{X}$	S	$\overline{X}_g$	S_g	X_{max}	X_{min}	CV	X_{me}	X_{mo}	碳酸盐岩类风化物基准值	衢州市基准值
Rb	12	90.4	95.0	97.5	106	121	149	152	113	21.66	111	14.64	154	84.9	0.19	106	111	106	122
S	12	144	148	156	170	219	270	964	319	470	218	21.25	1806	138	1.47	170	275	170	146
Sb	12	1.06	1.10	1.29	2.02	3.06	3.41	4.15	2.29	1.23	2.01	1.93	5.04	1.02	0.54	2.02	2.43	2.02	0.86
Sc	12	9.21	10.72	11.58	13.28	15.50	15.95	16.45	13.16	2.77	12.86	4.27	17.00	7.39	0.21	13.28	12.60	13.28	11.66
Se	12	0.26	0.29	0.35	0.40	0.46	0.50	0.56	0.41	0.11	0.39	1.82	0.64	0.23	0.27	0.40	0.42	0.40	0.29
Sn	12	2.27	2.43	2.70	3.05	3.42	4.94	7.93	3.79	2.51	3.38	2.36	11.40	2.10	0.66	3.05	2.70	3.05	3.44
Sr	12	40.03	41.04	44.93	54.1	77.1	92.0	116	65.4	29.89	60.7	10.38	144	39.20	0.46	54.1	62.0	54.1	44.53
Th	12	13.46	13.89	15.59	16.97	18.48	19.57	20.51	16.98	2.49	16.81	5.04	21.66	13.12	0.15	16.97	17.08	16.97	16.66
Ti	12	3666	3761	3943	4905	5248	6086	6593	4862	1052	4763	118	7115	3558	0.22	4905	4811	4905	4536
Tl	12	0.64	0.69	0.81	0.94	1.18	1.37	1.46	1.01	0.29	0.97	1.32	1.56	0.61	0.29	0.94	1.00	0.94	0.82
U	12	3.58	3.99	4.50	5.00	6.38	7.71	8.61	5.55	1.79	5.31	2.73	9.58	3.12	0.32	5.00	5.00	5.00	3.70
V	12	83.8	94.4	106	140	171	182	194	139	42.71	132	16.15	206	71.7	0.31	140	120	140	87.5
W	12	1.93	1.94	1.99	2.26	2.53	2.66	2.69	2.29	0.30	2.27	1.62	2.71	1.92	0.13	2.26	2.53	2.26	2.01
Y	12	19.48	19.82	22.65	25.39	26.20	30.34	64.3	31.08	23.63	27.24	6.99	105	19.10	0.76	25.39	30.70	25.39	27.91
Zn	12	61.4	67.3	75.1	95.2	106	122	156	98.5	36.93	93.4	13.41	197	55.1	0.37	95.2	97.2	95.2	75.2
Zr	12	167	170	217	258	299	315	317	252	55.0	246	22.60	318	166	0.22	258	250	258	298
SiO_2	12	63.9	64.3	65.7	71.0	73.4	73.9	75.5	69.9	4.65	69.7	11.02	77.3	63.4	0.07	71.0	69.3	71.0	69.8
Al_2O_3	12	12.82	13.22	13.96	14.74	15.45	16.18	16.86	14.77	1.44	14.71	4.58	17.69	12.43	0.10	14.74	14.90	14.74	15.14
TFe_2O_3	12	4.57	4.94	5.42	6.14	6.93	7.78	8.02	6.25	1.22	6.13	2.82	8.27	4.16	0.20	6.14	6.41	6.14	5.39
MgO	12	0.59	0.63	0.72	0.85	0.92	0.99	1.08	0.84	0.17	0.82	1.26	1.18	0.55	0.21	0.85	0.85	0.85	0.83
CaO	12	0.18	0.19	0.21	0.23	0.31	0.35	0.48	0.28	0.13	0.26	2.26	0.65	0.16	0.47	0.23	0.22	0.23	0.21
Na_2O	12	0.09	0.10	0.13	0.17	0.37	0.73	0.78	0.28	0.25	0.21	3.08	0.80	0.08	0.89	0.17	0.21	0.17	0.23
K_2O	12	1.61	1.67	1.95	2.32	2.73	2.95	3.18	2.34	0.58	2.28	1.72	3.45	1.54	0.25	2.32	2.39	2.32	2.34
TC	12	0.44	0.44	0.45	0.53	0.66	0.75	0.76	0.57	0.13	0.55	1.46	0.77	0.43	0.22	0.53	0.66	0.53	0.48
Corg	12	0.32	0.34	0.40	0.43	0.56	0.59	0.59	0.46	0.10	0.45	1.65	0.60	0.31	0.22	0.43	0.46	0.43	0.38
pH	12	4.94	5.00	5.19	5.35	5.54	5.84	5.91	5.28	5.44	5.39	2.62	5.96	4.89	1.03	5.35	5.42	5.35	5.30

第三章 土壤地球化学基准值

表3-11 紫色碎屑岩类风化物土壤母质地球化学基准值参数统计表

元素/指标	N	$X_{5\%}$	$X_{10\%}$	$X_{25\%}$	$X_{50\%}$	$X_{75\%}$	$X_{90\%}$	$X_{95\%}$	$\overline{X}$	S	$\overline{X}_g$	S_g	X_{max}	X_{min}	CV	X_{me}	X_{mo}	分布类型	紫色碎屑岩类风化物基准值	衢州市基准值
Ag	62	28.10	34.20	42.00	51.0	62.0	74.0	77.9	53.1	17.17	50.5	9.68	104	21.00	0.32	51.0	54.0	正态分布	53.1	54.9
As	62	3.72	4.36	5.72	7.80	10.30	14.86	18.86	9.11	5.66	7.95	3.71	37.40	2.70	0.62	7.80	8.00	对数正态分布	7.95	9.99
Au	62	0.80	0.90	1.10	1.26	1.50	1.89	2.29	1.38	0.60	1.28	1.46	4.30	0.60	0.44	1.26	1.10	对数正态分布	1.28	1.52
B	62	25.05	28.00	33.25	46.00	57.0	67.9	75.9	47.69	16.65	44.84	9.46	90.0	21.00	0.35	46.00	46.00	正态分布	47.69	47.17
Ba	58	211	237	265	309	369	414	449	318	78.1	309	27.12	546	169	0.25	309	323	剔除后正态分布	318	370
Be	62	1.21	1.38	1.66	1.94	2.20	2.48	2.53	1.92	0.44	1.87	1.52	3.40	1.01	0.23	1.94	2.02	正态分布	1.92	2.21
Bi	62	0.18	0.20	0.25	0.29	0.38	0.41	0.45	0.31	0.10	0.29	2.13	0.70	0.16	0.33	0.29	0.27	正态分布	0.31	0.35
Br	62	1.00	1.00	1.34	1.79	2.39	3.00	3.56	1.94	0.82	1.79	1.64	4.51	1.00	0.42	1.79	1.00	正态分布	1.94	2.32
Cd	62	0.07	0.08	0.10	0.13	0.16	0.18	0.20	0.13	0.04	0.13	3.55	0.28	0.06	0.33	0.13	0.13	正态分布	0.13	0.13
Ce	62	47.94	55.7	65.2	73.2	86.8	105	117	78.6	21.40	75.9	11.87	144	40.87	0.27	73.2	65.2	正态分布	78.6	83.0
Cl	62	20.00	21.30	27.00	34.00	40.00	46.90	53.9	34.53	10.29	33.12	7.94	68.0	20.00	0.30	34.00	35.00	正态分布	34.53	33.74
Co	62	4.32	4.90	7.18	9.55	11.84	17.64	23.42	10.81	6.32	9.46	3.84	39.30	3.20	0.58	9.55	4.90	对数正态分布	10.81	10.66
Cr	62	39.11	42.33	47.67	61.8	74.8	91.3	116	64.2	21.91	60.9	10.64	130	30.20	0.34	61.8	75.6	正态分布	64.2	66.8
Cu	62	10.47	12.52	15.55	18.97	24.47	36.11	41.52	21.53	9.38	19.89	5.63	55.5	9.60	0.44	18.97	41.70	正态分布	21.53	23.37
F	62	259	303	386	488	596	707	863	523	226	487	35.76	1504	229	0.43	488	695	正态分布	523	550
Ga	62	10.32	12.06	14.43	17.27	19.57	21.25	22.42	16.90	3.69	16.48	4.95	25.38	9.20	0.22	17.27	15.00	正态分布	16.90	18.66
Ge	62	1.36	1.38	1.48	1.63	1.77	1.92	2.07	1.66	0.25	1.64	1.36	2.54	1.35	0.15	1.63	1.50	正态分布	1.66	1.67
Hg	62	0.02	0.02	0.03	0.04	0.06	0.07	0.09	0.05	0.03	0.04	6.61	0.20	0.02	0.65	0.04	0.04	对数正态分布	0.05	0.06
I	62	1.43	1.59	2.44	3.29	4.33	5.79	6.20	3.44	1.48	3.12	2.12	7.70	0.91	0.43	3.29	3.33	正态分布	3.44	3.98
La	62	26.36	28.28	34.92	39.59	47.58	56.7	62.1	41.87	12.02	40.38	8.29	85.6	23.63	0.29	39.59	35.10	正态分布	41.87	42.78
Li	62	25.83	28.11	33.86	40.83	47.24	51.9	56.9	41.08	10.54	39.79	8.38	81.6	21.95	0.26	40.83	44.20	正态分布	41.08	39.50
Mn	62	199	215	324	404	487	717	835	439	194	401	31.00	1028	148	0.44	404	438	正态分布	439	479
Mo	62	0.63	0.69	0.86	1.09	1.36	1.82	1.99	1.40	1.75	1.14	1.65	13.99	0.47	1.26	1.09	1.26	对数正态分布	1.14	1.32
N	62	0.34	0.35	0.40	0.45	0.58	0.66	0.80	0.49	0.14	0.47	1.68	0.89	0.28	0.29	0.45	0.40	正态分布	0.49	0.53
Nb	62	12.15	13.92	17.26	20.23	24.49	28.14	29.38	21.04	5.59	20.31	5.59	38.60	11.62	0.27	20.23	20.07	正态分布	21.04	21.04
Ni	62	9.21	10.83	13.43	19.20	26.80	35.85	49.70	22.92	14.44	19.81	5.78	82.6	7.20	0.63	19.20	21.20	对数正态分布	19.81	22.13
P	62	0.10	0.11	0.14	0.22	0.30	0.47	0.64	0.27	0.20	0.22	3.04	1.19	0.05	0.74	0.22	0.25	对数正态分布	0.22	0.28
Pb	62	19.34	20.53	21.95	25.83	29.14	31.92	33.85	26.86	8.73	26.00	6.59	83.2	17.35	0.32	25.83	27.56	对数正态分布	26.00	29.62

续表 3-11

元素/指标	N	$X_{5\%}$	$X_{10\%}$	$X_{25\%}$	$X_{50\%}$	$X_{75\%}$	$X_{90\%}$	$X_{95\%}$	$\bar{X}$	S	$\bar{X}_g$	S_g	X_{max}	X_{min}	CV	X_{me}	X_{mo}	分布类型	紫色碎屑岩类风化物基准值	衢州市基准值
Rb	62	61.0	65.0	76.7	101	122	136	145	101	28.98	97.2	13.88	178	40.60	0.29	101	115	正态分布	101	122
S	62	88.0	95.2	111	136	170	202	227	146	44.43	139	17.65	281	78.0	0.31	136	136	正态分布	146	146
Sb	62	0.49	0.51	0.59	0.70	0.91	1.41	1.75	0.91	0.76	0.78	1.63	5.07	0.40	0.83	0.70	0.61	对数正态分布	0.78	0.86
Sc	62	6.25	6.88	8.41	10.05	12.20	14.28	18.87	10.73	3.77	10.17	3.78	24.80	4.71	0.35	10.05	11.24	正态分布	10.73	11.66
Se	62	0.14	0.16	0.20	0.26	0.32	0.36	0.39	0.27	0.11	0.25	2.39	0.83	0.12	0.39	0.26	0.23	正态分布	0.27	0.29
Sn	62	1.91	2.11	2.42	2.90	3.60	4.88	6.47	3.35	1.56	3.09	2.11	9.60	1.30	0.47	2.90	2.70	对数正态分布	3.09	3.44
Sr	62	21.90	26.29	31.95	42.05	52.1	76.4	96.8	50.5	38.18	43.71	9.16	283	20.40	0.76	42.05	42.20	对数正态分布	43.71	44.53
Th	62	8.77	10.24	12.51	14.89	17.47	20.04	21.34	15.20	4.06	14.66	4.71	27.59	7.50	0.27	14.89	14.89	正态分布	15.20	16.66
Ti	56	2977	3340	3747	4114	4863	5524	5715	4294	929	4196	120	7146	2082	0.22	4114	4196	剔除后正态分布	4294	4536
Tl	62	0.39	0.42	0.53	0.68	0.77	0.96	1.05	0.68	0.20	0.66	1.48	1.23	0.37	0.30	0.68	0.62	正态分布	0.68	0.82
U	62	1.87	2.29	2.81	3.23	3.75	4.15	4.57	3.38	1.16	3.22	2.07	8.75	1.56	0.34	3.23	3.12	正态分布	3.38	3.70
V	62	45.13	51.1	60.2	78.5	95.5	126	161	85.4	36.82	79.1	12.36	219	34.10	0.43	78.5	85.9	正态分布	85.4	87.5
W	62	1.09	1.27	1.57	1.90	2.26	2.69	2.86	1.96	0.67	1.86	1.59	5.24	0.90	0.34	1.90	1.84	正态分布	1.96	2.01
Y	62	15.66	16.98	21.65	27.43	32.19	41.92	46.37	28.15	9.43	26.71	6.59	55.1	13.16	0.33	27.43	22.97	正态分布	28.15	27.91
Zn	62	38.73	42.44	51.8	61.1	74.8	88.8	97.3	63.9	18.69	61.2	10.49	111	25.90	0.29	61.1	60.4	正态分布	63.9	75.2
Zr	62	233	253	280	317	356	403	433	323	64.2	317	27.05	501	161	0.20	317	324	正态分布	323	298
SiO_2	62	62.7	64.3	68.1	71.2	73.9	77.4	79.6	70.9	5.55	70.6	11.69	81.2	54.2	0.08	71.2	70.8	正态分布	70.9	69.8
Al_2O_3	62	11.25	12.18	13.63	14.54	16.20	17.71	18.72	14.87	2.28	14.70	4.63	22.95	10.56	0.15	14.54	14.74	正态分布	14.87	15.14
TFe_2O_3	62	2.84	3.08	4.11	4.84	5.67	6.90	8.96	5.11	1.78	4.83	2.53	11.69	2.04	0.35	4.84	5.17	正态分布	5.11	5.39
MgO	62	0.43	0.51	0.65	0.80	1.02	1.23	1.43	0.86	0.34	0.80	1.50	2.23	0.39	0.39	0.80	0.78	对数正态分布	0.86	0.83
CaO	62	0.09	0.10	0.13	0.23	0.31	0.86	2.09	0.42	0.67	0.25	3.17	4.09	0.06	1.57	0.23	0.11	正态分布	0.25	0.21
Na_2O	62	0.07	0.09	0.12	0.27	0.45	0.66	0.75	0.33	0.24	0.25	3.04	1.06	0.05	0.74	0.27	0.10	对数正态分布	0.33	0.23
K_2O	62	1.24	1.40	1.63	2.01	2.37	2.68	2.74	2.00	0.52	1.93	1.60	3.32	0.68	0.26	2.01	1.83	正态分布	2.00	2.34
TC	62	0.27	0.30	0.37	0.44	0.50	0.62	0.79	0.46	0.16	0.44	1.77	1.17	0.23	0.35	0.44	0.47	对数正态分布	0.44	0.48
Corg	62	0.20	0.24	0.27	0.33	0.38	0.43	0.47	0.33	0.09	0.32	2.06	0.60	0.19	0.26	0.33	0.33	正态分布	0.33	0.38
pH	62	4.66	4.68	4.85	5.05	5.52	6.17	7.16	5.01	5.15	5.32	2.64	7.84	4.61	1.03	5.05	5.10	对数正态分布	5.32	5.30

六、中酸性火成岩类风化物土壤母质地球化学基准值

衢州市中酸性火成岩类风化物区土壤母质地球化学基准值数据经正态分布检验,结果表明,原始数据中 As、B、Ba、Be、Br、Ce、Co、Cr、Cu、F、Ga、Ge、I、La、Li、Mn、N、Nb、Pb、Rb、S、Sc、Sn、Th、Ti、V、W、Y、Zr、SiO_2、Al_2O_3、TFe_2O_3、MgO、K_2O、TC、Corg、pH 共 37 项元素/指标符合正态分布,Ag、Au、Bi、Cd、Cl、Hg、Mo、Ni、P、Sb、Se、Sr、Tl、U、Zn、CaO、Na_2O 共 17 项元素/指标符合对数正态分布(表 3-12)。

衢州市中酸性火成岩类风化物区深层土壤总体为酸性,土壤 pH 基准值为 5.01,极大值为 6.59,极小值为 4.53,与衢州市基准值基本接近。

各元素/指标中,一少半元素/指标变异系数在 0.40 以下,说明分布较为均匀;MgO、Sn、Th、Tl、Zn、Br、Co、Mn、U、Ag、Cr、Cu、B、Hg、P、Se、V、Cd、As、Ni、Sr、Au、Sb、Na_2O、pH、CaO、Bi、Mo、Cl 共 29 项元素/指标变异系数大于 0.40,其中 Au、Sb、Na_2O、pH、CaO、Bi、Mo、Cl 变异系数大于 0.80,空间变异性较大。

与衢州市土壤基准值相比,中酸性火成岩类风化物区土壤基准值中 B、Cr 基准值略低于衢州市基准值,为衢州市基准值的 60%~80%;Ba、Corg、K_2O、Na_2O、Mn、Be、Tl、Cl、Rb、Th 基准值略高于衢州市基准值,与衢州市基准值比值在 1.2~1.4 之间;Mo、Br 基准值明显高于衢州市基准值,是衢州市基准值的 1.4 倍以上;其他元素/指标基准值则与衢州市基准值基本接近。

七、中基性火成岩类风化物土壤母质地球化学基准值

衢州市中基性火成岩类风化物区采集深层土壤样品仅 2 件,具体参数统计如下(表 3-13)。

衢州市中基性火成岩类风化物区深层土壤总体为酸性,土壤 pH 基准值为 5.54,极大值为 6.07,极小值为 5.00,与衢州市基准值基本接近。

各元素/指标中,多数元素/指标变异系数在 0.40 以下,说明分布较为均匀;Co、Tl、P、Cd、Au、Sc、Sb、As、Cu、Sr、Hg、CaO、pH、Na_2O 共 14 项元素/指标变异系数大于 0.40,其中 Hg、CaO、pH、Na_2O 变异系数大于 0.80,空间变异性较大。

与衢州市土壤基准值相比,中基性火成岩类风化物区土壤基准值中 K_2O、Rb、Sn 基准值明显低于衢州市基准值;而 B、As、Ba、Sb、F、I、Cl、Au 基准值略低于衢州市基准值,为衢州市基准值的 60%~80%;Mo、Sr、Sc、Zn、Al_2O_3、P 基准值略高于衢州市基准值,与衢州市基准值比值在 1.2~1.4 之间;Cu、MgO、Na_2O、S、Mn、V、TFe_2O_3、Ti、Cr、CaO、Co、Ni 基准值明显高于衢州市基准值,是衢州市基准值的 1.4 倍以上;其他元素/指标基准值则与衢州市基准值基本接近。

八、变质岩类风化物土壤母质地球化学基准值

衢州市变质岩类风化物区采集深层土壤样品 14 件,具体参数统计如下(表 3-14)。

衢州市变质岩类风化物区深层土壤总体为酸性,土壤 pH 基准值为 5.03,极大值为 5.43,极小值为 4.68,与衢州市基准值基本接近。

各元素/指标中,约一半元素/指标变异系数在 0.40 以下,说明分布较为均匀;Co、I、Sr、Cr、TC、Sn、Corg、Tl、Br、Ni、Hg、MgO、B、Mo、Mn、Zn、Cd、Cu、CaO、Sb、W、Pb、Ag、Cl、As、pH、Bi 共 27 项元素/指标变异系数大于 0.40,其中 Cl、As、pH、Bi 变异系数大于 0.80,空间变异性较大。

与衢州市土壤基准值相比,变质岩类风化物区土壤基准值中 B 基准值明显低于衢州市基准值;Na_2O、CaO、Sb 基准值略低于衢州市基准值,为衢州市基准值的 60%~80%;W、Se、Ti、TFe_2O_3、I、Corg、Ga、V、Pb、P、Sn、Ce、Th、Sc 基准值略高于衢州市基准值,与衢州市基准值比值在 1.2~1.4 之间;Cr、Ag、Zn、Cu、Br、Cl、Co、Mn、Mo、Ni、Tl 基准值明显高于衢州市基准值,是衢州市基准值的 1.4 倍以上;其他元素/指标基准值则与衢州市基准值基本接近。

表 3-12 中酸性火成岩类风化物土壤母质地球化学基准值参数统计表

元素/指标	N	$X_{5\%}$	$X_{10\%}$	$X_{25\%}$	$X_{50\%}$	$X_{75\%}$	$X_{90\%}$	$X_{95\%}$	$\bar{X}$	S	$\bar{X}_g$	S_g	X_{max}	X_{min}	CV	X_{me}	X_{mo}	分布类型	中酸性火成岩类风化物基准值	衢州市基准值
Ag	44	38.15	42.90	50.00	57.0	71.0	106	142	68.3	33.31	63.0	11.16	203	35.00	0.49	57.0	50.00	对数正态分布	63.0	54.9
As	44	3.31	4.16	6.38	8.25	13.40	18.12	21.67	10.78	7.92	8.94	4.24	48.60	3.00	0.73	8.25	8.20	正态分布	10.78	9.99
Au	44	0.82	0.90	1.08	1.50	1.90	2.84	3.27	1.90	1.69	1.57	1.84	10.80	0.70	0.89	1.50	1.50	对数正态分布	1.57	1.52
B	44	13.00	15.00	20.75	31.50	43.25	69.0	75.0	36.23	20.95	30.70	8.38	82.0	8.00	0.58	31.50	32.00	正态分布	36.23	47.17
Ba	44	258	293	334	456	505	642	689	445	133	426	31.92	782	226	0.30	456	329	正态分布	445	370
Be	44	1.96	2.01	2.20	2.57	3.06	3.81	4.29	2.77	0.76	2.67	1.84	4.94	1.61	0.28	2.57	2.96	正态分布	2.77	2.21
Bi	44	0.19	0.20	0.24	0.31	0.39	0.63	0.76	0.41	0.50	0.33	2.22	3.52	0.18	1.22	0.31	0.31	对数正态分布	0.33	0.35
Br	44	1.74	1.81	2.27	3.15	4.02	5.18	6.68	3.35	1.44	3.09	2.09	7.58	1.45	0.43	3.15	2.68	正态分布	3.35	2.32
Cd	44	0.09	0.10	0.11	0.13	0.16	0.27	0.34	0.17	0.11	0.15	3.31	0.61	0.06	0.67	0.13	0.15	对数正态分布	0.15	0.13
Ce	44	66.9	69.9	75.0	90.2	117	134	138	97.6	26.30	94.4	13.74	173	62.4	0.27	90.2	96.8	正态分布	97.6	83.0
Cl	44	23.30	25.30	31.75	37.00	46.25	97.4	121	57.7	84.6	42.99	9.65	575	20.00	1.47	37.00	46.00	对数正态分布	42.99	33.74
Co	44	5.42	6.12	7.75	10.69	13.68	18.41	19.44	11.54	5.02	10.50	4.16	26.00	3.50	0.43	10.69	12.70	正态分布	11.54	10.66
Cr	44	22.77	26.44	33.28	49.38	65.1	81.9	101	52.4	25.73	47.02	10.00	139	17.00	0.49	49.38	54.3	正态分布	52.4	66.8
Cu	44	10.59	11.20	14.17	20.29	25.74	43.66	48.72	23.10	12.00	20.63	6.21	55.8	9.58	0.52	20.29	14.01	正态分布	23.10	23.37
F	44	336	381	422	578	784	910	1109	633	253	589	41.07	1475	286	0.40	578	533	正态分布	633	550
Ga	44	15.90	16.42	18.38	21.05	22.41	23.71	24.58	20.49	2.80	20.29	5.61	26.24	15.19	0.14	21.05	20.82	正态分布	20.49	18.66
Ge	44	1.24	1.30	1.47	1.64	1.81	2.01	2.07	1.67	0.31	1.64	1.41	2.85	1.17	0.18	1.64	1.66	正态分布	1.67	1.67
Hg	44	0.03	0.04	0.05	0.05	0.07	0.12	0.14	0.07	0.04	0.06	5.20	0.24	0.03	0.58	0.05	0.05	对数正态分布	0.06	0.06
I	44	2.22	2.32	3.22	4.47	5.10	6.13	6.86	4.26	1.43	3.99	2.38	7.40	0.88	0.34	4.47	3.81	正态分布	4.26	3.98
La	44	34.87	36.79	40.46	46.21	55.0	62.1	71.8	48.64	11.17	47.48	9.19	78.4	32.40	0.23	46.21	44.00	正态分布	48.64	42.78
Li	44	21.75	26.48	31.82	38.51	45.18	55.8	58.8	39.97	12.96	38.09	8.59	87.8	17.15	0.32	38.51	21.60	正态分布	39.97	39.50
Mn	44	303	329	414	534	702	896	1239	598	271	548	36.95	1391	271	0.45	534	451	正态分布	598	479
Mo	44	0.86	1.02	1.26	1.68	2.60	3.45	4.80	2.46	3.39	1.85	2.10	23.38	0.54	1.38	1.68	1.41	对数正态分布	1.85	1.32
N	44	0.40	0.45	0.49	0.54	0.61	0.78	0.86	0.57	0.14	0.56	1.50	0.91	0.28	0.25	0.54	0.52	正态分布	0.57	0.53
Nb	44	14.71	16.70	19.58	24.11	28.08	34.27	41.06	25.08	7.83	24.01	6.33	49.49	13.73	0.31	24.11	25.77	对数正态分布	25.08	21.04
Ni	44	8.64	9.76	12.78	17.10	22.90	36.55	48.86	21.79	17.16	18.23	5.97	107	8.00	0.79	17.10	19.70	对数正态分布	18.23	22.13
P	44	0.16	0.17	0.21	0.29	0.39	0.45	0.74	0.34	0.22	0.30	2.34	1.28	0.15	0.66	0.29	0.40	对数正态分布	0.30	0.28
Pb	44	23.41	24.70	26.98	32.24	39.05	47.74	49.86	34.23	9.67	33.07	7.61	63.3	22.41	0.28	32.24	43.27	正态分布	34.23	29.62

54

续表 3-12

元素/指标	N	$X_{5\%}$	$X_{10\%}$	$X_{25\%}$	$X_{50\%}$	$X_{75\%}$	$X_{90\%}$	$X_{95\%}$	$\overline{X}$	S	$\overline{X}_g$	S_g	X_{max}	X_{min}	CV	X_{me}	X_{mo}	分布类型	中酸性火成岩类风化物基准值	衢州市基准值
Rb	44	91.6	96.5	118	146	185	216	235	156	54.9	148	17.70	355	72.7	0.35	146	154	正态分布	156	122
S	44	82.8	88.0	95.5	123	170	205	213	135	45.76	128	16.51	243	72.0	0.34	123	154	正态分布	135	146
Sb	44	0.39	0.41	0.44	0.61	1.05	1.66	2.90	0.90	0.80	0.71	1.87	3.77	0.34	0.89	0.61	0.61	对数正态分布	0.71	0.86
Sc	44	7.98	8.68	9.38	11.27	12.60	14.88	16.10	11.41	2.71	11.12	4.06	19.90	6.90	0.24	11.27	9.40	正态分布	11.41	11.66
Se	44	0.21	0.21	0.24	0.29	0.32	0.38	0.43	0.32	0.21	0.29	2.16	1.59	0.18	0.66	0.29	0.30	对数正态分布	0.29	0.29
Sn	44	2.22	2.30	2.60	3.25	4.45	6.23	7.14	3.79	1.60	3.53	2.34	8.70	2.00	0.42	3.25	3.10	正态分布	3.79	3.44
Sr	44	29.10	32.80	36.65	42.83	57.6	96.4	165	60.6	47.98	50.9	10.17	279	23.40	0.79	42.83	39.59	对数正态分布	50.9	44.53
Th	44	11.79	12.55	15.51	20.15	25.35	29.63	37.72	21.60	9.01	20.11	5.83	56.3	10.62	0.42	20.15	21.24	正态分布	21.60	16.66
Ti	44	3043	3201	3653	4149	5040	6289	6554	4470	1184	4319	122	7134	1922	0.26	4149	4419	正态分布	4470	4536
Tl	44	0.60	0.64	0.74	0.92	1.49	1.74	1.77	1.13	0.47	1.04	1.51	2.29	0.52	0.42	0.92	1.28	对数正态分布	1.04	0.82
U	44	2.83	2.95	3.42	4.23	5.21	6.77	9.27	4.74	2.18	4.40	2.52	13.95	2.19	0.46	4.23	4.37	对数正态分布	4.40	3.70
V	44	39.95	43.39	63.1	78.8	104	143	153	92.6	60.8	81.6	13.16	424	29.69	0.66	78.8	90.8	正态分布	92.6	87.5
W	44	1.28	1.38	1.88	2.28	2.64	3.01	3.24	2.25	0.61	2.16	1.73	3.71	1.11	0.27	2.28	2.44	正态分布	2.25	2.01
Y	44	22.63	23.48	26.13	33.01	39.38	44.98	46.19	33.36	8.63	32.31	7.32	58.0	20.26	0.26	33.01	33.23	正态分布	33.36	27.91
Zn	44	58.9	60.9	64.9	77.0	96.9	139	160	89.7	37.67	84.0	12.99	218	52.5	0.42	77.0	90.4	对数正态分布	84.0	75.2
Zr	44	211	221	249	281	329	391	425	300	85.2	291	25.90	679	197	0.28	281	301	正态分布	300	298
SiO_2	44	55.1	59.6	64.2	68.1	72.7	76.7	77.2	67.9	6.65	67.5	11.31	79.9	52.8	0.10	68.1	67.8	正态分布	67.9	69.8
Al_2O_3	44	12.58	13.30	14.49	16.23	18.27	19.51	20.41	16.31	2.49	16.12	4.90	22.04	11.84	0.15	16.23	14.87	正态分布	16.31	15.14
TFe_2O_3	44	3.32	3.55	4.04	5.00	5.86	7.25	7.58	5.11	1.39	4.94	2.59	8.45	2.66	0.27	5.00	5.92	正态分布	5.11	5.39
MgO	44	0.44	0.49	0.52	0.75	1.01	1.21	1.42	0.79	0.32	0.74	1.52	1.68	0.37	0.41	0.75	0.76	正态分布	0.79	0.83
CaO	44	0.09	0.10	0.12	0.17	0.26	0.39	0.57	0.25	0.30	0.19	3.16	1.59	0.06	1.18	0.17	0.14	对数正态分布	0.19	0.21
Na_2O	44	0.10	0.16	0.17	0.24	0.44	0.83	1.05	0.37	0.33	0.28	2.86	1.72	0.07	0.90	0.24	0.16	对数正态分布	0.28	0.23
K_2O	44	1.95	2.19	2.39	2.83	3.30	3.55	3.67	2.84	0.63	2.77	1.85	4.96	1.57	0.22	2.83	2.85	正态分布	2.84	2.34
TC	44	0.34	0.38	0.44	0.52	0.59	0.72	0.80	0.54	0.16	0.52	1.60	1.06	0.25	0.30	0.52	0.59	正态分布	0.54	0.48
Corg	44	0.27	0.32	0.36	0.42	0.54	0.65	0.69	0.46	0.16	0.44	1.77	1.02	0.19	0.35	0.42	0.42	正态分布	0.46	0.38
pH	44	4.64	4.67	4.90	5.09	5.33	5.67	5.84	5.01	5.15	5.15	2.57	6.59	4.53	1.03	5.09	4.96	正态分布	5.01	5.30

表 3-13 中基性火成岩类风化物土壤母质地球化学基准值参数统计表

元素/指标	N	$X_{5\%}$	$X_{10\%}$	$X_{25\%}$	$X_{50\%}$	$X_{75\%}$	$X_{90\%}$	$X_{95\%}$	$\bar{X}$	S	$\bar{X}_g$	S_g	X_{max}	X_{min}	CV	X_{me}	X_{mo}	中基性火成岩类风化物基准值	衢州市基准值
Ag	2	43.10	43.20	43.50	44.00	44.50	44.80	44.90	44.00	1.41	43.99	6.56	45.00	43.00	0.03	44.00	43.00	44.00	54.9
As	2	3.50	3.79	4.67	6.15	7.62	8.51	8.80	6.15	4.17	5.40	2.19	9.10	3.20	0.68	6.15	9.10	6.15	9.99
Au	2	0.84	0.88	1.00	1.20	1.40	1.52	1.56	1.20	0.57	1.13	1.44	1.60	0.80	0.47	1.20	1.60	1.20	1.52
B	2	21.75	22.50	24.75	28.50	32.25	34.50	35.25	28.50	10.61	27.50	4.69	36.00	21.00	0.37	28.50	21.00	28.50	47.17
Ba	2	212	215	225	242	259	270	273	242	48.34	240	14.48	277	208	0.20	242	277	242	370
Be	2	1.96	1.98	2.01	2.08	2.14	2.18	2.19	2.08	0.18	2.07	1.49	2.20	1.95	0.09	2.08	2.20	2.08	2.21
Bi	2	0.32	0.32	0.33	0.33	0.34	0.34	0.34	0.33	0.01	0.33	1.76	0.34	0.32	0.04	0.33	0.32	0.33	0.35
Br	2	1.84	1.89	2.04	2.29	2.54	2.69	2.74	2.29	0.71	2.23	1.75	2.79	1.79	0.31	2.29	1.79	2.29	2.32
Cd	2	0.09	0.09	0.10	0.12	0.14	0.16	0.16	0.12	0.06	0.12	2.63	0.16	0.08	0.46	0.12	0.08	0.12	0.13
Ce	2	70.1	70.1	70.2	70.3	70.3	70.4	70.4	70.3	0.20	70.3	8.39	70.4	70.1	0.003	70.3	70.4	70.3	83.0
Cl	2	23.35	23.70	24.75	26.50	28.25	29.30	29.65	26.50	4.95	26.27	5.51	30.00	23.00	0.19	26.50	23.00	26.50	33.74
Co	2	26.59	27.69	30.98	36.45	41.92	45.21	46.30	36.45	15.49	34.77	7.06	47.40	25.50	0.42	36.45	47.40	36.45	10.66
Cr	2	138	138	140	142	145	146	147	142	7.35	142	12.15	147	137	0.05	142	137	142	66.8
Cu	2	18.69	20.27	25.02	32.95	40.88	45.63	47.21	32.95	22.42	28.89	7.49	48.80	17.10	0.68	32.95	48.80	32.95	23.37
F	2	353	356	368	386	404	416	419	386	52.3	384	18.71	423	349	0.14	386	349	386	550
Ga	2	17.63	17.81	18.35	19.26	20.16	20.71	20.89	19.26	2.56	19.17	4.60	21.07	17.44	0.13	19.26	17.44	19.26	18.66
Ge	2	1.66	1.66	1.67	1.67	1.67	1.68	1.68	1.67	0.01	1.67	1.30	1.68	1.66	0.01	1.67	1.66	1.67	1.67
Hg	2	0.03	0.03	0.04	0.06	0.07	0.09	0.09	0.06	0.05	0.05	7.46	0.09	0.02	0.85	0.06	0.02	0.06	0.06
I	2	3.07	3.07	3.09	3.12	3.16	3.18	3.18	3.12	0.09	3.12	1.79	3.19	3.06	0.03	3.12	3.06	3.12	3.98
La	2	34.43	34.44	34.45	34.48	34.50	34.52	34.53	34.48	0.08	34.48	5.88	34.53	34.42	0.002	34.48	34.42	34.48	42.78
Li	2	28.39	28.89	30.38	32.85	35.32	36.81	37.30	32.85	7.00	32.47	5.32	37.80	27.90	0.21	32.85	27.90	32.85	39.50
Mn	2	754	760	779	809	840	858	864	809	86.6	807	27.37	870	748	0.11	809	748	809	479
Mo	2	1.50	1.51	1.54	1.59	1.64	1.67	1.68	1.59	0.14	1.59	1.31	1.69	1.49	0.09	1.59	1.49	1.59	1.32
N	2	0.41	0.41	0.43	0.46	0.49	0.51	0.52	0.46	0.09	0.46	1.61	0.52	0.40	0.19	0.46	0.40	0.46	0.53
Nb	2	22.83	22.96	23.35	24.00	24.65	25.04	25.17	24.00	1.84	23.96	4.77	25.30	22.70	0.08	24.00	22.70	24.00	21.04
Ni	2	62.5	64.0	68.6	76.2	83.7	88.3	89.8	76.2	21.43	74.6	9.64	91.3	61.0	0.28	76.2	91.3	76.2	22.13
P	2	0.26	0.27	0.30	0.36	0.42	0.45	0.46	0.36	0.16	0.34	2.17	0.47	0.24	0.45	0.36	0.24	0.36	0.28
Pb	2	23.11	23.36	24.11	25.35	26.60	27.35	27.60	25.35	3.53	25.23	4.80	27.85	22.86	0.14	25.35	22.86	25.35	29.62

第三章 土壤地球化学基准值

续表 3-13

元素/指标	N	$X_{5\%}$	$X_{10\%}$	$X_{25\%}$	$X_{50\%}$	$X_{75\%}$	$X_{90\%}$	$X_{95\%}$	$\bar{X}$	S	$\bar{X}_g$	S_g	X_{max}	X_{min}	CV	X_{me}	X_{mo}	中基性火成岩类风化物基准值	衢州市基准值
Rb	2	63.8	64.1	64.9	66.2	67.6	68.4	68.7	66.2	3.82	66.2	7.97	69.0	63.5	0.06	66.2	63.5	66.2	122
S	2	222	224	228	234	241	245	247	234	19.09	234	14.88	248	221	0.08	234	221	234	146
Sb	2	0.38	0.41	0.48	0.60	0.73	0.80	0.83	0.60	0.35	0.55	1.95	0.85	0.36	0.57	0.60	0.36	0.60	0.86
Sc	2	10.07	10.55	11.97	14.35	16.73	18.15	18.62	14.35	6.72	13.54	4.55	19.10	9.60	0.47	14.35	19.10	14.35	11.66
Se	2	0.20	0.21	0.23	0.26	0.30	0.32	0.33	0.26	0.10	0.26	2.36	0.33	0.20	0.37	0.26	0.20	0.26	0.29
Sn	2	1.65	1.69	1.83	2.05	2.27	2.41	2.46	2.05	0.64	2.00	1.38	2.50	1.60	0.31	2.05	1.60	2.05	3.44
Sr	2	25.13	28.36	38.05	54.2	70.3	80.0	83.3	54.2	45.68	43.52	5.42	86.5	21.90	0.84	54.2	86.5	54.2	44.53
Th	2	13.21	13.62	14.84	16.87	18.90	20.12	20.52	16.87	5.74	16.37	3.66	20.93	12.81	0.34	16.87	20.93	16.87	16.66
Ti	2	7989	8111	8477	9086	9696	10 061	10 183	9086	1724	9004	88.9	10 305	7868	0.19	9086	7868	9086	4536
Tl	2	0.52	0.54	0.61	0.72	0.84	0.91	0.93	0.72	0.32	0.69	1.61	0.95	0.50	0.44	0.72	0.50	0.72	0.82
U	2	3.58	3.61	3.72	3.90	4.09	4.20	4.23	3.90	0.52	3.89	1.89	4.27	3.54	0.13	3.90	3.54	3.90	3.70
V	2	151	152	154	159	163	166	166	159	12.19	158	12.26	167	150	0.08	159	150	159	87.5
W	2	1.73	1.74	1.79	1.85	1.92	1.96	1.98	1.85	0.19	1.85	1.32	1.99	1.72	0.10	1.85	1.72	1.85	2.01
Y	2	20.88	21.46	23.20	26.10	29.00	30.74	31.32	26.10	8.20	25.45	5.73	31.90	20.30	0.31	26.10	31.90	26.10	27.91
Zn	2	93.7	93.8	94.2	94.8	95.5	95.8	96.0	94.8	1.77	94.8	9.68	96.1	93.6	0.02	94.8	93.6	94.8	75.2
Zr	2	273	273	274	275	276	277	277	275	3.75	275	16.50	278	272	0.01	275	278	275	298
SiO$_2$	2	55.5	55.6	56.1	56.8	57.6	58.1	58.2	56.8	2.15	56.8	7.44	58.4	55.3	0.04	56.8	55.3	56.8	69.8
Al$_2$O$_3$	2	17.76	17.92	18.40	19.20	19.99	20.47	20.63	19.20	2.25	19.13	4.57	20.79	17.60	0.12	19.20	17.60	19.20	15.14
TFe$_2$O$_3$	2	9.88	9.98	10.26	10.72	11.19	11.47	11.57	10.72	1.32	10.68	3.43	11.66	9.79	0.12	10.72	9.79	10.72	5.39
MgO	2	1.14	1.16	1.20	1.28	1.35	1.39	1.41	1.28	0.21	1.27	1.14	1.42	1.13	0.16	1.28	1.13	1.28	0.83
CaO	2	0.20	0.24	0.35	0.53	0.71	0.82	0.86	0.53	0.52	0.38	3.44	0.90	0.16	0.97	0.53	0.90	0.53	0.21
Na$_2$O	2	0.10	0.13	0.22	0.36	0.51	0.60	0.63	0.36	0.42	0.21	5.70	0.66	0.07	1.14	0.36	0.07	0.36	0.23
K$_2$O	2	1.12	1.13	1.16	1.20	1.24	1.26	1.27	1.20	0.11	1.19	1.09	1.28	1.11	0.10	1.20	1.11	1.20	2.34
TC	2	0.44	0.45	0.48	0.53	0.58	0.61	0.62	0.53	0.14	0.52	1.59	0.63	0.43	0.27	0.53	0.63	0.53	0.48
Corg	2	0.36	0.37	0.39	0.43	0.47	0.49	0.50	0.43	0.11	0.42	1.75	0.51	0.35	0.26	0.43	0.35	0.43	0.38
pH	2	5.05	5.11	5.27	5.54	5.80	5.96	6.02	5.27	5.19	5.54	2.25	6.07	5.00	0.99	5.54	5.00	5.54	5.30

表 3-14 变质岩类风化物土壤母质地球化学基准值参数统计表

元素/指标	N	$X_{5\%}$	$X_{10\%}$	$X_{25\%}$	$X_{50\%}$	$X_{75\%}$	$X_{90\%}$	$X_{95\%}$	$\bar{X}$	S	$\bar{X}_g$	S_g	X_{max}	X_{min}	CV	X_{me}	X_{mo}	变质岩类风化物基准值	衢州市基准值
Ag	14	43.25	47.70	61.5	81.5	104	179	247	103	77.6	86.2	13.13	332	40.00	0.75	81.5	85.0	81.5	54.9
As	14	5.96	6.28	7.08	9.70	12.05	17.59	27.92	12.22	9.97	10.27	4.33	44.50	5.70	0.82	9.70	9.80	9.70	9.99
Au	14	1.27	1.30	1.40	1.55	1.90	2.76	3.04	1.79	0.61	1.71	1.54	3.10	1.20	0.34	1.55	1.40	1.55	1.52
B	14	13.95	15.00	17.25	25.50	33.50	45.00	54.3	28.50	14.70	25.53	6.91	66.0	12.00	0.52	25.50	15.00	25.50	47.17
Ba	14	267	277	409	439	530	563	592	443	113	428	31.57	638	260	0.26	439	440	439	370
Be	14	1.83	1.94	2.06	2.46	3.00	3.27	3.37	2.58	0.58	2.52	1.75	3.52	1.67	0.22	2.46	2.50	2.46	2.21
Bi	14	0.26	0.27	0.31	0.35	0.73	1.35	2.11	0.72	0.84	0.50	2.32	3.34	0.25	1.17	0.35	0.31	0.35	0.35
Br	14	2.43	2.61	2.85	3.92	4.90	6.89	8.32	4.38	2.15	3.99	2.39	9.99	2.11	0.49	3.92	4.32	3.92	2.32
Cd	14	0.09	0.11	0.12	0.14	0.17	0.30	0.38	0.18	0.10	0.16	3.15	0.47	0.08	0.59	0.14	0.17	0.14	0.13
Ce	14	67.9	72.5	99.2	111	125	149	156	111	28.77	107	13.91	162	63.7	0.26	111	114	111	83.0
Cl	14	25.20	28.30	33.00	60.0	137	177	211	88.4	71.3	65.2	11.90	251	20.00	0.81	60.0	33.00	60.0	33.74
Co	14	7.76	8.15	9.65	19.50	22.40	23.41	25.67	17.36	7.06	15.81	5.05	29.70	7.50	0.41	19.50	18.20	19.50	10.66
Cr	14	46.14	53.3	68.5	98.9	111	150	168	96.9	42.03	88.4	12.56	186	36.00	0.43	98.9	93.2	98.9	66.8
Cu	14	20.36	21.05	25.37	37.77	61.4	87.8	92.7	46.70	27.76	40.03	8.27	101	19.37	0.59	37.77	45.19	37.77	23.37
F	14	402	457	494	603	678	852	962	611	187	587	36.89	1034	323	0.31	603	614	603	550
Ga	14	18.47	19.85	21.76	23.22	23.96	25.72	26.62	22.88	2.84	22.71	5.76	28.11	16.56	0.12	23.22	23.01	23.22	18.66
Ge	14	1.32	1.34	1.41	1.58	1.67	1.89	1.90	1.58	0.20	1.56	1.32	1.91	1.29	0.13	1.58	1.60	1.58	1.67
Hg	14	0.04	0.04	0.05	0.06	0.08	0.10	0.13	0.07	0.04	0.07	5.01	0.18	0.04	0.50	0.06	0.07	0.06	0.06
I	14	3.34	3.74	4.29	4.88	5.71	6.98	8.97	5.40	2.19	5.09	2.73	11.97	2.94	0.41	4.88	5.40	4.88	3.98
La	14	31.27	34.27	44.80	48.72	60.3	64.8	67.7	50.9	12.80	49.29	8.91	72.8	28.61	0.25	48.72	49.80	48.72	42.78
Li	14	32.64	33.67	36.02	37.58	42.12	49.15	53.0	40.33	7.57	39.75	8.13	59.7	32.34	0.19	37.58	42.04	37.58	39.50
Mn	14	391	434	609	878	1019	1158	1571	899	484	803	45.87	2317	342	0.54	878	906	878	479
Mo	14	1.03	1.27	2.00	2.42	3.61	4.10	5.11	2.83	1.50	2.49	2.11	6.71	0.86	0.53	2.42	2.90	2.42	1.32
N	14	0.42	0.44	0.48	0.60	0.68	0.98	1.06	0.64	0.22	0.61	1.51	1.11	0.40	0.34	0.60	0.65	0.60	0.53
Nb	14	17.42	17.74	18.54	23.45	25.66	33.44	36.47	23.82	6.32	23.12	5.92	36.94	17.00	0.27	23.45	23.60	23.45	21.04
Ni	14	15.58	17.72	23.55	41.45	51.1	67.8	72.2	41.01	20.16	36.17	7.94	77.5	14.60	0.49	41.45	36.80	41.45	22.13
P	14	0.29	0.30	0.32	0.37	0.49	0.62	0.67	0.43	0.14	0.41	1.84	0.73	0.27	0.33	0.37	0.44	0.37	0.28
Pb	14	23.06	25.42	34.46	38.78	49.90	74.5	103	50.3	33.82	43.75	8.92	154	22.90	0.67	38.78	50.8	38.78	29.62

续表 3-14

元素/指标	N	$X_{5\%}$	$X_{10\%}$	$X_{25\%}$	$X_{50\%}$	$X_{75\%}$	$X_{90\%}$	$X_{95\%}$	$\bar{X}$	S	$\bar{X}_g$	S_g	X_{max}	X_{min}	CV	X_{me}	X_{mo}	变质岩类风化物基准值	衢州市基准值
Rb	14	100.0	110	123	143	164	181	185	143	31.24	140	16.30	194	84.0	0.22	143	149	143	122
S	14	113	120	144	172	235	264	268	186	56.2	178	19.19	271	110	0.30	172	179	172	146
Sb	14	0.44	0.47	0.53	0.60	0.77	1.43	1.83	0.78	0.48	0.69	1.63	2.04	0.39	0.62	0.60	0.58	0.60	0.86
Sc	14	10.13	10.91	12.26	16.05	18.38	22.69	23.79	15.93	4.70	15.28	4.65	24.26	8.70	0.30	16.05	15.90	16.05	11.66
Se	14	0.23	0.25	0.32	0.35	0.43	0.47	0.51	0.37	0.09	0.36	1.92	0.56	0.21	0.26	0.35	0.43	0.35	0.29
Sn	14	2.61	3.29	3.70	4.55	5.53	6.77	8.29	4.84	2.12	4.44	2.54	10.50	1.50	0.44	4.55	3.70	4.55	3.44
Sr	14	24.94	28.38	33.35	36.78	54.4	56.0	68.9	43.64	18.29	40.62	8.03	93.0	20.00	0.42	36.78	44.60	36.78	44.53
Th	14	12.23	14.33	18.95	22.75	26.37	34.03	36.68	23.22	8.04	21.87	5.71	39.05	9.60	0.35	22.75	23.01	22.75	16.66
Ti	14	4029	4056	5004	5511	6277	6626	7050	5535	1098	5434	130	7792	4002	0.20	5511	5586	5511	4536
Tl	14	0.65	0.81	0.97	1.64	2.01	2.65	2.76	1.59	0.75	1.41	1.73	2.82	0.42	0.47	1.64	1.58	1.64	0.82
U	14	2.70	2.98	3.72	4.06	4.61	5.14	5.21	4.07	0.86	3.97	2.22	5.21	2.29	0.21	4.06	4.06	4.06	3.70
V	14	61.3	73.1	92.6	114	145	180	195	119	44.33	111	14.20	202	47.35	0.37	114	128	114	87.5
W	14	1.60	1.69	2.05	2.42	3.77	5.68	6.89	3.31	2.10	2.86	2.16	8.95	1.48	0.63	2.42	3.16	2.42	2.01
Y	14	21.98	22.39	25.65	32.35	36.20	41.90	44.43	31.64	7.60	30.80	6.92	44.90	21.70	0.24	32.35	31.30	32.35	27.91
Zn	14	65.0	69.9	83.4	121	156	214	275	137	77.7	121	15.51	350	56.9	0.57	121	132	121	75.2
Zr	14	231	233	243	264	309	398	438	290	72.4	283	25.07	461	227	0.25	264	290	264	298
SiO_2	14	52.2	54.0	57.3	61.0	67.6	71.9	73.7	62.4	7.25	62.0	10.59	74.4	50.5	0.12	61.0	61.2	61.0	69.8
Al_2O_3	14	13.89	14.76	16.84	18.15	19.72	20.71	21.09	18.00	2.44	17.83	5.03	21.51	13.03	0.14	18.15	18.06	18.15	15.14
TFe_2O_3	14	4.62	4.97	5.83	6.56	7.55	8.41	9.10	6.73	1.54	6.57	2.89	10.04	4.33	0.23	6.56	6.79	6.56	5.39
MgO	14	0.51	0.54	0.61	0.76	1.10	1.67	1.86	0.97	0.49	0.87	1.58	2.10	0.49	0.51	0.76	0.92	0.76	0.83
CaO	14	0.09	0.10	0.11	0.14	0.20	0.30	0.38	0.18	0.10	0.15	3.30	0.45	0.08	0.60	0.14	0.10	0.14	0.21
Na_2O	14	0.09	0.09	0.11	0.15	0.20	0.24	0.24	0.16	0.06	0.15	3.18	0.25	0.08	0.35	0.15	0.15	0.15	0.23
K_2O	14	1.73	1.87	2.03	2.35	2.59	2.85	3.04	2.34	0.45	2.30	1.66	3.21	1.52	0.19	2.35	2.34	2.35	2.34
TC	14	0.34	0.38	0.48	0.56	0.68	1.08	1.15	0.64	0.27	0.59	1.63	1.18	0.30	0.43	0.56	0.64	0.56	0.48
Corg	14	0.29	0.32	0.41	0.47	0.57	0.93	1.05	0.54	0.24	0.49	1.75	1.06	0.24	0.45	0.47	0.48	0.47	0.38
pH	14	4.76	4.81	4.99	5.03	5.11	5.25	5.33	5.00	5.35	5.04	2.50	5.43	4.68	1.07	5.03	5.03	5.03	5.30

第三节　主要土壤类型地球化学基准值

一、黄壤土壤地球化学基准值

衢州市黄壤区采集深层土壤样品5件,具体地球化学参数统计如下(表3-15)。

衢州市黄壤区深层土壤总体为酸性,土壤pH基准值为5.10,极大值为5.26,极小值为4.64,与衢州市基准值基本接近。

各元素/指标中,多数元素/指标变异系数在0.40以下,说明分布较为均匀;Br、U、Sn、Mn、Au、Th、CaO、Co、Cu、Zn、Cr、Ni、Cd、F、B、Na_2O、pH、Sb、As共19项元素/指标变异系数大于0.40,其中F、B、Na_2O、pH、Sb、As变异系数大于0.80,空间变异性较大。

与衢州市土壤基准值相比,黄壤区土壤基准值中B、Sb基准值明显低于衢州市基准值;As、Zr、F、CaO基准值略低于衢州市基准值,为衢州市基准值的60%～80%;Cl、N、Co、TC、U、Ba、Mo、Corg、K_2O、Pb、Rb基准值略高于衢州市基准值,与衢州市基准值比值在1.2～1.4之间;Nb、Be、Mn、Th、Tl、Br、Cd基准值明显高于衢州市基准值,是衢州市基准值的1.4倍以上;其他元素/指标基准值则与衢州市基准值基本接近。

二、红壤土壤地球化学基准值

衢州市红壤区土壤地球化学基准值数据经正态分布检验,结果表明,原始数据中B、Be、Br、Ce、Cr、Cu、F、Ga、Ge、I、La、Li、Mn、N、Nb、Ni、Rb、Sc、Se、Th、Ti、V、Zr、SiO_2、Al_2O_3、TFe_2O_3、MgO、K_2O、TC、pH共30项元素/指标符合正态分布,其他元素/指标均符合对数正态分布(表3-16)。

衢州市红壤区深层土壤总体为酸性,土壤pH基准值为5.03,极大值为6.59,极小值为4.50,与衢州市基准值基本接近。

各元素/指标中,少数元素/指标变异系数在0.40以下,说明分布较为均匀;Y、I、F、Br、Cr、W、Mn、Pb、Zn、P、B、Tl、Cu、Co、Ni、Sn、Sr、Hg、As、Sb、Au、CaO、Cd、Ag、S、pH、Bi、Na_2O、Cl、Mo、Ba共31项元素/指标变异系数大于0.40,其中As、Sb、Au、CaO、Cd、Ag、S、pH、Bi、Na_2O、Cl、Mo、Ba变异系数大于0.80,空间变异性较大。

与衢州市土壤基准值相比,红壤区土壤基准值中Na_2O基准值略低于衢州市基准值,为衢州市基准值的78%;F、P、I、V、Br、Ni基准值略高于衢州市基准值,与衢州市基准值比值在1.2～1.4之间;Cu、Mn、Mo基准值明显高于衢州市基准值,是衢州市基准值的1.4倍以上;其他元素/指标基准值则与衢州市基准值基本接近。

三、粗骨土土壤地球化学基准值

衢州市粗骨土区土壤地球化学基准值数据经正态分布检验,结果表明,原始数据中As、Cd、Mo、Sb、CaO、Na_2O、pH共7项元素/指标符合对数正态分布,其他元素/指标均符合正态分布(表3-17)。

衢州市粗骨土区深层土壤总体为酸性,土壤pH基准值为5.24,极大值为8.16,极小值为4.43,与衢州市基准值基本接近。

各元素/指标中,多数元素/指标变异系数在0.40以下,说明分布较为均匀;U、I、V、Au、Ni、F、Cd、Co、Mn、Br、P、Hg、Sb、Na_2O、pH、As、CaO、Mo共18项元素/指标变异系数大于0.40,其中Na_2O、pH、As、CaO、Mo变异系数大于0.80,空间变异性较大。

表 3-15 黄壤土壤地球化学基准值参数统计表

元素/指标	N	$X_{5\%}$	$X_{10\%}$	$X_{25\%}$	$X_{50\%}$	$X_{75\%}$	$X_{90\%}$	$X_{95\%}$	$\bar{X}$	S	$\bar{X}_g$	S_g	X_{max}	X_{min}	CV	X_{me}	X_{mo}	黄壤基准值	衢州市基准值
Ag	5	47.60	48.20	50.00	52.0	55.0	79.0	87.0	59.8	19.89	57.7	9.57	95.0	47.00	0.33	52.0	55.0	52.0	54.9
As	5	4.28	4.66	5.80	6.80	8.55	32.58	40.59	14.73	19.01	9.14	5.04	48.60	3.90	1.29	6.80	8.55	6.80	9.99
Au	5	0.77	0.83	1.03	1.60	1.90	2.32	2.46	1.57	0.74	1.42	1.75	2.60	0.70	0.48	1.60	1.60	1.60	1.52
B	5	13.00	13.00	13.00	16.00	59.0	68.6	71.8	35.20	29.60	26.04	6.82	75.0	13.00	0.84	16.00	13.00	16.00	47.17
Ba	5	350	371	433	487	504	506	507	452	74.9	446	27.97	507	329	0.17	487	433	487	370
Be	5	2.16	2.37	3.03	3.18	3.45	4.34	4.64	3.31	1.08	3.17	2.08	4.94	1.94	0.33	3.18	3.18	3.18	2.21
Bi	5	0.21	0.25	0.36	0.39	0.40	0.47	0.49	0.37	0.12	0.35	1.93	0.51	0.18	0.33	0.39	0.36	0.39	0.35
Br	5	2.43	2.61	3.13	5.10	5.69	6.39	6.62	4.61	1.88	4.26	2.33	6.85	2.26	0.41	5.10	5.10	5.10	2.32
Cd	5	0.13	0.14	0.15	0.18	0.19	0.43	0.51	0.25	0.19	0.21	0.02	0.59	0.13	0.76	0.18	0.19	0.18	0.13
Ce	5	68.2	74.1	91.5	95.5	109	112	113	94.6	20.25	92.6	11.40	114	62.4	0.21	95.5	95.5	95.5	83.0
Cl	5	29.60	31.20	36.00	40.90	52.0	61.6	64.8	44.98	15.53	42.93	7.93	68.0	28.00	0.35	40.90	40.90	40.90	33.74
Co	5	6.94	7.38	8.70	13.10	17.70	22.68	24.34	14.40	7.78	12.78	4.43	26.00	6.50	0.54	13.10	13.10	13.10	10.66
Cr	5	28.08	28.26	28.80	64.4	77.5	115	127	67.6	45.64	56.2	10.27	139	27.90	0.68	64.4	64.4	64.4	66.8
Cu	5	10.72	10.93	11.56	21.90	31.80	39.24	41.72	23.99	14.23	20.64	5.84	44.20	10.52	0.59	21.90	21.90	21.90	23.37
F	5	305	324	380	418	418	1052	1264	595	495	489	33.61	1475	286	0.83	418	418	418	550
Ga	5	19.48	19.66	20.20	22.39	23.91	25.31	25.77	22.41	2.81	22.27	5.48	26.24	19.29	0.13	22.39	22.39	22.39	18.66
Ge	5	1.50	1.51	1.55	1.55	1.58	1.80	1.87	1.62	0.18	1.61	1.31	1.94	1.49	0.11	1.55	1.55	1.55	1.67
Hg	5	0.05	0.05	0.06	0.07	0.11	0.12	0.12	0.08	0.03	0.08	4.34	0.12	0.05	0.39	0.07	0.07	0.07	0.06
I	5	4.41	4.44	4.54	4.74	4.93	5.42	5.58	4.87	0.53	4.84	2.39	5.74	4.38	0.11	4.74	4.93	4.74	3.98
La	5	34.33	36.27	42.07	43.60	44.75	51.1	53.2	43.62	8.15	43.00	7.52	55.3	32.40	0.19	43.60	43.60	43.60	42.78
Li	5	35.20	35.71	37.24	40.00	48.00	57.6	60.8	44.79	11.85	43.67	7.71	64.0	34.69	0.26	40.00	48.00	40.00	39.50
Mn	5	439	461	526	700	727	1056	1165	729	331	677	36.17	1275	417	0.45	700	727	700	479
Mo	5	1.04	1.13	1.42	1.77	1.98	2.33	2.45	1.74	0.61	1.64	1.64	2.57	0.94	0.35	1.77	1.77	1.77	1.32
N	5	0.55	0.57	0.62	0.65	0.86	0.86	0.86	0.70	0.15	0.69	1.29	0.86	0.53	0.21	0.65	0.65	0.65	0.53
Nb	5	22.27	22.35	22.60	29.69	31.40	33.50	34.20	28.16	5.59	27.70	6.26	34.90	22.19	0.20	29.69	29.69	29.69	21.04
Ni	5	9.04	9.48	10.80	23.20	42.30	52.8	56.3	28.94	21.83	22.25	6.48	59.8	8.60	0.75	23.20	23.20	23.20	22.13
P	5	0.18	0.19	0.25	0.27	0.40	0.44	0.45	0.31	0.12	0.29	2.24	0.46	0.16	0.40	0.27	0.27	0.27	0.28
Pb	5	25.35	25.60	26.35	40.20	43.98	55.6	59.4	39.78	15.54	37.48	7.82	63.3	25.10	0.39	40.20	40.20	40.20	29.62

续表 3-15

元素/指标	N	$X_{5\%}$	$X_{10\%}$	$X_{25\%}$	$X_{50\%}$	$X_{75\%}$	$X_{90\%}$	$X_{95\%}$	$\bar{X}$	S	$\bar{X}_g$	S_g	X_{max}	X_{min}	CV	X_{me}	X_{mo}	黄壤基准值	衢州市基准值
Rb	5	119	131	166	167	208	249	263	185	62.7	177	17.91	277	107	0.34	167	167	167	122
S	5	88.8	89.6	92.0	122	188	195	197	138	52.7	130	14.48	199	88.0	0.38	122	122	122	146
Sb	5	0.40	0.40	0.40	0.48	0.83	2.49	3.05	1.14	1.39	0.74	2.35	3.60	0.40	1.21	0.48	0.40	0.48	0.86
Sc	5	10.42	10.64	11.30	11.70	12.91	17.10	18.50	13.20	3.87	12.82	4.21	19.90	10.20	0.29	11.70	12.91	11.70	11.66
Se	5	0.22	0.22	0.22	0.30	0.31	0.34	0.35	0.28	0.06	0.28	2.00	0.36	0.22	0.22	0.30	0.30	0.30	0.29
Sn	5	2.58	2.66	2.90	3.10	4.19	5.58	6.04	3.84	1.61	3.61	2.18	6.50	2.50	0.42	3.10	4.19	3.10	3.44
Sr	5	26.54	29.67	39.08	50.4	55.5	63.1	65.6	47.31	16.96	44.49	7.62	68.2	23.40	0.36	50.4	50.4	50.4	44.53
Th	5	14.02	14.43	15.68	25.51	31.97	39.21	41.63	26.16	12.47	23.81	6.11	44.04	13.60	0.48	25.51	25.51	25.51	16.66
Ti	5	3383	3574	4144	4155	6853	7022	7078	5096	1779	4852	102	7134	3193	0.35	4155	4155	4155	4536
Tl	5	0.81	0.90	1.18	1.45	1.65	1.71	1.74	1.35	0.42	1.29	1.46	1.76	0.72	0.31	1.45	1.45	1.45	0.82
U	5	3.88	3.98	4.27	4.61	6.25	8.25	8.91	5.70	2.36	5.37	2.66	9.58	3.78	0.41	4.61	6.25	4.61	3.70
V	5	66.8	70.8	82.8	88.6	115	130	134	97.7	29.82	94.1	12.14	139	62.8	0.31	88.6	88.6	88.6	87.5
W	5	1.72	1.77	1.94	2.08	2.30	2.56	2.64	2.14	0.40	2.11	1.57	2.73	1.66	0.19	2.08	2.08	2.08	2.01
Y	5	26.76	27.12	28.20	30.44	39.00	43.43	44.91	34.09	8.40	33.31	6.88	46.39	26.40	0.25	30.44	30.44	30.44	27.91
Zn	5	68.6	69.0	70.4	80.4	90.2	167	193	105	63.7	94.6	12.92	218	68.1	0.60	80.4	90.2	80.4	75.2
Zr	5	221	221	222	226	282	291	294	249	36.79	247	20.33	297	220	0.15	226	226	226	298
SiO$_2$	5	59.5	59.8	60.7	67.9	69.7	71.3	71.8	66.0	5.76	65.8	9.93	72.4	59.1	0.09	67.9	67.9	67.9	69.8
Al$_2$O$_3$	5	14.53	15.01	16.45	16.70	18.30	19.62	20.05	17.20	2.39	17.07	4.68	20.49	14.05	0.14	16.70	16.70	16.70	15.14
TFe$_2$O$_3$	5	4.23	4.41	4.96	5.06	5.99	6.95	7.27	5.53	1.34	5.41	2.58	7.59	4.05	0.24	5.06	5.99	5.06	5.39
MgO	5	0.56	0.59	0.71	0.96	1.01	1.08	1.11	0.86	0.25	0.83	1.35	1.13	0.52	0.29	0.96	0.96	0.96	0.83
CaO	5	0.10	0.10	0.11	0.16	0.18	0.25	0.27	0.17	0.08	0.15	3.05	0.30	0.09	0.48	0.16	0.18	0.16	0.21
Na$_2$O	5	0.15	0.16	0.21	0.27	0.52	0.85	0.96	0.44	0.38	0.33	2.73	1.07	0.13	0.87	0.27	0.52	0.27	0.23
K$_2$O	5	2.05	2.14	2.39	3.15	3.20	3.23	3.24	2.79	0.58	2.74	1.86	3.25	1.97	0.21	3.15	3.15	3.15	2.34
TC	5	0.50	0.51	0.55	0.59	0.59	0.82	0.89	0.64	0.19	0.62	1.39	0.97	0.49	0.30	0.59	0.59	0.59	0.48
Corg	5	0.41	0.43	0.50	0.51	0.56	0.78	0.85	0.58	0.20	0.55	1.52	0.92	0.39	0.35	0.51	0.56	0.51	0.38
pH	5	4.72	4.79	5.02	5.10	5.20	5.24	5.25	4.98	5.15	5.04	2.44	5.26	4.64	1.03	5.10	5.02	5.10	5.30

注：氧化物、TC、Corg 单位为 %，N、P 单位为 g/kg，Au、Ag 单位为 μg/kg，pH 为无量纲，其他元素（指标）单位为 mg/kg；后表单位相同。

表 3-16 红壤土壤地球化学基准值参数统计表

元素/指标	N	$X_{5\%}$	$X_{10\%}$	$X_{25\%}$	$X_{50\%}$	$X_{75\%}$	$X_{90\%}$	$X_{95\%}$	$\overline{X}$	S	$\overline{X}_g$	S_g	X_{max}	X_{min}	CV	X_{me}	X_{mo}	分布类型	红壤基准值	衢州市基准值
Ag	85	35.20	38.40	49.00	56.0	78.0	131	155	78.9	77.1	65.3	12.11	643	28.00	0.98	56.0	50.00	对数正态分布	65.3	54.9
As	85	4.48	5.70	7.40	9.80	16.00	30.60	36.60	13.96	11.49	11.09	4.70	75.1	3.00	0.82	9.80	10.30	对数正态分布	11.09	9.99
Au	85	0.90	0.90	1.30	1.70	2.40	3.36	4.60	2.16	1.79	1.81	1.92	12.10	0.70	0.83	1.70	1.90	对数正态分布	1.81	1.52
B	85	15.00	16.40	26.00	37.00	63.0	78.4	84.6	44.62	22.79	38.49	8.95	91.0	8.00	0.51	37.00	32.00	正态分布	44.62	47.17
Ba	85	215	236	288	414	520	644	705	565	1360	408	33.74	12 872	190	2.41	414	520	对数正态分布	408	370
Be	85	1.65	1.78	2.07	2.40	2.91	3.22	3.41	2.46	0.58	2.40	1.74	4.66	1.50	0.23	2.40	2.50	正态分布	2.46	2.21
Bi	85	0.19	0.22	0.27	0.38	0.47	0.67	0.86	0.48	0.50	0.39	2.09	3.52	0.17	1.06	0.38	0.43	对数正态分布	0.39	0.35
Br	85	1.33	1.79	2.27	2.89	3.86	4.41	5.44	3.14	1.44	2.87	2.12	9.99	1.00	0.46	2.89	3.01	正态分布	3.14	2.32
Cd	85	0.08	0.1	0.12	0.14	0.17	0.23	0.29	0.17	0.17	0.15	0.02	1.56	0.06	1.00	0.14	0.17	对数正态分布	0.15	0.13
Ce	85	62.6	67.4	72.2	87.7	107	133	138	94.1	25.77	90.9	13.65	173	57.4	0.27	87.7	93.6	正态分布	94.1	83.0
Cl	85	20.00	20.40	27.00	34.00	44.00	114	154	53.7	71.2	39.65	9.67	575	20.00	1.33	34.00	20.00	对数正态分布	39.65	33.74
Co	85	6.02	6.58	9.10	12.30	18.30	23.38	29.68	14.61	8.12	12.76	4.66	47.40	3.50	0.56	12.30	10.78	对数正态分布	12.76	10.66
Cr	85	26.65	33.82	49.20	73.0	93.9	119	136	74.8	34.23	66.6	11.71	186	14.20	0.46	73.0	93.2	正态分布	74.8	66.8
Cu	85	12.05	14.12	19.50	29.20	41.70	49.92	56.9	32.99	17.36	29.05	7.42	101	10.20	0.53	29.20	14.01	正态分布	32.99	23.37
F	85	349	382	445	586	779	1044	1345	662	296	609	41.85	1605	316	0.45	586	514	正态分布	662	550
Ga	85	15.93	17.47	18.42	21.07	22.74	24.34	25.46	20.71	2.96	20.50	5.68	28.11	12.60	0.14	21.07	21.07	正态分布	20.71	18.66
Ge	85	1.29	1.37	1.50	1.66	1.86	2.07	2.23	1.71	0.33	1.68	1.42	3.18	1.17	0.19	1.66	1.66	正态分布	1.71	1.67
Hg	85	0.03	0.04	0.05	0.06	0.09	0.17	0.19	0.08	0.07	0.07	5.27	0.49	0.02	0.80	0.06	0.08	对数正态分布	0.07	0.06
I	85	2.22	2.88	3.44	4.70	6.20	7.26	7.64	4.93	2.15	4.52	2.59	15.65	0.88	0.44	4.70	5.14	正态分布	4.93	3.98
La	85	31.80	33.81	38.10	45.14	51.6	62.5	71.5	46.64	11.63	45.33	9.09	81.6	28.80	0.25	45.14	46.60	正态分布	46.64	42.78
Li	85	25.59	29.32	34.50	39.69	48.90	53.2	57.0	41.89	14.17	40.08	8.54	129	17.15	0.34	39.69	39.69	正态分布	41.89	39.50
Mn	85	319	348	417	608	851	1096	1230	679	334	612	40.92	2317	204	0.49	608	451	正态分布	679	479
Mo	85	0.87	0.94	1.17	1.68	2.90	6.20	10.49	3.05	4.34	2.02	2.46	32.10	0.54	1.42	1.68	1.41	对数正态分布	2.02	1.32
N	85	0.39	0.40	0.46	0.54	0.69	0.86	0.91	0.59	0.18	0.57	1.53	1.11	0.28	0.30	0.54	0.40	正态分布	0.59	0.53
Nb	85	15.43	16.56	18.00	20.70	25.10	30.90	34.33	22.43	6.40	21.67	5.93	49.49	14.08	0.29	20.70	24.50	正态分布	22.43	21.04
Ni	85	9.72	12.94	16.50	25.90	38.70	53.2	63.9	30.66	18.00	25.99	7.07	91.3	8.00	0.59	25.90	33.60	正态分布	30.66	22.13
P	85	0.16	0.18	0.27	0.34	0.42	0.61	0.71	0.37	0.19	0.34	2.17	1.28	0.12	0.50	0.34	0.40	对数正态分布	0.34	0.28
Pb	85	21.75	22.97	26.84	31.36	36.53	48.46	50.7	35.12	17.27	32.86	7.88	154	20.74	0.49	31.36	34.22	对数正态分布	32.86	29.62

续表 3-16

元素/指标	N	$X_{5\%}$	$X_{10\%}$	$X_{25\%}$	$X_{50\%}$	$X_{75\%}$	$X_{90\%}$	$X_{95\%}$	$\bar{X}$	S	$\bar{X}_g$	S_g	X_{max}	X_{min}	CV	X_{me}	X_{mo}	分布类型	红壤基准值	衢州市基准值
Rb	85	68.6	75.6	97.9	126	154	184	210	131	48.10	123	16.71	355	40.60	0.37	126	120	正态分布	131	122
S	85	90.0	108	125	154	196	246	274	182	186	160	19.09	1806	78.0	1.02	154	148	对数正态分布	160	146
Sb	85	0.40	0.44	0.56	0.71	1.35	2.68	3.09	1.14	0.93	0.89	1.94	4.22	0.34	0.82	0.71	0.61	对数正态分布	0.89	0.86
Sc	85	8.65	9.34	10.90	12.80	15.51	18.90	20.52	13.47	3.84	12.97	4.40	24.80	6.90	0.28	12.80	12.10	正态分布	13.47	11.66
Se	85	0.19	0.21	0.25	0.32	0.41	0.49	0.51	0.34	0.14	0.32	2.08	1.05	0.18	0.40	0.32	0.29	正态分布	0.34	0.29
Sn	85	2.10	2.30	2.60	3.30	4.40	5.90	8.40	4.03	2.81	3.55	2.41	23.30	1.50	0.70	3.30	2.60	对数正态分布	3.55	3.44
Sr	85	21.98	26.66	32.76	40.20	54.1	89.3	125	53.0	39.01	45.25	9.44	283	20.00	0.74	40.20	54.1	对数正态分布	45.25	44.53
Th	85	10.95	12.22	14.41	17.91	21.97	27.20	34.32	19.40	7.55	18.24	5.59	56.3	9.16	0.39	17.91	15.72	正态分布	19.40	16.66
Ti	85	3295	3688	4129	4911	5842	7197	8343	5242	1644	5020	133	12226	1922	0.31	4911	5248	正态分布	5242	4536
Tl	85	0.43	0.50	0.72	0.91	1.37	1.76	2.22	1.08	0.54	0.96	1.62	2.82	0.37	0.51	0.91	0.89	对数正态分布	0.96	0.82
U	85	2.62	2.92	3.23	3.96	5.00	6.62	7.50	4.37	1.56	4.14	2.43	10.41	2.19	0.36	3.96	4.37	对数正态分布	4.14	3.70
V	85	47.69	57.3	79.2	109	133	169	191	111	43.35	102	14.60	219	29.69	0.39	109	111	正态分布	111	87.5
W	85	1.28	1.46	1.81	2.26	2.53	3.22	3.92	2.38	1.12	2.21	1.81	8.95	0.99	0.47	2.26	2.26	对数正态分布	2.21	2.01
Y	85	19.34	20.60	23.60	29.30	35.70	43.60	46.89	31.61	13.20	29.86	7.18	122	16.42	0.42	29.30	31.50	对数正态分布	29.86	27.91
Zn	85	58.9	61.0	69.7	86.6	107	141	165	97.3	47.49	90.1	13.78	350	39.40	0.49	86.6	74.7	对数正态分布	90.1	75.2
Zr	85	194	214	234	277	328	379	413	288	80.1	279	25.53	679	161	0.28	277	285	正态分布	288	298
SiO$_2$	85	54.2	57.4	64.2	67.6	71.1	73.9	75.3	66.9	6.28	66.6	11.30	79.9	50.5	0.09	67.6	67.0	正态分布	66.9	69.8
Al$_2$O$_3$	85	13.32	13.71	14.45	15.75	17.87	19.80	20.85	16.36	2.36	16.20	4.94	22.95	12.27	0.14	15.75	14.45	正态分布	16.36	15.14
TFe$_2$O$_3$	85	3.44	4.25	5.07	5.92	6.97	8.53	9.63	6.19	1.79	5.95	2.84	11.69	2.66	0.29	5.92	6.05	正态分布	6.19	5.39
MgO	85	0.48	0.51	0.63	0.83	1.06	1.23	1.58	0.88	0.33	0.83	1.47	2.10	0.37	0.38	0.83	0.76	正态分布	0.88	0.83
CaO	85	0.09	0.10	0.12	0.19	0.24	0.34	0.56	0.23	0.22	0.19	3.12	1.47	0.06	0.93	0.19	0.12	对数正态分布	0.19	0.21
Na$_2$O	85	0.07	0.08	0.09	0.16	0.30	0.74	0.88	0.27	0.29	0.18	3.58	1.72	0.05	1.08	0.16	0.07	对数正态分布	0.18	0.23
K$_2$O	85	1.20	1.45	2.02	2.41	2.83	3.35	3.55	2.42	0.73	2.30	1.82	4.96	0.68	0.30	2.41	2.39	正态分布	2.42	2.34
TC	85	0.34	0.36	0.43	0.50	0.63	0.72	0.80	0.54	0.17	0.52	1.60	1.18	0.25	0.32	0.50	0.42	正态分布	0.54	0.48
Corg	85	0.26	0.29	0.34	0.39	0.51	0.60	0.68	0.44	0.16	0.41	1.81	1.06	0.19	0.37	0.39	0.39	对数正态分布	0.41	0.38
pH	85	4.67	4.73	4.92	5.09	5.28	5.61	5.83	5.03	5.20	5.14	2.57	6.59	4.50	1.04	5.09	5.12	正态分布	5.03	5.30

第三章 土壤地球化学基准值

表 3-17 粗骨土土壤地球化学基准值参数统计表

元素/指标	N	$X_{5\%}$	$X_{10\%}$	$X_{25\%}$	$X_{50\%}$	$X_{75\%}$	$X_{90\%}$	$X_{95\%}$	$\overline{X}$	S	$\overline{X}_g$	S_g	X_{max}	X_{min}	CV	X_{me}	X_{mo}	分布类型	粗骨土基准值	衢州市基准值
Ag	39	35.70	37.80	43.00	52.0	57.5	67.4	74.0	51.6	12.74	50.2	9.70	91.0	25.00	0.25	52.0	53.0	正态分布	51.6	54.9
As	39	3.46	4.02	7.30	10.50	16.90	28.50	34.26	14.95	15.52	11.01	4.53	94.3	2.70	1.04	10.50	7.80	对数正态分布	11.01	9.99
Au	39	0.60	1.00	1.10	1.70	1.90	2.34	3.08	1.66	0.76	1.51	1.61	4.20	0.60	0.46	1.70	1.70	正态分布	1.66	1.52
B	39	28.90	32.40	42.50	57.0	74.5	78.4	82.6	56.8	19.02	53.5	9.73	89.0	25.00	0.33	57.0	33.00	正态分布	56.8	47.17
Ba	39	203	232	266	330	379	471	513	339	103	324	28.30	659	169	0.30	330	333	正态分布	339	370
Be	39	1.20	1.35	1.63	2.00	2.40	2.63	2.81	2.01	0.53	1.94	1.56	3.32	1.03	0.26	2.00	2.00	正态分布	2.01	2.21
Bi	39	0.18	0.19	0.26	0.33	0.41	0.46	0.51	0.34	0.11	0.32	2.15	0.64	0.16	0.32	0.33	0.33	正态分布	0.34	0.35
Br	39	1.00	1.09	1.40	1.91	2.77	3.78	4.37	2.26	1.17	2.01	1.82	5.96	1.00	0.52	1.91	1.00	正态分布	2.26	2.32
Cd	39	0.07	0.08	0.1	0.13	0.14	0.16	0.18	0.13	0.07	0.12	0.02	0.47	0.07	0.54	0.13	0.13	对数正态分布	0.13	0.13
Ce	39	48.00	54.9	63.4	73.0	83.1	91.4	97.8	74.0	15.55	72.4	11.58	113	44.39	0.21	73.0	82.1	正态分布	74.0	83.0
Cl	39	20.00	22.00	26.50	34.00	42.50	48.00	54.6	35.54	11.45	33.83	8.03	68.0	20.00	0.32	34.00	34.00	正态分布	35.54	33.74
Co	39	3.87	4.82	7.20	10.20	16.10	19.40	20.67	11.65	5.84	10.20	3.99	26.80	3.20	0.50	10.20	10.20	正态分布	11.65	10.66
Cr	39	38.90	42.99	51.4	72.8	85.0	96.1	101	70.6	22.22	67.0	11.07	126	30.40	0.31	72.8	62.0	正态分布	70.6	66.8
Cu	39	10.41	12.69	16.54	23.63	32.80	35.92	37.31	24.90	9.96	22.92	6.05	54.4	9.60	0.40	23.63	25.50	正态分布	24.90	23.37
F	39	270	297	369	540	808	956	971	603	290	542	36.76	1605	229	0.48	540	663	正态分布	603	550
Ga	39	10.66	11.87	13.90	17.44	20.05	21.17	21.88	17.07	3.82	16.61	4.99	24.30	9.20	0.22	17.44	13.90	正态分布	17.07	18.66
Ge	39	1.35	1.36	1.48	1.66	1.79	1.85	1.89	1.63	0.20	1.62	1.34	1.93	1.12	0.12	1.66	1.69	正态分布	1.63	1.67
Hg	39	0.02	0.03	0.04	0.07	0.11	0.15	0.19	0.08	0.05	0.06	5.93	0.24	0.02	0.69	0.07	0.07	正态分布	0.08	0.06
I	39	1.43	1.94	2.77	3.51	4.28	5.65	6.89	3.63	1.54	3.31	2.18	7.20	1.17	0.42	3.51	3.66	正态分布	3.63	3.98
La	39	26.21	28.05	34.07	39.50	44.77	48.00	50.3	39.45	8.24	38.60	8.08	60.9	24.97	0.21	39.50	39.50	正态分布	39.45	42.78
Li	39	23.71	26.71	33.11	35.80	44.45	51.4	59.2	39.52	12.30	37.94	8.15	87.8	21.27	0.31	35.80	43.60	正态分布	39.52	39.50
Mn	39	196	214	319	394	632	756	953	465	235	414	30.46	1085	153	0.51	394	394	正态分布	465	479
Mo	39	0.57	0.67	0.94	1.25	2.01	4.99	5.68	2.14	2.97	1.47	2.16	18.14	0.47	1.39	1.25	2.31	对数正态分布	1.47	1.32
N	39	0.35	0.37	0.40	0.54	0.71	0.80	0.86	0.57	0.18	0.54	1.65	0.94	0.34	0.31	0.54	0.40	正态分布	0.57	0.53
Nb	39	11.75	12.23	17.10	18.80	20.33	22.60	25.76	18.52	3.94	18.09	5.32	27.54	10.98	0.21	18.80	18.90	正态分布	18.52	21.04
Ni	39	9.14	11.30	15.75	23.20	34.20	37.80	39.72	24.59	11.41	21.89	6.06	55.2	7.20	0.46	23.20	34.80	正态分布	24.59	22.13
P	39	0.09	0.10	0.18	0.30	0.42	0.51	0.54	0.30	0.16	0.26	2.86	0.72	0.05	0.53	0.30	0.30	正态分布	0.30	0.28
Pb	39	20.48	21.18	22.72	25.16	28.55	30.87	31.99	25.67	3.97	25.38	6.35	35.51	18.27	0.15	25.16	25.16	正态分布	25.67	29.62

续表 3-17

元素/指标	N	$X_{5\%}$	$X_{10\%}$	$X_{25\%}$	$X_{50\%}$	$X_{75\%}$	$X_{90\%}$	$X_{95\%}$	$\bar{X}$	S	$\bar{X}_g$	S_g	X_{max}	X_{min}	CV	X_{me}	X_{mo}	分布类型	粗骨土基准值	衢州市基准值
Rb	39	60.7	65.5	80.9	103	122	133	135	101	25.74	98.0	13.71	154	55.8	0.25	103	99.8	正态分布	101	122
S	39	82.7	92.0	110	136	168	195	218	142	43.35	135	17.11	251	78.0	0.31	136	138	正态分布	142	146
Sb	39	0.43	0.55	0.71	0.81	1.15	1.84	2.01	1.08	0.81	0.92	1.69	5.04	0.40	0.75	0.81	0.79	对数正态分布	0.92	0.86
Sc	39	6.24	6.77	8.14	11.24	13.50	15.22	15.73	10.93	3.22	10.42	3.84	16.10	4.71	0.29	11.24	11.60	正态分布	10.93	11.66
Se	39	0.14	0.16	0.23	0.32	0.38	0.47	0.52	0.32	0.12	0.29	2.30	0.64	0.12	0.38	0.32	0.32	正态分布	0.32	0.29
Sn	39	1.99	2.08	2.50	2.90	3.85	4.20	5.01	3.21	1.21	3.04	2.02	8.40	1.30	0.38	2.90	2.90	正态分布	3.21	3.44
Sr	39	26.50	28.53	31.77	42.30	51.3	68.4	76.5	44.96	18.16	42.00	8.60	98.7	21.70	0.40	42.30	31.90	正态分布	44.96	44.53
Th	39	8.73	9.81	12.28	14.99	16.72	17.33	17.95	14.44	2.97	14.10	4.58	19.58	7.50	0.21	14.99	16.03	正态分布	14.44	16.66
Ti	39	3011	3106	3672	4666	5164	6041	6072	4510	1041	4391	120	6580	2762	0.23	4666	4419	正态分布	4510	4536
Tl	39	0.40	0.48	0.61	0.71	0.79	0.93	0.97	0.71	0.21	0.68	1.45	1.56	0.37	0.30	0.71	0.79	正态分布	0.71	0.82
U	39	1.87	2.29	3.07	3.44	4.37	6.08	6.56	3.90	1.61	3.62	2.26	9.58	1.77	0.41	3.44	3.64	正态分布	3.90	3.70
V	39	44.28	50.7	60.5	90.8	126	156	163	98.2	41.90	89.4	13.15	206	34.10	0.43	90.8	74.3	正态分布	98.2	87.5
W	39	1.01	1.10	1.60	1.99	2.05	2.53	2.84	1.87	0.51	1.80	1.54	3.14	0.99	0.28	1.99	1.99	正态分布	1.87	2.01
Y	39	15.60	17.01	20.41	22.97	27.51	32.48	33.76	24.28	6.10	23.56	6.18	41.99	13.16	0.25	22.97	23.80	正态分布	24.28	27.91
Zn	39	38.78	42.72	48.80	66.0	85.4	91.9	95.1	67.8	22.54	63.9	10.78	122	25.90	0.33	66.0	68.2	正态分布	67.8	75.2
Zr	39	204	207	220	270	311	346	381	273	58.7	267	25.27	430	167	0.22	270	273	正态分布	273	298
SiO₂	39	67.5	68.0	70.1	73.4	76.0	76.9	78.8	72.8	3.79	72.7	11.73	81.2	64.3	0.05	73.4	73.0	正态分布	72.8	69.8
Al₂O₃	39	11.94	12.16	12.99	13.81	14.95	16.17	16.87	14.01	1.54	13.93	4.56	17.49	11.24	0.11	13.81	13.16	正态分布	14.01	15.14
TFe₂O₃	39	2.84	3.06	4.12	4.90	6.31	6.73	6.98	5.04	1.45	4.82	2.51	7.82	2.04	0.29	4.90	4.30	正态分布	5.04	5.39
MgO	39	0.44	0.50	0.59	0.81	0.94	1.06	1.12	0.78	0.23	0.75	1.44	1.27	0.40	0.29	0.81	0.78	正态分布	0.78	0.83
CaO	39	0.09	0.12	0.15	0.20	0.26	0.34	0.40	0.26	0.33	0.20	2.89	2.18	0.08	1.27	0.20	0.15	对数正态分布	0.20	0.21
Na₂O	39	0.07	0.07	0.10	0.16	0.35	0.49	0.91	0.26	0.25	0.18	3.35	1.06	0.06	0.96	0.16	0.12	对数正态分布	0.18	0.23
K₂O	39	1.32	1.50	1.71	2.23	2.57	2.88	2.96	2.17	0.56	2.10	1.63	3.45	1.18	0.26	2.23	2.23	正态分布	2.17	2.34
TC	39	0.30	0.31	0.39	0.47	0.58	0.69	0.76	0.49	0.15	0.47	1.72	0.79	0.23	0.29	0.47	0.39	正态分布	0.49	0.48
Corg	39	0.23	0.25	0.29	0.38	0.46	0.59	0.62	0.39	0.13	0.37	1.99	0.71	0.19	0.34	0.38	0.43	正态分布	0.39	0.38
pH	39	4.68	4.70	4.87	5.05	5.37	5.65	6.05	5.01	5.13	5.24	2.58	8.16	4.43	1.02	5.05	5.36	对数正态分布	5.24	5.30

第三章 土壤地球化学基准值

与衢州市土壤基准值相比,粗骨土区土壤基准值中 Na_2O 基准值略低于衢州市基准值,为衢州市基准值的78%;B、Hg 基准值略高于衢州市基准值,与衢州市基准值比值在 1.2~1.4 之间;其他元素/指标基准值则与衢州市基准值基本接近。

四、石灰岩土土壤地球化学基准值

衢州市石灰岩土区土壤采集深层土壤样品 2 件,具体参数统计如下(表 3-18)。

衢州市石灰岩土区深层土壤总体为酸性,土壤 pH 基准值为 5.25,极大值为 5.37,极小值为 5.12,与衢州市基准值基本接近。

各元素/指标中,大多数元素/指标变异系数在 0.40 以下,说明分布较为均匀;Na_2O、Sn、pH 共 3 项元素变异系数大于 0.40,其中 pH 变异系数大于 0.80,空间变异性较大。

与衢州市土壤基准值相比,石灰岩土区土壤基准值中 S 基准值明显低于衢州市基准值,仅为衢州市基准值的 57.53%;而 P、Hg、TFe_2O_3、Cr、Sc、Se 基准值略低于衢州市基准值,为衢州市基准值的 60%~80%;Sb、F、Li、B、Sn、Na_2O、As、Mo 基准值明显高于衢州市基准值,是衢州市基准值的 1.4 倍以上;其他元素/指标基准值则与衢州市基准值基本接近。

五、紫色土土壤地球化学基准值

衢州市紫色土区土壤采集深层土壤样品 22 件,具体参数统计如下(表 3-19)。

衢州市紫色土区深层土壤总体为弱酸性,土壤 pH 基准值为 5.05,极大值为 7.84,极小值为 4.65,与衢州市基准值基本接近。

各元素/指标中,大多数元素/指标变异系数在 0.40 以下,说明分布较为均匀;Sb、MgO、Sr、Sn、As、P、Na_2O、Ni、pH、CaO 共 10 项元素/指标变异系数大于 0.40,其中 pH、CaO 变异系数大于 0.80,空间变异性较大。

与衢州市土壤基准值相比,紫色土区土壤基准值中 Hg、P 基准值略低于衢州市基准值,为衢州市基准值的 60%~80%;其他元素/指标基准值则与衢州市基准值基本接近。

六、水稻土土壤地球化学基准值

衢州市水稻土区土壤地球化学基准值数据经正态分布检验,结果表明,原始数据中 As、B、Ba、Be、Bi、Br、Co、Cr、Ga、Ge、I、La、Li、N、Nb、Pb、Rb、S、Sc、Th、Tl、W、Zr、SiO_2、Al_2O_3、TFe_2O_3、MgO、Na_2O、K_2O、TC、Corg、pH 共 32 项元素/指标符合正态分布,Ag、Au、Cd、Ce、Cl、Cu、Hg、Mn、Mo、Ni、P、Sb、Se、Sn、Sr、U、V、Y、Zn 共 19 项元素/指标符合对数正态分布,F、Ti、CaO 剔除异常值后符合正态分布(表 3-20)。

衢州市水稻土区深层土壤总体为酸性,土壤 pH 基准值为 5.20,极大值为 7.80,极小值为 4.61,与衢州市基准值基本接近。

各元素/指标中,多数元素/指标变异系数在 0.40 以下,说明分布较为均匀;Y、MgO、I、Sn、Co、Cu、Br、Mn、Ag、Cd、Na_2O、As、Hg、V、Se、Ni、P、Sr、Au、Sb、pH、Mo 共 22 项元素/指标变异系数大于 0.40,其中 pH、Mo 变异系数大于 0.80,空间变异性较大。

与衢州市土壤基准值相比,水稻土区土壤基准值中 I 基准值略低于衢州市基准值,为衢州市基准值的 60%~80%;Na_2O 基准值明显高于衢州市基准值,是衢州市基准值的 1.69 倍;其他元素/指标基准值则与衢州市基准值基本接近。

七、潮土土壤地球化学基准值

衢州市潮土区采集深层土壤样品 3 件,具体参数统计如下(表 3-21)。

表3-18 石灰岩土土壤地球化学基准值参数统计表

元素/指标	N	$X_{5\%}$	$X_{10\%}$	$X_{25\%}$	$X_{50\%}$	$X_{75\%}$	$X_{90\%}$	$X_{95\%}$	$\overline{X}$	S	$\overline{X}_g$	S_g	X_{max}	X_{min}	CV	X_{me}	X_{mo}	石灰岩土基准值	衢州市基准值
Ag	2	46.15	47.30	50.8	56.5	62.2	65.7	66.8	56.5	16.26	55.3	6.78	68.0	45.00	0.29	56.5	45.00	56.5	54.9
As	2	13.73	14.15	15.43	17.55	19.68	20.95	21.38	17.55	6.01	17.03	4.76	21.80	13.30	0.34	17.55	13.30	17.55	9.99
Au	2	1.21	1.23	1.27	1.35	1.43	1.47	1.48	1.35	0.21	1.34	1.15	1.50	1.20	0.16	1.35	1.50	1.35	1.52
B	2	67.8	68.5	70.8	74.5	78.2	80.5	81.2	74.5	10.61	74.1	8.21	82.0	67.0	0.14	74.5	67.0	74.5	47.17
Ba	2	321	324	334	349	365	374	377	349	44.01	348	17.86	380	318	0.13	349	318	349	370
Be	2	2.14	2.15	2.17	2.21	2.24	2.26	2.27	2.21	0.10	2.20	1.51	2.28	2.13	0.05	2.21	2.13	2.21	2.21
Bi	2	0.30	0.30	0.30	0.30	0.30	0.30	0.30	0.30	0	0.30	1.81	0.30	0.30	0.01	0.30	0.30	0.30	0.35
Br	2	2.18	2.21	2.30	2.46	2.62	2.71	2.74	2.46	0.44	2.44	1.69	2.77	2.15	0.18	2.46	2.15	2.46	2.32
Cd	2	0.11	0.11	0.11	0.11	0.11	0.11	0.11	0.11	0	0.11	0.01	0.11	0.11	0	0.11	0.11	0.11	0.13
Ce	2	72.0	72.1	72.3	72.8	73.2	73.4	73.5	72.8	1.15	72.7	8.58	73.6	71.9	0.02	72.8	73.6	72.8	83.0
Cl	2	35.30	35.60	36.50	38.00	39.50	40.40	40.70	38.00	4.24	37.88	6.41	41.00	35.00	0.11	38.00	35.00	38.00	33.74
Co	2	10.31	10.41	10.74	11.27	11.81	12.13	12.24	11.27	1.52	11.22	3.21	12.35	10.20	0.13	11.27	12.35	11.27	10.66
Cr	2	46.61	47.01	48.23	50.2	52.3	53.5	53.9	50.2	5.73	50.1	6.81	54.3	46.20	0.11	50.2	46.20	50.2	66.8
Cu	2	18.40	18.50	18.80	19.30	19.80	20.10	20.20	19.30	1.41	19.27	4.51	20.30	18.30	0.07	19.30	18.30	19.30	23.37
F	2	805	809	821	840	860	872	876	840	55.9	840	29.67	880	801	0.07	840	801	840	550
Ga	2	15.24	15.29	15.44	15.69	15.94	16.09	16.14	15.69	0.71	15.68	4.02	16.19	15.19	0.05	15.69	15.19	15.69	18.66
Ge	2	1.72	1.73	1.74	1.77	1.79	1.80	1.81	1.77	0.06	1.76	1.31	1.81	1.72	0.04	1.77	1.81	1.77	1.67
Hg	2	0.04	0.04	0.04	0.04	0.05	0.05	0.05	0.04	0.01	0.04	4.95	0.05	0.04	0.13	0.04	0.04	0.04	0.06
I	2	3.31	3.38	3.56	3.88	4.20	4.38	4.45	3.88	0.89	3.83	1.84	4.51	3.25	0.23	3.88	3.25	3.88	3.98
La	2	35.60	35.72	36.09	36.69	37.30	37.66	37.78	36.69	1.71	36.67	6.16	37.90	35.48	0.05	36.69	35.48	36.69	42.78
Li	2	56.7	57.2	58.7	61.1	63.6	65.0	65.5	61.1	6.89	60.9	8.14	66.0	56.3	0.11	61.1	66.0	61.1	39.50
Mn	2	382	386	400	422	444	458	462	422	63.6	420	19.45	467	377	0.15	422	377	422	479
Mo	2	2.04	2.10	2.27	2.56	2.85	3.02	3.08	2.56	0.82	2.49	1.85	3.13	1.98	0.32	2.56	1.98	2.56	1.32
N	2	0.58	0.58	0.59	0.61	0.63	0.64	0.64	0.61	0.05	0.61	1.33	0.65	0.57	0.09	0.61	0.57	0.61	0.53
Nb	2	20.18	20.29	20.62	21.18	21.73	22.06	22.17	21.18	1.56	21.15	4.72	22.28	20.07	0.07	21.18	20.07	21.18	21.04
Ni	2	19.71	19.73	19.77	19.85	19.93	19.97	19.98	19.85	0.21	19.85	4.44	20.00	19.70	0.01	19.85	20.00	19.85	22.13
P	2	0.17	0.17	0.18	0.18	0.19	0.20	0.20	0.18	0.03	0.18	2.46	0.20	0.17	0.14	0.18	0.20	0.18	0.28
Pb	2	26.15	26.19	26.33	26.56	26.78	26.92	26.97	26.56	0.65	26.55	5.20	27.01	26.10	0.02	26.56	27.01	26.56	29.62

续表 3-18

元素/指标	N	$X_{5\%}$	$X_{10\%}$	$X_{25\%}$	$X_{50\%}$	$X_{75\%}$	$X_{90\%}$	$X_{95\%}$	$\bar{X}$	S	$\bar{X}_g$	S_g	X_{max}	X_{min}	CV	X_{me}	X_{mo}	石灰岩土基准值	衢州市基准值
Rb	2	124	125	127	131	136	138	139	131	12.19	131	11.09	140	123	0.09	131	123	131	122
S	2	73.2	74.4	78.0	84.0	90.0	93.6	94.8	84.0	16.97	83.1	8.53	96.0	72.0	0.20	84.0	72.0	84.0	146
Sb	2	1.19	1.19	1.20	1.21	1.23	1.24	1.24	1.21	0.04	1.21	1.12	1.24	1.19	0.03	1.21	1.19	1.21	0.86
Sc	2	9.02	9.03	9.07	9.15	9.23	9.27	9.29	9.15	0.21	9.15	3.00	9.30	9.00	0.02	9.15	9.00	9.15	11.66
Se	2	0.23	0.23	0.23	0.23	0.23	0.24	0.24	0.23	0	0.23	2.08	0.24	0.23	0.01	0.23	0.23	0.23	0.29
Sn	2	3.81	4.01	4.62	5.65	6.68	7.29	7.50	5.65	2.90	5.26	2.97	7.70	3.60	0.51	5.65	7.70	5.65	3.44
Sr	2	36.80	37.21	38.42	40.45	42.48	43.69	44.09	40.45	5.73	40.25	6.69	44.50	36.40	0.14	40.45	44.50	40.45	44.53
Th	2	16.48	16.63	17.09	17.85	18.61	19.07	19.22	17.85	2.15	17.78	4.41	19.37	16.33	0.12	17.85	16.33	17.85	16.66
Ti	2	3612	3624	3660	3720	3781	3817	3829	3720	170	3719	60.0	3841	3600	0.05	3720	3600	3720	4536
Tl	2	0.83	0.83	0.85	0.87	0.89	0.90	0.90	0.87	0.06	0.87	1.11	0.91	0.83	0.07	0.87	0.83	0.87	0.82
U	2	4.04	4.04	4.04	4.05	4.05	4.06	4.06	4.05	0.02	4.05	2.01	4.06	4.03	0.005	4.05	4.03	4.05	3.70
V	2	66.1	66.6	68.1	70.7	73.2	74.7	75.2	70.7	7.14	70.5	8.11	75.7	65.6	0.10	70.7	75.7	70.7	87.5
W	2	2.08	2.09	2.13	2.19	2.25	2.28	2.29	2.19	0.17	2.18	1.44	2.30	2.07	0.08	2.19	2.07	2.19	2.01
Y	2	26.11	26.30	26.88	27.84	28.80	29.38	29.57	27.84	2.72	27.77	5.46	29.76	25.92	0.10	27.84	29.76	27.84	27.91
Zn	2	62.4	62.4	62.6	62.9	63.2	63.4	63.4	62.9	0.85	62.9	7.89	63.5	62.3	0.01	62.9	62.3	62.9	75.2
Zr	2	226	229	237	251	265	273	276	251	38.68	250	14.99	278	224	0.15	251	224	251	298
SiO$_2$	2	76.9	76.9	76.9	77.0	77.0	77.1	77.1	77.0	0.17	77.0	8.78	77.1	76.9	0.002	77.0	77.1	77.0	69.8
Al$_2$O$_3$	2	11.87	11.90	12.00	12.16	12.32	12.42	12.45	12.16	0.46	12.16	3.53	12.49	11.84	0.04	12.16	11.84	12.16	15.14
TFe$_2$O$_3$	2	3.68	3.70	3.74	3.80	3.87	3.91	3.93	3.80	0.19	3.80	1.92	3.94	3.67	0.05	3.80	3.67	3.80	5.39
MgO	2	0.76	0.77	0.77	0.77	0.77	0.77	0.77	0.77	0.01	0.77	1.14	0.77	0.76	0.01	0.77	0.76	0.77	0.83
CaO	2	0.14	0.14	0.16	0.18	0.20	0.22	0.22	0.18	0.07	0.17	2.20	0.23	0.13	0.36	0.18	0.13	0.18	0.21
Na$_2$O	2	0.27	0.28	0.32	0.38	0.45	0.48	0.50	0.38	0.18	0.36	1.62	0.51	0.26	0.47	0.38	0.26	0.38	0.23
K$_2$O	2	2.65	2.66	2.66	2.67	2.68	2.68	2.68	2.67	0.02	2.67	1.63	2.68	2.65	0.01	2.67	2.68	2.67	2.34
TC	2	0.51	0.51	0.51	0.52	0.52	0.52	0.52	0.52	0.01	0.51	1.39	0.52	0.51	0.01	0.52	0.51	0.52	0.48
Corg	2	0.42	0.42	0.43	0.44	0.46	0.46	0.47	0.44	0.04	0.44	1.55	0.47	0.42	0.08	0.44	0.42	0.44	0.38
pH	2	5.13	5.15	5.18	5.25	5.31	5.34	5.36	5.23	5.63	5.25	2.32	5.37	5.12	1.08	5.25	5.12	5.25	5.30

表 3-19 紫色土土壤地球化学基准值参数统计表

元素/指标	N	$X_{5\%}$	$X_{10\%}$	$X_{25\%}$	$X_{50\%}$	$X_{75\%}$	$X_{90\%}$	$X_{95\%}$	$\bar{X}$	S	$\bar{X}_g$	S_g	X_{max}	X_{min}	CV	X_{me}	X_{mo}	紫色土基准值	衢州市基准值
Ag	22	27.05	28.60	38.25	49.00	54.0	68.6	70.0	49.45	16.90	46.75	9.16	97.0	21.00	0.34	49.00	54.0	49.00	54.9
As	22	5.00	5.01	5.65	9.15	10.30	14.05	20.56	9.39	4.83	8.39	4.00	22.00	3.20	0.51	9.15	9.40	9.15	9.99
Au	22	0.90	0.91	1.10	1.25	1.48	1.69	1.70	1.28	0.26	1.26	1.27	1.70	0.90	0.20	1.25	1.10	1.25	1.52
B	22	31.00	31.10	38.25	47.50	55.5	57.0	59.8	46.09	11.71	44.50	9.37	67.0	21.00	0.25	47.50	54.0	47.50	47.17
Ba	22	240	262	272	322	391	444	460	337	74.9	329	27.39	492	225	0.22	322	337	322	370
Be	22	1.79	1.80	1.94	2.05	2.25	2.47	2.49	2.10	0.25	2.08	1.55	2.55	1.69	0.12	2.05	1.94	2.05	2.21
Bi	22	0.22	0.23	0.26	0.33	0.42	0.45	0.51	0.34	0.11	0.33	1.93	0.67	0.20	0.33	0.33	0.45	0.33	0.35
Br	22	1.19	1.24	1.60	2.11	2.48	2.97	3.01	2.06	0.63	1.96	1.60	3.30	1.00	0.31	2.11	2.13	2.11	2.32
Cd	22	0.08	0.09	0.11	0.13	0.16	0.17	0.18	0.14	0.04	0.13	0.02	0.25	0.08	0.29	0.13	0.15	0.13	0.13
Ce	22	65.2	65.6	72.9	87.4	93.6	117	134	88.9	21.69	86.7	12.43	144	63.5	0.24	87.4	88.5	87.4	83.0
Cl	22	20.00	20.10	25.50	31.50	35.00	37.00	40.80	31.14	7.94	30.21	7.38	54.0	20.00	0.25	31.50	35.00	31.50	33.74
Co	22	6.92	7.33	8.45	9.70	12.93	17.04	17.67	10.94	3.70	10.37	3.89	18.10	4.90	0.34	9.70	13.30	9.70	10.66
Cr	22	39.89	45.66	54.0	61.5	68.0	73.7	91.0	62.9	17.11	61.0	10.54	117	39.10	0.27	61.5	62.6	61.5	66.8
Cu	22	14.07	15.15	17.65	18.91	21.82	28.04	30.70	20.31	4.87	19.80	5.54	31.00	13.70	0.24	18.91	20.40	18.91	23.37
F	22	439	444	490	543	611	688	761	558	101	550	37.04	789	418	0.18	543	592	543	550
Ga	22	14.82	15.28	16.43	17.97	18.83	21.57	22.40	18.16	2.47	18.01	5.15	24.01	14.50	0.14	17.97	16.30	17.97	18.66
Ge	22	1.45	1.46	1.50	1.67	1.80	1.91	1.91	1.67	0.21	1.66	1.36	2.15	1.26	0.12	1.67	1.91	1.67	1.67
Hg	22	0.03	0.04	0.04	0.04	0.05	0.07	0.09	0.05	0.02	0.05	5.84	0.09	0.03	0.33	0.04	0.04	0.04	0.06
I	22	2.28	2.70	2.91	3.41	3.73	5.22	5.40	3.50	1.05	3.31	2.10	5.41	0.91	0.30	3.41	3.53	3.41	3.98
La	22	34.53	35.14	37.00	46.19	56.3	62.0	78.6	48.60	14.19	46.87	8.73	85.6	31.10	0.29	46.19	48.31	46.19	42.78
Li	22	35.29	35.65	38.79	42.83	44.25	50.7	56.4	42.94	6.43	42.51	8.54	59.6	33.12	0.15	42.83	42.92	42.83	39.50
Mn	22	298	325	385	443	491	556	679	446	108	434	32.44	691	266	0.24	443	411	443	479
Mo	22	0.73	0.86	0.99	1.12	1.29	1.43	1.87	1.16	0.33	1.12	1.31	2.03	0.67	0.28	1.12	1.12	1.12	1.32
N	22	0.40	0.40	0.41	0.48	0.55	0.65	0.66	0.50	0.10	0.49	1.58	0.69	0.40	0.19	0.48	0.40	0.48	0.53
Nb	22	17.51	17.91	20.00	22.22	25.12	27.86	28.15	22.53	3.75	22.23	5.80	29.10	15.56	0.17	22.22	22.40	22.22	21.04
Ni	22	12.54	13.31	18.18	21.15	26.80	30.41	33.55	23.90	14.47	21.51	5.96	82.6	10.50	0.61	21.15	24.20	21.15	22.13
P	22	0.12	0.12	0.16	0.22	0.28	0.32	0.46	0.24	0.13	0.22	2.72	0.67	0.11	0.53	0.22	0.25	0.22	0.28
Pb	22	25.67	26.23	26.93	28.69	32.25	37.54	42.13	30.40	5.24	30.02	6.97	43.89	23.72	0.17	28.69	31.12	28.69	29.62

续表 3-19

元素/指标	N	$X_{5\%}$	$X_{10\%}$	$X_{25\%}$	$X_{50\%}$	$X_{75\%}$	$X_{90\%}$	$X_{95\%}$	$\overline{X}$	S	$\overline{X}_g$	S_g	X_{max}	X_{min}	CV	X_{me}	X_{mo}	紫色土基准值	衢州市基准值
Rb	22	86.7	95.6	102	117	140	147	154	119	23.20	117	14.83	169	83.5	0.19	117	119	117	122
S	22	93.1	95.2	112	134	158	171	173	133	29.17	129	16.94	176	79.0	0.22	134	142	134	146
Sb	22	0.49	0.52	0.62	0.77	0.98	1.17	1.48	0.85	0.35	0.79	1.45	1.91	0.42	0.41	0.77	0.66	0.77	0.86
Sc	22	8.72	9.10	9.46	10.41	12.05	13.07	13.42	10.82	1.66	10.70	3.84	14.30	8.64	0.15	10.41	11.24	10.41	11.66
Se	22	0.20	0.21	0.23	0.28	0.32	0.33	0.34	0.27	0.05	0.27	2.16	0.38	0.20	0.19	0.28	0.23	0.28	0.29
Sn	22	2.30	2.30	2.62	3.10	4.05	5.98	7.90	3.74	1.79	3.42	2.30	8.30	2.00	0.48	3.10	2.70	3.10	3.44
Sr	22	24.58	26.39	31.50	43.05	53.3	73.9	76.7	45.90	19.93	42.29	8.71	96.9	21.40	0.43	43.05	45.60	43.05	44.53
Th	22	12.68	12.96	14.77	17.44	20.11	22.38	26.84	17.93	4.15	17.50	5.04	27.59	12.58	0.23	17.44	16.23	17.44	16.66
Ti	22	3755	3823	4183	4557	4944	5303	5463	4567	616	4527	122	5801	3313	0.13	4557	4196	4557	4536
Tl	22	0.59	0.62	0.64	0.73	0.88	1.02	1.04	0.77	0.17	0.76	1.32	1.16	0.54	0.22	0.73	0.76	0.73	0.82
U	22	3.12	3.12	3.23	3.54	3.96	4.35	4.57	3.65	0.50	3.62	2.11	4.58	2.81	0.14	3.54	3.44	3.54	3.70
V	22	59.5	60.5	72.9	80.5	94.3	95.6	97.9	81.9	14.69	80.6	12.33	117	57.2	0.18	80.5	82.5	80.5	87.5
W	22	1.48	1.59	1.84	2.10	2.31	2.69	2.80	2.11	0.41	2.07	1.58	2.89	1.36	0.19	2.10	2.31	2.10	2.01
Y	22	19.73	24.91	27.14	28.66	34.26	37.91	51.1	30.96	8.73	29.97	6.85	55.1	19.28	0.28	28.66	30.44	28.66	27.91
Zn	22	56.2	57.7	59.7	67.3	74.9	79.0	92.1	69.0	11.02	68.2	11.08	97.4	56.0	0.16	67.3	69.0	67.3	75.2
Zr	22	251	256	275	313	347	398	432	317	57.6	312	26.10	436	222	0.18	313	316	313	298
SiO_2	22	63.9	64.5	68.4	71.0	73.3	75.1	75.4	70.3	3.95	70.2	11.40	75.7	61.2	0.06	71.0	70.8	71.0	69.8
Al_2O_3	22	13.43	13.70	14.07	14.74	16.64	17.38	18.70	15.38	1.91	15.27	4.67	20.35	12.47	0.12	14.74	14.74	14.74	15.14
TFe_2O_3	22	3.95	4.14	4.32	5.01	5.66	5.88	6.14	5.01	0.77	4.96	2.50	6.48	3.84	0.15	5.01	5.17	5.01	5.39
MgO	22	0.54	0.62	0.73	0.78	0.99	1.26	1.43	0.91	0.37	0.86	1.41	2.23	0.54	0.41	0.78	0.54	0.78	0.83
CaO	22	0.10	0.10	0.13	0.21	0.39	0.57	0.86	0.44	0.84	0.25	3.08	4.09	0.08	1.90	0.21	0.21	0.21	0.21
Na_2O	22	0.12	0.12	0.17	0.27	0.39	0.46	0.58	0.29	0.15	0.25	2.63	0.66	0.06	0.53	0.27	0.12	0.27	0.23
K_2O	22	1.83	1.86	2.02	2.15	2.52	2.71	2.88	2.24	0.36	2.21	1.58	2.93	1.55	0.16	2.15	2.25	2.15	2.34
TC	22	0.36	0.38	0.42	0.44	0.47	0.54	0.62	0.48	0.17	0.46	1.66	1.17	0.34	0.35	0.44	0.47	0.44	0.48
Corg	22	0.28	0.28	0.31	0.34	0.37	0.42	0.44	0.35	0.06	0.34	1.91	0.48	0.26	0.16	0.34	0.33	0.34	0.38
pH	22	4.65	4.66	4.83	5.05	5.35	5.87	6.16	5.00	5.12	5.25	2.61	7.84	4.65	1.03	5.05	5.32	5.05	5.30

表 3-20 水稻土土壤地球化学基准值参数统计表

元素/指标	N	$X_{5\%}$	$X_{10\%}$	$X_{25\%}$	$X_{50\%}$	$X_{75\%}$	$X_{90\%}$	$X_{95\%}$	$\overline{X}$	S	$\overline{X}_g$	S_g	X_{max}	X_{min}	CV	X_{me}	X_{mo}	分布类型	水稻土基准值	衢州市基准值
Ag	71	39.50	42.00	49.50	61.0	74.0	103	140	70.2	35.76	64.2	11.35	234	27.00	0.51	61.0	65.0	对数正态分布	64.2	54.9
As	71	4.20	4.90	6.10	8.40	12.35	15.00	18.75	10.05	6.09	8.83	3.96	44.50	3.00	0.61	8.40	9.40	正态分布	10.05	9.99
Au	71	0.90	0.90	1.15	1.60	2.00	3.00	3.95	1.92	1.41	1.66	1.77	9.30	0.80	0.73	1.60	1.60	对数正态分布	1.66	1.52
B	71	21.00	24.00	30.00	46.00	59.5	72.0	76.5	46.17	18.34	42.41	9.49	90.0	15.00	0.40	46.00	46.00	正态分布	46.17	47.17
Ba	71	245	268	302	351	434	528	562	374	103	361	29.53	692	168	0.28	351	323	正态分布	374	370
Be	71	1.43	1.60	1.88	2.15	2.38	2.74	3.07	2.19	0.55	2.12	1.62	4.34	1.01	0.25	2.15	2.15	正态分布	2.19	2.21
Bi	71	0.19	0.21	0.25	0.31	0.40	0.49	0.52	0.34	0.13	0.32	2.06	0.90	0.17	0.38	0.31	0.33	对数正态分布	0.34	0.35
Br	71	1.00	1.02	1.44	1.95	2.77	3.39	3.83	2.19	1.08	1.98	1.76	6.98	1.00	0.49	1.95	1.00	正态分布	2.19	2.32
Cd	71	0.08	0.1	0.11	0.13	0.16	0.19	0.26	0.15	0.07	0.14	0.02	0.61	0.06	0.47	0.13	0.17	对数正态分布	0.14	0.13
Ce	71	58.3	61.1	69.9	77.1	85.2	105	124	81.0	19.59	78.9	12.21	142	40.87	0.24	77.1	84.3	对数正态分布	78.9	83.0
Cl	71	22.00	25.00	28.00	34.00	39.50	47.00	48.50	35.46	13.17	33.90	7.78	122	20.00	0.37	34.00	29.00	对数正态分布	33.90	33.74
Co	71	4.26	4.90	6.73	8.90	12.03	17.40	19.30	9.99	4.80	8.98	3.73	25.90	3.00	0.48	8.90	10.29	对数正态分布	9.99	10.66
Cr	71	29.85	32.45	43.67	56.8	70.5	82.2	92.8	58.0	21.28	54.2	10.26	130	21.80	0.37	56.8	62.9	正态分布	58.0	66.8
Cu	71	10.52	11.77	15.00	19.80	24.18	36.65	45.14	21.86	10.41	19.92	5.76	56.8	9.06	0.48	19.80	16.81	对数正态分布	19.92	23.37
F	66	273	294	380	471	566	702	812	490	159	466	35.73	880	258	0.32	471	695	剔除后正态分布	490	550
Ga	71	11.98	12.35	14.65	17.08	19.38	21.66	22.37	17.10	3.30	16.77	5.05	23.95	9.60	0.19	17.08	14.50	正态分布	17.10	18.66
Ge	71	1.31	1.40	1.49	1.64	1.78	1.90	1.94	1.64	0.23	1.62	1.36	2.54	1.06	0.14	1.64	1.50	正态分布	1.64	1.67
Hg	71	0.02	0.03	0.04	0.05	0.07	0.09	0.14	0.06	0.04	0.05	6.05	0.20	0.02	0.61	0.05	0.04	对数正态分布	0.05	0.06
I	71	1.30	1.60	2.17	3.04	4.25	4.87	5.08	3.17	1.36	2.87	2.12	7.63	0.56	0.43	3.04	3.44	正态分布	3.17	3.98
La	71	30.47	32.56	35.29	40.62	46.39	54.8	60.3	42.17	9.70	41.18	8.44	78.5	23.63	0.23	40.62	46.39	正态分布	42.17	42.78
Li	71	25.25	27.93	32.42	39.20	44.74	51.3	54.8	39.43	9.10	38.38	8.43	59.7	21.95	0.23	39.20	39.20	正态分布	39.43	39.50
Mn	71	252	301	353	440	586	812	1028	511	258	463	33.49	1514	148	0.50	440	511	对数正态分布	463	479
Mo	71	0.71	0.78	0.96	1.26	1.63	2.59	4.09	1.84	2.76	1.41	1.81	23.38	0.63	1.50	1.26	0.94	正态分布	1.41	1.32
N	71	0.31	0.34	0.42	0.49	0.55	0.65	0.78	0.50	0.13	0.48	1.65	0.89	0.28	0.27	0.49	0.46	对数正态分布	0.50	0.53
Nb	71	13.90	15.56	18.70	21.12	24.05	28.57	34.33	21.79	5.83	21.11	5.77	43.98	11.86	0.27	21.12	22.28	正态分布	21.79	21.04
Ni	71	9.90	10.80	12.65	18.70	24.30	34.00	45.10	21.96	14.94	19.01	5.76	107	7.50	0.68	18.70	21.50	对数正态分布	19.01	22.13
P	71	0.12	0.14	0.18	0.25	0.34	0.51	0.74	0.30	0.21	0.26	2.67	1.19	0.07	0.69	0.25	0.27	对数正态分布	0.26	0.28
Pb	71	20.03	21.86	24.04	27.86	30.88	35.82	37.50	28.55	6.97	27.84	6.83	61.1	17.35	0.24	27.86	28.98	正态分布	28.55	29.62

续表 3-20

元素/指标	N	$X_{5\%}$	$X_{10\%}$	$X_{25\%}$	$X_{50\%}$	$X_{75\%}$	$X_{90\%}$	$X_{95\%}$	$\overline{X}$	S	$\overline{X}_g$	S_g	X_{max}	X_{min}	CV	X_{me}	X_{mo}	分布类型	水稻土基准值	衢州市基准值
Rb	71	69.0	80.8	97.1	114	131	162	181	117	31.43	113	15.41	197	62.2	0.27	114	96.3	正态分布	117	122
S	71	79.0	87.0	107	142	172	212	235	144	48.58	136	17.11	256	58.0	0.34	142	157	正态分布	144	146
Sb	71	0.44	0.48	0.58	0.74	1.10	1.35	1.88	0.96	0.75	0.82	1.66	5.07	0.38	0.78	0.74	0.74	对数正态分布	0.82	0.86
Sc	71	6.15	6.56	8.01	10.00	11.81	13.80	16.57	10.27	3.05	9.85	3.77	19.00	5.50	0.30	10.00	7.20	正态分布	10.27	11.66
Se	71	0.13	0.14	0.20	0.27	0.34	0.39	0.43	0.28	0.18	0.26	2.46	1.59	0.08	0.64	0.27	0.14	对数正态分布	0.26	0.29
Sn	71	2.25	2.50	2.80	3.30	3.90	5.60	6.55	3.73	1.68	3.47	2.25	12.10	1.40	0.45	3.30	3.20	对数正态分布	3.47	3.44
Sr	71	29.13	31.53	35.66	42.10	53.3	70.4	93.6	51.9	36.46	46.14	9.43	279	20.00	0.70	42.10	38.16	对数正态分布	46.14	44.53
Th	71	10.10	11.62	13.49	15.46	18.22	21.14	23.01	16.08	3.82	15.63	4.91	24.89	8.23	0.24	15.46	14.89	正态分布	16.08	16.66
Ti	67	2810	3034	3571	3999	4911	5388	5794	4143	963	4032	118	6573	2082	0.23	3999	4132	剔除后正态分布	4143	4536
Tl	71	0.48	0.52	0.66	0.73	0.88	0.98	1.18	0.77	0.20	0.75	1.36	1.34	0.40	0.26	0.73	0.82	正态分布	0.77	0.82
U	71	2.29	2.60	3.12	3.64	4.06	4.69	4.95	3.72	1.46	3.55	2.17	13.95	1.56	0.39	3.64	3.12	对数正态分布	3.55	3.70
V	71	35.76	40.00	55.9	75.3	98.0	140	157	85.9	53.4	76.0	12.36	424	28.78	0.62	75.3	98.0	对数正态分布	76.0	87.5
W	71	1.28	1.36	1.72	1.94	2.24	2.50	2.77	2.02	0.59	1.95	1.60	5.24	0.90	0.29	1.94	2.12	正态分布	2.02	2.01
Y	71	18.69	20.84	22.41	26.70	31.00	40.53	45.23	28.70	11.73	27.26	6.70	105	15.08	0.41	26.70	26.70	对数正态分布	27.26	27.91
Zn	71	41.55	45.20	59.6	67.0	77.7	90.0	113	71.3	26.16	67.7	11.27	197	29.10	0.37	67.0	69.6	对数正态分布	67.7	75.2
Zr	71	234	249	270	306	363	419	428	319	63.9	313	27.05	465	197	0.20	306	318	正态分布	319	298
SiO₂	71	60.5	65.7	68.3	72.1	74.6	78.7	79.7	71.5	5.78	71.2	11.75	81.6	52.8	0.08	72.1	74.4	正态分布	71.5	69.8
Al₂O₃	71	10.83	11.41	12.79	13.91	15.46	17.15	18.29	14.26	2.38	14.07	4.54	22.04	9.65	0.17	13.91	14.87	正态分布	14.26	15.14
TFe₂O₃	71	2.79	3.10	3.81	4.57	5.62	6.83	7.38	4.86	1.52	4.64	2.49	9.54	2.36	0.31	4.57	4.98	正态分布	4.86	5.39
MgO	71	0.41	0.43	0.51	0.68	0.99	1.20	1.37	0.77	0.32	0.71	1.55	1.68	0.38	0.41	0.68	0.52	正态分布	0.77	0.83
CaO	61	0.09	0.12	0.20	0.25	0.30	0.35	0.36	0.24	0.09	0.22	2.58	0.53	0.07	0.37	0.25	0.22	剔除后正态分布	0.24	0.21
Na₂O	71	0.09	0.11	0.20	0.35	0.54	0.73	0.80	0.39	0.23	0.32	2.60	0.97	0.07	0.60	0.35	0.17	正态分布	0.39	0.23
K₂O	71	1.42	1.53	1.92	2.25	2.73	3.05	3.34	2.31	0.58	2.24	1.70	3.58	1.26	0.25	2.25	2.23	正态分布	2.31	2.34
TC	71	0.27	0.27	0.35	0.44	0.52	0.61	0.76	0.46	0.15	0.43	1.78	0.94	0.24	0.32	0.44	0.41	正态分布	0.46	0.48
Corg	71	0.21	0.24	0.28	0.34	0.41	0.47	0.56	0.35	0.10	0.34	2.01	0.69	0.19	0.29	0.34	0.33	正态分布	0.35	0.38
pH	71	4.73	4.82	5.00	5.38	6.03	6.65	7.01	5.20	5.22	5.57	2.71	7.80	4.61	1.00	5.38	5.10	正态分布	5.20	5.30

表3-21 潮土土壤地球化学基准值参数统计表

元素/指标	N	$X_{5\%}$	$X_{10\%}$	$X_{25\%}$	$X_{50\%}$	$X_{75\%}$	$X_{90\%}$	$X_{95\%}$	$\overline{X}$	S	$\overline{X}_g$	S_g	X_{max}	X_{min}	CV	X_{me}	X_{mo}	潮土基准值	衢州市基准值
Ag	3	37.30	40.60	50.5	67.0	88.5	101	106	70.3	38.11	63.0	11.27	110	34.00	0.54	67.0	67.0	67.0	54.9
As	3	7.26	7.42	7.90	8.70	10.30	11.26	11.58	9.23	2.44	9.02	2.99	11.90	7.10	0.26	8.70	8.70	8.70	9.99
Au	3	1.21	1.22	1.25	1.30	1.40	1.46	1.48	1.33	0.15	1.33	1.23	1.50	1.20	0.11	1.30	1.30	1.30	1.52
B	3	24.20	24.40	25.00	26.00	35.00	40.40	42.20	31.33	11.02	30.17	5.55	44.00	24.00	0.35	26.00	26.00	26.00	47.17
Ba	3	263	287	358	476	518	543	551	425	166	400	27.23	560	240	0.39	476	476	476	370
Be	3	1.85	1.92	2.12	2.47	2.78	2.96	3.02	2.44	0.65	2.38	1.77	3.08	1.78	0.27	2.47	2.47	2.47	2.21
Bi	3	0.32	0.32	0.33	0.34	0.40	0.43	0.44	0.37	0.07	0.36	1.71	0.45	0.31	0.20	0.34	0.34	0.34	0.35
Br	3	1.55	1.55	1.57	1.60	1.75	1.84	1.87	1.68	0.19	1.67	1.29	1.90	1.54	0.11	1.60	1.60	1.60	2.32
Cd	3	0.15	0.15	0.16	0.16	0.17	0.17	0.17	0.16	0.01	0.16	0.01	0.17	0.15	0.06	0.16	0.16	0.16	0.13
Ce	3	75.0	75.7	77.6	80.8	87.9	92.2	93.6	83.4	10.55	82.9	10.23	95.0	74.4	0.13	80.8	80.8	80.8	83.0
Cl	3	23.00	26.00	35.00	50.00	51.0	51.6	51.8	40.67	17.93	37.33	8.30	52.0	20.00	0.44	50.00	50.00	50.00	33.74
Co	3	5.28	5.56	6.40	7.80	8.80	9.40	9.60	7.53	2.41	7.26	2.80	9.80	5.00	0.32	7.80	7.80	7.80	10.66
Cr	3	36.41	37.22	39.65	43.70	51.4	56.1	57.6	46.16	11.99	45.16	6.94	59.2	35.60	0.26	43.70	43.70	43.70	66.8
Cu	3	14.40	14.67	15.51	16.90	18.35	19.22	19.51	16.94	2.84	16.78	4.22	19.80	14.12	0.17	16.90	16.90	16.90	23.37
F	3	414	418	428	444	483	506	514	459	57.0	457	25.13	522	411	0.12	444	444	444	550
Ga	3	15.65	15.90	16.65	17.90	19.83	20.98	21.37	18.35	3.20	18.17	4.39	21.76	15.40	0.17	17.90	17.90	17.90	18.66
Ge	3	1.51	1.51	1.53	1.56	1.58	1.58	1.59	1.55	0.05	1.55	1.26	1.59	1.50	0.03	1.56	1.56	1.56	1.67
Hg	3	0.05	0.05	0.05	0.06	0.06	0.06	0.06	0.05	0.01	0.05	4.98	0.06	0.04	0.16	0.06	0.06	0.06	0.06
I	3	2.03	2.20	2.74	3.62	3.85	3.98	4.03	3.18	1.17	3.01	1.80	4.07	1.85	0.37	3.62	3.62	3.62	3.98
La	3	38.79	39.58	41.95	45.90	46.15	46.30	46.35	43.43	4.71	43.25	7.11	46.40	38.00	0.11	45.90	45.90	45.90	42.78
Li	3	32.60	32.95	34.02	35.80	36.08	36.25	36.30	34.80	2.23	34.75	6.40	36.36	32.24	0.06	35.80	35.80	35.80	39.50
Mn	3	386	393	415	452	530	577	592	480	117	470	26.87	608	379	0.24	452	452	452	479
Mo	3	1.25	1.25	1.26	1.28	1.45	1.55	1.59	1.38	0.21	1.37	1.24	1.62	1.24	0.15	1.28	1.28	1.28	1.32
N	3	0.34	0.35	0.37	0.40	0.42	0.42	0.43	0.39	0.05	0.39	1.70	0.43	0.33	0.13	0.40	0.40	0.40	0.53
Nb	3	22.96	23.07	23.38	23.90	25.44	26.37	26.68	24.58	2.15	24.52	5.40	26.99	22.86	0.09	23.90	23.90	23.90	21.04
Ni	3	13.32	13.74	15.00	17.10	17.45	17.66	17.73	15.93	2.65	15.78	4.15	17.80	12.90	0.17	17.10	17.10	17.10	22.13
P	3	0.20	0.20	0.21	0.23	0.29	0.32	0.33	0.26	0.08	0.25	2.08	0.34	0.20	0.30	0.23	0.23	0.23	0.28
Pb	3	28.01	28.54	30.16	32.85	36.40	38.53	39.24	33.42	6.26	33.03	6.61	39.95	27.47	0.19	32.85	32.85	32.85	29.62

续表 3-21

元素/指标	N	$X_{5\%}$	$X_{10\%}$	$X_{25\%}$	$X_{50\%}$	$X_{75\%}$	$X_{90\%}$	$X_{95\%}$	$\overline{X}$	S	$\overline{X}_g$	S_g	X_{max}	X_{min}	CV	X_{me}	X_{mo}	潮土基准值	衢州市基准值
Rb	3	142	143	147	154	166	173	176	157	19.25	157	14.70	178	140	0.12	154	154	154	122
S	3	77.3	79.6	86.5	98.0	168	209	223	137	87.6	120	11.14	237	75.0	0.64	98.0	98.0	98.0	146
Sb	3	0.67	0.67	0.68	0.69	0.82	0.90	0.92	0.77	0.16	0.76	1.30	0.95	0.67	0.20	0.69	0.69	0.69	0.86
Sc	3	7.39	7.57	8.12	9.03	9.96	10.53	10.71	9.04	1.85	8.92	3.01	10.90	7.20	0.20	9.03	9.03	9.03	11.66
Se	3	0.18	0.18	0.19	0.21	0.25	0.28	0.29	0.23	0.06	0.22	2.45	0.30	0.17	0.28	0.21	0.21	0.21	0.29
Sn	3	3.32	3.44	3.80	4.40	5.00	5.36	5.48	4.40	1.20	4.29	2.43	5.60	3.20	0.27	4.40	4.40	4.40	3.44
Sr	3	30.22	32.64	39.90	52.0	52.6	53.0	53.2	44.37	14.36	42.55	8.26	53.3	27.80	0.32	52.0	52.0	52.0	44.53
Th	3	16.16	16.39	17.09	18.25	19.54	20.32	20.58	18.34	2.46	18.23	4.77	20.84	15.93	0.13	18.25	18.25	18.25	16.66
Ti	3	3262	3325	3512	3825	4135	4321	4383	3823	622	3789	73.2	4445	3200	0.16	3825	3825	3825	4536
Tl	3	0.62	0.66	0.75	0.91	1.06	1.15	1.18	0.90	0.31	0.87	1.34	1.20	0.59	0.34	0.91	0.91	0.91	0.82
U	3	3.99	4.02	4.11	4.27	4.63	4.85	4.93	4.41	0.53	4.39	2.18	5.00	3.96	0.12	4.27	4.27	4.27	3.70
V	3	49.60	51.2	56.0	64.0	67.8	70.0	70.8	61.2	12.02	60.3	8.23	71.5	48.00	0.20	64.0	64.0	64.0	87.5
W	3	1.76	1.76	1.78	1.81	1.96	2.06	2.09	1.89	0.20	1.89	1.41	2.12	1.75	0.11	1.81	1.81	1.81	2.01
Y	3	25.49	25.90	27.12	29.15	31.02	32.15	32.52	29.05	3.91	28.87	5.66	32.90	25.09	0.13	29.15	29.15	29.15	27.91
Zn	3	69.8	70.0	70.5	71.4	83.2	90.2	92.5	78.6	14.12	77.8	10.12	94.9	69.6	0.18	71.4	71.4	71.4	75.2
Zr	3	326	329	338	353	373	385	389	356	35.53	355	21.62	393	322	0.10	353	353	353	298
SiO₂	3	70.1	70.3	70.8	71.6	73.2	74.1	74.4	72.1	2.45	72.1	9.63	74.7	69.9	0.03	71.6	71.6	71.6	69.8
Al₂O₃	3	12.65	12.78	13.17	13.82	14.96	15.65	15.88	14.15	1.82	14.07	3.88	16.11	12.52	0.13	13.82	13.82	13.82	15.14
TFe₂O₃	3	3.41	3.47	3.65	3.95	4.45	4.74	4.84	4.08	0.80	4.03	2.00	4.94	3.35	0.20	3.95	3.95	3.95	5.39
MgO	3	0.44	0.45	0.50	0.58	0.62	0.65	0.66	0.56	0.13	0.55	1.38	0.67	0.42	0.23	0.58	0.58	0.58	0.83
CaO	3	0.14	0.16	0.23	0.33	0.33	0.33	0.33	0.26	0.12	0.24	2.11	0.33	0.12	0.46	0.33	0.33	0.33	0.21
Na₂O	3	0.17	0.23	0.40	0.70	0.72	0.73	0.74	0.52	0.35	0.38	2.46	0.74	0.11	0.68	0.70	0.70	0.70	0.23
K₂O	3	2.41	2.49	2.72	3.12	3.21	3.26	3.28	2.92	0.52	2.88	1.88	3.30	2.33	0.18	3.12	3.12	3.12	2.34
TC	3	0.34	0.35	0.35	0.37	0.39	0.40	0.41	0.37	0.04	0.37	1.73	0.41	0.34	0.09	0.37	0.37	0.37	0.48
Corg	3	0.28	0.29	0.30	0.32	0.33	0.33	0.33	0.31	0.03	0.31	1.90	0.33	0.28	0.09	0.32	0.32	0.32	0.38
pH	3	4.95	5.00	5.16	5.41	5.52	5.59	5.61	5.20	5.26	5.31	2.46	5.63	4.90	1.01	5.41	5.41	5.41	5.30

衢州市潮土区深层土壤总体为碱性,土壤pH基准值为5.41,极大值为5.63,极小值为4.90,与衢州市基准值基本接近。

各元素/指标中,大多数元素/指标变异系数在0.40以下,说明分布较为均匀;Cl、CaO、Ag、S、Na_2O、pH共6项元素/指标变异系数大于0.40,其中pH变异系数大于0.80,空间变异性较大。

与衢州市土壤基准值相比,潮土区土壤基准值中B基准值明显低于衢州市基准值,仅为衢州市基准值的55.11%;而Cr、S、Br、MgO、Cu、Se、V、Co、TFe_2O_3、N、TC、Ni、Sc基准值略低于衢州市基准值,为衢州市基准值的60%~80%;Ag、Cd、Rb、Sn、Ba、K_2O基准值略高于衢州市基准值,与衢州市基准值比值在1.2~1.4之间;Cl、CaO、Na_2O基准值明显高于衢州市基准值,是衢州市基准值的1.4倍以上,其中Na_2O明显富集,基准值是衢州市基准值的3倍以上;其他元素/指标基准值则与衢州市基准值基本接近。

第四节 主要土地利用类型地球化学基准值

一、水田土壤地球化学基准值

衢州市水田土壤地球化学基准值数据经正态分布检验,结果表明,原始数据中Ag、As、B、Ba、Be、Bi、Br、Cd、Ce、Cl、Cr、Ga、Ge、Hg、I、La、Li、Nb、Pb、Rb、S、Sb、Sc、Se、Sn、Th、Ti、Tl、U、W、Y、Zn、Zr、SiO_2、Al_2O_3、TFe_2O_3、MgO、Na_2O、K_2O、TC、Corg、pH共42项元素/指标符合正态分布,Au、Co、Cu、Mn、Mo、N、Ni、P、Sr、CaO共10项元素/指标符合对数正态分布,F、V剔除异常值后符合正态分布(表3-22)。

衢州市水田区深层土壤总体为酸性,土壤pH基准值为5.05,极大值为7.18,极小值为4.43,与衢州市基准值基本接近。

各元素/指标中,多数元素/指标变异系数在0.40以下,说明分布较为均匀;Cl、Cu、I、Mn、Sb、Br、Hg、Sr、Au、As、Co、Ni、P、Mo、Na_2O、pH、CaO共17项元素/指标变异系数大于0.40,其中pH、CaO变异系数大于0.80,空间变异性较大。

与衢州市土壤基准值相比,水田区土壤基准值中Na_2O基准值略高于衢州市基准值,与衢州市基准值比值在1.2~1.4之间;其他元素/指标基准值则与衢州市基准基本接近。

二、旱地土壤地球化学基准值

衢州市旱地区采集深层土壤样品2件,具体参数统计如下(表3-23)。

衢州市旱地区深层土壤总体为强酸性,土壤pH基准值为4.94,极大值为4.98,极小值为4.89,与衢州市基准值基本接近。

各元素/指标中,大多数元素/指标变异系数在0.40以下,说明分布较为均匀;Hg、As、Mo、Sr、pH共5项元素/指标变异系数大于0.40,其中pH变异系数大于0.80,空间变异性较大。

与衢州市土壤基准值相比,旱地区土壤基准值中Na_2O、Ag基准值明显低于衢州市基准值;Ba、Tl、Y、Cl、CaO、K_2O、Cd、Mn、Be、MgO、Rb、Ce、La、P基准值略低于衢州市基准值,为衢州市基准值的60%~80%;Ti、Sr、Cr、Bi、Li、As基准值略高于衢州市基准值,与衢州市基准值比值在1.2~1.4之间;I、Sb、B、Se、S基准值明显高于衢州市基准值,是衢州市基准值的1.4倍以上;其他元素/指标基准值则与衢州市基准值基本接近。

三、林地土壤地球化学基准值

衢州市林地土壤地球化学基准值数据经正态分布检验,结果表明,原始数据中B、Be、Ce、Co、Cr、Cu、

第三章 土壤地球化学基准值

表3-22 水田土壤地球化学基准值参数统计表

元素/指标	N	$X_{5\%}$	$X_{10\%}$	$X_{25\%}$	$X_{50\%}$	$X_{75\%}$	$X_{90\%}$	$X_{95\%}$	$\bar{X}$	S	$\bar{X}_g$	S_g	X_{max}	X_{min}	CV	X_{me}	X_{mo}	分布类型	水田基准值	衢州市基准值
Ag	50	28.35	37.30	44.00	51.0	65.0	74.0	86.9	55.7	21.90	52.4	9.94	156	25.00	0.39	51.0	43.00	正态分布	55.7	54.9
As	50	3.29	4.04	5.33	9.00	12.35	19.28	21.44	10.13	6.27	8.56	4.14	34.20	2.70	0.62	9.00	9.80	正态分布	10.13	9.99
Au	50	0.80	0.90	1.12	1.50	1.80	2.54	3.66	1.70	1.01	1.51	1.66	6.50	0.60	0.60	1.50	1.10	对数正态分布	1.51	1.52
B	50	18.80	25.90	33.25	48.00	62.8	72.1	75.1	48.52	17.94	44.68	9.77	80.0	15.00	0.37	48.00	46.00	正态分布	48.52	47.17
Ba	50	233	246	268	323	376	497	560	341	100.0	329	28.35	659	208	0.29	323	323	正态分布	341	370
Be	50	1.53	1.59	1.70	2.01	2.24	2.48	3.05	2.05	0.54	1.99	1.56	4.34	1.03	0.26	2.01	2.09	正态分布	2.05	2.21
Bi	50	0.17	0.20	0.26	0.34	0.44	0.51	0.55	0.36	0.13	0.33	2.03	0.72	0.16	0.36	0.34	0.45	正态分布	0.36	0.35
Br	50	1.00	1.04	1.35	1.90	2.73	3.59	3.95	2.17	1.13	1.94	1.77	6.98	1.00	0.52	1.90	1.00	正态分布	2.17	2.32
Cd	50	0.08	0.08	0.10	0.13	0.14	0.17	0.17	0.13	0.05	0.12	3.54	0.35	0.07	0.35	0.13	0.13	正态分布	0.13	0.13
Ce	50	59.1	59.7	68.1	72.6	85.9	104	117	78.8	18.59	76.9	11.99	135	44.74	0.24	72.6	69.2	正态分布	78.8	83.0
Cl	50	20.00	23.70	28.25	33.50	39.00	46.10	50.6	35.56	15.22	33.57	7.91	122	20.00	0.43	33.50	35.00	正态分布	35.56	33.74
Co	50	4.50	5.98	7.93	9.65	12.03	19.02	27.93	11.60	7.83	10.01	3.92	47.40	3.20	0.68	9.65	10.20	对数正态分布	10.01	10.66
Cr	50	32.47	41.60	54.1	64.9	77.0	97.2	127	68.2	26.47	63.7	10.95	147	29.50	0.39	64.9	72.8	对数正态分布	68.2	66.8
Cu	50	10.93	13.79	17.81	21.27	25.42	36.67	46.68	23.64	10.44	21.80	5.90	57.3	9.60	0.44	21.27	28.80	对数正态分布	23.64	23.37
F	44	303	336	390	460	538	595	697	470	120	455	34.50	801	229	0.26	460	453	剔除后正态分布	470	550
Ga	50	12.30	13.74	15.07	17.55	19.70	21.58	22.76	17.43	3.47	17.08	5.03	25.48	9.20	0.20	17.55	18.10	正态分布	17.43	18.66
Ge	50	1.35	1.36	1.51	1.66	1.84	1.93	1.99	1.66	0.22	1.65	1.36	2.08	1.06	0.13	1.66	1.64	正态分布	1.66	1.67
Hg	50	0.02	0.03	0.04	0.05	0.07	0.09	0.12	0.06	0.03	0.05	5.96	0.16	0.02	0.53	0.05	0.05	正态分布	0.06	0.06
I	50	1.55	1.60	2.42	3.36	4.46	5.47	6.72	3.58	1.61	3.25	2.18	8.05	1.17	0.45	3.36	3.62	正态分布	3.58	3.98
La	50	30.72	31.46	35.25	39.45	46.75	55.3	60.4	41.43	9.14	40.50	8.31	63.9	25.30	0.22	39.45	31.10	正态分布	41.43	42.78
Li	50	28.75	30.99	34.08	39.55	44.05	51.5	57.4	40.34	8.91	39.41	8.41	66.0	22.74	0.22	39.55	40.20	正态分布	40.34	39.50
Mn	50	240	313	348	418	529	772	923	475	220	436	31.99	1290	153	0.46	418	468	对数正态分布	436	479
Mo	50	0.65	0.74	0.97	1.24	1.61	2.06	2.79	1.48	1.01	1.29	1.66	5.80	0.47	0.69	1.24	1.49	对数正态分布	1.29	1.32
N	50	0.35	0.36	0.40	0.46	0.57	0.66	0.78	0.50	0.13	0.48	1.65	0.86	0.33	0.27	0.46	0.40	正态分布	0.50	0.53
Nb	50	15.46	17.18	18.21	19.99	22.68	26.37	30.94	21.24	5.11	20.71	5.66	38.60	11.62	0.24	19.99	19.40	正态分布	21.24	21.04
Ni	50	9.33	10.86	17.32	19.85	25.10	39.14	62.0	24.44	16.60	21.02	5.92	91.3	7.20	0.68	19.85	21.20	对数正态分布	21.02	22.13
P	50	0.10	0.12	0.19	0.24	0.33	0.42	0.68	0.29	0.20	0.24	2.80	1.19	0.05	0.68	0.24	0.27	对数正态分布	0.24	0.28
Pb	50	20.62	21.32	23.60	27.19	29.80	32.46	37.27	27.83	6.71	27.20	6.77	61.1	19.30	0.24	27.19	21.32	正态分布	27.83	29.62

续表 3-22

元素/指标	N	$X_{5\%}$	$X_{10\%}$	$X_{25\%}$	$X_{50\%}$	$X_{75\%}$	$X_{90\%}$	$X_{95\%}$	$\bar{X}$	S	$\bar{X}_g$	S_g	X_{max}	X_{min}	CV	X_{me}	X_{mo}	分布类型	水田基准值	衢州市基准值
Rb	50	60.7	69.6	87.8	103	123	141	152	106	29.45	103	14.46	197	55.8	0.28	103	106	正态分布	106	122
S	50	78.5	81.8	114	153	179	222	254	154	52.3	145	17.70	281	72.0	0.34	153	157	正态分布	154	146
Sb	50	0.41	0.44	0.61	0.77	1.00	1.25	1.49	0.85	0.39	0.78	1.53	2.36	0.36	0.46	0.77	0.61	正态分布	0.85	0.86
Sc	50	6.70	7.64	9.10	10.54	12.50	17.66	19.05	11.26	3.64	10.74	3.87	21.90	4.71	0.32	10.54	10.00	正态分布	11.26	11.66
Se	50	0.14	0.16	0.22	0.30	0.36	0.42	0.44	0.29	0.10	0.27	2.30	0.58	0.12	0.35	0.30	0.24	正态分布	0.29	0.29
Sn	50	1.94	2.19	2.42	3.15	3.60	5.04	6.13	3.36	1.32	3.14	2.16	7.70	1.30	0.39	3.15	2.30	正态分布	3.36	3.44
Sr	50	23.07	28.86	32.02	39.60	48.52	60.1	87.07	45.78	27.19	41.32	8.79	170	20.00	0.59	39.60	39.60	对数正态分布	41.32	44.53
Th	50	10.58	12.02	13.33	14.98	17.67	21.15	22.54	15.80	3.70	15.38	4.85	24.89	8.74	0.23	14.98	14.60	正态分布	15.80	16.66
Ti	50	3096	3579	3974	4850	5412	7493	8563	5045	1566	4839	127	9854	2762	0.31	4850	5058	正态分布	5045	4536
Tl	50	0.40	0.47	0.64	0.71	0.83	0.98	1.13	0.74	0.21	0.71	1.42	1.34	0.37	0.29	0.71	0.71	正态分布	0.74	0.82
U	50	2.29	2.67	3.12	3.59	4.05	5.02	6.04	3.69	1.02	3.56	2.18	6.35	1.87	0.28	3.59	3.75	正态分布	3.69	3.70
V	43	39.30	46.53	69.0	81.3	95.1	116	124	81.8	24.80	77.8	12.16	140	34.10	0.30	81.3	81.3	剔除后正态分布	81.8	87.5
W	50	1.09	1.35	1.72	2.08	2.31	2.49	2.57	1.98	0.45	1.92	1.59	2.82	0.99	0.23	2.08	2.08	正态分布	1.98	2.01
Y	50	17.10	18.67	21.63	26.84	30.77	37.97	41.09	26.80	7.40	25.85	6.39	45.60	15.13	0.28	26.84	26.70	正态分布	26.80	27.91
Zn	50	41.79	49.96	58.5	68.2	75.4	93.7	103	69.4	21.96	66.3	10.99	163	25.90	0.32	68.2	69.0	正态分布	69.4	75.2
Zr	50	222	247	280	311	341	401	444	316	63.2	310	26.87	481	179	0.20	311	316	正态分布	316	298
SiO$_2$	50	55.3	61.3	67.8	71.6	75.3	77.1	77.6	70.5	6.74	70.2	11.72	81.2	52.8	0.10	71.6	70.5	正态分布	70.5	69.8
Al$_2$O$_3$	50	12.21	12.48	13.16	14.02	16.32	18.96	20.58	14.97	2.61	14.77	4.61	22.04	11.11	0.17	14.02	15.34	正态分布	14.97	15.14
TFe$_2$O$_3$	50	2.83	3.33	4.06	5.21	5.91	7.91	9.30	5.40	2.00	5.08	2.59	11.66	2.04	0.37	5.21	2.83	正态分布	5.40	5.39
MgO	50	0.47	0.54	0.61	0.73	0.98	1.13	1.17	0.79	0.24	0.76	1.42	1.37	0.43	0.30	0.73	0.54	正态分布	0.79	0.83
CaO	50	0.08	0.11	0.16	0.22	0.30	0.37	0.85	0.29	0.33	0.22	2.91	2.14	0.06	1.13	0.22	0.23	对数正态分布	0.22	0.21
Na$_2$O	50	0.07	0.07	0.11	0.23	0.44	0.70	0.78	0.30	0.24	0.22	3.25	0.92	0.06	0.80	0.23	0.07	正态分布	0.30	0.23
K$_2$O	50	1.22	1.50	1.65	1.95	2.31	2.74	3.10	2.04	0.55	1.98	1.61	3.55	1.11	0.27	1.95	1.63	正态分布	2.04	2.34
TC	50	0.30	0.34	0.36	0.43	0.51	0.57	0.70	0.45	0.13	0.44	1.74	0.91	0.23	0.28	0.43	0.44	正态分布	0.45	0.48
Corg	50	0.24	0.25	0.28	0.33	0.40	0.44	0.46	0.35	0.10	0.33	2.00	0.69	0.19	0.28	0.33	0.30	正态分布	0.35	0.38
pH	50	4.68	4.74	4.85	5.10	5.46	6.28	6.70	5.05	5.13	5.31	2.62	7.18	4.43	1.02	5.10	5.10	正态分布	5.05	5.30

注：氧化物，TC、Corg单位为%，N、P单位为g/kg，Au、Ag单位为μg/kg，pH为无量纲，其他元素/指标单位为mg/kg；后表单位相同。

表 3-23 旱地土壤地球化学基准值参数统计表

元素/指标	N	$X_{5\%}$	$X_{10\%}$	$X_{25\%}$	$X_{50\%}$	$X_{75\%}$	$X_{90\%}$	$X_{95\%}$	$\bar{X}$	S	$\bar{X}_g$	S_g	X_{max}	X_{min}	CV	X_{me}	X_{mo}	旱地基准值	衢州市基准值
Ag	2	28.45	28.90	30.25	32.50	34.75	36.10	36.55	32.50	6.36	32.19	5.32	37.00	28.00	0.20	32.50	28.00	32.50	54.9
As	2	9.17	9.65	11.07	13.45	15.82	17.25	17.72	13.45	6.72	12.58	3.14	18.20	8.70	0.50	13.45	8.70	13.45	9.99
Au	2	1.34	1.39	1.53	1.75	1.98	2.11	2.16	1.75	0.64	1.69	1.34	2.20	1.30	0.36	1.75	1.30	1.75	1.52
B	2	69.2	69.3	69.8	70.5	71.2	71.7	71.8	70.5	2.12	70.5	8.31	72.0	69.0	0.03	70.5	69.0	70.5	47.17
Ba	2	213	214	220	229	239	244	246	229	26.35	229	14.53	248	211	0.11	229	211	229	370
Be	2	1.51	1.51	1.53	1.56	1.58	1.60	1.60	1.56	0.08	1.55	1.23	1.61	1.50	0.05	1.56	1.61	1.56	2.21
Bi	2	0.38	0.38	0.40	0.43	0.46	0.48	0.48	0.43	0.08	0.43	1.68	0.49	0.37	0.20	0.43	0.37	0.43	0.35
Br	2	2.01	2.02	2.06	2.12	2.17	2.21	2.22	2.12	0.16	2.11	1.42	2.23	2.00	0.08	2.12	2.23	2.12	2.32
Cd	2	0.09	0.09	0.09	0.09	0.10	0.10	0.10	0.09	0.01	0.09	3.39	0.10	0.09	0.10	0.09	0.10	0.09	0.13
Ce	2	61.8	61.8	61.8	61.9	62.0	62.1	62.1	61.9	0.27	61.9	7.86	62.1	61.7	0.004	61.9	61.7	61.9	83.0
Cl	2	20.20	20.40	21.00	22.00	23.00	23.60	23.80	22.00	2.83	21.91	4.91	24.00	20.00	0.13	22.00	20.00	22.00	33.74
Co	2	7.99	8.07	8.32	8.75	9.18	9.43	9.51	8.75	1.20	8.71	3.11	9.60	7.90	0.14	8.75	7.90	8.75	10.66
Cr	2	73.8	74.7	77.2	81.4	85.6	88.2	89.0	81.4	11.93	81.0	8.57	89.9	73.0	0.15	81.4	73.0	81.4	66.8
Cu	2	18.67	19.08	20.34	22.42	24.51	25.76	26.18	22.42	5.91	22.03	4.32	26.60	18.25	0.26	22.42	18.25	22.42	23.37
F	2	456	459	468	483	498	507	510	483	42.43	482	21.30	513	453	0.09	483	453	483	550
Ga	2	15.19	15.37	15.93	16.86	17.79	18.35	18.53	16.86	2.63	16.76	3.89	18.72	15.00	0.16	16.86	18.72	16.86	18.66
Ge	2	1.64	1.66	1.70	1.77	1.85	1.89	1.91	1.77	0.21	1.77	1.40	1.92	1.63	0.12	1.77	1.63	1.77	1.67
Hg	2	0.05	0.05	0.06	0.07	0.09	0.09	0.10	0.07	0.03	0.07	4.64	0.10	0.05	0.46	0.07	0.10	0.07	0.06
I	2	5.09	5.16	5.35	5.67	5.98	6.17	6.24	5.67	0.90	5.63	2.26	6.30	5.03	0.16	5.67	5.03	5.67	3.98
La	2	31.65	31.70	31.85	32.11	32.36	32.52	32.57	32.11	0.72	32.11	5.62	32.62	31.60	0.02	32.11	31.60	32.11	42.78
Li	2	49.21	49.51	50.4	52.0	53.5	54.4	54.7	52.0	4.31	51.9	7.00	55.0	48.90	0.08	52.0	48.90	52.0	39.50
Mn	2	287	292	307	333	358	373	379	333	72.3	329	16.85	384	281	0.22	333	281	333	479
Mo	2	1.02	1.08	1.24	1.52	1.79	1.95	2.01	1.52	0.77	1.41	1.46	2.06	0.97	0.51	1.52	0.97	1.52	1.32
N	2	0.38	0.39	0.41	0.45	0.49	0.51	0.52	0.45	0.11	0.44	1.69	0.52	0.37	0.24	0.45	0.37	0.45	0.53
Nb	2	19.13	19.15	19.21	19.31	19.40	19.46	19.48	19.31	0.27	19.31	4.37	19.50	19.11	0.01	19.31	19.11	19.31	21.04
Ni	2	20.30	20.59	21.48	22.95	24.42	25.31	25.60	22.95	4.17	22.76	4.50	25.90	20.00	0.18	22.95	20.00	22.95	22.13
P	2	0.18	0.18	0.20	0.22	0.25	0.27	0.27	0.22	0.08	0.22	2.51	0.28	0.17	0.34	0.22	0.28	0.22	0.28
Pb	2	22.14	22.68	24.27	26.94	29.60	31.20	31.74	26.94	7.54	26.41	4.71	32.27	21.61	0.28	26.94	21.61	26.94	29.62

续表 3-23

元素/指标	N	$X_{5\%}$	$X_{10\%}$	$X_{25\%}$	$X_{50\%}$	$X_{75\%}$	$X_{90\%}$	$X_{95\%}$	$\overline{X}$	S	$\overline{X}_g$	S_g	X_{max}	X_{min}	CV	X_{me}	X_{mo}	旱地基准值	衢州市基准值
Rb	2	82.6	83.2	85.1	88.4	91.6	93.6	94.2	88.4	9.16	88.1	9.06	94.9	81.9	0.10	88.4	94.9	88.4	122
S	2	179	184	199	224	250	265	270	224	71.4	219	13.33	275	174	0.32	224	174	224	146
Sb	2	1.11	1.12	1.16	1.23	1.29	1.33	1.34	1.23	0.18	1.22	1.12	1.35	1.10	0.14	1.23	1.10	1.23	0.86
Sc	2	9.99	10.08	10.37	10.85	11.32	11.61	11.70	10.85	1.35	10.80	3.16	11.80	9.89	0.12	10.85	11.80	10.85	11.66
Se	2	0.39	0.39	0.41	0.44	0.47	0.49	0.50	0.44	0.09	0.44	1.65	0.50	0.38	0.20	0.44	0.38	0.44	0.29
Sn	2	2.80	2.81	2.82	2.85	2.88	2.89	2.90	2.85	0.07	2.85	1.67	2.90	2.80	0.02	2.85	2.80	2.85	3.44
Sr	2	33.92	36.15	42.83	54.0	65.1	71.8	74.0	54.0	31.47	49.15	5.95	76.2	31.70	0.58	54.0	76.2	54.0	44.53
Th	2	13.19	13.33	13.73	14.39	15.06	15.46	15.59	14.39	1.88	14.33	3.63	15.72	13.06	0.13	14.39	13.06	14.39	16.66
Ti	2	5381	5394	5431	5494	5557	5595	5607	5494	178	5493	75.0	5620	5369	0.03	5494	5369	5494	4536
Tl	2	0.40	0.42	0.46	0.53	0.60	0.65	0.66	0.53	0.21	0.51	1.74	0.68	0.39	0.39	0.53	0.68	0.53	0.82
U	2	3.26	3.30	3.41	3.59	3.77	3.88	3.92	3.59	0.52	3.57	1.81	3.96	3.23	0.14	3.59	3.23	3.59	3.70
V	2	88.0	89.1	92.3	97.8	103	106	108	97.8	15.40	97.2	9.35	109	86.9	0.16	97.8	86.9	97.8	87.5
W	2	2.04	2.05	2.09	2.14	2.20	2.24	2.25	2.14	0.16	2.14	1.43	2.26	2.03	0.08	2.14	2.03	2.14	2.01
Y	2	17.25	17.35	17.64	18.13	18.61	18.91	19.00	18.13	1.37	18.10	4.15	19.10	17.16	0.08	18.13	17.16	18.13	27.91
Zn	2	54.9	55.5	57.3	60.4	63.5	65.3	65.9	60.4	8.63	60.1	7.39	66.5	54.3	0.14	60.4	54.3	60.4	75.2
Zr	2	288	292	302	319	336	347	350	319	48.44	317	18.84	353	285	0.15	319	285	319	298
SiO₂	2	74.0	74.1	74.3	74.6	74.8	75.0	75.1	74.6	0.84	74.5	8.67	75.1	74.0	0.01	74.6	75.1	74.6	69.8
Al₂O₃	2	13.81	13.85	13.97	14.17	14.37	14.49	14.53	14.17	0.57	14.16	3.71	14.57	13.77	0.04	14.17	13.77	14.17	15.14
TFe₂O₃	2	4.73	4.79	4.97	5.27	5.57	5.75	5.81	5.27	0.85	5.24	2.18	5.87	4.67	0.16	5.27	4.67	5.27	5.39
MgO	2	0.57	0.57	0.58	0.59	0.61	0.62	0.62	0.59	0.04	0.59	1.33	0.62	0.57	0.06	0.59	0.57	0.59	0.83
CaO	2	0.11	0.11	0.12	0.14	0.16	0.18	0.18	0.14	0.06	0.14	3.23	0.19	0.10	0.40	0.14	0.10	0.14	0.21
Na₂O	2	0.08	0.08	0.09	0.09	0.10	0.10	0.10	0.09	0.01	0.09	3.55	0.10	0.08	0.16	0.09	0.08	0.09	0.23
K₂O	2	1.48	1.49	1.52	1.57	1.62	1.65	1.66	1.57	0.14	1.57	1.23	1.67	1.47	0.09	1.57	1.47	1.57	2.34
TC	2	0.45	0.45	0.47	0.50	0.53	0.55	0.55	0.50	0.08	0.50	1.37	0.56	0.44	0.17	0.50	0.44	0.50	0.48
Corg	2	0.31	0.32	0.33	0.35	0.38	0.39	0.40	0.35	0.06	0.35	1.82	0.40	0.31	0.18	0.35	0.31	0.35	0.38
pH	2	4.89	4.90	4.91	4.94	4.96	4.97	4.98	4.93	5.77	4.93	2.23	4.98	4.89	1.17	4.94	4.98	4.94	5.30

F、Ga、Ge、I、La、Li、Mn、N、Ni、P、Rb、Sc、Se、Ti、V、Y、SiO_2、Al_2O_3、TFe_2O_3、MgO、K_2O、TC、Corg 共 29 项元素/指标符合正态分布,Ag、As、Au、Ba、Bi、Br、Cl、Hg、Mo、Nb、Pb、S、Sb、Sn、Sr、Th、Tl、U、W、Zn、Zr、CaO、Na_2O、pH 共 24 项元素/指标符合对数正态分布,Cd 剔除异常值后符合正态分布(表 3-24)。

衢州市林地区深层土壤总体为酸性,土壤 pH 基准值为 5.17,极大值为 8.16,极小值为 4.53,与衢州市基准值基本接近。

各元素/指标中,约一半元素/指标变异系数在 0.40 以下,说明分布较为均匀;F、W、I、Tl、Br、Cr、Co、Mn、P、B、Sr、Cu、Ni、Ag、Sn、Hg、Sb、CaO、Au、As、Na_2O、Bi、pH、S、Cl、Mo、Ba 共 27 项元素/指标变异系数大于 0.40,其中 Au、As、Na_2O、Bi、pH、S、Cl、Mo、Ba 变异系数大于 0.80,空间变异性较大。

与衢州市土壤基准值相比,林地区土壤基准值中 Cl、Ni、P、Co、Cu、Br、Mn 基准值略高于衢州市基准值,与衢州市基准值比值在 1.2~1.4 之间;Mo 基准值明显高于衢州市基准值,是衢州市基准值的 1.4 倍以上;其他元素/指标基准值则与衢州市基准值基本接近。

四、园地土壤地球化学基准值

衢州市园地土壤地球化学基准值数据经正态分布检验,结果表明,原始数据中 B、Ba、Be、Bi、Br、Ce、Cl、Co、Cr、Cu、F、Ga、Ge、Hg、I、La、Li、N、Nb、P、Rb、S、Sc、Th、Tl、W、Zr、SiO_2、Al_2O_3、TFe_2O_3、MgO、Na_2O、K_2O、TC、Corg、pH 共 36 项元素/指标符合正态分布,Ag、As、Au、Cd、Mo、Ni、Pb、Sb、Se、Sn、Sr、U、V、Y、Zn、CaO 共 16 项元素/指标符合对数正态分布,Ti 剔除异常值后符合正态分布,Mn 不符合正态分布或对数正态分布(表 3-25)。

衢州市园地区深层土壤总体为酸性,土壤 pH 基准值为 5.12,极大值为 7.80,极小值为 4.50,与衢州市基准值基本接近。

各元素/指标中,少数元素/指标变异系数在 0.40 以下,说明分布较为均匀;B、Cr、MgO、Mn、Br、F、I、Cu、Sn、U、Y、Co、Au、P、Pb、V、Zn、Hg、Se、Ni、Sr、Na_2O、Sb、pH、As、Ag、Cd、CaO、Mo 共 29 项元素/指标变异系数大于 0.40,其中 Na_2O、Sb、pH、As、Ag、Cd、CaO、Mo 变异系数大于 0.80,空间变异性较大。

与衢州市土壤基准值相比,园地区土壤基准值中 P、CaO 基准值略高于衢州市基准值,与衢州市基准值比值在 1.2~1.4 之间;Na_2O 基准值明显高于衢州市基准值,是衢州市基准值的 1.57 倍;其他元素/指标基准值则与衢州市基准值基本接近。

表 3-24 林地土壤地球化学基准值参数统计表

元素/指标	N	$X_{5\%}$	$X_{10\%}$	$X_{25\%}$	$X_{50\%}$	$X_{75\%}$	$X_{90\%}$	$X_{95\%}$	$\overline{X}$	S	$\overline{X}_g$	S_g	X_{max}	X_{min}	CV	X_{me}	X_{mo}	分布类型	林地基准值	衢州市基准值
Ag	93	37.60	41.20	50.00	56.0	77.0	109	146	69.9	41.24	63.1	11.48	332	28.00	0.59	56.0	54.0	对数正态分布	63.1	54.9
As	93	4.14	5.70	6.80	9.80	15.50	31.48	37.96	14.02	11.96	10.97	4.63	75.1	3.00	0.85	9.80	12.10	对数正态分布	10.97	9.99
Au	93	0.90	0.92	1.20	1.70	2.20	3.10	3.66	2.03	1.64	1.73	1.83	12.10	0.70	0.81	1.70	1.90	对数正态分布	1.73	1.52
B	93	14.20	16.00	26.00	41.00	66.0	78.0	82.4	45.46	22.97	39.17	8.89	90.0	8.00	0.51	41.00	32.00	正态分布	45.46	47.17
Ba	93	240	261	329	418	481	598	678	555	1298	417	33.75	12 872	203	2.34	418	476	对数正态分布	417	370
Be	93	1.77	1.88	2.05	2.45	2.81	3.30	3.48	2.52	0.61	2.45	1.76	4.94	1.51	0.24	2.45	2.50	正态分布	2.52	2.21
Bi	93	0.19	0.22	0.26	0.36	0.45	0.59	0.83	0.42	0.38	0.36	2.09	3.52	0.17	0.90	0.36	0.41	对数正态分布	0.36	0.35
Br	93	1.50	1.75	2.26	2.94	4.01	4.99	5.80	3.23	1.49	2.95	2.11	9.99	1.00	0.46	2.94	3.01	对数正态分布	2.95	2.32
Cd	93	0.09	0.10	0.12	0.14	0.16	0.18	0.21	0.14	0.03	0.14	3.23	0.24	0.06	0.24	0.14	0.17	剔除后正态分布	0.14	0.13
Ce	93	63.5	69.3	77.4	88.3	104	132	136	93.2	22.96	90.7	13.51	173	57.4	0.25	88.3	84.3	正态分布	93.2	83.0
Cl	93	20.00	22.00	29.00	36.00	46.00	102	150	53.2	67.9	40.49	9.64	575	20.00	1.28	36.00	20.00	对数正态分布	40.49	33.74
Co	93	5.26	6.19	8.33	12.40	18.20	21.16	23.32	13.37	6.32	11.94	4.50	36.00	3.50	0.47	12.40	18.20	正态分布	13.37	10.66
Cr	93	25.65	31.22	45.10	67.2	83.9	101	116	67.7	31.17	60.6	11.13	186	14.20	0.46	67.2	62.0	正态分布	67.7	66.8
Cu	93	11.27	14.01	17.20	27.10	39.09	47.00	51.3	29.45	15.91	25.88	6.93	101	9.58	0.54	27.10	14.01	正态分布	29.45	23.37
F	93	359	384	466	614	788	955	1250	659	278	611	41.11	1531	272	0.42	614	614	正态分布	659	550
Ga	93	15.32	16.19	18.23	20.19	22.07	23.86	24.75	20.13	2.90	19.92	5.61	28.11	13.90	0.14	20.19	21.07	正态分布	20.13	18.66
Ge	93	1.31	1.38	1.50	1.66	1.81	1.96	2.07	1.68	0.27	1.66	1.39	2.85	1.12	0.16	1.66	1.77	正态分布	1.68	1.67
Hg	93	0.04	0.04	0.05	0.06	0.08	0.13	0.17	0.08	0.06	0.07	5.25	0.49	0.02	0.78	0.06	0.04	对数正态分布	0.07	0.06
I	93	2.17	2.76	3.42	4.40	5.37	6.82	7.23	4.60	2.00	4.25	2.48	15.65	0.88	0.43	4.40	4.54	正态分布	4.60	3.98
La	93	32.58	34.42	39.10	44.75	49.83	60.6	65.8	46.39	10.76	45.27	9.01	85.6	28.61	0.23	44.75	44.00	正态分布	46.39	42.78
Li	93	25.64	30.21	35.20	40.00	45.40	53.0	57.8	41.06	10.17	39.82	8.45	81.6	17.15	0.25	40.00	40.57	正态分布	41.06	39.50
Mn	93	300	340	415	598	786	1077	1200	656	321	593	39.95	2317	218	0.49	598	451	正态分布	656	479
Mo	93	0.85	0.97	1.23	1.77	2.70	4.19	8.00	2.78	4.01	1.94	2.28	32.10	0.54	1.44	1.77	1.16	对数正态分布	1.94	1.32
N	93	0.40	0.40	0.47	0.55	0.72	0.86	0.92	0.61	0.18	0.59	1.52	1.11	0.34	0.29	0.55	0.40	正态分布	0.61	0.53
Nb	93	14.95	16.60	18.80	21.60	25.77	31.06	33.84	22.80	6.46	22.02	6.05	49.49	10.98	0.28	21.60	18.90	对数正态分布	22.02	21.04
Ni	93	10.06	10.88	14.40	23.20	35.80	45.94	49.92	27.05	14.77	23.33	6.66	77.5	8.00	0.55	23.20	10.80	正态分布	27.05	22.13
P	93	0.15	0.17	0.22	0.33	0.41	0.52	0.60	0.35	0.17	0.31	2.27	1.28	0.11	0.49	0.33	0.30	正态分布	0.35	0.28
Pb	93	22.82	24.10	26.84	30.61	35.15	43.92	49.73	33.22	10.24	32.05	7.60	83.2	20.61	0.31	30.61	34.22	对数正态分布	32.05	29.62

续表 3-24

元素/指标	N	$X_{5\%}$	$X_{10\%}$	$X_{25\%}$	$X_{50\%}$	$X_{75\%}$	$X_{90\%}$	$X_{95\%}$	$\bar{X}$	S	$\bar{X}_g$	S_g	X_{max}	X_{min}	CV	X_{me}	X_{mo}	分布类型	林地基准值	衢州市基准值
Rb	93	83.0	92.0	115	129	154	187	214	139	44.34	133	16.97	355	72.7	0.32	129	120	正态分布	139	122
S	93	88.0	94.0	110	141	179	221	247	167	179	146	18.20	1806	78.0	1.07	141	162	对数正态分布	146	146
Sb	93	0.40	0.43	0.55	0.74	1.13	2.42	3.01	1.07	0.83	0.86	1.86	4.22	0.34	0.78	0.74	0.61	对数正态分布	0.86	0.86
Sc	93	8.15	8.65	9.70	12.10	14.40	16.63	19.22	12.56	3.49	12.11	4.26	24.26	6.90	0.28	12.10	12.10	正态分布	12.56	11.66
Se	93	0.19	0.21	0.24	0.30	0.37	0.43	0.49	0.32	0.10	0.30	2.12	0.83	0.16	0.32	0.30	0.28	正态分布	0.32	0.29
Sn	93	2.10	2.50	2.70	3.30	4.19	5.26	6.62	3.88	2.48	3.53	2.30	23.30	1.50	0.64	3.30	2.70	对数正态分布	3.53	3.44
Sr	93	23.00	28.10	33.60	42.30	54.1	74.3	94.6	48.38	24.71	43.96	9.20	152	20.00	0.51	42.30	44.90	对数正态分布	43.96	44.53
Th	93	11.72	12.87	15.41	17.91	21.76	26.93	31.28	19.49	7.19	18.48	5.56	56.3	9.16	0.37	17.91	19.26	正态分布	18.48	16.66
Ti	93	3139	3286	3951	4640	5586	6513	6716	4785	1208	4633	129	8389	1922	0.25	4640	5471	正态分布	4785	4536
Tl	93	0.57	0.64	0.74	0.89	1.29	1.74	1.95	1.07	0.47	0.98	1.49	2.73	0.42	0.44	0.89	0.89	对数正态分布	0.98	0.82
U	93	2.73	3.12	3.33	3.96	4.79	6.47	7.62	4.35	1.54	4.14	2.40	10.41	2.19	0.35	3.96	3.64	对数正态分布	4.14	3.70
V	93	40.92	53.5	69.8	99.2	126	153	169	101	40.36	93.0	13.94	219	29.69	0.40	99.2	101	正态分布	101	87.5
W	93	1.36	1.49	1.84	2.17	2.49	2.97	3.42	2.30	0.95	2.17	1.73	8.95	0.99	0.42	2.17	1.99	对数正态分布	2.17	2.01
Y	93	20.62	21.40	23.90	28.20	34.57	43.51	46.33	30.29	8.51	29.24	7.09	58.0	16.42	0.28	28.20	23.10	正态分布	30.29	27.91
Zn	93	57.8	60.4	68.0	82.9	95.8	130	149	89.5	33.47	84.9	13.14	234	46.20	0.37	82.9	74.9	对数正态分布	84.9	75.2
Zr	93	205	214	233	277	324	383	419	287	79.2	278	25.70	679	161	0.28	277	287	对数正态分布	278	298
SiO_2	93	56.3	60.6	66.3	69.7	72.7	74.2	75.7	68.6	5.86	68.3	11.42	79.9	50.5	0.09	69.7	68.5	正态分布	68.6	69.8
Al_2O_3	93	12.53	13.11	14.08	15.10	17.20	18.83	19.91	15.66	2.27	15.50	4.86	21.51	11.84	0.15	15.10	15.10	正态分布	15.66	15.14
TFe_2O_3	93	3.39	3.76	4.63	5.54	6.41	7.47	8.29	5.61	1.46	5.42	2.71	10.04	2.66	0.26	5.54	5.92	正态分布	5.61	5.39
MgO	93	0.48	0.51	0.63	0.83	1.02	1.19	1.47	0.86	0.32	0.81	1.45	2.10	0.37	0.37	0.83	1.05	正态分布	0.86	0.83
CaO	93	0.09	0.10	0.12	0.18	0.24	0.33	0.43	0.21	0.17	0.18	2.97	1.47	0.06	0.80	0.18	0.12	对数正态分布	0.18	0.21
Na_2O	93	0.07	0.09	0.13	0.19	0.33	0.64	0.88	0.29	0.25	0.22	3.10	1.12	0.07	0.85	0.19	0.07	对数正态分布	0.22	0.23
K_2O	93	1.63	1.97	2.23	2.50	2.93	3.35	3.52	2.59	0.59	2.52	1.79	4.96	1.42	0.23	2.50	2.85	正态分布	2.59	2.34
TC	93	0.36	0.39	0.44	0.51	0.60	0.71	0.80	0.54	0.16	0.52	1.59	1.18	0.28	0.30	0.51	0.59	正态分布	0.54	0.48
Corg	93	0.28	0.31	0.36	0.42	0.51	0.61	0.69	0.45	0.16	0.43	1.77	1.06	0.24	0.35	0.42	0.39	正态分布	0.45	0.38
pH	93	4.66	4.69	4.96	5.10	5.28	5.57	5.84	5.03	5.21	5.17	2.58	8.16	4.53	1.04	5.10	5.12	对数正态分布	5.17	5.30

表 3-25 园地土壤地球化学基准值参数统计表

元素/指标	N	$X_{5\%}$	$X_{10\%}$	$X_{25\%}$	$X_{50\%}$	$X_{75\%}$	$X_{90\%}$	$X_{95\%}$	$\bar{X}$	S	$\bar{X}_g$	S_g	X_{max}	X_{min}	CV	X_{me}	X_{mo}	分布类型	园地基准值	衢州市基准值
Ag	42	38.15	41.10	45.50	57.0	71.5	135	203	83.0	99.1	64.8	12.01	643	33.00	1.19	57.0	59.0	对数正态分布	64.8	54.9
As	42	4.33	5.21	6.90	8.90	13.60	17.27	26.12	12.46	14.08	9.79	4.40	94.3	3.70	1.13	8.90	13.60	对数正态分布	9.79	9.99
Au	42	0.90	1.01	1.23	1.55	1.90	3.05	3.79	1.83	1.09	1.63	1.71	6.40	0.80	0.59	1.55	1.10	对数正态分布	1.63	1.52
B	42	21.20	25.20	32.25	46.50	65.8	81.3	84.9	49.90	20.77	45.47	9.98	90.0	15.00	0.42	46.50	46.00	正态分布	49.90	47.17
Ba	42	263	277	314	361	424	562	583	385	113	370	29.99	692	227	0.29	361	392	正态分布	385	370
Be	42	1.44	1.65	1.97	2.16	2.41	2.83	2.96	2.21	0.52	2.15	1.64	4.04	1.20	0.24	2.16	2.15	正态分布	2.21	2.21
Bi	42	0.19	0.20	0.27	0.32	0.38	0.49	0.55	0.34	0.13	0.32	2.07	0.90	0.18	0.38	0.32	0.33	正态分布	0.34	0.35
Br	42	1.01	1.15	1.43	1.95	2.63	3.50	3.97	2.20	1.01	2.00	1.77	5.66	1.00	0.46	1.95	1.95	正态分布	2.20	2.32
Cd	42	0.08	0.08	0.10	0.13	0.16	0.19	0.33	0.18	0.24	0.14	3.55	1.56	0.07	1.32	0.13	0.13	对数正态分布	0.14	0.13
Ce	42	54.8	62.0	69.1	77.0	90.0	116	143	84.4	26.21	81.0	12.35	162	44.39	0.31	77.0	84.1	正态分布	84.4	83.0
Cl	42	23.00	25.00	26.00	32.00	36.75	41.80	46.95	33.02	9.56	31.93	7.55	75.0	20.00	0.29	32.00	26.00	正态分布	33.02	33.74
Co	42	4.33	5.70	7.31	10.29	15.17	19.03	20.26	11.90	6.74	10.40	4.11	39.30	3.50	0.57	10.29	10.29	正态分布	11.90	10.66
Cr	42	30.74	34.46	46.72	60.5	77.0	108	116	66.2	28.18	60.5	10.74	137	21.80	0.43	60.5	70.6	正态分布	66.2	66.8
Cu	42	11.37	11.92	17.43	21.97	29.23	48.84	54.2	25.64	13.02	22.92	6.30	56.8	9.06	0.51	21.97	25.72	正态分布	25.64	23.37
F	42	284	314	386	570	695	879	1127	603	277	549	39.23	1605	257	0.46	570	695	正态分布	603	550
Ga	42	10.94	12.38	15.56	18.55	21.71	23.20	24.29	18.38	4.25	17.86	5.21	26.95	9.60	0.23	18.55	18.40	正态分布	18.38	18.66
Ge	42	1.29	1.37	1.50	1.67	1.79	1.89	1.92	1.66	0.31	1.64	1.38	3.18	1.23	0.18	1.67	1.66	正态分布	1.66	1.67
Hg	42	0.02	0.03	0.04	0.05	0.08	0.12	0.18	0.06	0.04	0.05	6.08	0.19	0.02	0.70	0.05	0.05	偏峰分布	0.06	0.06
I	42	1.25	1.82	2.50	3.13	4.24	5.40	6.34	3.51	1.62	3.15	2.17	7.90	0.99	0.46	3.13	3.37	正态分布	3.51	3.98
La	42	30.62	32.66	34.87	42.16	50.6	60.9	72.2	44.93	13.17	43.26	8.64	81.6	24.97	0.29	42.16	41.68	正态分布	44.93	42.78
Li	42	23.97	27.94	31.97	39.25	46.70	57.0	59.1	41.23	12.89	39.47	8.61	87.8	22.60	0.31	39.25	36.06	正态分布	41.23	39.50
Mn	40	257	306	346	410	504	859	961	488	221	448	33.02	1041	204	0.45	410	486	正态分布	486	479
Mo	42	0.70	0.80	0.94	1.20	1.49	4.91	10.60	2.58	4.51	1.51	2.32	23.38	0.63	1.75	1.20	1.48	对数正态分布	1.51	1.32
N	42	0.30	0.34	0.40	0.47	0.60	0.73	0.78	0.50	0.15	0.48	1.65	0.89	0.28	0.30	0.47	0.46	正态分布	0.50	0.53
Nb	42	12.91	13.85	16.90	18.90	23.19	26.74	28.54	20.15	5.56	19.47	5.42	36.94	11.76	0.28	18.90	16.90	对数正态分布	20.15	21.04
Ni	42	10.44	11.41	14.97	20.90	28.80	58.3	62.1	27.32	20.77	22.37	6.36	107	7.50	0.76	20.90	21.20	对数正态分布	22.37	22.13
P	42	0.12	0.15	0.21	0.32	0.39	0.66	0.82	0.35	0.21	0.30	2.45	1.05	0.08	0.59	0.32	0.28	正态分布	0.35	0.28
Pb	42	20.21	21.21	23.71	27.27	30.99	37.74	43.83	31.30	20.64	28.70	7.00	154	17.35	0.66	27.27	26.89	对数正态分布	28.70	29.62

续表 3-25

元素/指标	N	$X_{5\%}$	$X_{10\%}$	$X_{25\%}$	$X_{50\%}$	$X_{75\%}$	$X_{90\%}$	$X_{95\%}$	$\bar{X}$	S	$\bar{X}_g$	S_g	X_{max}	X_{min}	CV	X_{me}	X_{mo}	分布类型	园地基准值	衢州市基准值
Rb	42	63.4	72.0	98.4	115	132	153	168	114	32.14	109	15.15	194	40.60	0.28	115	115	正态分布	114	122
S	42	79.0	81.1	105	135	165	207	238	139	49.67	131	16.83	254	58.0	0.36	135	108	正态分布	139	146
Sb	42	0.49	0.52	0.61	0.79	1.21	1.83	3.74	1.15	1.03	0.91	1.82	5.04	0.46	0.90	0.79	0.52	对数正态分布	0.91	0.86
Sc	42	6.35	6.73	8.92	11.24	13.05	15.99	16.95	11.49	3.81	10.91	3.99	24.80	6.04	0.33	11.24	11.24	正态分布	11.49	11.66
Se	42	0.13	0.16	0.21	0.28	0.33	0.43	0.62	0.31	0.23	0.27	2.52	1.59	0.08	0.75	0.28	0.33	对数正态分布	0.27	0.29
Sn	42	2.30	2.40	2.70	3.30	4.15	5.99	8.33	3.89	2.04	3.53	2.31	12.10	1.60	0.52	3.30	3.60	对数正态分布	3.53	3.44
Sr	42	28.09	29.09	35.54	44.49	66.8	97.2	118	59.2	44.76	50.6	10.10	279	26.10	0.76	44.49	39.49	对数正态分布	50.6	44.53
Th	42	9.29	10.05	12.57	15.38	17.86	23.93	27.57	16.39	6.48	15.38	4.86	39.05	7.50	0.40	15.38	12.81	正态分布	16.39	16.66
Ti	39	2899	3080	3600	4196	4951	5123	5400	4256	859	4169	118	6445	2486	0.20	4196	4305	剔除后正态分布	4256	4536
Tl	42	0.43	0.51	0.64	0.74	0.91	1.21	1.38	0.81	0.29	0.76	1.46	1.70	0.37	0.36	0.74	0.82	正态分布	0.81	0.82
U	42	2.19	2.52	3.05	3.59	4.06	5.62	6.86	4.01	2.10	3.68	2.29	13.95	1.77	0.52	3.59	3.44	对数正态分布	3.68	3.70
V	42	39.93	46.34	69.1	84.8	110	182	205	102	68.1	87.5	13.36	424	28.78	0.67	84.8	101	对数正态分布	87.5	87.5
W	42	1.18	1.27	1.66	1.96	2.26	2.66	2.89	2.04	0.74	1.94	1.62	5.53	1.01	0.36	1.96	1.99	正态分布	2.04	2.01
Y	42	16.88	20.33	22.48	26.65	34.20	44.09	47.26	30.93	17.05	28.36	6.92	122	13.16	0.55	26.65	25.80	对数正态分布	28.36	27.91
Zn	42	40.02	45.05	60.3	69.6	80.8	118	139	83.7	57.9	73.9	12.12	350	34.40	0.69	69.6	69.6	对数正态分布	73.9	75.2
Zr	42	198	218	250	273	324	344	393	285	58.9	279	25.02	429	167	0.21	273	270	正态分布	285	298
SiO$_2$	42	60.8	63.5	66.3	68.8	75.3	78.7	79.4	70.0	6.26	69.7	11.56	80.9	54.2	0.09	68.8	70.3	正态分布	70.0	69.8
Al$_2$O$_3$	42	10.66	11.29	13.52	14.97	16.49	18.39	19.87	14.94	2.82	14.69	4.61	22.95	9.65	0.19	14.97	14.87	正态分布	14.94	15.14
TFe$_2$O$_3$	42	2.75	3.15	4.19	5.37	6.36	7.13	7.80	5.34	1.87	5.04	2.62	11.69	2.36	0.35	5.37	4.30	正态分布	5.34	5.39
MgO	42	0.42	0.47	0.55	0.83	1.10	1.35	1.49	0.89	0.39	0.82	1.55	2.23	0.40	0.43	0.83	0.55	正态分布	0.89	0.83
CaO	42	0.10	0.11	0.18	0.25	0.35	0.87	1.57	0.45	0.63	0.29	2.86	3.41	0.09	1.39	0.25	0.22	对数正态分布	0.29	0.21
Na$_2$O	42	0.08	0.09	0.14	0.29	0.47	0.66	0.93	0.36	0.32	0.27	2.99	1.72	0.05	0.87	0.29	0.43	正态分布	0.36	0.23
K$_2$O	42	1.43	1.54	2.11	2.29	2.73	2.97	3.05	2.33	0.57	2.25	1.76	3.45	0.68	0.24	2.29	2.27	正态分布	2.33	2.34
TC	42	0.25	0.27	0.34	0.44	0.52	0.63	0.76	0.46	0.17	0.43	1.80	0.97	0.24	0.37	0.44	0.44	正态分布	0.46	0.48
Corg	42	0.21	0.22	0.28	0.34	0.42	0.46	0.53	0.35	0.10	0.34	1.98	0.64	0.19	0.29	0.34	0.42	正态分布	0.35	0.38
pH	42	4.65	4.83	4.97	5.27	5.62	6.08	7.47	5.12	5.15	5.44	2.67	7.80	4.50	1.00	5.27	5.38	正态分布	5.12	5.30

第四章 土壤元素背景值

第一节 各行政区土壤元素背景值

一、衢州市土壤元素背景值

衢州市土壤元素背景值数据经正态分布检验,结果表明,原始数据中 Ga 符合正态分布,Ag、Ba、Be、La、Li、Rb、S、Sb、Sc、Sn、Th、Y、Al_2O_3、TFe_2O_3、MgO、TC 符合对数正态分布,Ce、Ti、U、W 剔除异常值后符合正态分布,Au、Cl、Sr、CaO 剔除异常值后符合对数正态分布,其他元素/指标不符合正态分布或对数正态分布(表 4-1)。

衢州市表层土壤总体呈酸性,土壤 pH 背景值为 5.12,极大值为 7.05,极小值为 3.48,基本接近于浙江省背景值,略低于中国背景值。

表层土壤各元素/指标中,一多半元素/指标变异系数小于 0.40,分布相对均匀;N、Mo、V、P、MgO、CaO、Cu、Cr、Hg、I、Cd、Sn、Mn、Au、Co、B、Ni、Na_2O、As、Ag、pH、Sb 共 22 项元素/指标变异系数大于 0.40,其中 Ag、pH、Sb 变异系数大于 0.80,空间变异性较大。

与浙江省土壤元素背景值相比,衢州市土壤元素背景值中 Cr、Mn、Ni、Sr 背景值明显偏低,不足浙江省背景值的 60%;Cl、Co、I、Corg 背景值略低于浙江省背景值,为浙江省背景值的 60%~80%;Li、Mo、Se、U、Zr、CaO 背景值略高于浙江省背景值,与浙江省背景值比值在 1.2~1.4 之间;B、Sb、Sn、MgO 背景值明显高于浙江省背景值,是浙江省背景值的 1.4 倍以上;其他元素/指标背景值则与浙江省背景值基本接近。

与中国土壤元素背景值相比,衢州市土壤元素背景值中 CaO、Na_2O、Sr、Mn、Ni、MgO 背景值明显偏低,不足中国背景值的 60%,Na_2O 背景值仅为中国背景值的 12.00%;而 B、Cr、Cl、Ba 背景值略低于中国背景值,为中国背景值的 60%~80%;As、Ti、Au、Ce、Th、La、Pb、Zr 背景值略高于中国背景值,与中国背景值比值在 1.2~1.4 之间;U、V、Nb、Zn、Corg、Se、N、Sn、Hg 背景值明显高于中国背景值,是中国背景值的 1.4 倍以上,Hg 明显相对富集,背景值为中国背景值的 4.23 倍;其他元素/指标背景值则与中国背景值基本接近。

二、柯城区土壤元素背景值

柯城区土壤元素背景值数据经正态分布检验,结果表明,原始数据中 Ba、Br、Ce、F、Ga、La、N、S、Sc、Sn、Ti、U、W、Y、Zr、SiO_2、Al_2O_3、TFe_2O_3、MgO、Na_2O、TC 符合正态分布,Ag、Au、B、Be、Bi、Cd、Cl、Co、Ge、I、Li、Nb、Ni、P、Sb、Sr、Th、Tl、Zn、CaO、K_2O 符合对数正态分布,Rb、Se、Corg、pH 剔除异常值后符合正态分布,As、Cu、Hg、Mo、Pb 剔除异常值后符合对数正态分布,其他元素/指标不符合正态分布或对数正态分布(表 4-2)。

柯城区表层土壤总体呈酸性,土壤 pH 背景值为 5.02,极大值为 6.70,极小值为 3.96,与衢州市背景值和浙江省背景值基本接近。

第四章 土壤元素背景值

表 4-1 衢州市土壤元素背景值参数统计表

元素/指标	N	$X_{5\%}$	$X_{10\%}$	$X_{25\%}$	$X_{50\%}$	$X_{75\%}$	$X_{90\%}$	$X_{95\%}$	$\bar{X}$	S	$\bar{X}_g$	S_g	X_{max}	X_{min}	CV	X_{me}	X_{mo}	分布类型	衢州市背景值	浙江省背景值	中国背景值
Ag	962	49.00	54.0	63.0	79.0	111	162	211	101	98.0	87.1	13.75	2358	36.00	0.97	79.0	60.0	对数正态分布	87.1	100.0	77.0
As	24 625	2.23	2.77	4.03	6.40	10.50	15.10	17.88	7.78	4.86	6.39	3.65	23.44	0.42	0.62	6.40	11.10	其他分布	11.10	10.10	9.00
Au	898	0.78	0.91	1.17	1.56	2.47	3.65	4.31	1.94	1.08	1.69	1.76	5.24	0.51	0.56	1.56	1.41	剔除后对数分布	1.69	1.50	1.30
B	26 325	9.30	12.70	22.56	42.01	62.5	77.8	86.0	43.84	24.69	35.55	9.22	123	1.01	0.56	42.01	33.60	其他分布	33.60	20.00	43.0
Ba	962	246	272	327	394	483	600	685	422	149	400	32.33	1936	117	0.35	394	397	对数正态分布	400	475	512
Be	962	1.35	1.53	1.85	2.25	2.67	3.13	3.58	2.33	0.77	2.22	1.77	7.50	0.78	0.33	2.25	1.96	对数正态分布	2.22	2.00	2.00
Bi	912	0.23	0.24	0.28	0.34	0.43	0.50	0.54	0.36	0.10	0.35	1.95	0.70	0.14	0.29	0.34	0.26	其他分布	0.26	0.28	0.30
Br	873	1.53	1.75	1.96	2.22	2.63	3.27	3.66	2.36	0.62	2.28	1.74	4.36	0.91	0.26	2.22	2.28	其他分布	2.28	2.20	2.20
Cd	24 220	0.07	0.09	0.14	0.20	0.28	0.38	0.46	0.22	0.11	0.19	2.91	0.58	0.004	0.52	0.20	0.16	其他分布	0.16	0.14	0.137
Ce	925	57.2	62.6	71.5	81.8	93.7	106	113	83.2	16.88	81.5	13.01	133	39.59	0.20	81.8	81.6	剔除后正态分布	83.2	102	64.0
Cl	887	34.83	38.10	43.80	50.80	59.6	68.5	75.1	52.3	12.15	51.0	9.91	89.9	22.84	0.23	50.8	47.80	剔除后对数分布	51.0	71.0	78.0
Co	25 115	3.23	3.95	5.81	9.00	13.90	19.00	21.80	10.34	5.78	8.80	4.01	28.50	0.59	0.56	9.00	10.10	其他分布	10.10	14.80	11.00
Cr	25 613	15.40	20.25	33.30	53.4	74.4	89.5	101	54.9	26.97	47.18	10.28	140	0.56	0.49	53.4	32.00	其他分布	32.00	82.0	53.0
Cu	25 121	9.00	11.39	16.30	23.50	32.90	42.34	49.00	25.47	12.06	22.56	6.71	62.4	1.00	0.47	23.50	16.00	偏峰分布	16.00	16.00	20.00
F	921	292	327	387	492	625	784	861	521	174	494	36.41	1030	165	0.33	492	421	正态分布	421	453	488
Ga	962	11.55	12.55	14.38	16.60	19.07	21.00	22.20	16.75	3.37	16.40	5.20	28.40	6.94	0.20	16.60	15.40	偏峰分布	16.75	16.00	15.00
Ge	16 180	1.18	1.24	1.36	1.49	1.65	1.80	1.90	1.51	0.21	1.49	1.31	2.12	0.91	0.14	1.49	1.43	其他分布	1.43	1.44	1.30
Hg	24 777	0.03	0.04	0.06	0.08	0.11	0.15	0.17	0.09	0.04	0.08	4.28	0.21	0.003	0.49	0.08	0.11	其他分布	0.11	0.110	0.026
I	894	0.79	0.90	1.07	1.38	2.08	2.92	3.38	1.66	0.80	1.49	1.67	4.21	0.50	0.49	1.38	1.08	其他分布	1.08	1.70	1.10
La	962	31.00	33.20	38.12	43.84	50.6	59.3	65.6	45.66	11.93	44.34	9.22	141	19.00	0.26	43.84	36.80	对数正态分布	44.34	41.00	33.00
Li	962	22.75	24.87	29.11	34.51	41.16	48.99	54.9	36.15	10.26	34.84	7.79	97.7	14.00	0.28	34.51	36.57	对数正态分布	34.84	25.00	30.00
Mn	24 774	132	157	215	316	482	686	807	371	206	319	28.86	1006	1.31	0.55	316	227	其他分布	227	440	569
Mo	24 058	0.48	0.57	0.76	1.02	1.38	1.82	2.13	1.12	0.49	1.01	1.57	2.72	0.14	0.44	1.02	0.82	其他分布	0.82	0.66	0.70
N	26 083	0.49	0.64	0.94	1.30	1.68	2.07	2.29	1.33	0.54	1.20	1.66	2.84	0.02	0.41	1.30	1.27	其他分布	1.27	1.28	0.707
Nb	918	15.20	16.40	18.10	20.50	24.00	28.23	30.50	21.39	4.55	20.92	5.93	34.40	10.50	0.21	20.50	19.70	其他分布	19.70	16.83	13.00
Ni	25 391	6.36	7.80	11.00	18.00	28.76	39.69	45.10	21.03	12.34	17.56	5.99	59.8	0.90	0.59	18.00	11.00	其他分布	11.00	35.00	24.00
P	24 972	0.22	0.29	0.41	0.57	0.79	1.05	1.19	0.62	0.29	0.55	1.80	1.48	0.04	0.46	0.57	0.48	其他分布	0.48	0.60	0.57
Pb	24 875	20.69	23.39	27.90	32.73	38.38	44.60	48.90	33.41	8.30	32.35	7.76	57.5	10.59	0.25	32.73	30.00	其他分布	30.00	32.00	22.00

续表 4-1

元素/指标	N	$X_{5\%}$	$X_{10\%}$	$X_{25\%}$	$X_{50\%}$	$X_{75\%}$	$X_{90\%}$	$X_{95\%}$	$\bar{X}$	S	$\bar{X}_g$	S_g	X_{max}	X_{min}	CV	X_{me}	X_{mo}	分布类型	衢州市背景值	浙江省背景值	中国背景值
Rb	962	66.1	74.1	91.6	116	145	180	197	122	42.93	115	16.01	403	38.96	0.35	116	122	对数正态分布	115	120	96.0
S	962	163	189	235	288	352	421	465	300	96.4	285	27.07	746	88.3	0.32	288	313	对数正态分布	285	248	245
Sb	962	0.44	0.48	0.57	0.78	1.14	1.88	2.69	1.09	1.46	0.87	1.78	37.82	0.32	1.35	0.78	0.53	对数正态分布	0.87	0.53	0.73
Sc	962	5.50	6.10	7.20	9.00	11.53	14.30	15.40	9.66	3.34	9.15	3.83	26.10	3.90	0.35	9.00	7.30	对数正态分布	9.15	8.70	10.00
Se	24 724	0.17	0.20	0.25	0.31	0.40	0.51	0.58	0.33	0.12	0.31	2.09	0.70	0.02	0.37	0.31	0.28	其他分布	0.28	0.21	0.17
Sn	962	3.10	3.50	4.20	5.60	8.10	11.20	13.70	6.70	3.64	5.96	3.07	28.80	1.70	0.54	5.60	3.60	对数正态分布	5.96	3.60	3.00
Sr	888	33.33	36.92	42.94	50.4	59.2	70.8	79.4	52.1	13.21	50.5	9.73	90.2	24.95	0.25	50.4	48.76	剔除后对数分布	50.5	105	197
Th	962	9.14	10.20	11.97	14.70	17.75	21.97	25.08	15.56	5.48	14.77	4.98	57.2	4.40	0.35	14.70	15.10	对数正态分布	14.77	13.30	11.00
Ti	936	2846	3094	3731	4419	5083	5682	6044	4413	991	4298	128	7142	1854	0.22	4419	4592	对数正态分布	4413	4665	3498
Tl	3458	0.42	0.47	0.56	0.69	0.88	1.11	1.23	0.74	0.24	0.71	1.45	1.47	0.25	0.33	0.69	0.69	其他分布	0.69	0.70	0.60
U	914	2.20	2.53	3.01	3.49	4.06	4.60	5.00	3.53	0.82	3.43	2.14	5.83	1.35	0.23	3.49	4.06	剔除后对数分布	3.53	2.90	2.50
V	24 702	28.72	35.56	51.6	74.9	101	126	144	78.6	35.18	70.4	12.39	186	5.85	0.45	74.9	101	其他分布	101	106	70.0
W	903	1.20	1.35	1.62	1.88	2.16	2.48	2.64	1.90	0.43	1.85	1.53	3.15	0.78	0.23	1.88	1.74	其他分布	1.90	1.80	1.60
Y	962	18.80	21.02	24.36	28.20	33.13	38.95	43.58	29.51	8.24	28.51	7.16	91.7	12.55	0.28	28.20	29.10	对数正态分布	28.51	25.00	24.00
Zn	25 313	45.00	52.2	64.5	81.8	105	127	143	86.2	29.48	81.2	13.21	174	2.58	0.34	81.8	101	其他分布	101	101	66.0
Zr	941	208	225	254	307	371	437	479	319	81.1	309	27.80	558	162	0.25	307	318	偏峰分布	318	243	230
SiO$_2$	949	63.5	65.4	69.7	74.6	78.1	81.0	82.1	73.7	5.85	73.5	11.87	86.2	56.9	0.08	74.6	73.4	偏峰分布	73.4	71.3	66.7
Al$_2$O$_3$	962	9.45	9.99	10.95	12.27	13.88	15.34	16.29	12.53	2.18	12.35	4.38	19.99	7.55	0.17	12.27	12.07	对数正态分布	12.35	13.20	11.90
TFe$_2$O$_3$	962	2.24	2.53	3.11	4.03	5.19	6.15	6.68	4.28	1.60	4.01	2.46	13.63	1.48	0.37	4.03	2.80	对数正态分布	4.01	3.74	4.20
MgO	962	0.36	0.40	0.51	0.71	0.99	1.25	1.45	0.79	0.36	0.71	1.61	2.93	0.23	0.46	0.71	0.47	对数正态分布	0.71	0.50	1.43
CaO	870	0.15	0.18	0.22	0.30	0.40	0.56	0.67	0.34	0.15	0.30	2.25	0.85	0.08	0.46	0.30	0.24	剔除后对数分布	0.30	0.24	2.74
Na$_2$O	940	0.12	0.14	0.22	0.39	0.60	0.84	0.94	0.44	0.26	0.36	2.43	1.18	0.07	0.59	0.39	0.21	偏峰分布	0.21	0.19	1.75
K$_2$O	26 315	0.93	1.13	1.62	2.25	2.93	3.59	3.98	2.31	0.93	2.11	1.87	4.93	0.10	0.40	2.25	2.82	其他分布	2.82	2.35	2.36
TC	962	0.79	0.91	1.13	1.37	1.60	1.82	2.03	1.38	0.40	1.33	1.41	4.12	0.54	0.29	1.37	1.39	对数正态分布	1.33	1.43	1.30
Corg	18 573	0.47	0.64	0.94	1.26	1.62	1.99	2.20	1.29	0.51	1.17	1.67	2.70	0.01	0.40	1.26	0.95	偏峰分布	0.95	1.31	0.60
pH	25 002	4.34	4.49	4.78	5.13	5.58	6.09	6.42	4.87	4.72	5.21	2.62	7.05	3.48	0.97	5.13	5.12	其他分布	5.12	5.10	8.00

注：氧化物、TC、Corg 单位为 %，N、P 单位为 g/kg，Au、Ag 单位为 μg/kg，pH 为无量纲，其他元素/指标单位为 mg/kg；浙江省背景值引自《浙江省土壤地球化学基准值特征》（王学求等，2016）；中国背景值引自《全国地球化学基准网建立土壤地球化学基准值》（王学求等，2023；黄春雷等）。后表单位和资料来源相同。

第四章 土壤元素背景值

表4-2 柯城区土壤元素背景值参数统计表

元素/指标	N	$X_{5\%}$	$X_{10\%}$	$X_{25\%}$	$X_{50\%}$	$X_{75\%}$	$X_{90\%}$	$X_{95\%}$	$\overline{X}$	S	$\overline{X}_g$	S_g	X_{max}	X_{min}	CV	X_{me}	X_{mo}	分布类型	柯城区背景值	衢州市背景值	浙江省背景值
Ag	107	51.2	57.2	70.0	85.0	118	163	187	100.0	50.8	90.8	14.40	359	36.00	0.51	85.0	71.0	对数正态分布	90.8	87.1	100.0
As	1183	3.05	3.58	4.78	6.51	8.93	11.58	13.11	7.13	3.09	6.48	3.33	16.30	1.36	0.43	6.51	10.90	剔除后对数分布	6.48	11.10	10.10
Au	107	1.06	1.22	1.54	2.33	3.27	5.32	7.36	2.89	2.36	2.35	2.11	17.11	0.64	0.82	2.33	2.44	对数正态分布	2.35	1.69	1.50
B	1250	17.25	22.49	30.40	41.95	56.4	69.1	77.0	44.06	18.29	40.02	8.96	125	6.26	0.42	41.95	40.00	对数正态分布	40.02	33.60	20.00
Ba	107	238	259	305	360	446	537	630	388	121	372	31.13	800	203	0.31	360	311	正态分布	388	400	475
Be	107	1.12	1.29	1.59	1.88	2.37	3.01	3.13	1.99	0.64	1.90	1.65	3.60	0.80	0.32	1.88	1.91	对数正态分布	1.90	2.22	2.00
Bi	107	0.22	0.24	0.27	0.32	0.38	0.46	0.68	0.36	0.16	0.33	1.99	1.29	0.20	0.44	0.32	0.26	对数正态分布	0.33	0.26	0.28
Br	107	1.49	1.72	1.93	2.12	2.41	2.96	3.18	2.22	0.52	2.16	1.66	4.54	1.29	0.24	2.12	2.11	正态分布	2.22	2.28	2.20
Cd	1250	0.07	0.08	0.11	0.17	0.24	0.34	0.43	0.20	0.17	0.17	3.15	3.30	0.04	0.87	0.17	0.08	对数正态分布	0.17	0.16	0.14
Ce	107	51.8	56.6	63.1	72.3	87.0	97.9	109	75.7	18.18	73.7	12.11	140	42.07	0.24	72.3	70.8	正态分布	75.7	83.2	102
Cl	107	36.84	41.04	46.75	56.1	65.6	81.0	108	66.6	62.3	58.7	11.05	624	31.60	0.94	56.1	43.90	对数正态分布	58.7	51.0	71.0
Co	1250	3.10	3.67	4.79	7.12	11.20	16.21	21.25	9.17	7.47	7.48	3.68	109	1.02	0.81	7.12	11.70	对数正态分布	7.48	10.10	14.80
Cr	1225	20.86	24.70	33.80	51.5	66.1	78.9	87.7	51.7	21.23	47.07	9.77	115	8.32	0.41	51.5	23.50	其他分布	23.50	32.00	82.0
Cu	1178	10.79	12.90	17.50	24.85	32.58	39.20	44.50	25.78	10.41	23.63	6.72	57.0	3.63	0.40	24.85	21.40	剔除后对数分布	23.63	16.00	16.00
F	107	278	298	345	409	499	556	625	430	119	415	31.79	850	230	0.28	409	357	正态分布	430	421	453
Ga	107	10.78	11.84	12.80	14.50	16.17	17.58	18.07	14.56	2.37	14.36	4.69	20.39	7.80	0.16	14.50	13.84	正态分布	14.56	16.75	16.00
Ge	1250	1.19	1.24	1.33	1.44	1.58	1.73	1.84	1.47	0.22	1.46	1.30	3.25	0.87	0.15	1.44	1.43	对数正态分布	1.46	1.43	1.44
Hg	1180	0.03	0.03	0.05	0.08	0.11	0.14	0.17	0.08	0.04	0.07	4.45	0.20	0.01	0.50	0.08	0.08	其他分布	0.07	0.11	0.110
I	107	0.88	0.96	1.11	1.34	1.77	2.32	2.84	1.55	0.71	1.43	1.52	5.06	0.72	0.46	1.34	1.08	正态分布	1.43	1.08	1.70
La	107	27.87	29.94	34.25	38.92	44.30	51.5	58.3	40.46	10.27	39.35	8.45	86.6	23.30	0.25	38.92	39.12	对数正态分布	40.46	44.34	41.00
Li	107	22.70	24.14	26.81	31.80	37.67	45.12	54.6	33.96	11.47	32.52	7.39	97.7	16.77	0.34	31.80	33.50	对数正态分布	32.52	34.84	25.00
Mn	1166	98.1	115	157	229	357	490	582	272	149	235	24.59	737	34.10	0.55	229	150	其他分布	150	227	440
Mo	1173	0.54	0.64	0.80	1.05	1.38	1.75	1.96	1.13	0.44	1.05	1.48	2.48	0.31	0.39	1.05	1.30	对数正态分布	1.05	0.82	0.66
N	1250	0.35	0.55	0.84	1.11	1.38	1.68	1.84	1.12	0.43	1.02	1.62	2.82	0.10	0.38	1.11	0.96	正态分布	1.12	1.27	1.28
Nb	107	14.25	14.86	16.70	18.97	24.65	30.52	31.10	20.87	5.71	20.16	5.89	33.97	12.00	0.27	18.97	18.10	对数正态分布	20.16	19.70	16.83
Ni	1250	6.57	7.95	10.60	15.80	23.48	32.71	39.31	18.99	14.22	15.95	5.46	201	2.42	0.75	15.80	16.00	对数正态分布	15.95	11.00	35.00
P	1250	0.22	0.32	0.49	0.73	1.04	1.37	1.70	0.81	0.46	0.69	1.85	3.43	0.08	0.57	0.73	1.04	对数正态分布	0.69	0.48	0.60
Pb	1169	20.20	21.90	25.20	29.50	34.20	40.80	44.00	30.25	7.27	29.39	7.32	51.8	10.80	0.24	29.50	28.20	剔除后对数分布	29.39	30.00	32.00

续表 4-2

元素/指标	N	$X_{5\%}$	$X_{10\%}$	$X_{25\%}$	$X_{50\%}$	$X_{75\%}$	$X_{90\%}$	$X_{95\%}$	$\bar{X}$	S	$\bar{X}_g$	S_g	X_{max}	X_{min}	CV	X_{me}	X_{mo}	分布类型	柯城区背景值	衢州市背景值	浙江省背景值
Rb	97	62.4	65.4	73.8	89.7	102	135	156	93.6	27.20	90.1	13.63	167	45.73	0.29	89.7	91.8	剔除后正态分布	93.6	115	120
S	107	150	180	216	288	338	450	518	300	109	282	26.90	683	124	0.36	288	269	正态分布	300	285	248
Sb	107	0.51	0.54	0.68	0.80	0.95	1.32	1.43	0.87	0.29	0.82	1.39	2.13	0.45	0.34	0.80	0.87	对数正态分布	0.82	0.87	0.53
Sc	107	5.34	5.72	6.80	7.85	9.04	10.20	11.55	8.18	2.36	7.90	3.30	20.40	4.40	0.29	7.85	8.20	正态分布	8.18	9.15	8.70
Se	1179	0.17	0.20	0.26	0.31	0.37	0.44	0.48	0.31	0.09	0.30	2.06	0.57	0.07	0.29	0.31	0.29	剔除后正态分布	0.31	0.28	0.21
Sn	107	3.50	4.00	5.10	7.90	10.00	12.88	15.79	8.22	3.99	7.36	3.49	24.60	2.30	0.49	7.90	9.50	正态分布	8.22	5.96	3.60
Sr	107	39.82	41.64	44.88	49.27	57.2	70.4	79.4	54.8	22.85	52.4	9.99	236	34.68	0.42	49.27	43.66	对数正态分布	52.4	50.5	105
Th	107	7.78	8.76	10.09	11.36	16.41	20.97	22.00	13.12	4.51	12.44	4.53	23.65	6.54	0.34	11.36	12.80	对数正态分布	12.44	14.77	13.30
Ti	107	2886	3000	3463	4041	4536	4951	5480	4061	869	3970	118	7076	1854	0.21	4041	4064	正态分布	4061	4413	4665
Tl	107	0.40	0.44	0.49	0.58	0.73	1.04	1.18	0.65	0.24	0.62	1.52	1.29	0.28	0.36	0.58	0.49	对数正态分布	0.62	0.69	0.70
U	107	1.98	2.21	2.57	3.08	3.86	4.29	4.74	3.20	0.83	3.10	2.05	5.60	1.73	0.26	3.08	3.34	正态分布	3.20	3.53	2.90
V	1213	30.42	35.10	47.30	69.4	91.8	111	126	71.8	29.83	65.3	11.69	164	7.46	0.42	69.4	101	其他分布	101	101	106
W	107	1.19	1.25	1.53	1.78	2.03	2.29	2.49	1.78	0.41	1.74	1.48	3.15	0.95	0.23	1.78	1.84	正态分布	1.78	1.90	1.80
Y	107	16.38	18.07	21.64	25.60	30.50	33.85	38.04	26.17	6.95	25.30	6.55	49.57	12.65	0.27	25.60	26.40	正态分布	26.17	28.51	25.00
Zn	1250	37.19	42.89	55.2	70.3	87.9	106	121	73.9	29.37	69.2	12.01	312	27.10	0.40	70.3	61.1	对数正态分布	69.2	101	101
Zr	107	233	243	265	318	379	466	493	330	81.6	321	28.83	516	205	0.25	318	352	正态分布	330	318	243
SiO$_2$	107	70.7	73.4	75.0	77.6	80.0	81.9	83.2	77.5	3.98	77.4	12.23	86.1	62.3	0.05	77.6	77.6	正态分布	77.5	73.4	71.3
Al$_2$O$_3$	107	8.39	9.24	10.22	10.81	11.80	13.06	13.63	11.04	1.63	10.92	3.97	17.25	7.55	0.15	10.81	10.99	正态分布	11.04	12.35	13.20
TFe$_2$O$_3$	107	2.18	2.45	2.84	3.42	4.02	4.72	5.05	3.56	1.02	3.43	2.11	8.59	1.97	0.29	3.42	3.26	正态分布	3.56	4.01	3.74
MgO	107	0.30	0.36	0.43	0.57	0.75	0.85	0.97	0.62	0.31	0.57	1.69	2.93	0.23	0.51	0.57	0.65	正态分布	0.62	0.71	0.50
CaO	107	0.16	0.18	0.23	0.31	0.39	0.50	0.57	0.36	0.41	0.31	2.21	4.35	0.14	1.13	0.31	0.38	对数正态分布	0.31	0.30	0.24
Na$_2$O	107	0.18	0.22	0.29	0.44	0.64	0.81	0.95	0.49	0.25	0.43	1.95	1.23	0.13	0.50	0.44	0.30	正态分布	0.49	0.21	0.19
K$_2$O	1250	0.93	1.10	1.39	1.92	2.59	3.27	3.75	2.07	0.86	1.90	1.78	4.88	0.26	0.42	1.92	1.88	对数正态分布	1.90	2.82	2.35
TC	107	0.81	0.89	1.01	1.25	1.46	1.68	1.94	1.28	0.36	1.24	1.35	2.55	0.68	0.28	1.25	1.28	正态分布	1.28	1.33	1.43
Corg	1226	0.36	0.54	0.82	1.04	1.31	1.59	1.74	1.06	0.40	0.96	1.63	2.09	0.10	0.38	1.04	0.90	剔除后正态分布	1.06	0.95	1.31
pH	1173	4.49	4.66	4.97	5.27	5.62	5.92	6.27	5.02	4.89	5.30	2.63	6.70	3.96	0.97	5.27	5.17	剔除后正态分布	5.02	5.12	5.10

在土壤各元素/指标中,多数元素/指标变异系数小于0.40,分布相对均匀;Cr、B、Sr、V、K$_2$O、As、Bi、I、Sn、Hg、Na$_2$O、Ag、MgO、Mn、P、Ni、Co、Au、Cd、Cl、pH、CaO共22项元素/指标变异系数大于0.40,其中Co、Au、Cd、Cl、pH、CaO变异系数大于0.80,空间变异性较大。

与衢州市土壤元素背景值相比,柯城区土壤元素背景值中As背景值明显低于衢州市背景值,是衢州市背景值的58.38%;Hg、Mn、K$_2$O、Zn、Cr、Co背景值略低于衢州市背景值,为衢州市背景值的60%~80%;Bi、Mo、I、Sn、Au背景值略高于衢州市背景值,是衢州市背景值的1.2~1.4倍;P、Ni、Cu、Na$_2$O背景值明显偏高,是衢州市背景值的1.4倍以上,Na$_2$O背景值最高,是衢州市背景值的2.33倍;其他元素/指标背景值则与衢州市背景值基本接近。

与浙江省土壤元素背景值相比,柯城区土壤元素背景值中Co、Cr、Mn、Ni、Sr背景值明显低于浙江省背景值,在浙江省背景值的60%以下;As、Ce、Hg、Rb、Zn背景值略低于浙江省背景值,为浙江省背景值的60%~80;Cd、Li、S、Zr、MgO、CaO背景值略高于浙江省背景值,与浙江省背景值比值在1.2~1.4之间;Au、B、Cu、Mo、Sb、Se、Sn、Na$_2$O背景值明显高于浙江省背景值,为浙江省背景值的1.4倍以上;其他元素/指标背景值则与浙江省背景值基本接近。

三、衢江区土壤元素背景值

衢江区土壤元素背景值数据经正态分布检验,结果表明,原始数据中Cl、Ga、Ge、S、Sc、Ti、SiO$_2$、Al$_2$O$_3$、TFe$_2$O$_3$、Na$_2$O、TC、Corg符合正态分布,Ag、Au、Ba、Be、Bi、La、Li、Nb、Sb、Sn、Sr、Th、Tl、U、W、Y、Zr、MgO符合对数正态分布,Rb、CaO剔除异常值后符合正态分布,Br、Cu、I、Mo、Pb剔除异常值后符合对数正态分布,其他元素/指标不符合正态分布或对数正态分布(表4-3)。

衢江区表层土壤总体呈强酸性,土壤pH背景值为4.79,极大值为7.25,极小值为3.72,与衢州市背景值和浙江省背景值基本接近。

在土壤各元素/指标中,多数元素/指标变异系数小于0.40,分布相对均匀;Ba、N、Cr、Cu、MgO、U、Co、Ni、P、Hg、Mn、Na$_2$O、B、As、I、Ag、Sn、Cd、Au、pH、Sb共21项元素/指标变异系数大于0.40,其中Au、pH、Sb变异系数大于0.80,空间变异性较大。

与衢州市土壤元素背景值相比,衢江区土壤元素背景值中B背景值明显低于衢州市背景值;K$_2$O背景值略低于衢州市背景值,为衢州市背景值的67%;Au、Mo、Bi、P、I背景值略高于衢州市背景值,与衢州市背景值比值在1.2~1.4之间;Cu、Na$_2$O背景值明显高于衢州市背景值,是衢州市背景值的1.4倍以上,其中Na$_2$O明显相对富集,背景值是浙江省背景值的2.24倍;其他元素/指标背景值则与衢州市背景值基本接近。

与浙江省土壤元素背景值相比,衢江区土壤元素背景值中Cr、Mn、Ni、Sr背景值明显偏低,不足浙江省背景值的60%;Ba、Be、Ce、Cl、Co背景值略低于浙江省背景值,为浙江省背景值的60%~80%;Au、Bi、Nb、Se、U背景值略高于浙江省背景值,与浙江省背景值比值在1.2~1.4之间;Cu、Li、Mo、Sb、Sn、Zr、Na$_2$O背景值明显高于浙江省背景值,是浙江省背景值的1.4倍以上;其他元素/指标背景值则与浙江省背景值基本接近。

四、江山市土壤元素背景值

江山市土壤元素背景值数据经正态分布检验,结果表明,原始数据Be、Bi、Ce、Ga、Li、Rb、Th、Tl、Zr、SiO$_2$、Al$_2$O$_3$符合正态分布,Au、Ba、Br、Cl、F、I、La、Nb、Sb、Sc、Sn、Sr、W、Y、TFe$_2$O$_3$、Na$_2$O、TC符合对数正态分布,S、Ti、U剔除异常值后符合正态分布,Ag、Ge、N、CaO、Corg剔除异常值后符合对数正态分布,其他元素/指标不符合正态分布或对数正态分布(表4-4)。

江山市表层土壤总体呈酸性,土壤pH背景值为5.32,极大值为6.90,极小值为3.58,与衢州市背景值和浙江省背景值基本接近。

表 4-3 衢江区土壤元素背景值参数统计表

元素/指标	N	$X_{5\%}$	$X_{10\%}$	$X_{25\%}$	$X_{50\%}$	$X_{75\%}$	$X_{90\%}$	$X_{95\%}$	$\overline{X}$	S	$\overline{X}_g$	S_g	X_{max}	X_{min}	CV	X_{me}	X_{mo}	分布类型	分布	衢江区背景值	衢州市背景值	浙江省背景值
Ag	177	46.00	50.00	63.0	80.0	116	169	228	100.0	61.1	87.9	13.30	438	37.00	0.61	80.0	80.0	对数正态分布	87.9	87.1	100.0
As	7170	2.64	3.35	4.86	8.37	13.10	17.60	21.00	9.59	5.78	7.92	4.06	28.10	0.42	0.60	8.37	11.10	其他分布	11.10	11.10	10.10
Au	177	0.76	0.85	1.20	1.87	3.50	4.72	5.25	2.59	2.16	2.05	2.11	20.95	0.61	0.83	1.87	1.70	对数正态分布	2.05	1.69	1.50
B	7552	7.13	11.50	22.30	42.10	62.1	76.6	85.1	43.33	24.77	34.18	9.14	122	1.01	0.57	42.10	19.40	其他分布	19.40	33.60	20.00
Ba	177	239	261	298	355	429	536	585	383	167	362	29.27	1936	163	0.43	355	349	对数正态分布	362	400	475
Be	177	1.27	1.38	1.77	2.15	2.55	3.17	3.87	2.30	0.93	2.16	1.77	7.44	0.97	0.40	2.15	2.49	对数正态分布	2.16	2.22	2.00
Bi	177	0.21	0.23	0.27	0.32	0.42	0.50	0.60	0.36	0.13	0.34	2.09	1.06	0.16	0.37	0.32	0.39	对数正态分布	0.34	0.26	0.28
Br	156	1.49	1.70	1.90	2.15	2.37	2.92	3.30	2.20	0.49	2.15	1.63	3.68	1.22	0.22	2.15	2.15	其他分布	2.15	2.28	2.20
Cd	7081	0.06	0.08	0.12	0.20	0.31	0.45	0.53	0.23	0.14	0.19	3.11	0.68	0.004	0.62	0.20	0.14	其他分布	0.14	0.16	0.14
Ce	154	56.7	62.5	69.2	75.5	86.7	104	114	78.9	16.82	77.2	12.53	135	41.11	0.21	75.5	76.6	偏峰分布	76.6	83.2	102
Cl	177	32.13	36.60	43.80	49.30	59.8	69.7	79.2	52.3	13.73	50.6	9.96	106	22.84	0.26	49.30	51.4	正态分布	51.0	51.0	71.0
Co	7211	3.17	3.78	5.28	8.08	11.30	15.50	18.00	8.86	4.51	7.76	3.63	22.50	1.00	0.51	8.08	10.20	偏峰分布	7.76	10.10	14.80
Cr	7537	16.80	21.60	33.50	52.5	69.7	83.2	90.9	52.6	23.57	46.40	9.85	125	1.08	0.45	52.5	37.90	其他分布	37.90	32.00	82.0
Cu	7178	9.60	11.90	16.70	23.80	32.50	42.40	48.70	25.56	11.80	22.82	6.69	61.9	1.00	0.46	23.80	21.70	剔除后对数分布	22.82	16.00	16.00
F	170	285	303	357	427	543	690	755	464	142	444	32.88	857	229	0.31	427	421	偏峰分布	421	421	453
Ga	177	11.00	11.88	13.30	15.71	18.26	21.88	24.88	16.27	4.01	15.81	5.01	28.40	8.00	0.25	15.71	15.71	正态分布	16.27	16.75	16.00
Ge	177	1.24	1.32	1.40	1.53	1.71	1.80	1.93	1.56	0.21	1.54	1.32	2.22	1.15	0.13	1.53	1.75	正态分布	1.56	1.43	1.44
Hg	7224	0.03	0.04	0.06	0.08	0.12	0.16	0.19	0.09	0.05	0.08	4.27	0.23	0.003	0.52	0.08	0.11	其他分布	0.11	0.11	0.110
I	167	0.76	0.85	1.02	1.29	2.38	3.56	4.09	1.77	1.07	1.51	1.80	4.81	0.50	0.60	1.29	1.14	剔除后对数分布	1.51	1.08	1.70
La	177	30.68	32.68	36.58	41.90	51.1	69.2	79.9	46.90	16.53	44.62	9.49	114	22.10	0.35	41.90	45.10	对数正态分布	44.62	44.34	41.00
Li	177	24.41	26.55	30.60	35.80	42.70	52.5	56.6	37.73	10.78	36.39	7.93	91.5	19.90	0.29	35.80	35.10	对数正态分布	36.39	34.84	25.00
Mn	7174	149	170	219	312	468	665	781	367	193	322	28.73	957	9.00	0.53	312	227	其他分布	227	227	440
Mo	7109	0.55	0.63	0.82	1.05	1.36	1.74	1.96	1.12	0.42	1.04	1.47	2.40	0.26	0.38	1.05	0.82	剔除后对数分布	1.04	0.82	0.66
N	7427	0.42	0.54	0.79	1.10	1.47	1.82	2.09	1.15	0.49	1.04	1.64	2.57	0.14	0.43	1.10	1.04	其他分布	1.04	1.27	1.28
Nb	177	15.18	16.99	19.10	21.80	28.40	36.12	43.82	24.72	8.74	23.46	6.56	55.2	10.50	0.35	21.80	20.60	对数正态分布	23.46	19.70	16.83
Ni	7395	6.36	7.70	10.70	17.50	24.50	32.50	37.03	18.66	9.47	16.20	5.54	47.30	0.90	0.51	17.50	10.20	其他分布	10.20	11.00	35.00
P	7253	0.19	0.25	0.39	0.58	0.81	1.11	1.29	0.63	0.32	0.55	1.88	1.58	0.08	0.51	0.58	0.64	其他分布	0.64	0.48	0.60
Pb	6967	19.60	22.00	26.40	31.90	38.30	45.40	51.1	32.97	9.37	31.67	7.74	62.7	9.68	0.28	31.90	32.40	剔除后对数分布	31.67	30.00	32.00

第四章 土壤元素背景值

续表 4-3

元素/指标	N	$X_{5\%}$	$X_{10\%}$	$X_{25\%}$	$X_{50\%}$	$X_{75\%}$	$X_{90\%}$	$X_{95\%}$	$\bar{X}$	S	$\bar{X}_g$	S_g	X_{max}	X_{min}	CV	X_{me}	X_{mo}	分布类型	衢江区背景值	衢州市背景值	浙江省背景值
Rb	167	64.5	73.0	85.9	103	126	150	179	109	32.62	105	14.75	198	56.2	0.30	103	80.5	剔除后正态分布	109	115	120
S	177	152	181	222	287	350	405	430	289	90.6	275	26.04	610	88.3	0.31	287	242	正态分布	289	285	248
Sb	177	0.47	0.53	0.61	0.80	1.19	1.94	2.79	1.29	2.88	0.93	1.86	37.82	0.40	2.24	0.80	0.76	对数正态分布	0.93	0.87	0.53
Sc	177	4.78	5.19	6.22	7.75	9.89	11.88	13.95	8.26	2.65	7.87	3.32	16.58	4.10	0.32	7.75	6.73	正态分布	8.26	9.15	8.70
Se	7041	0.15	0.18	0.23	0.29	0.36	0.44	0.51	0.30	0.10	0.28	2.18	0.61	0.03	0.35	0.29	0.28	其他分布	0.28	0.28	0.21
Sn	177	2.70	3.40	4.60	6.00	9.20	13.30	16.22	7.47	4.54	6.43	3.31	28.70	1.90	0.61	6.00	6.30	对数正态分布	6.43	5.96	3.60
Sr	177	33.13	36.92	40.68	47.53	54.5	63.0	68.4	49.22	13.66	47.67	9.55	136	24.95	0.28	47.53	40.80	对数正态分布	47.67	50.5	105
Th	177	8.60	10.25	12.02	14.41	17.75	23.77	28.07	15.74	5.84	14.81	5.08	37.10	4.40	0.37	14.41	13.63	对数正态分布	14.81	14.77	13.30
Ti	177	2743	2934	3399	4129	4919	5652	5989	4223	1056	4094	119	7675	2003	0.25	4129	4221	正态分布	4223	4413	4665
Tl	177	0.42	0.47	0.60	0.72	0.89	1.11	1.25	0.76	0.25	0.72	1.45	1.59	0.33	0.33	0.72	0.66	对数正态分布	0.72	0.69	0.70
U	177	1.96	2.32	3.01	3.51	4.17	5.25	6.02	3.77	1.79	3.52	2.23	20.19	1.21	0.48	3.51	3.54	对数正态分布	3.52	3.53	2.90
V	7453	35.50	41.30	53.9	72.5	91.9	109	119	74.1	25.92	69.4	11.90	152	12.97	0.35	72.5	101	其他分布	101	101	106
W	177	1.19	1.35	1.67	2.01	2.41	2.83	3.53	2.12	0.79	2.00	1.64	5.97	0.68	0.37	2.01	2.41	对数正态分布	2.00	1.90	1.80
Y	177	17.39	19.92	23.43	27.72	32.50	43.65	52.6	29.97	10.68	28.43	7.30	72.7	12.65	0.36	27.72	29.24	对数正态分布	28.43	28.51	25.00
Zn	7273	42.10	49.20	62.3	78.2	101	123	139	82.8	28.56	77.9	12.97	167	18.70	0.34	78.2	101	偏峰分布	101	101	101
Zr	177	237	259	296	351	428	485	540	372	116	357	31.37	1028	201	0.31	351	365	对数正态分布	357	318	243
SiO$_2$	177	64.6	67.0	72.7	76.9	80.1	81.9	82.6	75.8	5.46	75.6	12.12	85.0	62.0	0.07	76.9	74.0	正态分布	75.8	73.4	71.3
Al$_2$O$_3$	177	8.98	9.37	10.10	11.49	13.12	14.86	15.57	11.87	2.19	11.68	4.17	18.95	8.13	0.18	11.49	11.89	正态分布	11.87	12.35	13.20
TFe$_2$O$_3$	177	2.04	2.31	2.80	3.61	4.62	5.65	6.10	3.82	1.32	3.60	2.20	8.92	1.48	0.35	3.61	4.57	正态分布	3.82	4.01	3.74
MgO	177	0.33	0.36	0.45	0.58	0.77	1.03	1.25	0.65	0.30	0.60	1.72	2.00	0.24	0.46	0.58	0.47	对数正态分布	0.60	0.71	0.50
CaO	153	0.14	0.16	0.20	0.27	0.35	0.40	0.48	0.28	0.10	0.26	2.37	0.62	0.09	0.38	0.27	0.19	剔除后正态分布	0.28	0.30	0.24
Na$_2$O	177	0.12	0.16	0.26	0.41	0.64	0.85	0.91	0.47	0.26	0.39	2.22	1.28	0.09	0.56	0.41	0.21	其他分布	0.47	0.21	0.19
K$_2$O	177	0.87	1.00	1.31	1.74	2.22	2.67	2.94	1.80	0.63	1.68	1.60	3.61	0.27	0.35	1.74	1.89	正态分布	1.89	2.82	2.35
TC	177	0.66	0.78	1.00	1.26	1.51	1.82	2.08	1.23	0.48	1.23	1.44	4.12	0.54	0.37	1.26	1.39	正态分布	1.30	1.33	1.43
Corg	177	0.53	0.64	0.85	1.08	1.36	1.61	1.88	1.13	0.45	1.06	1.47	3.83	0.38	0.39	1.08	1.20	正态分布	1.13	0.95	1.31
pH	7173	4.36	4.47	4.70	5.06	5.57	6.17	6.58	4.86	4.82	5.20	2.62	7.25	3.72	0.99	5.06	4.79	其他分布	4.79	5.12	5.10

表4-4 江山市土壤元素背景值参数统计表

元素/指标	N	$X_{5\%}$	$X_{10\%}$	$X_{25\%}$	$X_{50\%}$	$X_{75\%}$	$X_{90\%}$	$X_{95\%}$	$\bar{X}$	S	$\bar{X}_g$	S_g	X_{max}	X_{min}	CV	X_{me}	X_{mo}	分布类型	江山市背景值	衢州市背景值	浙江省背景值
Ag	214	48.65	53.0	59.0	67.5	78.8	98.0	105	71.0	17.17	69.1	11.69	124	40.00	0.24	67.5	55.0	剔除后对数分布	69.1	87.1	100.0
As	8419	1.85	2.23	3.09	4.56	7.18	10.90	12.86	5.58	3.37	4.69	3.04	16.35	0.52	0.61	4.56	2.78	其他分布	2.78	11.10	10.10
Au	9077	0.85	0.92	1.10	1.36	1.72	2.25	2.93	1.61	1.10	1.44	1.58	11.71	0.51	0.69	1.36	1.41	对数分布	1.44	1.69	1.50
B	239	8.12	10.35	16.10	30.27	53.1	74.6	83.2	36.58	24.14	28.59	8.29	108	2.04	0.66	30.27	10.10	对数正态分布	10.10	33.60	20.00
Ba	239	237	253	306	366	432	589	673	394	132	375	30.32	889	186	0.33	366	396	对数正态分布	375	400	475
Be	239	1.58	1.69	2.00	2.42	2.69	3.06	3.33	2.39	0.52	2.33	1.71	3.86	1.24	0.22	2.42	2.55	正态分布	2.39	2.22	2.00
Bi	239	0.23	0.25	0.29	0.37	0.46	0.51	0.56	0.38	0.11	0.36	1.99	0.75	0.17	0.30	0.37	0.26	正态分布	0.38	0.26	0.28
Br	239	1.77	1.90	2.06	2.28	2.80	3.56	3.97	2.53	0.76	2.44	1.74	6.18	1.38	0.30	2.28	2.28	对数分布	2.44	2.28	2.20
Cd	8627	0.08	0.10	0.14	0.20	0.27	0.34	0.38	0.21	0.09	0.19	2.80	0.48	0.03	0.42	0.20	0.22	其他分布	0.22	0.16	0.14
Ce	239	62.7	68.8	75.9	84.6	96.7	109	116	87.2	16.46	85.7	13.25	162	53.8	0.19	84.6	87.4	正态分布	85.7	83.2	102
Cl	239	35.78	38.10	43.65	50.8	58.6	68.0	76.9	53.5	18.98	51.5	10.01	266	26.40	0.35	50.8	53.1	对数正态分布	51.5	51.0	71.0
Co	8435	2.90	3.55	5.42	9.00	15.54	21.93	26.05	11.19	7.42	8.98	4.20	36.24	0.59	0.66	9.00	7.20	其他分布	8.98	10.10	14.80
Cr	8581	10.90	15.15	25.27	46.14	75.4	96.0	112	52.4	32.25	41.52	10.09	159	0.56	0.62	46.14	76.5	其他分布	41.52	32.00	82.0
Cu	8642	7.26	9.56	14.60	21.25	32.58	42.20	49.56	24.17	12.92	20.72	6.52	64.5	2.38	0.53	21.25	19.40	对数分布	20.72	16.00	16.00
F	239	311	340	405	527	716	985	1266	660	666	565	37.91	8523	238	1.01	527	527	对数正态分布	565	421	453
Ga	239	13.40	14.28	15.81	17.75	20.18	21.42	23.37	18.00	2.96	17.76	5.27	27.85	11.32	0.16	17.75	17.50	正态分布	17.76	16.75	16.00
Ge	6571	1.18	1.25	1.37	1.52	1.68	1.83	1.92	1.53	0.22	1.51	1.32	2.16	0.92	0.15	1.52	1.56	剔除后对数分布	1.51	1.43	1.44
Hg	8552	0.03	0.04	0.05	0.07	0.10	0.14	0.16	0.08	0.04	0.07	4.46	0.20	0.01	0.48	0.07	0.11	偏峰分布	0.11	0.11	0.110
I	239	0.87	0.95	1.15	1.48	2.15	3.14	3.70	1.79	0.94	1.60	1.67	6.17	0.50	0.53	1.48	1.19	对数分布	1.60	1.08	1.70
La	239	33.18	36.78	40.42	45.30	51.7	60.3	63.8	46.91	9.40	46.03	9.28	78.7	28.20	0.20	45.30	46.50	对数正态分布	46.03	44.34	41.00
Li	239	22.59	25.47	29.90	35.49	40.50	47.13	52.4	36.06	9.25	34.91	7.96	77.5	14.00	0.26	35.49	36.57	正态分布	34.91	34.84	25.00
Mn	8553	155	185	250	366	567	814	961	436	246	374	31.47	1188	1.31	0.56	366	331	其他分布	374	227	440
Mo	8393	0.55	0.62	0.77	1.02	1.35	1.75	2.02	1.11	0.45	1.03	1.48	2.53	0.20	0.40	1.02	0.81	其他分布	1.03	0.82	0.66
N	8971	0.51	0.67	0.98	1.35	1.76	2.17	2.39	1.39	0.56	1.26	1.69	2.96	0.02	0.41	1.35	1.30	剔除后对数分布	1.26	1.27	1.28
Nb	239	16.77	17.60	19.00	21.00	24.95	28.54	31.82	22.32	4.72	21.88	6.12	39.40	14.30	0.21	21.00	20.50	对数正态分布	21.88	19.70	16.83
Ni	8546	5.40	6.66	9.60	15.58	28.71	42.17	48.32	20.44	14.00	16.18	5.94	66.8	1.22	0.69	15.58	10.30	对数分布	16.18	11.00	35.00
P	8431	0.20	0.26	0.39	0.54	0.74	0.99	1.15	0.59	0.28	0.52	1.83	1.43	0.04	0.47	0.54	0.55	其他分布	0.52	0.48	0.60
Pb	8733	22.10	24.87	29.15	34.08	39.41	45.06	49.07	34.49	7.95	33.54	7.89	56.5	12.88	0.23	34.08	33.40	偏峰分布	33.54	30.00	32.00

第四章 土壤元素背景值

续表 4-4

元素/指标	N	$X_{5\%}$	$X_{10\%}$	$X_{25\%}$	$X_{50\%}$	$X_{75\%}$	$X_{90\%}$	$X_{95\%}$	$\overline{X}$	S	$\overline{X}_g$	S_g	X_{max}	X_{min}	CV	X_{me}	X_{mo}	分布类型	江山市背景值	衢州市背景值	浙江省背景值
Rb	239	59.0	69.0	92.2	123	144	158	169	119	34.20	113	15.60	210	39.45	0.29	123	150	正态分布	119	115	120
S	228	202	222	266	302	367	421	454	316	76.2	307	27.23	534	158	0.24	302	296	剔除后正态分布	316	285	248
Sb	239	0.47	0.49	0.57	0.79	1.12	2.13	3.34	1.11	0.99	0.89	1.84	8.10	0.32	0.89	0.79	0.57	对数正态分布	0.89	0.87	0.53
Sc	239	6.87	7.55	8.45	10.51	13.54	15.40	17.10	11.27	3.47	10.79	3.99	25.55	5.51	0.31	10.51	7.55	对数正态分布	10.79	9.15	8.70
Se	8504	0.17	0.21	0.26	0.33	0.42	0.53	0.60	0.35	0.13	0.33	2.02	0.73	0.02	0.36	0.33	0.28	其他分布	0.28	0.28	0.21
Sn	239	2.99	3.30	3.75	4.80	6.50	8.52	9.91	5.44	2.44	5.02	2.80	19.10	2.10	0.45	4.80	3.60	对数正态分布	5.02	5.96	3.60
Sr	239	33.03	36.98	44.17	53.4	68.3	98.8	131	63.6	35.17	57.5	10.90	257	29.17	0.55	53.4	50.7	对数正态分布	57.5	50.5	105
Th	239	9.22	10.60	12.50	15.00	17.05	19.96	21.11	14.97	3.65	14.52	4.80	26.40	5.60	0.24	15.00	14.20	正态分布	14.97	14.77	13.30
Ti	218	3358	3668	4232	4883	5354	5775	6036	4820	845	4742	130	7109	2792	0.18	4883	4823	剔除后正态分布	4820	4413	4665
Tl	239	0.40	0.47	0.61	0.78	0.91	1.06	1.14	0.78	0.23	0.74	1.44	1.74	0.27	0.30	0.78	0.78	正态分布	0.78	0.69	0.70
U	223	2.50	2.61	3.12	3.54	3.95	4.20	4.57	3.51	0.62	3.45	2.08	5.31	1.80	0.18	3.54	4.06	剔除后正态分布	3.51	3.53	2.90
V	8146	23.45	28.63	47.36	75.1	110	147	185	83.1	46.53	70.2	12.64	215	5.85	0.56	75.1	128	其他分布	128	101	106
W	239	1.16	1.28	1.54	1.79	2.05	2.29	2.55	1.83	0.50	1.77	1.51	4.98	0.78	0.28	1.79	1.74	对数正态分布	1.77	1.90	1.80
Y	239	22.01	24.09	27.16	31.78	35.29	40.14	45.27	32.35	8.23	31.48	7.48	91.7	15.60	0.25	31.78	32.26	对数正态分布	31.48	28.51	25.00
Zn	8787	52.9	57.9	68.0	84.7	110	134	149	90.8	29.59	86.2	13.55	180	2.58	0.33	84.7	117	其他分布	117	101	101
Zr	239	190	198	233	324	391	479	516	330	106	314	29.31	666	162	0.32	324	319	正态分布	330	318	243
SiO$_2$	9074	59.6	63.6	67.0	70.6	75.3	77.6	79.1	70.5	6.08	70.2	11.65	82.6	50.3	0.09	70.6	70.6	正态分布	70.5	73.4	71.3
Al$_2$O$_3$	239	10.62	11.15	12.10	13.32	14.54	15.64	17.21	13.45	1.93	13.31	4.48	19.99	9.26	0.14	13.32	12.85	正态分布	13.45	12.35	13.20
TFe$_2$O$_3$	239	2.79	3.01	3.63	4.83	6.03	6.89	8.73	5.08	2.00	4.75	2.59	13.63	2.13	0.39	4.83	4.83	对数正态分布	4.75	4.01	3.74
MgO	236	0.41	0.47	0.57	0.80	1.15	1.35	1.46	0.87	0.34	0.80	1.55	1.85	0.32	0.40	0.80	0.62	偏峰分布	0.62	0.71	0.50
CaO	215	0.18	0.19	0.26	0.33	0.44	0.64	0.73	0.37	0.17	0.34	2.15	0.94	0.12	0.46	0.33	0.34	剔除后正态分布	0.34	0.30	0.24
Na$_2$O	239	0.11	0.13	0.19	0.32	0.66	1.00	1.34	0.48	0.43	0.35	2.63	2.88	0.07	0.88	0.32	0.14	对数正态分布	0.35	0.21	0.19
K$_2$O	239	0.77	1.06	1.77	2.56	3.33	4.00	4.34	2.55	1.08	2.26	2.06	5.65	0.10	0.42	2.56	2.36	其他分布	2.36	2.82	2.35
TC	239	1.05	1.17	1.34	1.51	1.70	1.88	2.08	1.54	0.36	1.50	1.37	3.21	0.70	0.24	1.51	1.39	对数正态分布	1.50	1.33	1.43
Corg	8899	0.47	0.66	0.98	1.34	1.74	2.15	2.39	1.38	0.57	1.24	1.73	2.94	0.01	0.41	1.34	1.41	剔除后对数分布	1.24	0.95	1.31
pH	8652	4.29	4.46	4.81	5.15	5.56	6.04	6.32	4.86	4.68	5.20	2.61	6.90	3.58	0.96	5.15	5.32	其他分布	5.32	5.12	5.10

在土壤各元素/指标中,多数元素/指标变异系数小于0.40,分布相对均匀;N、Corg、Cd、K_2O、Sn、CaO、P、Hg、Cu、I、Sr、Mn、V、As、Cr、B、Co、Au、Ni、Na_2O、Sb、pH、F共23项元素/指标变异系数大于0.40,其中Na_2O、Sb、pH、F变异系数大于0.80,空间变异性较大。

与衢州市土壤元素背景值相比,江山市土壤元素背景值中As、B背景值明显低于衢州市背景值;而Co、Ag背景值略低于衢州市背景值,为衢州市背景值的60%～80%;Cu、V、Corg、F、Cd背景值略高于衢州市背景值,与衢州市背景值比值在1.2～1.4之间;Mn、Bi、I、Na_2O、Cr背景值明显高于衢州市背景值,是衢州市背景值的1.4倍以上;其他元素/指标背景值则与衢州市背景值基本接近。

与浙江省土壤元素背景值相比,江山市土壤元素背景值中As、B、Co、Ni、Sr背景值明显偏低,其中As背景值为浙江省背景值的27.52%;As、Ba、Cl、Mn背景值略低于浙江省背景值,为浙江省背景值的60%～80%;Bi、Cu、F、Mo、Nb、S、Sc、Se、Sn、U、V、Y、Zr、TFe_2O_3、MgO背景值略高于浙江省背景值,与浙江省背景值比值在1.2～1.4之间;Cd、Li、Sb、CaO、Na_2O背景值明显高于浙江省背景值,是浙江省背景值的1.4倍以上;其他元素/指标背景值则与浙江省背景值基本接近。

五、龙游县土壤元素背景值

龙游县土壤元素背景值数据经正态分布检验,结果表明,原始数据Ba、Ga、S、Ti、Y、Al_2O_3、TC符合正态分布,Ag、Au、Be、Ge、I、La、Li、N、Nb、Rb、Sb、Sc、Sn、Sr、Th、U、V、TFe_2O_3、MgO、CaO、Na_2O符合对数正态分布,Ce、F、W、Zr剔除异常值后符合正态分布,As、Bi、Cd、Cl、Hg、Mo、Zn、Corg剔除异常值后符合对数正态分布,其他元素/指标不符合正态分布或对数正态分布(表4-5)。

龙游县表层土壤总体呈酸性,土壤pH背景值为5.00,极大值为6.86,极小值为3.61,与衢州市背景值和浙江省背景值基本接近。

在土壤各元素/指标中,多数元素/指标变异系数小于0.40,分布相对均匀;Corg、P、Mo、Cd、Ni、Sr、MgO、Na_2O、As、Co、B、Sb、Sn、V、Hg、Mn、Ag、I、Au、pH、CaO共21项元素/指标变异系数大于0.40,其中Au、pH、CaO变异系数大于0.80,空间变异性较大。

与衢州市土壤元素背景值相比,龙游县土壤元素背景值中B、As、Mn、V背景值明显低于衢州市背景值;而Co、Hg、Sb、Zn略低于衢州市背景值,为衢州市背景值的60%～80%;Au、Bi、F、Mo、Sr背景值略高于衢州市背景值,与衢州市背景值比值在1.2～1.4之间;I、Na_2O背景值明显高于衢州市背景值,是衢州市背景值的1.4倍以上;其他元素/指标背景值则与衢州市背景值基本接近。

与浙江省土壤元素背景值相比,龙游县土壤元素背景值中As、Co、Cr、Mn、Ni、Sr、V背景值明显偏低,其中Mn背景值为浙江省背景值的30.27%;B、Cl、Hg、P、Zn、Corg背景值略低于浙江省背景值,为浙江省背景值的60%～80%;Cd、Li、Nb、Sb、Se、Th、U、Zr、MgO背景值略高于浙江省背景值,与浙江省背景值比值在1.2～1.4之间;Au、Mo、Sn、CaO、Na_2O背景值明显高于浙江省背景值,为浙江省背景值的1.4倍以上;其他元素/指标背景值则与浙江省背景值基本接近。

六、常山县土壤元素背景值

常山县土壤元素背景值数据经正态分布检验,结果表明,原始数据Be、Ce、F、Ga、La、Li、N、Nb、Rb、S、Sc、Sr、Th、Ti、Tl、SiO_2、Al_2O_3、TFe_2O_3、MgO、K_2O、TC符合正态分布,Ag、Au、B、Bi、Br、Cl、Co、I、Sb、Sn、U、Y、Zr、CaO、Na_2O、Corg、pH符合对数正态分布,Cr、W剔除异常值后符合正态分布,As、Cd、Cu、Ge、Hg、Mn、Mo、P、Pb、Se、V、Zn剔除异常值后符合对数正态分布,其他元素/指标不符合正态分布或对数正态分布(表4-6)。

常山县表层土壤总体呈酸性,土壤pH背景值为5.57,极大值为8.83,极小值为3.80,与衢州市背景值和浙江省背景值基本接近。

第四章 土壤元素背景值

表 4-5 龙游县土壤元素背景值参数统计表

元素/指标	N	$X_{5\%}$	$X_{10\%}$	$X_{25\%}$	$X_{50\%}$	$X_{75\%}$	$X_{90\%}$	$X_{95\%}$	$\overline{X}$	S	$\overline{X}_g$	S_g	X_{max}	X_{min}	CV	X_{me}	X_{mo}	分布类型	龙游县背景值	衢州市背景值	浙江省背景值
Ag	286	50.2	55.5	69.2	91.0	123	181	227	108	68.5	95.2	15.15	578	40.00	0.63	91.0	72.0	对数正态分布	95.2	87.1	100.0
As	3594	2.65	3.16	4.13	5.79	8.16	10.92	13.22	6.49	3.19	5.78	3.13	16.30	0.78	0.49	5.79	6.60	剔除后对数分布	5.78	11.10	10.10
Au	286	0.72	0.85	1.17	1.96	3.67	5.70	7.27	2.86	2.73	2.12	2.25	26.35	0.56	0.95	1.96	1.11	对数正态分布	2.12	1.69	1.50
B	3932	13.20	16.79	25.52	45.44	63.7	77.4	85.3	46.26	23.34	39.57	9.14	120	1.00	0.50	45.44	12.50	其他分布	12.50	33.60	20.00
Ba	286	271	308	357	430	512	599	663	443	124	426	34.36	1055	117	0.28	430	373	正态分布	443	400	475
Be	286	1.35	1.63	1.95	2.35	2.87	3.50	4.21	2.51	0.94	2.37	1.89	7.50	0.78	0.37	2.35	2.08	对数正态分布	2.37	2.22	2.00
Bi	255	0.22	0.24	0.27	0.32	0.39	0.47	0.54	0.34	0.10	0.33	2.01	0.65	0.14	0.29	0.32	0.31	剔除后对数分布	0.33	0.26	0.28
Br	253	1.40	1.66	1.93	2.20	2.79	3.78	4.41	2.46	0.87	2.32	1.85	5.31	0.91	0.35	2.20	2.23	其他分布	2.23	2.28	2.20
Cd	3694	0.07	0.09	0.13	0.18	0.25	0.32	0.38	0.19	0.09	0.17	2.97	0.46	0.01	0.46	0.18	0.15	剔除后对数分布	0.17	0.16	0.14
Ce	280	57.0	64.5	74.1	86.7	99.5	111	123	87.5	19.14	85.3	13.54	140	39.59	0.22	86.7	87.5	剔除后正态分布	87.5	83.2	102
Cl	250	32.24	37.89	43.47	50.9	61.4	79.5	97.4	55.3	18.10	52.8	10.43	115	26.33	0.33	50.9	48.60	剔除后对数分布	52.8	51.0	71.0
Co	3783	3.60	4.30	5.71	7.90	11.70	15.80	18.10	9.10	4.46	8.09	3.71	22.50	1.34	0.49	7.90	6.50	其他分布	6.50	10.10	14.80
Cr	3751	21.00	25.48	32.64	43.28	58.0	70.0	78.0	46.00	17.72	42.47	9.17	102	4.00	0.39	43.28	32.00	其他分布	32.00	32.00	82.0
Cu	3680	9.19	11.00	15.00	20.00	26.00	33.00	37.97	21.16	8.40	19.50	6.04	46.58	3.69	0.40	20.00	16.00	剔除后对数分布	16.00	16.00	16.00
F	277	278	333	401	507	610	718	834	515	158	491	35.83	941	165	0.31	507	386	剔除后正态分布	515	421	453
Ga	286	11.00	12.22	14.42	16.91	19.18	21.06	22.12	16.77	3.43	16.39	5.23	25.40	6.94	0.20	16.91	18.00	正态分布	16.77	16.75	16.00
Ge	3934	1.16	1.22	1.31	1.43	1.59	1.76	1.89	1.47	0.24	1.45	1.31	4.38	0.97	0.17	1.43	1.22	对数正态分布	1.45	1.43	1.44
Hg	3635	0.03	0.04	0.06	0.09	0.12	0.16	0.19	0.09	0.05	0.08	4.22	0.25	0.01	0.52	0.09	0.04	剔除后对数分布	0.08	0.11	0.110
I	286	0.78	0.86	1.03	1.39	2.35	3.90	4.99	1.97	1.54	1.61	1.99	12.12	0.51	0.78	1.39	1.33	对数正态分布	1.61	1.08	1.70
La	286	30.90	34.64	39.73	45.90	53.2	61.1	64.8	47.29	12.42	45.90	9.50	141	19.00	0.26	45.90	33.10	剔除后正态分布	45.90	44.34	41.00
Li	286	21.24	23.55	27.91	33.40	41.25	49.55	55.5	35.47	10.69	34.00	7.50	80.4	16.54	0.30	33.40	32.00	其他分布	34.00	34.84	25.00
Mn	3700	104	124	163	243	380	539	643	291	165	250	25.50	804	36.00	0.57	243	133	其他分布	133	227	440
Mo	3665	0.48	0.56	0.73	0.99	1.36	1.81	2.10	1.09	0.49	0.99	1.56	2.60	0.20	0.44	0.99	0.82	剔除后对数分布	0.99	0.82	0.66
N	3938	0.50	0.66	0.95	1.30	1.66	2.01	2.25	1.33	0.54	1.21	1.64	4.51	0.12	0.40	1.30	1.35	其他分布	1.21	1.27	1.28
Nb	286	15.56	16.95	19.11	21.66	26.05	30.80	34.52	22.96	5.97	22.26	6.27	48.00	10.67	0.26	21.66	19.70	对数正态分布	22.26	19.70	16.83
Ni	3709	7.00	8.00	10.16	14.00	19.00	27.00	30.16	15.78	7.20	14.28	5.03	38.00	1.57	0.46	14.00	11.00	其他分布	11.00	11.00	35.00
P	3700	0.25	0.31	0.40	0.51	0.69	0.91	1.03	0.56	0.23	0.51	1.76	1.25	0.05	0.42	0.51	0.45	其他分布	0.45	0.48	0.60
Pb	3712	19.00	22.00	27.00	32.13	39.00	47.00	51.0	33.39	9.33	32.07	7.80	60.3	8.46	0.28	32.13	30.00	其他分布	30.00	30.00	32.00

续表 4-5

元素/指标	N	$X_{5\%}$	$X_{10\%}$	$X_{25\%}$	$X_{50\%}$	$X_{75\%}$	$X_{90\%}$	$X_{95\%}$	$\overline{X}$	S	$\overline{X}_g$	S_g	X_{max}	X_{min}	CV	X_{me}	X_{mo}	分布类型	龙游县背景值	衢州市背景值	浙江省背景值
Rb	286	73.2	91.2	109	134	175	198	221	144	51.0	136	18.13	403	38.96	0.35	134	196	对数正态分布	136	115	120
S	286	163	181	223	279	340	412	452	291	95.6	276	26.62	746	109	0.33	279	279	正数正态分布	291	285	248
Sb	286	0.38	0.42	0.49	0.61	0.82	1.17	1.56	0.73	0.37	0.66	1.68	2.98	0.32	0.51	0.61	0.49	对数正态分布	0.66	0.87	0.53
Sc	286	5.22	5.80	6.73	7.94	10.60	14.42	15.92	9.10	3.54	8.54	3.67	26.10	3.90	0.39	7.94	7.30	对数正态分布	8.54	9.15	8.70
Se	3699	0.16	0.18	0.23	0.27	0.34	0.41	0.46	0.29	0.09	0.27	2.20	0.55	0.04	0.32	0.27	0.27	其他分布	0.27	0.28	0.21
Sn	286	3.40	3.80	4.70	6.95	8.97	12.45	14.20	7.51	3.82	6.72	3.43	28.80	1.70	0.51	6.95	8.10	对数正态分布	6.72	5.96	3.60
Sr	286	38.37	41.87	48.02	57.5	74.1	96.5	118	66.1	30.69	61.4	11.26	281	25.09	0.46	57.5	50.5	对数正态分布	61.4	50.5	105
Th	286	9.92	11.90	14.28	16.62	20.64	25.34	29.78	18.11	6.79	17.09	5.60	57.2	6.60	0.38	16.62	15.10	对数正态分布	17.09	14.77	13.30
Ti	2813	2546	2894	3366	4056	4787	5728	6186	4158	1071	4024	123	8012	2039	0.26	4056	3845	正态分布	4158	4413	4665
Tl	286	0.42	0.47	0.56	0.69	0.90	1.14	1.28	0.75	0.26	0.71	1.46	1.52	0.25	0.34	0.69	0.64	其他分布	0.64	0.69	0.70
U	286	2.28	2.63	3.07	3.60	4.22	4.93	5.30	3.75	1.16	3.60	2.25	11.93	1.35	0.31	3.60	3.82	对数正态分布	3.60	3.53	2.90
V	3934	29.37	33.24	42.61	58.0	79.8	103	123	65.1	32.96	58.5	11.11	474	9.57	0.51	58.0	104	对数正态分布	58.5	101	106
W	261	1.21	1.40	1.67	1.90	2.19	2.51	2.60	1.93	0.43	1.88	1.55	3.15	0.82	0.22	1.90	1.72	偏峰分布	1.93	1.90	1.80
Y	286	19.26	21.21	24.71	28.46	33.12	37.78	41.02	29.42	7.12	28.60	7.10	60.2	12.55	0.24	28.46	31.62	正态分布	29.42	28.51	25.00
Zn	3724	34.00	42.00	56.0	71.2	92.0	114	128	75.2	27.48	70.1	12.29	157	18.00	0.37	71.2	66.0	剔除后对数分布	70.1	101	101
Zr	277	226	240	272	312	365	404	436	321	65.1	315	28.26	513	168	0.20	312	311	剔除后正态分布	321	318	243
SiO₂	286	59.8	63.3	68.4	74.3	78.3	81.4	82.6	73.0	7.04	72.6	11.72	86.2	54.7	0.10	74.3	73.4	偏峰分布	73.4	73.4	71.3
Al₂O₃	286	9.68	10.06	11.00	12.50	14.41	16.14	16.91	12.86	2.40	12.65	4.47	19.94	7.86	0.19	12.50	11.26	正态分布	12.86	12.35	13.20
TFe₂O₃	286	2.06	2.32	2.78	3.66	4.75	5.97	6.58	3.89	1.45	3.64	2.33	9.24	1.56	0.37	3.66	2.80	对数正态分布	3.64	4.01	3.74
MgO	286	0.36	0.40	0.49	0.69	1.00	1.27	1.58	0.78	0.37	0.70	1.64	2.16	0.28	0.47	0.69	0.50	对数正态分布	0.70	0.71	0.50
CaO	286	0.14	0.17	0.22	0.32	0.52	0.85	1.27	0.48	0.57	0.35	2.53	5.20	0.08	1.18	0.32	0.24	对数正态分布	0.35	0.30	0.24
Na₂O	286	0.21	0.27	0.35	0.49	0.69	0.92	0.99	0.55	0.26	0.49	1.90	1.57	0.10	0.47	0.49	0.44	对数正态分布	0.49	0.21	0.19
K₂O	3912	1.23	1.47	1.88	2.39	3.05	3.68	3.95	2.48	0.82	2.34	1.83	4.80	0.45	0.33	2.39	2.33	其他分布	2.33	2.82	2.35
TC	286	0.77	0.85	1.10	1.31	1.52	1.69	1.94	1.32	0.38	1.27	1.39	2.79	0.55	0.28	1.31	1.43	正态分布	1.32	1.33	1.43
Corg	3851	0.38	0.55	0.83	1.13	1.45	1.77	1.98	1.15	0.47	1.03	1.71	2.44	0.04	0.41	1.13	1.10	剔除后对数分布	1.03	0.95	1.31
pH	3636	4.30	4.47	4.72	5.02	5.43	5.95	6.28	4.81	4.71	5.11	2.58	6.86	3.61	0.98	5.02	5.00	其他分布	5.00	5.12	5.10

第四章 土壤元素背景值

表4-6 常山县土壤元素背景值参数统计表

元素/指标	N	$X_{5\%}$	$X_{10\%}$	$X_{25\%}$	$X_{50\%}$	$X_{75\%}$	$X_{90\%}$	$X_{95\%}$	$\overline{X}$	S	$\overline{X}_g$	S_g	X_{max}	X_{min}	CV	X_{me}	X_{mo}	分布类型	常山县背景值	衢州市背景值	浙江省背景值
Ag	152	49.00	53.2	61.0	78.0	108	151	191	112	202	86.0	13.85	2358	41.00	1.81	78.0	63.0	对数正态分布	86.0	87.1	100.0
As	1911	3.87	4.72	7.04	9.90	14.41	21.35	25.24	11.47	6.31	9.88	4.40	31.24	1.15	0.55	9.90	10.28	剔除后对数分布	9.88	11.10	10.10
Au	152	0.93	1.01	1.24	1.58	2.10	3.00	3.61	2.05	2.29	1.72	1.81	24.22	0.76	1.12	1.58	1.41	对数正态分布	1.72	1.69	1.50
B	2077	30.74	35.18	44.25	59.0	75.3	89.2	98.1	61.1	22.84	57.1	10.95	220	10.11	0.37	59.0	54.4	对数正态分布	57.1	33.60	20.00
Ba	148	285	321	374	435	570	707	779	477	145	457	34.30	864	238	0.30	435	424	偏峰分布	424	400	475
Be	152	1.43	1.54	1.84	2.12	2.51	2.84	3.05	2.19	0.52	2.13	1.65	4.11	1.31	0.24	2.12	2.25	正态分布	2.19	2.22	2.00
Bi	152	0.26	0.29	0.35	0.42	0.48	0.55	0.66	0.43	0.13	0.41	1.74	1.00	0.21	0.30	0.42	0.44	对数正态分布	0.41	0.26	0.28
Br	152	1.72	1.91	2.09	2.50	3.24	4.21	5.55	2.88	1.25	2.68	1.98	9.09	1.19	0.43	2.50	2.34	对数正态分布	2.68	2.28	2.20
Cd	1869	0.10	0.13	0.17	0.24	0.36	0.53	0.62	0.29	0.16	0.25	2.57	0.82	0.04	0.55	0.24	0.20	剔除后对数分布	0.25	0.16	0.14
Ce	152	61.5	63.7	72.8	80.1	90.4	100.0	104	81.7	13.55	80.5	12.72	121	54.1	0.17	80.1	83.9	正态分布	81.7	83.2	102
Cl	152	36.37	39.30	45.25	51.4	60.9	74.9	89.9	58.0	30.15	54.3	10.13	330	31.80	0.52	51.4	53.0	对数正态分布	54.3	51.0	71.0
Co	2077	5.35	6.22	8.28	11.63	15.48	19.44	22.11	12.40	5.53	11.28	4.36	71.0	1.79	0.45	11.63	12.36	对数正态分布	11.28	10.10	14.80
Cr	2060	35.53	41.07	52.4	65.5	79.9	90.2	96.0	65.9	18.85	62.9	11.37	120	12.48	0.29	65.5	67.6	对数正态分布	65.9	32.00	82.0
Cu	1965	14.66	16.46	20.75	26.75	32.64	39.61	44.28	27.45	8.90	26.00	6.91	53.9	7.17	0.32	26.75	19.15	剔除后对数分布	26.00	16.00	16.00
F	152	365	395	469	631	790	983	1087	664	240	624	42.51	1382	253	0.36	631	719	正态分布	664	421	453
Ga	152	12.90	13.54	14.77	16.75	18.96	20.46	21.20	16.83	2.73	16.61	5.17	23.41	10.92	0.16	16.75	15.09	正态分布	16.83	16.75	16.00
Ge	1996	1.25	1.31	1.40	1.53	1.68	1.84	1.95	1.55	0.21	1.54	1.33	2.15	0.99	0.13	1.53	1.40	剔除后对数分布	1.54	1.43	1.44
Hg	1928	0.05	0.06	0.07	0.10	0.13	0.17	0.19	0.10	0.04	0.10	3.78	0.22	0.01	0.40	0.10	0.10	对数正态分布	0.10	0.11	0.110
I	152	0.86	0.94	1.26	1.79	2.78	4.25	5.02	2.22	1.37	1.89	1.99	7.92	0.58	0.62	1.79	1.10	对数正态分布	1.89	1.08	1.70
La	152	32.53	33.92	37.97	42.28	47.99	51.0	53.8	42.83	6.81	42.29	8.75	64.2	26.80	0.16	42.28	50.3	正态分布	42.83	44.34	41.00
Li	152	26.24	28.26	31.26	35.30	42.55	49.19	51.8	37.23	9.15	36.22	7.94	78.6	17.84	0.25	35.30	33.60	正态分布	37.23	34.84	25.00
Mn	1962	123	149	212	311	466	646	749	358	191	311	28.69	943	71.1	0.53	311	183	剔除后对数分布	311	227	440
Mo	1845	0.53	0.62	0.83	1.24	2.09	3.29	4.12	1.63	1.11	1.33	1.94	5.37	0.30	0.68	1.24	1.14	剔除后对数分布	1.33	0.82	0.66
N	2077	0.71	0.89	1.19	1.54	1.92	2.29	2.53	1.57	0.56	1.46	1.62	4.00	0.11	0.36	1.54	1.62	正态分布	1.57	1.27	1.28
Nb	152	15.26	15.92	17.27	19.10	20.90	22.19	22.63	19.05	2.45	18.89	5.51	25.50	12.30	0.13	19.10	19.70	对数正态分布	19.05	19.70	16.83
Ni	1996	12.32	14.00	18.83	26.23	34.02	40.82	45.57	27.06	10.28	25.04	6.85	58.0	5.61	0.38	26.23	24.82	其他分布	24.82	11.00	35.00
P	1969	0.29	0.34	0.46	0.58	0.73	0.88	0.99	0.60	0.21	0.56	1.62	1.20	0.06	0.35	0.58	0.48	剔除后对数分布	0.56	0.48	0.60
Pb	1939	22.87	24.85	27.78	31.28	35.06	39.12	42.53	31.68	5.70	31.17	7.44	48.34	16.54	0.18	31.28	34.02	剔除后对数分布	31.17	30.00	32.00

续表 4-6

元素/指标	N	$X_{5\%}$	$X_{10\%}$	$X_{25\%}$	$X_{50\%}$	$X_{75\%}$	$X_{90\%}$	$X_{95\%}$	$\overline{X}$	S	$\overline{X}_g$	S_g	X_{max}	X_{min}	CV	X_{me}	X_{mo}	分布类型	常山县背景值	衢州市背景值	浙江省背景值
Rb	152	74.7	80.1	90.3	101	120	139	145	106	22.02	103	14.77	172	56.2	0.21	101	92.2	正态分布	106	115	120
S	152	157	179	229	272	340	388	444	286	91.8	272	25.84	682	110	0.32	272	267	正态分布	286	285	248
Sb	152	0.65	0.74	0.91	1.28	1.94	2.94	4.11	1.66	1.20	1.39	1.79	7.59	0.45	0.73	1.28	0.74	对数分布	1.39	0.87	0.53
Sc	152	6.92	7.62	9.07	10.67	12.72	14.29	14.92	10.89	2.44	10.61	4.05	16.50	5.80	0.22	10.67	9.70	正态分布	10.89	9.15	8.70
Se	1956	0.24	0.28	0.34	0.41	0.51	0.64	0.72	0.43	0.14	0.41	1.80	0.84	0.06	0.33	0.41	0.36	剔除后对数分布	0.41	0.28	0.21
Sn	152	3.16	3.51	4.07	4.70	5.65	7.38	8.14	5.20	1.93	4.93	2.63	15.70	2.70	0.37	4.70	4.50	对数正态分布	4.93	5.96	3.60
Sr	152	31.76	33.57	38.53	45.54	55.1	63.7	72.3	48.10	13.26	46.48	9.07	97.3	27.44	0.28	45.54	48.76	正态分布	48.10	50.5	105
Th	152	9.93	10.29	11.42	12.78	14.94	16.60	17.30	13.18	2.45	12.95	4.50	19.20	6.01	0.19	12.78	13.40	正态分布	13.18	14.77	13.30
Ti	152	3744	3876	4338	4752	5512	5848	6261	4881	834	4808	135	7142	2721	0.17	4752	4878	正态分布	4881	4413	4665
Tl	152	0.49	0.51	0.58	0.69	0.81	0.90	1.01	0.71	0.17	0.69	1.36	1.59	0.37	0.25	0.69	0.57	正态分布	0.71	0.69	0.70
U	152	2.51	2.71	3.07	3.71	4.60	5.78	7.91	4.09	1.60	3.85	2.36	11.28	1.68	0.39	3.71	3.03	对数正态分布	3.85	3.53	2.90
V	1991	49.76	56.2	73.2	95.1	119	145	163	98.5	33.63	92.7	14.31	197	24.17	0.34	95.1	115	剔除后正态分布	92.7	101	106
W	134	1.48	1.64	1.84	2.06	2.28	2.64	2.79	2.09	0.38	2.05	1.58	3.03	1.22	0.18	2.06	1.98	剔除后正态分布	2.09	1.90	1.80
Y	152	20.21	21.02	23.25	25.55	29.75	34.90	37.73	27.06	5.97	26.48	6.64	51.0	14.48	0.22	25.55	25.40	剔除后对数正态分布	26.48	28.51	25.00
Zn	1943	50.3	56.3	67.3	85.2	105	127	144	88.6	28.10	84.3	13.41	173	24.46	0.32	85.2	105	对数正态分布	84.3	101	101
Zr	152	205	215	232	252	282	311	319	259	37.26	256	24.32	363	186	0.14	252	253	正态分布	256	318	243
SiO$_2$	152	66.0	67.3	70.3	73.9	76.9	79.0	80.4	73.6	4.51	73.5	11.86	84.2	63.0	0.06	73.9	72.8	正态分布	73.6	73.4	71.3
Al$_2$O$_3$	152	10.04	10.52	11.24	12.12	13.25	14.36	14.68	12.29	1.50	12.20	4.28	16.68	8.08	0.12	12.12	12.07	正态分布	12.29	12.35	13.20
TFe$_2$O$_3$	152	3.22	3.39	4.01	4.66	5.75	6.19	6.43	4.79	1.04	4.67	2.54	6.74	2.47	0.22	4.66	3.88	正态分布	4.79	4.01	3.74
MgO	152	0.48	0.56	0.72	0.88	1.12	1.26	1.44	0.93	0.32	0.88	1.41	2.93	0.33	0.35	0.88	0.87	对数正态分布	0.93	0.71	0.50
CaO	152	0.15	0.19	0.24	0.34	0.48	0.94	1.22	0.49	0.59	0.37	2.42	4.30	0.09	1.20	0.34	0.25	对数正态分布	0.37	0.30	0.24
Na$_2$O	152	0.10	0.11	0.14	0.20	0.33	0.51	0.61	0.26	0.19	0.22	2.92	1.11	0.08	0.70	0.20	0.13	对数正态分布	0.22	0.21	0.19
K$_2$O	2077	1.20	1.40	1.75	2.20	2.63	2.97	3.22	2.21	0.64	2.11	1.69	5.90	0.65	0.29	2.20	2.75	正态分布	2.21	2.82	2.35
TC	152	0.92	0.95	1.14	1.37	1.64	1.87	2.03	1.41	0.36	1.36	1.39	2.60	0.56	0.26	1.37	1.50	正态分布	1.41	1.33	1.43
Corg	2077	0.55	0.72	0.94	1.20	1.49	1.79	1.99	1.23	0.44	1.15	1.51	5.31	0.10	0.36	1.20	1.20	对数正态分布	1.15	0.95	1.31
pH	2077	4.52	4.70	5.06	5.46	5.96	6.53	7.17	5.11	4.90	5.57	2.72	8.83	3.80	0.96	5.46	5.24	对数正态分布	5.57	5.12	5.10

在土壤各元素/指标中，大多数元素/指标变异系数小于0.40，分布相对均匀；Br、Co、Cl、Mn、As、Cd、I、Mo、Na_2O、Sb、pH、Au、CaO、Ag共14项元素/指标变异系数大于0.40，其中pH、Au、CaO、Ag变异系数小于0.80，空间变异性较大。

与衢州市土壤元素背景值相比，常山县土壤元素背景值中K_2O背景值略低于衢州市背景值，为衢州市背景值的60%～80%；Corg、CaO、N、MgO、Mn背景值略高于衢州市背景值，与衢州市背景值比值在1.2～1.4之间；Se、Cd、Bi、F、Sb、Mo、Cu、I、Cr、Ni、B背景值明显高于衢州市背景值，是衢州市背景值的1.4倍以上；其他元素/指标背景值则与衢州市背景值基本接近。

与浙江省土壤元素背景值相比，常山县土壤元素背景值中Sr背景值明显偏低，不足浙江省背景值的60%；Cl、Co、Mn、Ni背景值略低于浙江省背景值，为浙江省背景值的60%～80%；Br、N、Sc、Sn、U、TFe_2O_3背景值略高于浙江省背景值，与浙江省背景值比值在1.2～1.4之间；B、Bi、Cd、Cu、F、Li、Mo、Sb、Se、MgO、CaO背景值明显高于浙江省背景值，是浙江省背景值的1.4倍以上；其他元素/指标背景值则与浙江省背景值基本接近。

七、开化县土壤元素背景值

开化县土壤元素背景值数据经正态分布检验，结果表明，原始数据N符合正态分布，Ge、K_2O、Zn、Corg、Cu、Co剔除异常值后符合正态分布，P、Hg、Se、As剔除异常值后符合对数正态分布，B、Cd、Cr、Mn、Mo、Ni、Pb、V、pH不符合正态分布或对数正态分布，其他元素/指标样本数不足30件，无法进行正态分布检验（表4-7）。

开化县表层土壤总体呈酸性，土壤pH背景值为5.02，极大值为6.84，极小值为3.71，与衢州市背景值和浙江省背景值基本接近。

在土壤各元素/指标中，大多数元素/指标变异系数小于0.40，分布相对均匀；Co、B、Se、Mn、As、Cd、Mo、pH共8项元素/指标变异系数大于0.40，其中Mo、pH变异系数大于0.80，空间变异性较大。

与衢州市土壤元素背景值相比，开化县土壤元素背景值中Au、Mo背景值明显低于衢州市背景值，仅为衢州市背景值的42.60%；而Hg、As背景值略低于衢州市背景值，为衢州市背景值的60%～80%；Ti、Ba、Se、N、TC、TFe_2O_3、Mn、Co背景值略高于衢州市背景值，与衢州市背景值比值在1.2～1.4之间；Cd、P、Corg、MgO、Bi、Cu、Br、Cr、Ni、I、B背景值明显高于衢州市背景值，是衢州市背景值的1.4倍以上；其他元素/指标背景值则与衢州市背景值基本接近。

与浙江省土壤元素背景值相比，开化县土壤元素背景值中Au、Mo、Sr背景值明显偏低，不足浙江省背景值的60%；Cl、Hg、Mn背景值略低于浙江省背景值，为浙江省背景值的60%～80%；N、Sb、TFe_2O_3、K_2O背景值略高于浙江省背景值，与浙江省背景值比值在1.2～1.4之间；B、Bi、Br、Cd、Cu、I、Li、Se、Sn、MgO背景值明显高于浙江省背景值，是浙江省背景值的1.4倍以上；其他元素/指标背景值则与浙江省背景值基本接近。

第二节　主要土壤母质类型元素背景值

一、松散岩类沉积物土壤母质元素背景值

衢州市松散岩类沉积物土壤母质元素背景值数据经正态分布检验，结果表明，原始数据中Ba、Be、Ce、Ga、La、Li、Rb、S、Sc、Th、Ti、Y、Zr、Al_2O_3、TFe_2O_3、Na_2O、TC符合正态分布，Ag、Au、Bi、Br、Cl、I、N、Nb、Sb、Sn、Sr、U、W、MgO、CaO、Corg符合对数正态分布，SiO_2剔除异常值后符合正态分布，Cu、Ge、Mo、Zn剔除异常值后符合对数正态分布，其他元素/指标不符合正态分布或对数正态分布（表4-8）。

表 4-7 开化县土壤元素背景值参数统计表

元素/指标	N	$X_{5\%}$	$X_{10\%}$	$X_{25\%}$	$X_{50\%}$	$X_{75\%}$	$X_{90\%}$	$X_{95\%}$	$\bar{X}$	S	$\bar{X}_g$	S_g	X_{max}	X_{min}	CV	X_{me}	X_{mo}	分布类型	开化县背景值	衢州市背景值	浙江省背景值
Ag	1	98.0	98.0	98.0	98.0	98.0	98.0	98.0	98.0	—	98.0	—	98.0	98.0	—	98.0	98.0	—	98.0	87.1	100.0
As	2280	2.26	3.20	5.77	9.04	14.27	21.85	25.91	10.88	7.08	8.70	4.38	33.20	0.82	0.65	9.04	13.26	剔除后对数分布	8.70	11.10	10.10
Au	1	0.72	0.72	0.72	0.72	0.72	0.72	0.72	0.72	—	0.72	—	0.72	0.72	—	0.72	0.72	—	0.72	1.69	1.50
B	2420	14.51	21.67	37.15	56.1	68.4	80.4	90.0	53.6	22.52	47.47	10.50	116	4.07	0.42	56.1	54.3	其他分布	54.3	33.60	20.00
Ba	1	496	496	496	496	496	496	496	496	—	496	—	496	496	—	496	496	—	496	400	475
Be	1	1.81	1.81	1.81	1.81	1.81	1.81	1.81	1.81	—	1.81	—	1.81	1.81	—	1.81	1.81	—	1.81	2.22	2.00
Bi	1	0.42	0.42	0.42	0.42	0.42	0.42	0.42	0.42	—	0.42	—	0.42	0.42	—	0.42	0.42	—	0.42	0.26	0.28
Br	1	5.20	5.20	5.20	5.20	5.20	5.20	5.20	5.20	—	5.20	—	5.20	5.20	—	5.20	5.20	—	5.20	2.28	2.20
Cd	2248	0.10	0.12	0.19	0.29	0.51	0.81	1.01	0.39	0.28	0.30	2.59	1.30	0.02	0.72	0.29	0.23	其他分布	0.23	0.16	0.14
Ce	1	92.5	92.5	92.5	92.5	92.5	92.5	92.5	92.5	—	92.5	—	92.5	92.5	—	92.5	92.5	—	92.5	83.2	102
Cl	1	49.00	49.00	49.00	49.00	49.00	49.00	49.00	49.00	—	49.00	—	49.00	49.00	—	49.00	49.00	—	49.00	51.0	71.0
Co	2403	4.58	6.57	9.97	14.17	17.82	21.12	23.82	14.06	5.70	12.68	4.76	30.03	1.36	0.41	14.17	14.41	剔除后正态分布	14.06	10.10	14.80
Cr	2197	47.22	55.4	69.5	80.0	90.0	101	108	79.3	17.83	77.0	12.52	128	30.81	0.22	80.0	78.6	其他分布	78.6	32.00	82.0
Cu	2371	12.78	17.55	25.02	33.35	41.69	50.6	56.4	33.87	12.56	31.27	7.85	68.9	6.97	0.37	33.35	34.72	剔除后正态分布	33.87	16.00	16.00
F	1	450	450	450	450	450	450	450	450	—	450	—	450	450	—	450	450	—	450	421	453
Ga	1	16.70	16.70	16.70	16.70	16.70	16.70	16.70	16.70	—	16.70	—	16.70	16.70	—	16.70	16.70	—	16.70	16.75	16.00
Ge	2381	1.18	1.27	1.39	1.54	1.68	1.83	1.94	1.54	0.22	1.52	1.33	2.15	0.97	0.14	1.54	1.42	剔除后正态分布	1.54	1.43	1.44
Hg	2319	0.04	0.05	0.06	0.08	0.11	0.14	0.16	0.09	0.03	0.08	4.04	0.20	0.01	0.39	0.08	0.05	剔除后对数分布	0.08	0.11	0.110
I	1	4.50	4.50	4.50	4.50	4.50	4.50	4.50	4.50	—	4.50	—	4.50	4.50	—	4.50	4.50	—	4.50	1.08	1.70
La	1	46.30	46.30	46.30	46.30	46.30	46.30	46.30	46.30	—	46.30	—	46.30	46.30	—	46.30	46.30	—	46.30	44.34	41.00
Li	1	39.10	39.10	39.10	39.10	39.10	39.10	39.10	39.10	—	39.10	—	39.10	39.10	—	39.10	39.10	—	39.10	34.84	25.00
Mn	2337	149	170	225	311	502	710	828	384	211	333	29.57	1037	72.9	0.55	311	309	其他分布	309	227	440
Mo	2203	0.26	0.32	0.46	0.82	1.67	3.09	4.00	1.28	1.16	0.90	2.32	5.21	0.14	0.90	0.82	0.37	其他分布	0.37	0.82	0.66
N	2472	0.79	0.98	1.26	1.59	1.89	2.19	2.41	1.59	0.49	1.51	1.54	3.82	0.21	0.31	1.59	1.90	正态分布	1.59	1.27	1.28
Nb	1	18.40	18.40	18.40	18.40	18.40	18.40	18.40	18.40	—	18.40	—	18.40	18.40	—	18.40	18.40	—	18.40	19.70	16.83
Ni	2358	10.53	16.40	26.80	35.76	42.35	49.82	55.7	34.58	12.56	31.63	7.97	67.8	3.54	0.36	35.76	31.00	其他分布	31.00	11.00	35.00
P	2375	0.37	0.44	0.58	0.75	0.93	1.11	1.23	0.76	0.26	0.72	1.50	1.51	0.09	0.34	0.75	0.76	剔除后对数分布	0.72	0.48	0.60
Pb	2313	24.55	27.05	30.24	33.76	38.08	42.68	45.95	34.37	6.29	33.79	7.78	52.2	17.49	0.18	33.76	33.76	偏峰分布	33.76	30.00	32.00

第四章 土壤元素背景值

续表 4-7

元素/指标	N	$X_{5\%}$	$X_{10\%}$	$X_{25\%}$	$X_{50\%}$	$X_{75\%}$	$X_{90\%}$	$X_{95\%}$	$\bar{X}$	S	$\bar{X}_g$	S_g	X_{max}	X_{min}	CV	X_{me}	X_{mo}	分布类型	开化县背景值	衢州市背景值	浙江省背景值
Rb	1	114	114	114	114	114	114	114	114	—	114	—	114	114	—	114	114	—	114	115	120
S	1	243	243	243	243	243	243	243	243	—	243	—	243	243	—	243	243	—	243	285	248
Sb	1	0.70	0.70	0.70	0.70	0.70	0.70	0.70	0.70	—	0.70	—	0.70	0.70	—	0.70	0.70	—	0.70	0.87	0.53
Sc	1	9.50	9.50	9.50	9.50	9.50	9.50	9.50	9.50	—	9.50	—	9.50	9.50	—	9.50	9.50	—	9.50	9.15	8.70
Se	2339	0.18	0.20	0.26	0.35	0.48	0.62	0.71	0.38	0.16	0.35	2.02	0.87	0.07	0.43	0.35	0.26	剔除后对数分布	0.35	0.28	0.21
Sn	1	5.45	5.45	5.45	5.45	5.45	5.45	5.45	5.45	—	5.45	—	5.45	5.45	—	5.45	5.45	—	5.45	5.96	3.60
Sr	1	43.90	43.90	43.90	43.90	43.90	43.90	43.90	43.90	—	43.90	—	43.90	43.90	—	43.90	43.90	—	43.90	50.5	105
Th	1	13.90	13.90	13.90	13.90	13.90	13.90	13.90	13.90	—	13.90	—	13.90	13.90	—	13.90	13.90	—	13.90	14.77	13.30
Ti	1	5411	5411	5411	5411	5411	5411	5411	5411	—	5411	—	5411	5411	—	5411	5411	—	5411	4413	4665
Tl	1	0.67	0.67	0.67	0.67	0.67	0.67	0.67	0.67	—	0.67	—	0.67	0.67	—	0.67	0.67	—	0.67	0.69	0.70
U	1	2.84	2.84	2.84	2.84	2.84	2.84	2.84	2.84	—	2.84	—	2.84	2.84	—	2.84	2.84	—	2.84	3.53	2.90
V	2327	38.76	61.7	88.3	107	131	156	172	108	36.57	101	15.22	207	19.76	0.34	107	97.3	其他分布	97.3	101	106
W	1	2.08	2.08	2.08	2.08	2.08	2.08	2.08	2.08	—	2.08	—	2.08	2.08	—	2.08	2.08	—	2.08	1.90	1.80
Y	1	27.30	27.30	27.30	27.30	27.30	27.30	27.30	27.30	—	27.30	—	27.30	27.30	—	27.30	27.30	—	27.30	28.51	25.00
Zn	2308	58.0	66.5	83.9	101	117	136	149	101	26.28	97.6	14.52	176	33.88	0.26	101	99.1	剔除后正态分布	101	101	101
Zr	1	270	270	270	270	270	270	270	270	—	270	—	270	270	—	270	270	—	270	318	243
SiO_2	1	72.5	72.5	72.5	72.5	72.5	72.5	72.5	72.5	—	72.5	—	72.5	72.5	—	72.5	72.5	—	72.5	73.4	71.3
Al_2O_3	1	12.70	12.70	12.70	12.70	12.70	12.70	12.70	12.70	—	12.70	—	12.70	12.70	—	12.70	12.70	—	12.70	12.35	13.20
TFe_2O_3	1	5.15	5.15	5.15	5.15	5.15	5.15	5.15	5.15	—	5.15	—	5.15	5.15	—	5.15	5.15	—	5.15	4.01	3.74
MgO	1	1.12	1.12	1.12	1.12	1.12	1.12	1.12	1.12	—	1.12	—	1.12	1.12	—	1.12	1.12	—	1.12	0.71	0.50
CaO	1	0.26	0.26	0.26	0.26	0.26	0.26	0.26	0.26	—	0.26	—	0.26	0.26	—	0.26	0.26	—	0.26	0.30	0.24
Na_2O	1	0.22	0.22	0.22	0.22	0.22	0.22	0.22	0.22	—	0.22	—	0.22	0.22	—	0.22	0.22	—	0.22	0.21	0.19
K_2O	2341	2.03	2.24	2.61	2.99	3.38	3.75	4.04	3.00	0.59	2.94	1.91	4.64	1.41	0.20	2.99	3.02	剔除后正态分布	3.00	2.82	2.35
TC	1	1.68	1.68	1.68	1.68	1.68	1.68	1.68	1.68	—	1.68	—	1.68	1.68	—	1.68	1.68	—	1.68	1.33	1.43
Corg	2414	0.69	0.87	1.13	1.42	1.75	2.05	2.24	1.44	0.46	1.36	1.53	2.71	0.20	0.32	1.42	1.20	剔除后正态分布	1.44	0.95	1.31
pH	2329	4.41	4.57	4.80	5.11	5.52	5.96	6.24	4.91	4.81	5.19	2.60	6.84	3.71	0.98	5.11	5.02	偏峰分布	5.02	5.12	5.10

表 4-8 松散岩类沉积物土壤母质元素背景值参数统计表

元素/指标	N	$X_{5\%}$	$X_{10\%}$	$X_{25\%}$	$X_{50\%}$	$X_{75\%}$	$X_{90\%}$	$X_{95\%}$	$\overline{X}$	S	$\overline{X}_g$	S_g	X_{max}	X_{min}	CV	X_{me}	X_{mo}	分布类型	松散岩类沉积物背景值	衢州市背景值
Ag	176	60.0	70.0	80.8	106	142	206	257	126	77.3	112	15.48	572	43.00	0.61	106	80.0	对数正态分布	112	87.1
As	4811	2.43	3.00	4.25	6.05	9.67	14.00	16.40	7.39	4.26	6.29	3.37	20.50	0.98	0.58	6.05	15.60	其他分布	15.60	11.10
Au	176	0.97	1.10	1.50	2.13	3.96	5.42	7.59	3.15	3.00	2.42	2.22	20.95	0.66	0.95	2.13	1.58	对数正态分布	2.42	1.69
B	5092	8.86	11.80	18.64	32.17	50.3	63.8	71.4	35.47	20.19	29.07	8.04	97.0	1.09	0.57	32.17	25.90	其他分布	25.90	33.60
Ba	176	276	294	348	412	482	566	636	426	115	411	32.02	800	199	0.27	412	394	正态分布	426	400
Be	176	1.46	1.62	1.96	2.46	2.84	3.21	3.40	2.42	0.59	2.34	1.75	3.80	1.18	0.25	2.46	2.65	正态分布	2.42	2.22
Bi	176	0.24	0.26	0.30	0.36	0.45	0.55	0.69	0.40	0.16	0.37	1.94	1.54	0.20	0.40	0.36	0.26	对数正态分布	0.37	0.26
Br	176	1.61	1.73	1.92	2.14	2.40	2.79	3.09	2.20	0.45	2.16	1.63	4.06	1.19	0.21	2.14	1.97	对数正态分布	2.16	2.28
Cd	4720	0.11	0.13	0.17	0.22	0.31	0.44	0.52	0.26	0.12	0.23	2.60	0.63	0.02	0.48	0.22	0.26	其他分布	0.26	0.16
Ce	176	58.2	63.5	70.8	78.9	90.0	101	108	81.0	15.01	79.6	12.71	148	53.8	0.19	78.9	79.7	正态分布	81.0	83.2
Cl	176	42.77	43.85	49.04	55.3	65.7	79.6	96.2	60.1	18.97	57.9	10.61	164	32.72	0.32	55.3	50.9	对数正态分布	57.9	51.0
Co	4986	3.01	3.51	4.63	6.70	9.20	11.57	13.00	7.18	3.12	6.51	3.23	16.70	1.08	0.44	6.70	10.40	其他分布	10.40	10.10
Cr	5040	16.95	19.70	27.56	39.40	54.2	66.1	72.4	41.54	17.60	37.67	8.64	95.8	5.66	0.42	39.40	31.00	其他分布	31.00	32.00
Cu	4801	11.00	12.80	16.00	21.00	27.80	35.00	39.80	22.52	8.61	20.94	6.17	49.12	4.40	0.38	21.00	17.00	剔除后对数分布	20.94	16.00
F	173	289	312	350	409	481	568	620	423	98.9	412	32.06	683	213	0.23	409	421	偏峰分布	421	421
Ga	176	11.85	12.55	13.59	15.15	16.85	18.18	18.97	15.26	2.33	15.09	4.89	24.17	10.09	0.15	15.15	15.40	正态分布	15.26	16.75
Ge	2746	1.21	1.25	1.31	1.39	1.48	1.58	1.64	1.40	0.13	1.40	1.24	1.75	1.06	0.09	1.39	1.43	剔除后对数分布	1.40	1.43
Hg	4779	0.05	0.06	0.08	0.11	0.14	0.19	0.22	0.11	0.05	0.10	3.62	0.27	0.01	0.44	0.11	0.11	其他分布	0.11	0.11
I	176	0.80	0.85	1.00	1.19	1.47	1.86	2.13	1.31	0.51	1.23	1.43	4.37	0.58	0.39	1.19	1.08	对数正态分布	1.23	1.08
La	176	31.75	34.09	37.59	42.25	46.66	52.2	55.1	42.78	7.34	42.18	8.79	70.7	28.20	0.17	42.25	45.90	正态分布	42.78	44.34
Li	176	24.70	26.26	28.90	32.30	35.80	40.64	45.27	33.08	6.37	32.53	7.43	58.9	21.67	0.19	32.30	32.90	正态分布	33.08	34.84
Mn	4944	137	161	211	292	421	550	635	328	152	295	27.05	780	1.31	0.46	292	261	其他分布	261	227
Mo	4830	0.66	0.73	0.89	1.12	1.42	1.76	1.98	1.19	0.40	1.13	1.40	2.38	0.33	0.33	1.12	1.12	剔除后对数分布	1.13	0.82
N	5123	0.58	0.72	0.96	1.30	1.69	2.11	2.37	1.37	0.56	1.25	1.61	6.43	0.02	0.41	1.30	1.29	对数正态分布	1.25	1.27
Nb	176	16.55	17.17	19.50	23.50	27.92	31.20	33.23	23.86	5.38	23.27	6.36	38.10	14.38	0.23	23.50	24.70	对数正态分布	23.27	19.70
Ni	4999	6.47	7.42	9.68	13.72	19.60	25.27	28.32	15.13	6.86	13.65	4.89	35.75	3.64	0.45	13.72	11.00	其他分布	11.00	11.00
P	4813	0.34	0.39	0.48	0.62	0.83	1.11	1.25	0.69	0.28	0.63	1.61	1.51	0.04	0.40	0.62	0.57	其他分布	0.57	0.48
Pb	4780	25.18	27.78	31.93	37.50	44.90	53.0	58.3	39.05	9.91	37.83	8.43	69.2	12.90	0.25	37.50	31.00	偏峰分布	31.00	30.00

第四章 土壤元素背景值

续表 4-8

元素/指标	N	$X_{5\%}$	$X_{10\%}$	$X_{25\%}$	$X_{50\%}$	$X_{75\%}$	$X_{90\%}$	$X_{95\%}$	$\bar{X}$	S	$\bar{X}_g$	S_g	X_{max}	X_{min}	CV	X_{me}	X_{mo}	分布类型	松散岩类沉积物背景值	衢州市背景值
Rb	176	77.4	81.7	99.5	125	165	182	195	131	38.08	125	16.65	217	56.2	0.29	125	122	正态分布	131	115
S	176	193	227	259	313	380	431	455	324	89.6	312	28.02	683	125	0.28	313	347	正态分布	324	285
Sb	176	0.46	0.49	0.57	0.76	1.06	1.59	2.34	0.97	0.71	0.83	1.68	5.06	0.40	0.73	0.76	0.57	对数正态分布	0.83	0.87
Sc	176	5.49	6.00	6.72	7.60	9.04	10.32	11.12	7.99	1.94	7.79	3.35	20.17	4.90	0.24	7.60	7.55	正态分布	7.99	9.15
Se	4869	0.20	0.22	0.26	0.31	0.37	0.43	0.48	0.32	0.08	0.31	2.04	0.56	0.08	0.26	0.31	0.26	其他分布	0.26	0.28
Sn	176	4.15	4.60	6.47	8.55	11.20	15.45	17.50	9.44	4.51	8.53	3.64	28.70	2.90	0.48	8.55	9.50	对数正态分布	8.53	5.96
Sr	176	38.81	41.16	44.55	50.3	55.9	66.9	85.5	54.0	19.86	52.0	9.94	237	36.11	0.37	50.3	54.0	正态分布	52.0	50.5
Th	176	9.79	10.35	11.77	15.15	18.48	20.86	21.57	15.29	3.93	14.78	4.91	24.70	7.84	0.26	15.15	15.20	正态分布	15.29	14.77
Ti	176	2925	3021	3356	3924	4413	4879	5115	3964	813	3889	118	8874	2195	0.21	3924	3966	正态分布	3964	4413
Tl	970	0.49	0.54	0.63	0.84	1.01	1.16	1.26	0.84	0.24	0.81	1.38	1.54	0.34	0.29	0.84	0.69	其他分布	0.69	0.69
U	176	2.65	2.83	3.12	3.60	4.06	4.42	4.79	3.72	1.42	3.60	2.18	20.19	2.19	0.38	3.60	3.64	对数正态分布	3.60	3.53
V	4897	26.31	30.53	40.09	56.0	74.1	90.9	99.8	58.5	22.91	53.9	10.45	129	11.17	0.39	56.0	63.9	其他分布	63.9	101
W	176	1.38	1.49	1.69	1.94	2.19	2.52	2.79	2.02	0.57	1.96	1.56	6.32	1.10	0.28	1.94	1.62	对数正态分布	1.96	1.90
Y	176	20.50	21.73	24.62	27.34	30.80	34.01	35.73	27.76	5.04	27.31	6.88	45.20	16.37	0.18	27.34	29.10	正态分布	27.76	28.51
Zn	4867	49.83	56.6	67.0	80.9	99.0	121	133	84.7	24.66	81.3	12.94	156	26.11	0.29	80.9	101	剔除后对数分布	81.3	101
Zr	176	243	259	295	362	416	480	496	364	84.4	354	30.49	666	197	0.23	362	352	正态分布	364	318
SiO₂	170	72.0	73.2	75.1	77.2	79.0	81.0	81.7	77.0	3.00	77.0	12.19	84.3	69.3	0.04	77.2	75.7	剔除后正态分布	77.0	73.4
Al₂O₃	176	9.44	9.78	10.32	11.08	11.90	13.11	13.70	11.27	1.48	11.18	4.09	18.60	7.86	0.13	11.08	11.57	正态分布	11.27	12.35
TFe₂O₃	176	2.12	2.40	2.70	3.25	3.93	4.42	4.84	3.39	0.99	3.27	2.09	9.71	1.71	0.29	3.25	2.48	对数正态分布	3.39	4.01
MgO	176	0.32	0.35	0.40	0.53	0.72	0.89	0.97	0.58	0.22	0.54	1.69	1.33	0.23	0.37	0.53	0.38	对数正态分布	0.54	0.71
CaO	176	0.21	0.23	0.27	0.34	0.42	0.55	0.64	0.38	0.20	0.35	2.05	1.62	0.15	0.52	0.34	0.30	正态分布	0.35	0.30
Na₂O	176	0.22	0.29	0.43	0.61	0.84	0.97	1.02	0.63	0.27	0.57	1.79	1.80	0.10	0.42	0.61	0.60	其他分布	0.63	0.21
K₂O	5123	1.14	1.34	1.74	2.40	3.23	3.94	4.22	2.52	0.96	2.33	1.87	5.18	0.31	0.38	2.40	1.69	其他分布	1.69	2.82
TC	176	0.86	0.99	1.16	1.35	1.52	1.71	1.79	1.35	0.30	1.32	1.33	2.55	0.67	0.22	1.35	1.46	正态分布	1.35	1.33
Corg	3295	0.55	0.70	0.93	1.23	1.58	2.03	2.35	1.31	0.64	1.19	1.61	20.02	0.08	0.49	1.23	1.20	对数正态分布	1.19	0.95
pH	4834	4.47	4.62	4.90	5.20	5.57	6.02	6.27	4.99	4.89	5.26	2.62	6.79	3.82	0.98	5.20	5.09	偏峰分布	5.09	5.12

注:氧化物、TC、Corg 单位为%,N、P 单位为 g/kg,Au、Ag 单位为 μg/kg,pH 为无量纲,其他元素/指标单位为 mg/kg;后表单位相同。

松散岩类沉积物区表层土壤总体为酸性,土壤pH背景值为5.09,极大值为6.79,极小值为3.82,与衢州市背景值基本接近。

表层土壤各元素/指标中,多数元素/指标变异系数小于0.40,分布相对均匀;N、Cr、Na_2O、Co、Hg、Ni、Mn、Cd、Sn、Corg、CaO、B、As、Ag、Sb、Au、pH共17项元素/指标变异系数大于0.40,其中Au、pH变异系数大于0.80,空间变异性较大。

与衢州市土壤元素背景值相比,松散岩类沉积物区土壤元素背景值中B、K_2O、V、MgO背景值略低于衢州市背景值,为衢州市背景值的60%~80%;Corg、Ag、Cu、Mo背景值略高于衢州市背景值,与衢州市背景值比值在1.2~1.4之间;As、Bi、Sn、Au、Cd、Na_2O背景值明显高于衢州市背景值,是衢州市背景值的1.4倍以上,其中Na_2O明显相对富集,是衢州市背景值的3倍;其他元素/指标背景值则与衢州市背景值基本接近。

二、古土壤风化物土壤母质元素背景值

衢州市古土壤风化物土壤母质元素背景值数据经正态分布检验,结果表明,原始数据中As、Au、B、Ba、Be、Br、Ce、Cl、F、Ga、I、La、Li、Nb、Rb、S、Sb、Sc、Sn、Sr、Th、Ti、Tl、U、V、Y、SiO_2、Al_2O_3、TFe_2O_3、MgO、Na_2O、TC、Corg共33项元素/指标符合正态分布,Bi、Cd、Mn、Mo、N、P、Pb、W、CaO、pH符合对数正态分布,Ag、Cr、Ge、Zr剔除异常值后符合正态分布,Co、Cu、Hg、Ni、Se、Zn剔除异常值后符合对数正态分布,K_2O不符合正态分布或对数正态分布(表4-9)。

古土壤风化物区表层土壤总体为酸性,土壤pH背景值为5.34,极大值为8.64,极小值为3.81,与衢州市背景值基本接近。

表层土壤各元素/指标中,大多数元素/指标变异系数小于0.40,分布相对均匀;Bi、Corg、Hg、N、I、Mo、Na_2O、Au、Mn、P、Cd、CaO、pH共13项元素/指标变异系数大于0.40,其中CaO、pH变异系数大于0.80,空间变异性较大。

与衢州市土壤元素背景值相比,古土壤风化物区土壤元素背景值中K_2O背景值明显低于衢州市背景值,仅为衢州市背景值的34.40%;而Zn、Be、Ba背景值略低于衢州市背景值,为衢州市背景值的60%~80%;Sb、Corg、Sn、P、Mn背景值略高于衢州市背景值,与衢州市背景值比值在1.2~1.4之间;Mo、Cu、Na_2O、Bi、I、Ni、Cr、Au、B背景值明显高于衢州市背景值,是衢州市背景值的1.4倍以上;其他元素/指标背景值则与衢州市背景值基本接近。

三、碎屑岩类风化物土壤母质元素背景值

衢州市碎屑岩类风化物土壤母质元素背景值数据经正态分布检验,结果表明,原始数据中Th、SiO_2、La、Ce、Rb、Al_2O_3、Be、Tl、Ga、Ti、MgO、F符合正态分布,Zr、Sn、Ag、Na_2O、Cl、Nb、Sr、Y、Ba、Au、W、Li、pH、TC、N、Br、Sc、Sb、Corg、I符合对数正态分布,CaO、S、U、Ge、Bi、Cu剔除异常值后符合正态分布,Hg、As、P剔除异常值后符合对数正态分布,其他元素/指标不符合正态分布或对数正态分布(表4-10)。

碎屑岩风化物区表层土壤总体为酸性,土壤pH背景值为5.37,极大值为8.40,极小值为3.71,与衢州市背景值基本接近。

表层土壤各元素/指标中,大多数元素/指标变异系数小于0.40,分布相对均匀;Corg、Co、Cd、As、Cl、Mo、Ag、Mn、Br、Na_2O、I、pH、Au、Sb共14项元素/指标变异系数大于0.40,其中pH、Au、Sb变异系数大于0.80,空间变异性较大。

与衢州市土壤元素背景值相比,碎屑岩类风化物区土壤元素背景值中Zr、Sn背景值略低于衢州市背景值,为衢州市背景值的60%~80%;Mo、P、Sc、Se、Sb、Cd、TFe_2O_3背景值略高于衢州市背景值,与衢州市背景值比值在1.2~1.4之间;Corg、MgO、Bi、F、I、Co、Ni、Cu、Cr、B背景值明显高于衢州市背景值,是衢州市背景值的1.4倍以上;其他元素/指标背景值则与衢州市背景值基本接近。

第四章 土壤元素背景值

表 4-9 古土壤风化物元素背景值参数统计表

元素/指标	N	$X_{5\%}$	$X_{10\%}$	$X_{25\%}$	$X_{50\%}$	$X_{75\%}$	$X_{90\%}$	$X_{95\%}$	$\bar{X}$	S	$\bar{X}_g$	S_g	X_{max}	X_{min}	CV	X_{me}	X_{mo}	分布类型	古土壤风化物背景值	衢州市背景值
Ag	38	48.95	53.7	60.0	73.0	90.5	129	152	82.1	31.02	77.2	12.46	162	41.00	0.38	73.0	66.0	剔除后正态分布	82.1	87.1
As	1021	4.59	5.83	8.75	11.70	14.40	16.60	17.80	11.60	4.22	10.73	4.32	32.60	2.22	0.36	11.70	12.60	正态分布	11.60	11.10
Au	41	1.19	1.38	2.31	3.52	4.50	6.06	7.83	3.69	2.22	3.13	2.27	11.60	1.00	0.60	3.52	3.66	正态分布	3.69	1.69
B	1021	32.08	40.00	51.5	64.7	76.2	86.7	94.0	64.2	19.49	60.6	11.08	178	2.48	0.30	64.7	70.8	正态分布	64.2	33.60
Ba	41	246	248	269	310	353	412	431	319	60.1	313	27.42	463	234	0.19	310	334	正态分布	319	400
Be	41	1.24	1.33	1.47	1.73	1.90	2.17	2.22	1.76	0.43	1.72	1.50	3.22	1.10	0.24	1.73	1.90	正态分布	1.76	2.22
Bi	41	0.26	0.28	0.35	0.41	0.46	0.53	0.77	0.44	0.18	0.41	1.81	1.29	0.25	0.41	0.41	0.44	对数正态分布	0.41	0.26
Br	41	1.78	1.83	2.11	2.26	2.49	2.97	3.21	2.37	0.54	2.32	1.70	4.54	1.57	0.23	2.26	2.33	正态分布	2.37	2.28
Cd	1021	0.05	0.07	0.12	0.18	0.29	0.43	0.53	0.23	0.16	0.18	3.19	2.01	0.01	0.72	0.18	0.16	对数正态分布	0.18	0.16
Ce	41	52.9	55.9	61.1	69.4	76.8	92.8	106	72.3	15.11	70.9	11.89	110	49.65	0.21	69.4	65.4	正态分布	72.3	83.2
Cl	41	35.00	36.44	40.20	48.60	56.1	67.8	72.1	51.2	15.87	49.25	9.82	118	31.40	0.31	48.60	51.1	剔除后正态分布	51.2	51.0
Co	969	4.95	5.73	7.14	8.81	10.60	12.90	14.10	9.04	2.72	8.62	3.60	16.60	1.97	0.30	8.81	10.10	剔除后正态分布	8.62	10.10
Cr	1009	39.39	45.10	54.5	64.7	77.3	85.6	89.4	65.2	15.45	63.2	6.49	108	24.21	0.24	64.7	59.0	剔除后正态分布	65.2	32.00
Cu	930	15.44	17.09	20.00	23.90	28.48	35.00	39.16	24.89	7.04	23.94	6.49	46.30	8.84	0.28	23.90	23.00	剔除后对数正态分布	23.94	16.00
F	41	312	333	380	421	480	547	599	435	95.4	425	32.33	748	252	0.22	421	421	正态分布	435	421
Ga	41	11.44	11.83	13.73	15.30	17.14	17.75	18.26	15.18	2.27	15.01	4.77	18.67	11.02	0.15	15.30	17.14	正态分布	15.18	16.75
Ge	311	1.26	1.32	1.41	1.52	1.63	1.76	1.86	1.53	0.17	1.52	1.30	2.00	1.13	0.11	1.52	1.56	剔除后正态分布	1.53	1.43
Hg	940	0.04	0.05	0.07	0.10	0.13	0.17	0.19	0.10	0.04	0.09	3.83	0.23	0.02	0.43	0.10	0.11	剔除后对数正态分布	0.09	0.11
I	41	0.86	0.93	1.12	1.50	2.35	2.95	3.03	1.81	0.85	1.63	1.70	4.14	0.71	0.47	1.50	0.93	对数正态分布	1.81	1.08
La	41	26.80	29.51	32.40	35.60	42.03	49.10	52.4	37.82	9.00	36.87	8.27	63.8	22.10	0.24	35.60	35.60	正态分布	37.82	44.34
Li	41	30.30	31.50	33.40	39.10	42.70	44.70	49.73	38.62	6.77	38.06	8.02	56.0	27.10	0.18	39.10	39.10	正态分布	38.62	34.84
Mn	1021	132	160	208	281	390	553	704	331	200	289	26.93	1828	71.1	0.61	281	196	对数正态分布	289	227
Mo	1021	0.64	0.74	0.93	1.21	1.52	1.89	2.20	1.31	0.63	1.20	1.51	8.68	0.38	0.48	1.21	0.89	正态分布	1.20	0.82
N	1021	0.52	0.66	0.94	1.26	1.60	2.04	2.39	1.32	0.56	1.20	1.61	4.00	0.22	0.43	1.26	1.27	正态分布	1.20	1.27
Nb	41	18.70	19.50	20.90	22.40	24.00	26.30	31.01	22.85	3.57	22.60	6.11	33.00	16.24	0.16	22.40	23.10	剔除后正态分布	22.85	19.70
Ni	999	10.90	12.42	15.70	19.65	24.30	28.43	30.70	20.15	6.03	19.23	5.68	38.20	5.97	0.30	19.65	20.00	对数正态分布	19.23	11.00
P	1021	0.24	0.33	0.45	0.59	0.85	1.22	1.61	0.72	0.45	0.61	1.82	4.25	0.11	0.63	0.59	0.48	对数正态分布	0.61	0.48
Pb	1021	22.00	23.60	26.70	30.80	36.30	42.40	46.10	32.51	9.47	31.44	7.61	111	15.00	0.29	30.80	30.00	对数正态分布	31.44	30.00

续表 4-9

元素/指标	N	X$_{5\%}$	X$_{10\%}$	X$_{25\%}$	X$_{50\%}$	X$_{75\%}$	X$_{90\%}$	X$_{95\%}$	$\overline{X}$	S	$\overline{X}_g$	S$_g$	X$_{max}$	X$_{min}$	CV	X$_{me}$	X$_{mo}$	分布类型	古土壤风化物背景值	衢州市背景值
Rb	41	65.2	68.4	77.8	90.5	103	128	147	95.3	24.51	92.6	13.87	172	63.4	0.26	90.5	90.5	正态分布	95.3	115
S	41	211	229	256	313	364	422	455	320	85.9	309	27.13	559	149	0.27	313	320	正态分布	320	285
Sb	41	0.57	0.63	0.91	1.04	1.21	1.38	1.74	1.07	0.41	1.01	1.40	2.79	0.55	0.38	1.04	1.06	正态分布	1.07	0.87
Sc	41	6.40	6.53	7.60	8.59	10.00	10.80	11.12	8.61	1.62	8.46	3.38	11.77	4.39	0.19	8.59	8.06	正态分布	8.61	9.15
Se	951	0.19	0.22	0.27	0.34	0.39	0.47	0.51	0.34	0.09	0.32	1.99	0.60	0.10	0.28	0.34	0.34	剔除后对数分布	0.32	0.28
Sn	41	3.80	4.50	5.00	7.20	9.00	11.30	12.70	7.50	2.93	6.98	3.27	15.30	3.50	0.39	7.20	7.20	正态分布	7.50	5.96
Sr	41	37.23	39.37	41.00	44.47	51.6	60.4	62.2	47.14	8.13	46.49	9.16	65.0	36.41	0.17	44.47	43.66	正态分布	47.14	50.5
Th	41	9.99	11.10	12.43	13.58	15.20	16.65	17.70	13.82	2.54	13.61	4.61	22.94	9.79	0.18	13.58	14.36	正态分布	13.82	14.77
Ti	41	3739	3953	4420	4946	5671	6025	6338	4992	811	4928	129	6720	3426	0.16	4946	5016	正态分布	4992	4413
Tl	173	0.42	0.47	0.53	0.61	0.70	0.77	0.83	0.62	0.13	0.61	1.41	1.07	0.32	0.21	0.61	0.61	正态分布	0.62	0.69
U	41	2.48	2.62	3.10	3.22	3.49	3.85	4.27	3.30	0.51	3.26	2.01	4.60	2.38	0.16	3.22	3.22	正态分布	3.30	3.53
V	977	51.7	58.9	70.0	83.1	96.9	107	113	83.6	20.49	81.1	12.75	259	24.17	0.25	83.1	107	对数正态分布	83.6	101
W	41	1.60	1.80	1.96	2.16	2.31	2.46	2.87	2.23	0.70	2.16	1.65	6.07	1.39	0.31	2.16	2.25	正态分布	2.16	1.90
Y	41	14.79	16.18	18.62	21.12	25.49	30.40	37.75	22.81	6.93	21.94	6.21	46.21	12.65	0.30	21.12	23.87	剔除后对数分布	22.81	28.51
Zn	956	47.18	52.5	60.4	70.2	81.3	94.2	104	71.9	16.68	70.0	11.82	120	27.00	0.23	70.2	67.4	剔除后正态分布	70.0	101
Zr	36	299	305	323	349	364	384	428	348	38.06	346	28.70	458	288	0.11	349	348	正态分布	348	318
SiO$_2$	41	73.5	73.7	74.9	77.3	79.7	81.3	82.5	77.6	3.06	77.5	12.15	83.7	72.4	0.04	77.3	79.1	正态分布	77.6	73.4
Al$_2$O$_3$	41	8.73	9.09	10.38	11.33	12.38	13.06	13.16	11.29	1.49	11.19	4.00	14.39	8.29	0.13	11.33	11.90	正态分布	11.29	12.35
TFe$_2$O$_3$	41	2.84	3.10	3.31	3.97	4.62	5.10	5.22	4.03	0.78	3.95	2.20	5.55	2.74	0.19	3.97	3.58	正态分布	4.03	4.01
MgO	41	0.37	0.42	0.46	0.53	0.71	0.87	1.00	0.60	0.19	0.57	1.58	1.09	0.34	0.32	0.53	0.64	正态分布	0.60	0.71
CaO	41	0.18	0.19	0.22	0.30	0.37	0.73	1.31	0.40	0.34	0.32	2.45	1.61	0.11	0.86	0.30	0.34	对数正态分布	0.32	0.30
Na$_2$O	41	0.10	0.13	0.19	0.31	0.45	0.55	0.61	0.32	0.16	0.28	2.41	0.68	0.09	0.50	0.31	0.33	其他分布	0.32	0.21
K$_2$O	950	0.78	0.85	0.98	1.14	1.49	1.94	2.18	1.28	0.43	1.21	1.39	2.59	0.27	0.34	1.14	0.97	正态分布	1.28	2.82
TC	41	0.92	0.99	1.14	1.35	1.52	1.69	1.94	1.36	0.32	1.33	1.33	2.22	0.87	0.23	1.35	1.51	正态分布	1.36	1.33
Corg	364	0.38	0.52	0.91	1.19	1.47	1.80	1.99	1.19	0.49	1.07	1.69	3.25	0.11	0.41	1.19	1.16	正态分布	1.19	0.95
pH	1021	4.36	4.51	4.81	5.22	5.75	6.31	6.71	4.91	4.75	5.34	2.65	8.64	3.81	0.97	5.22	5.41	对数正态分布	5.34	5.12

第四章 土壤元素背景值

表 4-10 碎屑岩类风化物土壤母质元素背景值参数统计表

元素/指标	N	$X_{5\%}$	$X_{10\%}$	$X_{25\%}$	$X_{50\%}$	$X_{75\%}$	$X_{90\%}$	$X_{95\%}$	$\bar{X}$	S	$\bar{X}_g$	S_g	X_{max}	X_{min}	CV	X_{me}	X_{mo}	分布类型	碎屑岩类风化物背景值	衢州市背景值
Ag	182	46.10	53.0	58.0	67.0	90.0	136	182	84.9	50.6	76.4	12.31	438	39.00	0.60	67.0	67.0	对数正态分布	76.4	87.1
As	4750	3.24	4.24	6.60	9.70	13.77	19.51	23.30	10.85	5.85	9.31	4.25	28.99	0.65	0.54	9.70	10.80	剔除后正态分布	9.31	11.10
Au	182	0.93	1.05	1.22	1.54	2.03	3.14	4.80	2.06	2.26	1.71	1.78	26.35	0.72	1.10	1.54	1.21	对数正态分布	1.71	1.69
B	5153	22.43	29.46	45.30	62.8	76.5	87.6	93.9	60.7	22.04	55.5	10.90	123	1.31	0.36	62.8	65.3	其他分布	65.3	33.60
Ba	182	265	289	340	392	460	600	704	425	171	404	31.24	1936	215	0.40	392	396	对数正态分布	404	400
Be	182	1.46	1.67	1.96	2.42	2.70	2.97	3.23	2.38	0.58	2.31	1.75	6.13	1.12	0.25	2.42	2.66	正态分布	2.38	2.22
Bi	174	0.27	0.29	0.36	0.43	0.48	0.53	0.56	0.42	0.09	0.41	1.72	0.66	0.20	0.22	0.43	0.48	剔除后正态分布	0.42	0.26
Br	182	1.75	1.90	2.09	2.40	3.30	5.11	5.68	3.00	1.93	2.72	2.02	22.40	1.31	0.64	2.40	2.24	对数正态分布	2.72	2.28
Cd	4628	0.08	0.10	0.16	0.22	0.30	0.41	0.49	0.24	0.12	0.21	2.73	0.64	0.02	0.50	0.22	0.22	其他分布	0.22	0.16
Ce	182	62.9	67.1	75.2	82.9	90.3	102	106	83.9	14.35	82.7	12.92	145	55.8	0.17	82.9	80.8	正态分布	83.9	83.2
Cl	182	33.53	35.62	39.55	47.75	56.7	66.6	77.1	52.1	27.93	48.79	9.50	330	26.40	0.54	47.75	53.0	剔除后正态分布	48.79	51.0
Co	5096	4.82	6.21	9.51	14.40	19.10	23.06	25.95	14.62	6.52	12.99	4.81	34.04	1.24	0.45	14.40	18.60	对数正态分布	18.60	10.10
Cr	4829	38.84	48.97	63.9	75.5	84.6	94.9	101	73.7	17.62	71.3	11.94	120	28.03	0.24	75.5	76.5	其他分布	76.5	32.00
Cu	4930	14.50	17.70	23.90	31.61	38.39	45.14	50.2	31.58	10.73	29.52	7.44	62.5	2.30	0.34	31.61	36.40	剔除后正态分布	31.58	16.00
F	182	377	428	527	683	801	983	1111	691	227	656	43.52	1713	301	0.33	683	824	正态分布	691	421
Ga	182	13.61	14.61	16.15	18.07	20.18	21.09	21.53	18.01	2.61	17.81	5.38	23.77	11.70	0.14	18.07	20.20	正态分布	18.01	16.75
Ge	4029	1.27	1.35	1.47	1.60	1.74	1.87	1.95	1.61	0.20	1.59	1.35	2.18	1.04	0.13	1.60	1.52	剔除后正态分布	1.61	1.43
Hg	4871	0.04	0.05	0.07	0.09	0.12	0.15	0.17	0.09	0.04	0.09	3.94	0.20	0.01	0.39	0.09	0.11	剔除后正态分布	0.09	0.11
I	182	0.99	1.10	1.31	1.75	2.77	4.36	5.26	2.33	1.64	1.97	1.95	14.70	0.58	0.70	1.75	1.48	对数正态分布	1.97	1.08
La	182	33.94	35.82	40.05	44.23	47.86	52.1	55.1	44.48	6.97	43.96	8.98	77.4	29.27	0.16	44.23	42.80	正态分布	44.48	44.34
Li	182	25.52	27.85	31.82	35.94	40.92	50.1	55.3	37.58	9.56	36.51	8.09	78.6	16.77	0.25	35.94	33.92	对数正态分布	36.51	34.84
Mn	4894	137	170	243	375	600	888	1038	454	277	377	32.29	1277	28.33	0.61	375	270	正态分布	270	227
Mo	4575	0.39	0.49	0.72	1.02	1.46	2.16	2.69	1.18	0.67	1.02	1.74	3.45	0.18	0.56	1.02	1.00	其他分布	1.00	0.82
N	5192	0.69	0.85	1.18	1.54	1.93	2.33	2.59	1.58	0.60	1.46	1.63	8.12	0.14	0.38	1.54	1.43	对数正态分布	1.46	1.27
Nb	182	15.61	16.30	17.70	18.80	20.40	22.10	23.88	19.33	3.26	19.11	5.53	39.40	13.10	0.17	18.80	19.30	正态分布	19.11	19.70
Ni	5073	11.69	14.89	21.94	31.40	40.20	47.00	52.0	31.39	12.38	28.57	7.40	68.5	2.58	0.39	31.40	21.40	对数正态分布	21.40	11.00
P	4953	0.29	0.35	0.47	0.61	0.79	0.99	1.13	0.64	0.25	0.60	1.63	1.36	0.11	0.38	0.61	0.58	剔除后对数分布	0.60	0.48
Pb	4799	23.40	25.96	29.84	33.90	38.23	43.24	46.47	34.23	6.76	33.55	7.80	53.8	16.00	0.20	33.90	36.00	其他分布	36.00	30.00

续表 4-10

元素/指标	N	$X_{5\%}$	$X_{10\%}$	$X_{25\%}$	$X_{50\%}$	$X_{75\%}$	$X_{90\%}$	$X_{95\%}$	$\bar{X}$	S	$\bar{X}_g$	S_g	X_{max}	X_{min}	CV	X_{me}	X_{mo}	分布类型	碎屑岩类风化物背景值	衢州市背景值
Rb	182	77.0	83.4	97.6	118	137	146	150	117	23.96	114	15.82	163	63.1	0.21	118	143	正态分布	117	115
S	171	174	190	239	288	337	378	436	291	76.7	281	26.73	498	124	0.26	288	291	剔除后正态分布	291	285
Sb	182	0.66	0.71	0.85	1.04	1.49	2.52	3.05	1.53	2.82	1.19	1.73	37.82	0.45	1.84	1.04	0.87	对数正态分布	1.19	0.87
Sc	182	7.71	8.62	10.20	12.54	13.84	14.79	15.20	11.99	2.36	11.74	4.29	16.02	6.22	0.20	12.54	10.40	对数正态分布	11.74	9.15
Se	4854	0.21	0.24	0.31	0.39	0.51	0.65	0.74	0.42	0.16	0.39	1.88	0.90	0.06	0.37	0.39	0.36	其他分布	0.36	0.28
Sn	182	3.10	3.40	3.80	4.65	5.50	6.80	8.09	4.98	1.82	4.73	2.53	16.90	2.50	0.36	4.65	4.10	对数正态分布	4.73	5.96
Sr	182	31.03	32.94	39.09	49.46	58.3	73.8	87.7	51.7	17.87	49.10	9.68	144	27.44	0.35	49.46	32.03	对数正态分布	49.10	50.5
Th	182	9.61	10.61	11.85	14.22	16.22	17.29	17.74	14.06	2.62	13.80	4.68	20.14	7.02	0.19	14.22	15.50	正态分布	14.06	14.77
Ti	182	4220	4316	4676	5096	5517	5769	5990	5093	625	5054	138	7142	3160	0.12	5096	5667	正态分布	5093	4413
Tl	243	0.49	0.53	0.62	0.72	0.85	0.95	1.06	0.74	0.18	0.72	1.34	1.54	0.40	0.24	0.72	0.89	正态分布	0.74	0.69
U	166	2.58	2.83	3.23	3.67	4.06	4.56	5.07	3.68	0.71	3.61	2.17	5.62	1.91	0.19	3.67	4.06	剔除后正态分布	3.68	3.53
V	4937	52.4	64.4	84.7	104	119	135	147	102	27.52	97.6	14.42	177	30.43	0.27	104	107	其他分布	107	101
W	182	1.46	1.55	1.72	1.93	2.15	2.52	2.81	2.00	0.46	1.95	1.54	3.93	1.20	0.23	1.93	1.79	对数正态分布	1.95	1.90
Y	182	21.03	22.19	24.32	27.34	31.77	36.67	39.07	28.79	7.60	28.06	7.05	91.7	15.60	0.26	27.34	27.34	对数正态分布	28.06	28.51
Zn	4938	54.4	61.6	76.4	95.7	114	130	144	96.2	27.11	92.2	14.07	176	18.45	0.28	95.7	113	其他分布	113	101
Zr	182	187	195	214	236	271	314	354	251	65.2	245	23.76	611	162	0.26	236	238	对数正态分布	245	318
SiO$_2$	182	64.4	65.8	67.6	70.3	74.3	78.1	80.2	71.1	4.92	71.0	11.59	82.1	50.8	0.07	70.3	70.6	正态分布	71.1	73.4
Al$_2$O$_3$	182	10.64	11.00	11.92	13.16	14.02	14.58	15.13	13.01	1.46	12.93	4.44	18.95	9.79	0.11	13.16	13.54	正态分布	13.01	12.35
TFe$_2$O$_3$	182	3.34	3.69	4.64	5.60	6.04	6.32	6.49	5.26	0.98	5.16	2.69	7.37	2.79	0.19	5.60	5.60	偏峰分布	5.60	4.01
MgO	182	0.53	0.59	0.77	1.00	1.25	1.43	1.50	1.03	0.35	0.97	1.43	2.93	0.30	0.34	1.00	1.25	正态分布	1.03	0.71
CaO	160	0.15	0.18	0.22	0.28	0.37	0.45	0.52	0.30	0.11	0.28	2.20	0.66	0.10	0.36	0.28	0.24	剔除后正态分布	0.30	0.30
Na$_2$O	182	0.10	0.11	0.14	0.19	0.25	0.40	0.55	0.23	0.15	0.20	2.90	1.18	0.09	0.66	0.19	0.21	其他分布	0.20	0.21
K$_2$O	5181	1.14	1.43	1.95	2.59	3.12	3.52	3.72	2.53	0.79	2.38	1.85	4.83	0.31	0.31	2.59	2.82	对数正态分布	2.82	2.82
TC	182	0.91	1.03	1.27	1.55	1.78	2.06	2.54	1.58	0.49	1.52	1.50	4.12	0.55	0.31	1.55	1.67	正态分布	1.52	1.33
Corg	4292	0.62	0.79	1.08	1.42	1.81	2.26	2.53	1.49	0.63	1.36	1.65	8.44	0.08	0.42	1.42	1.60	对数正态分布	1.36	0.95
pH	5192	4.37	4.53	4.83	5.24	5.75	6.39	6.94	4.94	4.78	5.37	2.66	8.40	3.71	0.97	5.24	5.31	对数正态分布	5.37	5.12

四、碳酸盐岩类风化物土壤母质元素背景值

衢州市碳酸盐岩类风化物土壤母质元素背景值数据经正态分布检验,结果表明,原始数据中 Au、Ba、Be、Bi、Br、Ce、Cl、F、Ga、I、La、Li、Nb、Rb、S、Sc、Sr、Th、Ti、Tl、Y、Zr、SiO_2、Al_2O_3、TFe_2O_3、MgO、Na_2O、TC 符合正态分布,Ag、Ge、N、Sb、Sn、U、W、CaO 符合对数正态分布,B、Cr、Ni、Corg 剔除异常值后符合正态分布,As、Cd、Co、Cu、Hg、P、Se、V、Zn 剔除异常值后符合对数正态分布,其他元素/指标不符合正态分布或对数正态分布(表 4-11)。

碳酸盐岩风化物区表层土壤总体为酸性,土壤 pH 背景值为 5.58,极大值为 8.35,极小值为 3.50,与衢州市背景值基本接近。

表层土壤各元素/指标中,多数元素/指标变异系数小于 0.40,分布相对均匀;Co、Se、Sn、Hg、Au、Ba、F、MgO、W、As、Mn、U、Cd、Sb、Na_2O、Mo、pH、CaO、Ag 共 19 项元素/指标变异系数大于 0.40,其中 pH、CaO、Ag 变异系数大于 0.80,空间变异性较大。

与衢州市土壤元素背景值相比,碳酸盐岩类风化物区土壤元素背景值中 K_2O 背景值明显低于衢州市背景值,为衢州市背景值的58.87%;而 Mn 背景值略低于衢州市背景值,为衢州市背景值的 60%~80%;Ti、Li、Br、N、Co、Sc、Ag、TFe_2O_3、Tl、MgO、As、Ba 背景值略高于衢州市背景值,与衢州市背景值比值在 1.2~1.4 之间;Mo、Au、P、U、Corg、CaO、Bi、Se、Cu、I、F、Sb、Cr、Cd、Ni、B 背景值明显高于衢州市背景值,是衢州市背景值的 1.4 倍以上;其他元素/指标背景值则与衢州市背景值基本接近。

五、紫色碎屑岩类风化物土壤母质元素背景值

衢州市紫色碎屑岩类风化物土壤母质元素背景值数据经正态分布检验,结果表明,原始数据中 Be、Ce、Ga、La、Li、Rb、S、Th、Tl、Y、Al_2O_3、Na_2O、TC 符合正态分布,Ag、Au、Ba、Bi、F、I、N、Nb、Sb、Sc、Sn、Sr、U、W、Zr、TFe_2O_3、MgO 符合对数正态分布,Br、Cl、Ge、Ti、SiO_2 剔除异常值后符合正态分布,Cu、CaO、Corg 剔除异常值后符合对数正态分布,其他元素/指标不符合正态分布或对数正态分布(表 4-12)。

紫色碎屑岩类风化物区表层土壤总体为强酸性,土壤 pH 背景值为 4.72,极大值为 7.10,极小值为 3.31,与衢州市背景值基本接近。

表层土壤各元素/指标中,多数元素/指标变异系数小于 0.40,分布相对均匀;Cu、TFe_2O_3、MgO、Sr、Corg、B、N、Sn、Cd、Ni、As、Co、Na_2O、Hg、I、P、Mn、CaO、Au、Sb、pH、F 共 22 项元素/指标变异系数大于 0.40,其中 pH、F 变异系数大于 0.80,空间变异性较大。

与衢州市土壤元素背景值相比,紫色碎屑岩类风化物区土壤元素背景值中 K_2O 背景值明显低于衢州市背景值,仅为衢州市背景值的 44.32%;而 Zn、Mo 背景值略低于衢州市背景值,为衢州市背景值的 60%~80%;Cr、Bi、I、Cu 背景值略高于衢州市背景值,与衢州市背景值比值在 1.2~1.4 之间;Na_2O 背景值明显高于衢州市背景值,是衢州市背景值的 2.38 倍;其他元素/指标背景值则与衢州市背景值基本接近。

六、中酸性火成岩类风化物土壤母质元素背景值

衢州市中酸性火成岩类风化物土壤母质元素背景值数据经正态分布检验,结果表明,原始数据中 Ba、Ga、Li、Rb、Sc、Ti、SiO_2、Al_2O_3、TFe_2O_3 符合正态分布,Ag、Au、Be、Br、Ce、Cl、Co、Ge、I、La、Nb、P、S、Sb、Sn、Sr、Th、U、W、Y、MgO、CaO、Na_2O、TC、Corg 符合对数正态分布,Bi、N、Pb 剔除异常值后符合正态分布,Hg、pH 剔除异常值后符合对数正态分布,其他元素/指标不符合正态分布或对数正态分布(表 4-13)。

中酸性火成岩类风化物区表层土壤总体为酸性,土壤 pH 背景值为 5.04,极大值为 6.38,极小值为 3.72,与衢州市背景值基本接近。

表层土壤各元素/指标中,一多半元素/指标变异系数小于 0.40,分布相对均匀;Hg、Corg、MgO、Cd、

表 4-11 碳酸盐岩类风化物土壤母质元素背景值参数统计表

元素/指标	N	$X_{5\%}$	$X_{10\%}$	$X_{25\%}$	$X_{50\%}$	$X_{75\%}$	$X_{90\%}$	$X_{95\%}$	$\overline{X}$	S	$\overline{X}_g$	S_g	X_{max}	X_{min}	CV	X_{me}	X_{mo}	分布类型		碳酸盐岩类风化物背景值	衢州市背景值
Ag	43	53.1	55.6	67.5	102	153	208	326	171	348	111	15.94	2358	42.00	2.04	102	149	对数正态分布		111	87.1
As	1902	4.99	6.73	9.67	15.46	22.93	32.50	39.49	17.64	10.26	14.76	5.57	49.42	1.16	0.58	15.46	17.10	剔除后对数分布		14.76	11.10
Au	43	1.15	1.36	1.71	2.07	2.86	3.85	4.58	2.41	1.13	2.20	1.86	6.30	1.01	0.47	2.07	1.98	正态分布		2.41	1.69
B	1987	26.86	36.60	50.3	62.9	75.6	88.7	97.5	62.7	20.14	58.8	11.00	116	11.20	0.32	62.9	42.50	剔除后正态分布		62.7	33.60
Ba	43	223	256	368	472	670	814	926	537	252	483	35.05	1422	163	0.47	472	283	正态分布		537	400
Be	43	1.51	1.65	1.88	2.22	2.67	3.18	3.28	2.30	0.58	2.23	1.68	3.86	1.20	0.25	2.22	2.73	正态分布		2.30	2.22
Bi	43	0.30	0.34	0.41	0.45	0.53	0.59	0.66	0.47	0.10	0.46	1.61	0.75	0.29	0.21	0.45	0.44	正态分布		0.47	0.26
Br	43	1.97	2.12	2.24	2.68	3.17	3.89	3.94	2.80	0.65	2.72	1.85	4.13	1.73	0.23	2.68	2.88	正态分布		2.80	2.28
Cd	1875	0.10	0.16	0.27	0.44	0.72	1.12	1.35	0.54	0.37	0.42	2.43	1.72	0.02	0.69	0.44	0.27	剔除后正态分布		0.42	0.16
Ce	43	63.2	70.7	76.4	86.2	95.5	105	111	86.8	14.78	85.6	12.81	124	57.9	0.17	86.2	83.9	正态分布		86.8	83.2
Cl	43	36.32	38.68	43.50	48.60	58.2	68.2	82.6	52.3	13.37	50.8	9.45	88.7	31.20	0.26	48.60	43.30	剔除后正态分布		52.3	51.0
Co	2015	5.01	6.41	9.42	13.70	17.60	21.46	23.71	13.84	5.70	12.51	4.64	30.12	1.54	0.41	13.70	13.40	剔除后正态分布		12.51	10.10
Cr	1885	48.37	57.3	69.5	80.4	92.0	104	112	80.5	18.34	78.2	12.61	131	32.00	0.23	80.4	102	剔除后正态分布		80.5	32.00
Cu	1959	15.81	19.30	25.32	34.29	44.26	54.4	61.3	35.80	13.81	33.06	7.90	77.6	5.25	0.39	34.29	25.50	剔除后正态分布		33.06	16.00
F	43	380	428	636	901	1133	1516	1629	954	448	858	51.4	2506	327	0.47	901	1382	正态分布		954	421
Ga	43	13.90	14.26	15.29	16.66	19.37	22.12	23.28	17.58	3.04	17.33	5.23	24.09	12.10	0.17	16.66	16.33	正态分布		17.58	16.75
Ge	1523	1.21	1.28	1.41	1.56	1.75	1.98	2.15	1.60	0.30	1.58	1.36	3.42	0.79	0.19	1.56	1.64	对数正态分布		1.58	1.43
Hg	1935	0.05	0.06	0.08	0.11	0.16	0.20	0.24	0.12	0.06	0.11	3.46	0.30	0.03	0.45	0.11	0.11	剔除后正态分布		0.11	0.11
I	43	0.98	1.04	1.74	2.22	2.88	3.58	3.73	2.31	0.92	2.13	1.85	4.84	0.79	0.40	2.22	2.08	正态分布		2.31	1.08
La	43	33.00	34.52	38.88	44.17	50.2	56.6	60.9	44.87	8.50	44.10	8.79	63.6	30.10	0.19	44.17	51.3	正态分布		44.87	44.34
Li	43	29.37	30.80	36.37	41.28	48.45	54.9	56.4	42.26	9.64	41.21	8.54	67.7	23.50	0.23	41.28	36.37	正态分布		42.26	34.84
Mn	1923	141	163	225	343	551	798	945	416	247	350	31.06	1185	9.00	0.59	343	142	其他分布		142	227
Mo	1822	0.60	0.73	1.09	1.84	3.46	5.71	7.38	2.57	2.06	1.93	2.40	9.66	0.25	0.80	1.84	1.15	正态分布		1.15	0.82
N	2051	0.70	0.96	1.29	1.64	2.02	2.41	2.69	1.68	0.61	1.56	1.64	5.35	0.23	0.36	1.64	1.78	对数正态分布		1.56	1.27
Nb	43	17.20	17.36	19.05	20.60	21.90	23.10	27.57	20.93	3.37	20.70	5.73	34.68	15.70	0.16	20.60	21.90	正态分布		20.93	19.70
Ni	1936	13.68	17.08	24.80	34.67	43.37	53.8	60.5	35.02	13.87	31.85	7.88	75.0	1.28	0.40	34.67	19.80	剔除后正态分布		35.02	11.00
P	1977	0.29	0.39	0.54	0.73	0.96	1.18	1.32	0.76	0.31	0.70	1.63	1.66	0.13	0.40	0.73	0.68	剔除后对数分布		0.70	0.48
Pb	1835	23.86	27.20	30.79	34.72	40.40	47.89	53.1	36.05	8.44	35.09	8.02	62.6	13.10	0.23	34.72	36.00	其他分布		36.00	30.00

第四章 土壤元素背景值

续表 4-11

元素/指标	N	$X_{5\%}$	$X_{10\%}$	$X_{25\%}$	$X_{50\%}$	$X_{75\%}$	$X_{90\%}$	$X_{95\%}$	$\bar{X}$	S	$\bar{X}_g$	S_g	X_{max}	X_{min}	CV	X_{me}	X_{mo}	分布类型	碳酸盐岩类风化物背景值	衢州市背景值
Rb	43	75.5	79.3	92.1	102	122	129	144	106	21.66	104	14.46	152	58.6	0.20	102	118	正态分布	106	115
S	43	212	237	269	325	388	408	445	328	82.4	318	27.32	544	194	0.25	325	269	正态分布	328	285
Sb	43	0.89	0.98	1.40	2.03	2.94	5.26	5.93	2.54	1.74	2.11	2.07	8.10	0.66	0.69	2.03	3.49	对数正态分布	2.11	0.87
Sc	43	6.79	8.03	9.80	11.05	13.40	15.57	15.71	11.46	2.76	11.12	4.16	16.50	6.20	0.24	11.05	10.00	正态分布	11.46	9.15
Se	1918	0.27	0.31	0.40	0.54	0.72	0.92	1.05	0.58	0.24	0.53	1.69	1.33	0.09	0.41	0.54	0.54	剔除后对数正态分布	0.53	0.28
Sn	43	3.12	3.32	4.05	4.90	5.90	7.72	10.45	5.36	2.22	5.01	2.63	12.10	2.40	0.41	4.90	5.90	对数正态分布	5.01	5.96
Sr	43	37.63	39.11	45.27	50.4	57.6	67.0	73.2	52.4	11.30	51.3	9.56	84.5	35.09	0.22	50.4	56.2	正态分布	52.4	50.5
Th	43	10.81	11.94	12.61	14.78	16.37	17.74	19.08	14.72	2.51	14.51	4.73	20.60	10.26	0.17	14.78	14.78	正态分布	14.72	14.77
Ti	43	3911	4195	4864	5407	5852	6376	6487	5348	822	5285	140	7473	3736	0.15	5407	5354	正态分布	5348	4413
Tl	58	0.54	0.57	0.70	0.85	1.02	1.24	1.55	0.89	0.28	0.85	1.36	1.74	0.52	0.32	0.85	0.71	正态分布	0.89	0.69
U	43	3.18	3.32	4.03	4.72	6.28	9.17	12.65	6.04	3.88	5.34	2.92	24.97	2.71	0.64	4.72	4.20	剔除后正态分布	5.34	3.53
V	1934	61.8	73.6	91.5	116	147	180	203	122	41.81	114	15.95	247	15.90	0.34	116	120	正态分布	114	101
W	43	1.62	1.67	1.91	2.06	2.33	2.67	5.60	2.39	1.21	2.22	1.71	7.49	1.33	0.51	2.06	1.98	剔除后对数正态分布	2.22	1.90
Y	43	19.50	20.25	24.05	26.20	34.12	39.34	54.5	29.65	9.81	28.36	6.97	59.9	17.40	0.33	26.20	29.47	正态分布	29.65	28.51
Zn	1888	57.6	65.8	83.8	107	128	157	181	109	35.48	104	15.04	216	31.53	0.32	107	113	剔除后正态分布	104	101
Zr	43	194	203	240	259	285	318	343	267	57.3	262	24.27	483	176	0.21	259	265	正态分布	267	318
SiO_2	43	64.5	65.0	69.0	72.4	76.5	78.6	79.0	72.5	4.89	72.3	11.64	81.1	63.4	0.07	72.4	67.1	正态分布	72.5	73.4
Al_2O_3	43	10.26	10.64	11.11	12.23	13.45	14.95	15.18	12.53	1.66	12.43	4.30	16.32	9.94	0.13	12.23	11.08	正态分布	12.53	12.35
TFe_2O_3	43	3.15	3.49	4.29	5.21	5.94	6.70	6.79	5.12	1.24	4.96	2.65	8.08	2.75	0.24	5.21	5.44	正态分布	5.12	4.01
MgO	43	0.36	0.45	0.68	0.88	1.12	1.25	1.49	0.92	0.44	0.84	1.56	2.93	0.33	0.48	0.88	0.95	正态分布	0.92	0.71
CaO	43	0.24	0.25	0.30	0.48	0.84	1.23	2.48	0.74	0.78	0.54	2.24	4.28	0.19	1.05	0.48	0.26	对数正态分布	0.54	0.30
Na_2O	43	0.08	0.10	0.12	0.17	0.26	0.44	0.50	0.22	0.17	0.18	3.21	0.88	0.07	0.74	0.17	0.13	正态分布	0.22	0.21
K_2O	43	0.82	1.00	1.55	2.33	2.93	3.41	3.74	2.27	0.91	2.06	1.85	5.00	0.20	0.40	2.33	1.66	其他分布	1.66	2.82
TC	43	1.06	1.12	1.29	1.50	1.69	1.84	1.98	1.48	0.28	1.46	1.33	2.08	1.01	0.19	1.50	1.50	正态分布	1.48	1.33
Corg	1479	0.73	0.91	1.17	1.45	1.78	2.12	2.34	1.48	0.47	1.40	1.52	2.75	0.26	0.32	1.45	1.20	剔除后正态分布	1.48	0.95
pH	2051	4.48	4.66	5.06	5.67	6.44	7.43	7.77	5.11	4.79	5.83	2.81	8.35	3.50	0.94	5.67	5.58	其他分布	5.58	5.12

表 4-12 紫色碎屑岩类风化物土壤母质元素背景值参数统计表

元素/指标	N	$X_{5\%}$	$X_{10\%}$	$X_{25\%}$	$X_{50\%}$	$X_{75\%}$	$X_{90\%}$	$X_{95\%}$	$\overline{X}$	S	$\overline{X}_g$	S_g	X_{max}	X_{min}	CV	X_{me}	X_{mo}	分布类型	紫色碎屑岩类风化物背景值	衢州市背景值
Ag	247	49.00	52.0	61.0	72.0	87.0	108	127	76.6	24.50	73.4	12.01	184	36.00	0.32	72.0	71.0	对数正态分布	73.4	87.1
As	7300	2.25	2.70	3.62	5.08	7.51	10.30	11.86	5.83	2.93	5.15	3.01	14.80	0.75	0.50	5.08	10.50	其他分布	10.50	11.10
Au	247	0.82	0.89	1.17	1.70	2.97	4.58	5.65	2.32	1.69	1.88	1.97	10.18	0.56	0.73	1.70	0.95	对数正态分布	1.88	1.69
B	7692	13.28	17.40	26.76	40.50	56.8	71.2	79.2	42.58	20.18	37.27	8.91	102	1.10	0.47	40.50	31.20	其他正态分布	31.20	33.60
Ba	247	234	254	295	351	407	478	547	367	114	353	29.70	1204	175	0.31	351	406	对数正态分布	353	400
Be	247	1.06	1.29	1.56	1.89	2.23	2.47	2.63	1.88	0.47	1.81	1.55	3.60	0.78	0.25	1.89	1.96	正态分布	1.88	2.22
Bi	247	0.20	0.22	0.25	0.29	0.35	0.41	0.45	0.31	0.08	0.30	2.11	0.78	0.14	0.27	0.29	0.26	对数正态分布	0.30	0.26
Br	222	1.38	1.52	1.88	2.08	2.28	2.45	2.70	2.06	0.37	2.02	1.57	3.00	1.21	0.18	2.08	2.15	剔除后正态分布	2.06	2.28
Cd	7447	0.07	0.08	0.12	0.18	0.25	0.33	0.37	0.19	0.09	0.17	3.08	0.47	0.01	0.48	0.18	0.14	其他分布	0.14	0.16
Ce	247	50.3	57.0	68.2	76.5	89.7	102	110	78.7	18.18	76.6	12.52	140	39.59	0.23	76.5	68.2	正态分布	78.7	83.2
Cl	237	35.38	38.90	44.20	49.60	56.1	63.9	66.7	50.6	9.69	49.68	9.75	78.9	26.33	0.19	49.60	50.2	剔除后正态分布	50.6	51.0
Co	7144	3.75	4.41	6.06	8.84	13.00	17.11	19.97	9.99	5.08	8.79	3.85	27.00	0.85	0.51	8.84	10.90	其他分布	10.90	10.10
Cr	7337	21.74	27.20	36.31	49.10	65.1	78.7	89.5	51.6	20.63	47.30	9.85	115	4.12	0.40	49.10	36.00	其他分布	36.00	32.00
Cu	7232	9.32	11.13	15.30	21.00	28.00	35.80	40.87	22.39	9.51	20.39	6.23	51.7	2.40	0.42	21.00	16.00	剔除后对数正态分布	20.39	16.00
F	247	266	285	344	435	561	704	806	520	618	452	34.35	8523	165	1.19	435	483	其他分布	452	421
Ga	247	10.02	10.92	12.62	14.70	16.70	18.90	20.10	14.82	3.17	14.48	4.78	26.01	6.94	0.21	14.70	15.50	正态分布	14.82	16.75
Ge	4139	1.18	1.24	1.37	1.49	1.62	1.75	1.83	1.50	0.19	1.49	1.30	2.02	0.99	0.13	1.49	1.46	剔除后正态分布	1.50	1.43
Hg	7256	0.02	0.03	0.04	0.06	0.08	0.11	0.13	0.06	0.03	0.06	5.12	0.17	0.003	0.53	0.06	0.11	偏峰分布	0.11	0.11
I	247	0.75	0.86	0.98	1.22	1.75	2.66	3.28	1.51	0.81	1.35	1.63	5.01	0.50	0.53	1.22	1.32	对数正态分布	1.35	1.08
La	247	27.78	30.84	37.23	41.90	48.98	56.2	64.1	43.46	10.76	42.21	8.90	86.6	20.10	0.25	41.90	39.20	正态分布	43.46	44.34
Li	247	21.80	23.64	27.97	35.70	42.34	48.54	53.0	35.87	9.78	34.55	7.72	63.9	16.54	0.27	35.70	36.57	正态分布	35.87	34.84
Mn	7329	127	151	205	299	455	662	771	353	195	305	27.78	932	58.0	0.55	299	192	其他分布	192	227
Mo	7316	0.47	0.53	0.67	0.88	1.17	1.49	1.69	0.95	0.37	0.88	1.48	2.09	0.20	0.39	0.88	0.63	偏峰分布	0.63	0.82
N	7748	0.37	0.50	0.78	1.11	1.48	1.88	2.14	1.16	0.55	1.03	1.72	4.64	0.10	0.47	1.11	1.24	正态分布	1.03	1.27
Nb	247	13.62	14.86	17.07	19.42	21.95	26.58	29.10	19.96	4.55	19.47	5.75	36.00	10.50	0.23	19.42	19.70	对数正态分布	19.47	19.70
Ni	7328	7.05	8.23	11.00	15.63	23.05	31.22	35.59	17.86	8.82	15.84	5.36	45.88	1.57	0.49	15.63	11.00	其他分布	11.00	11.00
P	7167	0.17	0.22	0.34	0.48	0.71	0.99	1.15	0.55	0.29	0.48	1.96	1.44	0.05	0.53	0.48	0.42	其他分布	0.42	0.48
Pb	7548	18.10	20.80	24.80	28.90	32.70	36.60	39.21	28.77	6.11	28.08	7.08	45.27	12.70	0.21	28.90	30.00	其他分布	30.00	30.00

第四章 土壤元素背景值

续表 4-12

元素/指标	N	$X_{5\%}$	$X_{10\%}$	$X_{25\%}$	$X_{50\%}$	$X_{75\%}$	$X_{90\%}$	$X_{95\%}$	$\overline{X}$	S	$\overline{X}_g$	S_g	X_{max}	X_{min}	CV	X_{me}	X_{mo}	分布类型	紫色碎屑岩类风化物背景值	衢州市背景值
Rb	247	57.6	63.5	74.0	95.7	111	128	139	94.8	25.11	91.5	13.63	175	38.96	0.26	95.7	103	正态分布	94.8	115
S	247	144	166	206	261	315	376	426	268	89.0	254	25.07	655	88.3	0.33	261	269	正态分布	268	285
Sb	247	0.47	0.51	0.57	0.72	0.90	1.30	1.57	0.87	0.67	0.77	1.59	7.13	0.40	0.76	0.72	0.72	对数正态分布	0.77	0.87
Sc	247	4.74	5.38	6.50	8.10	9.99	12.24	13.75	8.60	3.04	8.14	3.52	23.26	3.90	0.35	8.10	7.30	对数正态分布	8.14	9.15
Se	7412	0.13	0.16	0.21	0.26	0.33	0.41	0.45	0.27	0.10	0.26	2.29	0.55	0.02	0.35	0.26	0.23	其他分布	0.23	0.28
Sn	247	2.70	3.00	3.80	4.90	6.65	8.48	10.14	5.53	2.58	5.05	2.78	20.20	1.70	0.47	4.90	3.80	对数正态分布	5.05	5.96
Sr	247	34.54	37.88	44.57	51.6	62.7	78.3	97.3	57.7	25.44	54.2	10.18	236	25.09	0.44	51.6	40.60	对数正态分布	54.2	50.5
Th	247	7.71	8.60	10.84	12.70	15.05	17.81	18.80	12.99	3.43	12.53	4.43	23.90	4.40	0.26	12.70	15.10	正态分布	12.99	14.77
Ti	231	2736	2926	3473	4121	4629	5116	5623	4103	853	4013	121	6429	2256	0.21	4121	3845	剔除后正态分布	4103	4413
Tl	1382	0.38	0.42	0.50	0.60	0.70	0.79	0.85	0.61	0.15	0.59	1.47	1.64	0.25	0.24	0.60	0.46	正态分布	0.61	0.69
U	247	1.81	1.98	2.54	3.01	3.37	3.80	4.28	3.04	0.96	2.92	1.97	9.59	1.21	0.31	3.01	3.01	对数正态分布	2.92	3.53
V	6831	34.17	40.53	52.5	68.3	86.0	101	112	70.2	23.71	66.0	11.66	148	5.85	0.34	68.3	101	其他分布	101	101
W	247	1.02	1.17	1.37	1.72	2.00	2.35	2.57	1.75	0.55	1.67	1.51	5.04	0.68	0.31	1.72	1.74	对数正态分布	1.67	1.90
Y	247	16.38	19.05	23.29	28.14	33.53	40.14	42.01	28.81	8.00	27.71	7.00	57.9	12.55	0.28	28.14	31.62	正态分布	28.81	28.51
Zn	7310	35.40	42.40	56.4	70.0	87.4	107	120	72.9	24.61	68.7	11.93	144	18.00	0.34	70.0	70.0	其他分布	70.0	101
Zr	247	235	251	288	325	385	441	479	340	75.9	332	29.39	649	201	0.22	325	319	对数正态分布	332	318
SiO_2	237	67.4	70.0	73.3	76.7	80.1	82.1	83.8	76.4	5.02	76.3	12.21	86.2	62.8	0.07	76.7	76.4	剔除后正态分布	76.4	73.4
Al_2O_3	247	8.98	9.28	10.38	11.62	12.93	14.78	15.36	11.83	2.15	11.65	4.18	19.41	7.55	0.18	11.62	12.07	对数正态分布	11.83	12.35
TFe_2O_3	247	2.01	2.40	2.83	3.73	4.64	5.73	7.38	3.98	1.69	3.69	2.34	13.24	1.48	0.43	3.73	4.09	对数正态分布	3.69	4.01
MgO	247	0.38	0.42	0.55	0.73	0.98	1.26	1.46	0.80	0.34	0.73	1.57	2.02	0.28	0.43	0.73	0.58	对数正态分布	0.73	0.71
CaO	223	0.14	0.17	0.22	0.31	0.43	0.72	0.82	0.37	0.21	0.32	2.35	1.02	0.08	0.57	0.31	0.24	剔除后对数分布	0.32	0.30
Na_2O	247	0.13	0.19	0.30	0.48	0.64	0.85	0.93	0.50	0.26	0.43	2.15	2.03	0.08	0.52	0.48	0.43	正态分布	0.50	0.21
K_2O	7679	0.84	1.05	1.43	1.92	2.47	2.95	3.27	1.97	0.74	1.81	1.72	4.04	0.10	0.37	1.92	1.25	其他分布	1.25	2.82
TC	247	0.66	0.76	0.94	1.18	1.42	1.64	1.80	1.19	0.33	1.14	1.36	2.33	0.54	0.28	1.18	1.43	正态分布	1.19	1.33
Corg	5367	0.31	0.48	0.78	1.10	1.46	1.82	2.02	1.13	0.50	0.99	1.79	2.50	0.01	0.44	1.10	1.06	剔除后对数分布	0.99	0.95
pH	7158	4.25	4.39	4.68	5.03	5.49	6.06	6.47	4.77	4.59	5.13	2.59	7.10	3.31	0.96	5.03	4.72	其他分布	4.72	5.12

表 4-13 中酸性火成岩类风化物土壤母质元素背景值参数统计表

元素/指标	N	$X_{5\%}$	$X_{10\%}$	$X_{25\%}$	$X_{50\%}$	$X_{75\%}$	$X_{90\%}$	$X_{95\%}$	$\bar{X}$	S	$\bar{X}_g$	S_g	X_{max}	X_{min}	CV	X_{me}	X_{mo}	分布类型	中酸性火成岩类风化物背景值	中酸性火成岩类衢州市背景值
Ag	198	47.85	51.0	60.0	78.5	107	149	195	97.5	82.3	84.8	13.96	952	37.00	0.84	78.5	50.00	对数正态分布	84.8	87.1
As	3500	1.62	2.04	2.88	4.51	6.97	10.80	12.90	5.45	3.43	4.51	3.00	16.60	0.52	0.63	4.51	11.10	其他分布	11.10	11.10
Au	198	0.65	0.75	0.97	1.31	2.02	3.66	5.35	1.97	2.33	1.49	1.95	24.22	0.51	1.18	1.31	1.33	对数正态分布	1.49	1.69
B	3658	5.71	7.33	10.91	18.04	33.20	52.4	62.9	24.11	17.49	18.57	6.70	75.2	1.01	0.73	18.04	12.10	其他分布	12.10	33.60
Ba	198	234	278	350	444	544	614	665	448	133	427	34.02	889	117	0.30	444	483	正态分布	448	400
Be	198	1.73	1.87	2.14	2.56	3.15	4.28	4.92	2.84	1.07	2.68	1.97	7.50	1.35	0.38	2.56	1.87	对数正态分布	2.68	2.22
Bi	186	0.22	0.24	0.27	0.33	0.39	0.45	0.49	0.33	0.09	0.32	2.00	0.59	0.17	0.25	0.33	0.31	剔除后正态分布	0.33	0.26
Br	198	1.80	1.93	2.12	2.82	4.22	6.80	8.60	3.58	2.20	3.12	2.36	13.32	1.12	0.61	2.82	1.98	其他分布	3.12	2.28
Cd	3660	0.06	0.08	0.11	0.16	0.22	0.27	0.31	0.17	0.07	0.15	3.19	0.39	0.004	0.44	0.16	0.12	其他分布	0.12	0.16
Ce	198	62.8	68.9	79.1	93.9	112	148	184	104	41.44	98.3	14.77	302	53.3	0.40	93.9	104	对数正态分布	98.3	83.2
Cl	198	34.65	39.97	44.52	54.5	72.5	109	139	66.7	37.86	60.0	11.63	277	26.80	0.57	54.5	50.1	对数正态分布	60.0	51.0
Co	3858	2.35	2.77	3.85	6.09	9.42	13.80	17.88	7.56	5.64	6.15	3.43	70.5	0.59	0.75	6.09	11.00	其他分布	6.15	10.10
Cr	3652	6.67	9.52	14.94	23.01	36.32	52.1	62.4	27.23	16.59	22.30	7.19	76.2	0.56	0.61	23.01	25.00	其他分布	25.00	32.00
Cu	3641	5.31	6.70	9.70	14.04	21.30	29.30	34.25	16.24	8.81	13.96	5.29	43.24	1.00	0.54	14.04	11.00	其他分布	13.96	16.00
F	192	323	403	466	528	662	818	909	569	162	547	37.30	996	260	0.29	528	483	偏峰分布	547	421
Ga	198	13.25	14.39	16.13	18.51	20.50	22.65	24.03	18.42	3.35	18.11	5.46	28.40	10.92	0.18	18.51	18.00	正态分布	18.11	16.75
Ge	2797	1.10	1.16	1.29	1.45	1.67	1.89	2.03	1.50	0.31	1.47	1.35	4.25	0.82	0.20	1.45	1.40	对数正态分布	1.47	1.43
Hg	3599	0.04	0.04	0.05	0.07	0.10	0.12	0.14	0.08	0.03	0.07	4.42	0.17	0.01	0.41	0.07	0.11	剔除后对数正态分布	0.07	0.11
I	198	0.80	0.96	1.19	1.88	3.10	5.02	5.95	2.52	1.93	2.01	2.21	12.12	0.50	0.77	1.88	1.29	对数正态分布	2.01	1.08
La	198	33.20	35.50	40.66	49.32	60.1	69.9	79.8	52.2	16.66	49.98	9.98	141	19.00	0.32	49.32	61.1	对数正态分布	49.98	44.34
Li	198	19.88	21.69	27.60	35.29	43.99	54.3	67.2	37.31	14.02	34.99	7.69	97.7	14.00	0.38	35.29	36.57	正态分布	34.99	34.84
Mn	3599	119	147	204	304	463	664	792	356	202	304	28.29	977	34.10	0.57	304	331	其他分布	304	227
Mo	3617	0.41	0.57	0.75	1.00	1.41	1.86	2.14	1.12	0.52	1.00	1.65	2.71	0.14	0.46	1.00	0.82	对数正态分布	1.00	0.82
N	3795	0.47	0.63	0.93	1.24	1.56	1.87	2.05	1.25	0.47	1.15	1.60	2.54	0.12	0.38	1.24	1.30	剔除后正态分布	1.15	1.27
Nb	198	16.46	18.00	21.00	25.05	30.32	39.81	44.94	26.76	8.62	25.55	6.76	55.2	12.30	0.32	25.05	25.90	对数正态分布	25.55	19.70
Ni	3584	3.80	4.76	6.69	9.25	13.08	18.46	21.50	10.48	5.30	9.21	4.17	26.40	0.90	0.51	9.25	11.00	其他分布	9.21	11.00
P	3858	0.17	0.22	0.34	0.52	0.77	1.09	1.34	0.61	0.41	0.51	2.03	5.07	0.06	0.67	0.52	0.33	对数正态分布	0.51	0.48
Pb	3653	22.70	25.10	29.90	35.49	41.17	47.00	50.6	35.78	8.48	34.74	7.95	60.3	12.30	0.24	35.49	34.00	剔除后正态分布	35.78	30.00

续表 4-13

元素/指标	N	$X_{5\%}$	$X_{10\%}$	$X_{25\%}$	$X_{50\%}$	$X_{75\%}$	$X_{90\%}$	$X_{95\%}$	$\overline{X}$	S	$\overline{X}_g$	S_g	X_{max}	X_{min}	CV	X_{me}	X_{mo}	分布类型	中酸性火成岩类风化物背景值	衢州市背景值
Rb	198	84.5	90.6	117	151	190	214	243	156	55.2	147	18.42	403	64.5	0.35	151	196	正态分布	156	115
S	198	166	187	225	275	323	410	454	288	95.6	274	26.52	746	109	0.33	275	289	对数正态分布	274	285
Sb	198	0.38	0.42	0.49	0.64	1.04	1.61	2.09	0.90	0.78	0.74	1.86	6.48	0.32	0.87	0.64	0.49	对数正态分布	0.74	0.87
Sc	198	5.45	5.80	6.96	8.23	9.80	11.82	13.24	8.66	2.51	8.33	3.52	18.30	4.30	0.29	8.23	8.36	正态分布	8.66	9.15
Se	3636	0.16	0.20	0.24	0.29	0.37	0.45	0.51	0.31	0.10	0.29	2.13	0.59	0.05	0.32	0.29	0.27	其他分布	0.27	0.28
Sn	198	3.39	3.70	4.43	6.00	8.10	10.80	12.54	6.83	3.67	6.15	3.14	28.80	2.40	0.54	6.00	6.30	对数正态分布	6.15	5.96
Sr	198	33.51	37.48	43.43	56.7	75.4	103	145	68.0	39.21	60.6	11.59	281	24.95	0.58	56.7	56.5	对数正态分布	60.6	50.5
Th	198	10.56	11.85	14.10	18.36	24.16	29.38	35.33	19.82	7.99	18.45	5.75	57.2	6.01	0.40	18.36	18.90	正态分布	18.45	14.77
Ti	198	2475	2868	3328	4008	4612	5315	5746	4044	1010	3918	121	8012	1854	0.25	4008	4051	正态分布	4044	4413
Tl	554	0.53	0.58	0.68	0.86	1.19	1.51	1.69	0.97	0.37	0.90	1.45	2.06	0.29	0.38	0.86	0.69	其他分布	0.69	0.69
U	198	2.53	2.90	3.34	4.00	4.78	5.62	6.78	4.21	1.39	4.02	2.37	11.93	1.68	0.33	4.00	4.89	对数正态分布	4.02	3.53
V	3655	19.40	22.90	32.39	48.60	71.1	95.0	108	54.1	27.34	47.41	10.07	135	7.03	0.51	48.60	38.80	偏峰分布	38.80	101
W	198	1.22	1.40	1.78	2.13	2.56	3.35	4.20	2.32	0.93	2.17	1.75	5.97	0.78	0.40	2.13	2.14	对数正态分布	2.17	1.90
Y	198	21.49	23.31	27.17	31.62	37.29	47.60	52.9	33.42	9.77	32.21	7.64	72.7	16.70	0.29	31.62	32.54	对数正态分布	32.21	28.51
Zn	198	46.24	51.4	61.0	76.2	96.7	122	137	81.2	26.87	77.0	12.78	157	18.70	0.33	76.2	110	偏峰分布	110	101
Zr	186	225	235	265	306	370	465	502	326	83.7	316	28.63	551	204	0.26	306	265	偏峰分布	265	318
SiO$_2$	198	60.2	63.8	68.4	72.6	76.2	80.3	82.2	72.0	6.34	71.7	11.64	84.2	55.5	0.09	72.6	73.4	正态分布	72.0	73.4
Al$_2$O$_3$	198	10.10	10.71	11.82	13.36	14.93	16.30	18.10	13.53	2.30	13.34	4.59	19.94	9.26	0.17	13.36	12.90	正态分布	13.53	12.35
TFe$_2$O$_3$	198	2.14	2.33	2.95	3.79	4.66	5.52	6.09	3.85	1.22	3.66	2.29	7.28	1.63	0.32	3.79	3.85	正态分布	3.85	4.01
MgO	198	0.34	0.40	0.47	0.58	0.81	1.08	1.17	0.67	0.29	0.62	1.61	1.72	0.28	0.43	0.58	0.52	对数正态分布	0.62	0.71
CaO	198	0.14	0.15	0.19	0.26	0.44	0.66	0.91	0.42	0.62	0.30	2.57	5.20	0.09	1.48	0.26	0.19	对数正态分布	0.30	0.30
Na$_2$O	198	0.17	0.22	0.31	0.45	0.70	1.07	1.42	0.57	0.40	0.47	2.08	2.88	0.09	0.71	0.45	0.44	其他分布	0.47	0.21
K$_2$O	3640	1.33	1.63	2.16	2.78	3.64	4.42	4.76	2.91	1.05	2.71	1.99	5.87	0.24	0.36	2.78	2.89	对数正态分布	2.89	2.82
TC	198	0.88	1.01	1.18	1.39	1.61	1.89	2.33	1.44	0.40	1.39	1.40	3.10	0.56	0.28	1.39	1.39	对数正态分布	1.39	1.33
Corg	3022	0.52	0.69	0.96	1.28	1.62	2.00	2.22	1.32	0.55	1.20	1.64	5.60	0.08	0.42	1.28	1.15	对数正态分布	1.20	0.95
pH	3707	4.32	4.46	4.70	5.00	5.32	5.72	5.96	4.81	4.78	5.04	2.55	6.38	3.72	0.99	5.00	5.18	剔除后对数分布	5.04	5.12

Mo、Ni、V、Cu、Sn、Cl、Mn、Sr、Br、Cr、As、P、Na_2O、B、Co、I、Ag、Sb、pH、Au、CaO 共 25 项元素/指标变异系数大于 0.40,其中 Ag、Sb、pH、Au、CaO 变异系数大于 0.80,空间变异性较大。

与衢州市土壤元素背景值相比,中酸性火成岩类风化物区土壤元素背景值中 B、V 背景值明显低于衢州市背景值;而 Co、Hg、Cu、Cd、Cr 背景值略低于衢州市背景值,为衢州市背景值的 60%~80%;Be、Th、Corg、Bi、Nb、Rb、Br 背景值略高于衢州市背景值,与衢州市背景值比值在 1.2~1.4 之间;Mn、I、Na_2O 背景值明显高于衢州市背景值,是衢州市背景值的 1.4 倍以上,其中 Na_2O 明显相对富集,是衢州市背景值的 2.23 倍;其他元素/指标背景值则与衢州市背景值基本接近。

七、中基性火成岩类风化物土壤母质元素背景值

衢州市中基性火成岩类风化物土壤母质元素背景值数据经正态分布检验,结果表明,原始数据中 Cr、Cu、Ge、Mn、N、Pb、Corg、pH 符合正态分布,B、Cd、Hg、Mo、P、Se、Zn、K_2O 符合对数正态分布,Co 剔除异常值后符合正态分布,As 剔除异常值后符合对数正态分布,Ni、V 不符合正态分布或对数正态分布,其他元素/指标样品不足 30 件,无法进行正态分布检验(表 4-14)。

中基性火成岩类风化物区表层土壤总体为酸性,土壤 pH 背景值为 5.19,极大值为 8.31,极小值为 4.22,与衢州市背景值基本接近。

表层土壤各元素/指标中,多数元素/指标变异系数小于 0.40,分布相对均匀;As、Corg、Cd、Ba、I、Cu、Mo、Mn、Sn、CaO、Co、Cr、Sr、K_2O、B、Ni、Na_2O、P、Hg、pH 共 20 项元素/指标变异系数大于 0.40,其中 pH 变异系数大于 0.80,空间变异性较大。

与衢州市土壤元素背景值相比,基性火成岩类风化物区土壤元素背景值中 As、K_2O、Rb、Tl、Au、Hg 背景值明显低于衢州市背景值,As 背景值仅为衢州市背景值的 27.38%;而 B、W、Th、SiO_2、U、Sb、Pb 背景值略低于衢州市背景值,为衢州市背景值的 60%~80%;TC、Nb、Y、Zn、Al_2O_3、Ga 背景值略高于衢州市背景值,与衢州市背景值比值在 1.2~1.4 之间;S、Corg、Mo、Cd、V、MgO、P、Sr、Sc、Na_2O、Ti、CaO、TFe_2O_3、Cu、Mn、Co、Cr、Ni 背景值明显高于衢州市背景值,是衢州市背景值的 1.4 倍以上,其中 Mn、Co、Cr、Ni 明显相对富集,是衢州市背景值的 4.0 倍以上;其他元素/指标背景值则与衢州市背景值基本接近。

八、变质岩类风化物土壤母质元素背景值

衢州市变质岩类风化物土壤母质元素背景值数据经正态分布检验,结果表明,原始数据中 Ag、Ba、Be、Br、F、Ga、I、La、N、Nb、Rb、S、Sc、Sn、Sr、Th、Ti、Tl、U、Y、Zr、SiO_2、Al_2O_3、TFe_2O_3、MgO、Na_2O、TC 符合正态分布,As、Au、B、Bi、Cl、Cr、Cu、Ge、Li、Ni、P、Sb、V、W、Zn、CaO、K_2O、Corg、pH 符合对数正态分布,Ce 剔除异常值后符合正态分布,Cd、Hg、Mo、Pb、Se 剔除异常值后符合对数正态分布(表 4-15)。

变质岩类风化物区表层土壤总体为酸性,土壤 pH 背景值为 5.06,极大值为 8.01,极小值为 4.03,与衢州市背景值基本接近。

表层土壤各元素/指标中,约一半元素/指标变异系数小于 0.40,分布相对均匀;N、Sb、Sn、Mo、Br、Na_2O、V、P、Cd、W、Au、Mn、Cl、I、Cu、Co、Ag、Cr、Ni、CaO、B、As、Bi、pH 共 24 项元素/指标变异系数大于 0.40,其中 As、Bi、pH 变异系数大于 0.80,空间变异性较大。

与衢州市土壤元素背景值相比,变质岩类风化物区土壤元素背景值中 As、B 背景值明显低于衢州市背景值;而 Sb、Hg、K_2O 背景值略低于衢州市背景值,为衢州市背景值的 60%~80%;La、Pb、Al_2O_3、Rb、Mn、Mo、Ti、CaO、P、Sr、Ba、F、Th、Sn、Corg 背景值略高于衢州市背景值,与衢州市背景值比值在 1.2~1.4 之间;TFe_2O_3、MgO、Sc、Br、Cl、Ag、Na_2O、Bi、Tl、Cu、Cr、I、Ni 背景值明显高于衢州市背景值,是衢州市背景值的 1.4 倍以上,其中 Bi、Tl、Cu、Cr、I、Ni 明显相对富集,是衢州市背景值的 2.0 倍以上;其他元素/指标背景值则与衢州市背景值基本接近。

第四章 土壤元素背景值

表 4-14 中基性火成岩类风化物土壤母质元素背景值参数统计表

元素/指标	N	$X_{5\%}$	$X_{10\%}$	$X_{25\%}$	$X_{50\%}$	$X_{75\%}$	$X_{90\%}$	$X_{95\%}$	$\overline{X}$	S	$\overline{X}_g$	S_g	X_{max}	X_{min}	CV	X_{me}	X_{mo}	分布类型	中基性火成岩类风化物背景值	衢州市背景值
Ag	7	56.5	58.0	64.5	72.0	78.5	85.6	86.8	71.6	11.84	70.7	10.92	88.0	55.0	0.17	72.0	72.0	—	72.0	87.1
As	363	1.61	1.86	2.29	3.00	4.05	5.28	6.14	3.29	1.35	3.04	2.23	7.52	0.92	0.41	3.00	3.00	剔除后对数分布	3.04	11.10
Au	7	0.87	0.87	0.90	0.92	1.15	1.31	1.32	1.03	0.20	1.01	1.20	1.34	0.86	0.19	0.92	1.01	—	0.92	1.69
B	399	9.33	10.92	13.98	19.71	30.32	43.96	50.6	23.93	13.53	20.74	6.60	106	3.97	0.57	19.71	23.96	对数正态分布	20.74	33.60
Ba	7	233	242	264	400	512	657	686	413	189	379	30.66	715	224	0.46	400	406	—	400	400
Be	7	1.97	1.98	2.04	2.21	2.62	2.76	2.79	2.33	0.35	2.31	1.65	2.83	1.97	0.15	2.21	2.21	—	2.21	2.22
Bi	7	0.20	0.23	0.26	0.28	0.29	0.34	0.38	0.28	0.07	0.27	2.15	0.41	0.18	0.24	0.28	0.28	—	0.28	0.26
Br	7	2.13	2.19	2.35	2.44	3.33	3.51	3.60	2.79	0.64	2.73	1.89	3.70	2.06	0.23	2.44	2.44	—	2.44	2.28
Cd	399	0.14	0.18	0.23	0.29	0.35	0.43	0.52	0.31	0.13	0.28	2.26	1.62	0.05	0.44	0.29	0.31	对数正态分布	0.28	0.16
Ce	7	63.5	64.5	66.6	72.7	90.1	99.3	101	78.8	16.00	77.5	11.81	103	62.4	0.20	72.7	83.5	—	72.7	83.2
Cl	7	39.66	41.22	46.85	54.1	70.5	77.9	78.4	58.0	15.95	56.1	10.25	79.0	38.10	0.28	54.1	54.1	—	54.1	51.0
Co	386	12.55	14.45	26.36	44.52	59.9	81.5	95.4	45.97	24.97	38.12	8.90	113	2.06	0.54	44.52	46.01	剔除后正态分布	45.97	10.10
Cr	399	34.89	55.2	97.5	158	237	303	344	173	96.4	141	19.19	463	10.04	0.56	158	185	正态分布	173	32.00
Cu	399	19.71	24.63	36.85	59.1	77.5	94.1	105	59.7	27.77	52.6	10.46	191	5.41	0.47	59.1	59.7	正态分布	59.7	16.00
F	7	288	292	326	355	405	456	480	372	75.5	366	26.94	504	284	0.20	355	355	—	355	421
Ga	7	18.61	18.85	20.05	22.95	25.39	27.17	27.51	22.86	3.63	22.62	5.67	27.85	18.36	0.16	22.95	22.95	—	22.95	16.75
Ge	103	1.17	1.20	1.34	1.48	1.66	1.90	2.04	1.52	0.26	1.50	1.33	2.36	1.06	0.17	1.48	1.46	正态分布	1.52	1.43
Hg	399	0.02	0.03	0.04	0.06	0.08	0.11	0.15	0.07	0.05	0.06	4.91	0.58	0.01	0.75	0.06	0.07	对数正态分布	0.06	0.11
I	7	1.10	1.13	1.19	1.24	2.24	2.64	2.92	1.77	0.81	1.63	1.62	3.20	1.07	0.46	1.24	2.20	—	1.24	1.08
La	7	32.66	32.94	33.75	36.80	45.65	51.0	52.0	40.14	8.27	39.45	8.11	53.0	32.38	0.21	36.80	41.70	—	36.80	44.34
Li	7	26.25	27.00	28.10	32.10	34.50	39.54	43.32	32.84	7.17	32.24	7.01	47.10	25.50	0.22	32.10	34.50	—	32.10	34.84
Mn	399	231	348	636	974	1365	1612	1781	999	483	852	49.28	2613	61.5	0.48	974	994	正态分布	999	227
Mo	399	0.80	0.88	1.06	1.31	1.63	2.02	2.45	1.45	0.69	1.34	1.52	7.71	0.44	0.47	1.31	1.31	对数正态分布	1.34	0.82
N	399	0.52	0.72	1.07	1.41	1.82	2.25	2.56	1.46	0.58	1.33	1.69	3.03	0.21	0.40	1.41	1.47	正态分布	1.46	1.27
Nb	7	18.69	19.98	22.40	24.80	24.95	25.16	25.28	23.19	2.87	23.01	5.92	25.40	17.40	0.12	24.80	23.10	—	24.80	19.70
Ni	394	14.85	22.97	36.03	76.5	112	149	177	80.3	49.57	63.1	12.16	228	5.14	0.62	76.5	80.4	其他分布	80.4	11.00
P	399	0.38	0.50	0.72	1.01	1.42	2.09	3.12	1.23	0.84	1.02	1.80	4.76	0.20	0.68	1.01	1.18	对数正态分布	1.02	0.48
Pb	399	11.80	13.88	18.06	23.18	27.92	32.13	35.91	23.25	7.52	21.98	6.50	55.9	5.89	0.32	23.18	21.74	正态分布	23.25	30.00

元素/指标	N	$X_{5\%}$	$X_{10\%}$	$X_{25\%}$	$X_{50\%}$	$X_{75\%}$	$X_{90\%}$	$X_{95\%}$	$\bar{X}$	S	$\bar{X}_g$	S_g	X_{max}	X_{min}	CV	X_{me}	X_{mo}	分布类型	中基性火成岩类风化物背景值	衢州市背景值
Rb	7	41.09	42.73	45.06	51.9	58.0	61.1	62.3	51.6	8.77	50.9	8.93	63.5	39.45	0.17	51.9	51.9	—	51.9	115
S	7	355	372	402	412	489	549	568	446	84.7	439	30.60	587	337	0.19	412	455	—	412	285
Sb	7	0.46	0.47	0.53	0.66	0.86	1.02	1.07	0.72	0.25	0.68	1.50	1.12	0.45	0.35	0.66	0.66	—	0.66	0.87
Sc	7	17.03	17.06	17.29	21.42	22.57	23.82	24.69	20.53	3.36	20.29	5.37	25.55	17.00	0.16	21.42	21.42	对数正态分布	21.42	9.15
Se	399	0.15	0.20	0.26	0.32	0.40	0.49	0.56	0.34	0.13	0.31	2.06	1.11	0.05	0.39	0.32	0.30	—	0.31	0.28
Sn	7	2.88	3.06	3.50	4.80	4.95	6.96	8.43	4.90	2.38	4.52	2.62	9.90	2.70	0.48	4.80	4.90	—	4.80	5.96
Sr	7	43.73	51.4	75.6	116	174	203	218	126	70.5	107	15.48	232	36.11	0.56	116	116	—	116	50.5
Th	7	6.32	7.04	8.65	9.60	11.20	12.50	12.50	9.63	2.43	9.34	3.45	12.50	5.60	0.25	9.60	12.50	—	9.60	14.77
Ti	7	8749	9093	10076	11763	12738	13736	13949	11422	2057	11258	186	14162	8405	0.18	11763	11763	—	11763	4413
Tl	7	0.30	0.32	0.34	0.36	0.39	0.44	0.46	0.37	0.06	0.37	1.81	0.49	0.29	0.17	0.36	0.37	—	0.36	0.69
U	7	2.14	2.29	2.55	2.60	3.28	3.60	3.72	2.87	0.63	2.81	1.76	3.85	1.98	0.22	2.60	2.60	—	2.60	3.53
V	398	78.6	99.1	148	190	216	235	248	179	51.7	169	19.78	291	48.42	0.29	190	183	偏峰分布	183	101
W	7	0.99	1.03	1.11	1.22	1.29	1.33	1.35	1.19	0.14	1.19	1.15	1.38	0.96	0.12	1.22	1.22	—	1.22	1.90
Y	7	31.28	31.87	33.97	36.67	40.24	47.08	51.9	38.92	8.60	38.21	7.43	56.7	30.69	0.22	36.67	39.80	—	36.67	28.51
Zn	399	71.5	82.2	112	135	159	193	210	137	46.40	130	16.85	394	21.03	0.34	135	137	对数正态分布	130	101
Zr	7	239	243	271	299	321	338	350	297	44.15	294	24.51	362	235	0.15	299	299	—	299	318
SiO$_2$	7	50.4	50.5	50.7	53.5	62.6	63.4	63.4	56.3	6.29	56.0	9.38	63.4	50.3	0.11	53.5	63.4	—	53.5	73.4
Al$_2$O$_3$	7	14.93	15.06	15.55	16.20	18.71	19.68	19.83	17.07	2.07	16.97	4.84	19.99	14.80	0.12	16.20	16.20	—	16.20	12.35
TFe$_2$O$_3$	7	8.75	9.01	9.50	11.19	13.17	13.46	13.55	11.24	2.12	11.06	3.85	13.63	8.49	0.19	11.19	11.19	—	11.19	4.01
MgO	7	0.95	1.04	1.19	1.34	1.65	1.95	2.03	1.43	0.42	1.37	1.39	2.11	0.87	0.30	1.34	1.45	—	1.34	0.71
CaO	7	0.46	0.50	0.68	0.83	1.28	1.71	1.78	1.00	0.53	0.89	1.64	1.84	0.42	0.53	0.83	0.94	—	0.83	0.30
Na$_2$O	7	0.26	0.32	0.41	0.53	0.78	1.14	1.23	0.63	0.39	0.54	1.88	1.33	0.21	0.62	0.53	0.54	—	0.53	0.21
K$_2$O	399	0.28	0.42	0.65	0.96	1.43	2.01	2.30	1.10	0.61	0.93	1.85	3.45	0.14	0.56	0.96	0.67	对数正态分布	0.93	2.82
TC	7	1.39	1.43	1.54	1.63	1.70	1.76	1.78	1.61	0.15	1.60	1.34	1.81	1.35	0.10	1.63	1.59	—	1.63	1.33
Corg	399	0.53	0.71	1.08	1.45	1.89	2.37	2.76	1.51	0.63	1.36	1.75	3.33	0.09	0.42	1.45	1.04	正态分布	1.51	0.95
pH	399	4.63	4.77	5.05	5.53	6.12	6.55	6.78	5.19	5.04	5.63	2.71	8.31	4.22	0.97	5.53	5.54	正态分布	5.19	5.12

第四章 土壤元素背景值

表4-15 变质岩类风化物土壤母质元素背景值参数统计表

元素/指标	N	$X_{5\%}$	$X_{10\%}$	$X_{25\%}$	$X_{50\%}$	$X_{75\%}$	$X_{90\%}$	$X_{95\%}$	$\bar{X}$	S	$\bar{X}_g$	S_g	X_{max}	X_{min}	CV	X_{me}	X_{mo}	分布类型	变质岩类风化物背景值	衢州市背景值
Ag	55	48.40	51.6	79.0	119	184	239	285	140	84.7	118	16.91	428	38.00	0.61	119	102	正态分布	140	87.1
As	1077	1.67	2.13	3.27	4.88	7.57	12.24	16.52	6.39	5.44	4.98	3.35	51.1	0.42	0.85	4.88	3.79	对数正态分布	4.98	11.10
Au	55	0.76	1.00	1.10	1.35	1.89	2.97	3.31	1.67	0.90	1.49	1.65	4.91	0.60	0.54	1.35	1.26	对数正态分布	1.49	1.69
B	1060	4.51	6.74	11.31	17.64	28.57	44.80	54.5	22.24	16.23	17.15	6.59	110	1.02	0.73	17.64	17.50	对数正态分布	17.15	33.60
Ba	55	324	365	418	466	596	763	793	519	159	498	36.39	1055	257	0.31	466	466	正态分布	519	400
Be	55	1.86	1.91	2.12	2.34	2.91	3.22	3.45	2.54	0.68	2.47	1.81	5.91	1.76	0.27	2.34	2.37	对数正态分布	2.54	2.22
Bi	55	0.24	0.24	0.28	0.41	0.86	1.33	1.72	0.68	0.63	0.52	2.14	3.35	0.23	0.92	0.41	0.28	对数正态分布	0.52	0.26
Br	55	1.77	1.91	2.22	3.07	4.52	6.19	6.68	3.54	1.67	3.20	2.32	7.53	1.43	0.47	3.07	2.03	正态分布	3.54	2.28
Cd	1009	0.06	0.07	0.11	0.18	0.25	0.34	0.40	0.19	0.10	0.16	3.14	0.49	0.02	0.53	0.18	0.14	剔除后对数分布	0.16	0.16
Ce	50	70.9	82.1	91.5	98.7	111	119	127	99.8	16.48	98.4	14.29	140	62.3	0.17	98.7	99.4	剔除后正态分布	99.8	83.2
Cl	55	39.50	44.58	53.8	66.7	136	164	192	93.5	52.0	80.9	14.34	228	31.24	0.56	66.7	55.6	对数正态分布	80.9	51.0
Co	1038	4.09	5.24	8.23	13.96	21.50	29.19	34.02	15.65	9.22	12.94	4.86	43.30	1.73	0.59	13.96	10.10	偏峰分布	10.10	10.10
Cr	1078	25.18	34.68	52.0	79.0	111	145	176	87.8	54.8	74.5	12.69	596	7.50	0.62	79.0	104	对数正态分布	74.5	32.00
Cu	1078	13.50	16.11	22.90	33.00	45.00	64.2	78.7	37.37	21.18	32.45	7.96	167	3.63	0.57	33.00	21.00	对数正态分布	32.45	16.00
F	55	332	355	429	507	604	762	986	548	196	521	37.50	1267	283	0.36	507	464	正态分布	548	421
Ga	55	16.43	17.08	18.16	19.79	21.48	22.36	24.04	19.79	2.38	19.65	5.54	25.40	13.70	0.12	19.79	21.54	正态分布	19.79	16.75
Ge	609	1.14	1.19	1.29	1.42	1.55	1.72	1.86	1.44	0.22	1.42	1.28	2.48	0.98	0.15	1.42	1.54	对数正态分布	1.42	1.43
Hg	1007	0.04	0.04	0.06	0.08	0.10	0.13	0.15	0.08	0.03	0.08	4.29	0.18	0.01	0.40	0.08	0.11	剔除后对数分布	0.08	0.11
I	55	0.77	1.00	1.42	2.24	3.54	4.67	5.13	2.53	1.45	2.13	2.13	5.86	0.58	0.57	2.24	2.44	正态分布	2.53	1.08
La	55	31.86	40.53	45.12	51.1	59.0	67.9	71.7	53.4	14.11	51.8	10.05	117	30.30	0.26	51.1	54.6	正态分布	53.4	44.34
Li	55	23.74	25.42	29.01	32.44	35.60	40.30	49.64	33.64	8.58	32.76	7.41	71.3	19.69	0.26	32.44	33.24	对数正态分布	32.76	34.84
Mn	1029	148	180	253	397	598	815	972	452	250	387	31.76	1197	86.8	0.55	397	284	偏峰分布	284	227
Mo	990	0.47	0.58	0.77	1.01	1.41	1.93	2.23	1.14	0.52	1.03	1.59	2.81	0.20	0.46	1.01	0.70	剔除后对数分布	1.03	0.82
N	1078	0.38	0.54	0.91	1.30	1.69	2.08	2.35	1.32	0.57	1.17	1.75	3.31	0.12	0.44	1.30	1.71	正态分布	1.32	1.27
Nb	55	16.47	17.16	18.69	20.71	23.30	26.44	29.00	21.44	3.82	21.13	5.84	33.56	15.20	0.18	20.71	23.30	正态分布	21.44	19.70
Ni	1078	9.97	12.56	18.77	29.90	42.55	56.27	68.0	33.65	22.86	28.12	7.37	258	3.47	0.68	29.90	35.00	对数正态分布	28.12	11.00
P	1078	0.30	0.35	0.46	0.59	0.79	1.06	1.24	0.67	0.35	0.61	1.68	3.27	0.14	0.52	0.59	0.49	对数正态分布	0.61	0.48
Pb	996	22.09	25.95	31.68	36.95	43.10	50.6	55.0	37.66	9.58	36.40	8.26	65.0	12.60	0.25	36.95	42.00	剔除后对数分布	36.40	30.00

续表 4-15

元素/指标	N	$X_{5\%}$	$X_{10\%}$	$X_{25\%}$	$X_{50\%}$	$X_{75\%}$	$X_{90\%}$	$X_{95\%}$	$\overline{X}$	S	$\overline{X}_g$	S_g	X_{max}	X_{min}	CV	X_{me}	X_{mo}	分布类型	变质岩类风化物背景值	衢州市背景值
Rb	55	92.3	110	120	135	161	190	192	142	30.97	139	17.82	210	81.4	0.22	135	141	正态分布	142	115
S	55	183	209	280	317	405	463	486	336	96.7	321	28.58	592	137	0.29	317	334	正态分布	336	285
Sb	55	0.38	0.40	0.46	0.53	0.62	0.81	0.97	0.59	0.27	0.56	1.62	2.11	0.36	0.45	0.53	0.47	对数正态分布	0.56	0.87
Sc	55	8.58	9.20	11.48	13.83	15.91	18.60	21.85	14.08	4.02	13.54	4.59	26.10	6.53	0.29	13.83	13.46	正态分布	14.08	9.15
Se	1051	0.20	0.22	0.27	0.34	0.43	0.51	0.57	0.35	0.12	0.33	2.00	0.69	0.06	0.33	0.34	0.30	剔除后对数分布	0.33	0.28
Sn	55	3.47	4.04	5.10	7.50	10.85	13.68	14.35	8.30	3.72	7.46	3.55	16.50	2.40	0.45	7.50	9.80	正态分布	8.30	5.96
Sr	55	33.37	38.89	46.28	57.0	83.2	96.6	108	65.0	24.36	60.8	10.96	136	29.27	0.37	57.0	57.0	正态分布	65.0	50.5
Th	55	12.39	15.23	17.01	20.20	23.04	26.42	27.02	20.11	5.28	19.38	5.87	36.00	7.50	0.26	20.20	20.20	正态分布	20.11	14.77
Ti	55	4062	4312	4843	5528	6272	6700	7473	5552	1038	5453	139	7727	2940	0.19	5528	5528	正态分布	5552	4413
Tl	210	0.83	0.93	1.12	1.34	1.59	1.89	2.13	1.39	0.41	1.33	1.40	2.80	0.49	0.29	1.34	1.13	正态分布	1.39	0.69
U	55	2.76	2.93	3.23	3.68	4.26	4.55	4.91	3.74	0.69	3.67	2.21	5.10	2.10	0.18	3.68	4.40	正态分布	3.74	3.53
V	1078	38.50	51.0	73.6	104	136	172	196	111	56.6	98.5	14.50	677	16.41	0.51	104	125	对数正态分布	98.5	101
W	55	1.28	1.38	1.62	1.95	3.03	4.19	5.15	2.52	1.34	2.25	1.99	7.01	1.17	0.53	1.95	2.59	对数正态分布	2.25	1.90
Y	55	20.07	24.19	26.36	30.60	33.75	38.04	44.52	30.90	7.19	30.13	7.31	57.2	17.69	0.23	30.60	32.67	正态分布	30.90	28.51
Zn	1078	59.0	66.2	80.9	100.0	124	162	191	109	43.73	102	14.92	473	28.09	0.40	100.0	107	对数正态分布	102	101
Zr	55	250	257	283	311	352	400	421	323	59.0	319	27.91	561	227	0.18	311	311	正态分布	323	318
SiO_2	55	57.4	59.9	63.1	65.2	69.4	72.6	73.2	65.8	4.88	65.6	11.03	76.6	54.7	0.07	65.2	69.4	正态分布	65.8	73.4
Al_2O_3	55	12.91	13.29	13.98	15.08	16.18	16.95	18.07	15.14	1.56	15.07	4.78	18.76	12.35	0.10	15.08	14.70	正态分布	15.14	12.35
TFe_2O_3	55	3.19	3.68	4.29	5.78	6.52	7.75	8.25	5.62	1.59	5.39	2.74	9.24	2.52	0.28	5.78	6.01	正态分布	5.62	4.01
MgO	55	0.54	0.61	0.75	0.89	1.21	1.71	1.81	1.01	0.40	0.94	1.46	2.16	0.40	0.40	0.89	0.81	正态分布	1.01	0.71
CaO	55	0.15	0.17	0.29	0.38	0.57	0.74	0.83	0.45	0.33	0.38	2.16	2.38	0.09	0.73	0.38	0.41	对数正态分布	0.38	0.30
Na_2O	55	0.14	0.17	0.24	0.33	0.47	0.63	0.74	0.38	0.19	0.33	2.22	0.94	0.09	0.50	0.33	0.24	正态分布	0.38	0.21
K_2O	1078	1.08	1.28	1.71	2.16	2.72	3.36	3.82	2.29	0.91	2.12	1.80	7.69	0.44	0.40	2.16	1.33	对数正态分布	2.12	2.82
TC	55	0.77	1.03	1.21	1.46	1.64	1.95	2.13	1.47	0.40	1.41	1.45	2.60	0.61	0.27	1.46	1.48	正态分布	1.47	1.33
Corg	628	0.65	0.80	1.07	1.39	1.79	2.19	2.43	1.46	0.58	1.33	1.69	4.25	0.03	0.39	1.39	1.31	对数正态分布	1.33	0.95
pH	1078	4.38	4.50	4.74	5.01	5.32	5.67	5.98	4.86	4.88	5.06	2.56	8.01	4.03	1.01	5.01	4.82	对数正态分布	5.06	5.12

第三节 主要土壤类型地球化学背景值

一、黄壤土壤地球化学背景值

衢州市黄壤区土壤地球化学背景值数据经正态分布检验,结果表明,原始数据中仅 Tl、K_2O、Corg 符合正态分布,B、Ge、V、Cr、Cu、Hg、Mn、Mo、P、Se、pH 符合对数正态分布,N 剔除异常值后符合正态分布,As、Cd、Ni、Pb 剔除异常值后符合对数正态分布,Co、Zn 不符合正态分布或对数正态分布,其他元素/指标样品不足 30 件,无法进行正态分布检验(表 4-16)。

衢州市黄壤区表层土壤总体为酸性,土壤 pH 背景值为 5.17,极大值为 8.02,极小值为 3.87,与衢州市背景值基本接近。

表层土壤各元素/指标中,约一半元素/指标变异系数小于 0.40,分布相对均匀;La、Sc、Ag、Sr、MgO、Na_2O、Au、Cl、Ce、Cd、Sn、I、Hg、P、As、B、Ni、Co、V、Se、Cr、pH、Cu、Bi、CaO、Mn、Mo 共 27 项元素/指标变异系数大于 0.40,其中 Se、Cr、pH、Cu、Bi、CaO、Mn、Mo 变异系数大于 0.80,空间变异性较大。

与衢州市土壤元素背景值相比,黄壤区土壤元素背景值中 As、B、V 背景值明显低于衢州市背景值,As 背景值仅为衢州市背景值的 42.52%;而 Sb、Hg、Au 背景值略低于衢州市背景值,为衢州市背景值的 60%~80%;U、Sc、Al_2O_3、La、Y、Nb、P、Ga、Ba、TFe_2O_3、Sr、Ce、Ag、CaO、Pb、TC、Se、MgO 背景值略高于衢州市背景值,与衢州市背景值比值在 1.2~1.4 之间;Be、F、Mo、Bi、Th、Rb、Corg、Na_2O、Cl、Mn、Tl、Br、I 背景值明显高于衢州市背景值,是衢州市背景值的 1.4 倍以上,其中 Mn、Tl、Br、I 明显相对富集,是衢州市背景值的 2.0 倍以上;其他元素/指标背景值则与衢州市背景值基本接近。

二、红壤土壤地球化学背景值

衢州市红壤区土壤地球化学背景值数据经正态分布检验,结果表明,原始数据中仅 Ga、Sc、SiO_2、Al_2O_3、TFe_2O_3 符合正态分布,Ag、Au、Be、Br、Ce、I、La、Li、Nb、Rb、Sb、Sn、Sr、Th、Tl、Y、MgO、CaO、Na_2O、TC 符合对数正态分布,Ba、Bi、S、Ti、U、W、Zr 剔除异常值后符合正态分布,Cd、Cl、F、Ge、N、P、Corg 剔除异常值后符合对数正态分布,其他元素/指标不符合正态分布或对数正态分布(表 4-17)。

衢州市红壤区表层土壤总体为酸性,土壤 pH 背景值为 5.18,极大值为 6.95,极小值为 3.58,与衢州市背景值基本接近。

各元素/指标中,约一半元素/指标变异系数在 0.40 以下,说明分布较为均匀;K_2O、MgO、Hg、P、Tl、V、Sn、Cu、Mo、Sr、Cd、Cr、Co、Br、Mn、B、Ni、I、As、Au、Na_2O、Sb、pH、Ag、CaO 共 25 项元素/指标变异系数大于 0.40,其中 Na_2O、Sb、pH、Ag、CaO 变异系数大于 0.80,空间变异性较大。

与衢州市土壤元素背景值相比,红壤区土壤元素背景值中 B 背景值明显低于衢州市背景值;Br、Cd、Mn、Ni、F、Tl、Corg 背景值略高于衢州市背景值,与衢州市背景值比值在 1.2~1.4 之间;Bi、Na_2O、I 背景值明显高于衢州市背景值,是衢州市背景值的 1.4 倍以上;其他元素/指标背景值则与衢州市背景值基本接近。

三、粗骨土土壤地球化学背景值

衢州市粗骨土区土壤地球化学背景值数据经正态分布检验,结果表明,原始数据中仅 Be、Bi、Ce、Ga、La、Nb、Rb、S、Sc、Th、Ti、Y、SiO_2、Al_2O_3、TFe_2O_3、TC 符合正态分布,Ag、Au、Br、Cl、F、I、Li、Sb、Sn、Sr、

表 4-16 黄壤土壤地球化学背景值参数统计表

元素/指标	N	$X_{5\%}$	$X_{10\%}$	$X_{25\%}$	$X_{50\%}$	$X_{75\%}$	$X_{90\%}$	$X_{95\%}$	$\bar{X}$	S	$\bar{X}_g$	S_g	X_{max}	X_{min}	CV	X_{me}	X_{mo}	分布类型	黄壤背景值	衢州市背景值
Ag	22	78.1	80.3	90.5	116	148	208	233	130	55.4	121	16.64	284	76.0	0.43	116	83.0	—	116	87.1
As	457	1.92	2.29	3.17	4.56	6.74	10.92	13.31	5.64	3.63	4.72	3.04	17.99	0.86	0.64	4.56	4.80	剔除后对数分布	4.72	11.10
Au	22	0.64	0.66	0.88	1.25	1.70	2.11	2.14	1.35	0.60	1.24	1.57	2.94	0.60	0.45	1.25	0.91	—	1.25	1.69
B	520	6.11	7.44	10.72	16.50	29.74	59.4	72.6	25.54	25.10	18.42	6.77	188	2.78	0.98	16.50	15.60	对数正态分布	18.42	33.60
Ba	22	250	361	424	524	638	704	802	541	182	512	36.34	1055	241	0.34	524	539	—	524	400
Be	22	1.96	2.22	2.69	3.17	4.67	5.90	6.03	3.79	1.52	3.52	2.22	7.44	1.87	0.40	3.17	3.95	—	3.17	2.22
Bi	22	0.28	0.30	0.34	0.41	0.48	1.96	2.57	0.72	0.83	0.51	2.16	3.35	0.26	1.16	0.41	0.39	—	0.41	0.26
Br	22	3.54	4.28	5.73	7.16	8.93	11.68	12.01	7.50	2.75	7.02	3.31	13.32	3.47	0.37	7.16	7.49	—	7.16	2.28
Cd	476	0.07	0.09	0.13	0.18	0.23	0.32	0.38	0.19	0.09	0.17	2.92	0.47	0.03	0.47	0.18	0.16	剔除后对数分布	0.17	0.16
Ce	22	82.5	89.4	98.5	110	182	246	281	144	66.1	132	16.86	302	80.9	0.46	110	140	—	110	83.2
Cl	22	47.94	49.30	60.4	100.0	136	167	180	102	45.65	92.8	15.14	189	47.80	0.45	100.0	104	其他分布	100.0	51.0
Co	479	2.12	2.60	3.40	4.84	9.01	14.62	16.83	6.78	4.79	5.46	3.40	22.40	0.70	0.71	4.84	11.70	对数正态分布	11.70	10.10
Cr	520	6.67	10.12	16.48	26.25	52.4	87.2	109	39.93	37.18	28.11	8.92	279	2.08	0.93	26.25	26.90	对数正态分布	28.11	32.00
Cu	521	4.96	6.58	9.11	13.04	22.80	40.20	55.0	19.65	21.14	14.58	5.91	267	2.44	1.08	13.04	10.60	—	14.58	16.00
F	22	427	464	579	646	720	783	887	648	155	631	40.43	1090	414	0.24	646	724	—	646	421
Ga	22	17.13	17.78	19.53	21.85	23.42	25.29	25.47	21.56	2.85	21.38	5.78	27.30	16.30	0.13	21.85	22.20	—	21.85	16.75
Ge	474	1.16	1.24	1.35	1.49	1.68	1.84	1.95	1.52	0.26	1.50	1.33	2.72	1.02	0.17	1.49	1.48	对数正态分布	1.50	1.43
Hg	521	0.04	0.05	0.06	0.08	0.11	0.15	0.19	0.09	0.05	0.08	4.10	0.49	0.01	0.54	0.08	0.11	对数正态分布	0.08	0.11
I	22	2.01	2.38	3.50	4.92	6.12	9.86	10.68	5.39	2.79	4.76	2.88	12.12	1.96	0.52	4.92	3.50	—	4.92	1.08
La	22	42.38	45.97	48.10	56.1	66.1	105	116	64.4	26.48	60.5	10.77	141	37.20	0.41	56.1	65.2	—	56.1	44.34
Li	22	26.68	26.81	29.02	34.51	42.50	52.9	53.4	36.76	9.82	35.60	7.73	56.6	23.90	0.27	34.51	36.37	—	34.51	34.84
Mn	521	154	187	276	447	734	1251	1590	671	1746	463	39.43	38 667	102	2.60	447	515	对数正态分布	463	227
Mo	521	0.48	0.60	0.85	1.26	1.88	2.83	3.36	1.83	2.02	1.29	2.02	106	0.20	2.66	1.26	1.65	对数正态分布	1.29	0.82
N	503	0.55	0.77	1.19	1.50	1.81	2.11	2.32	1.49	0.50	1.38	1.63	2.78	0.29	0.34	1.50	1.58	—	1.49	1.27
Nb	22	18.41	18.61	20.10	25.15	32.88	39.93	42.95	27.56	8.91	26.33	6.57	49.20	17.80	0.32	25.15	27.50	剔除后对数分布	25.15	19.70
Ni	474	3.91	4.91	7.72	10.67	16.39	28.97	34.36	13.62	9.12	11.09	4.99	41.92	1.22	0.67	10.67	11.70	对数正态分布	11.09	11.00
P	521	0.16	0.24	0.45	0.68	0.93	1.22	1.43	0.74	0.44	0.62	1.95	3.22	0.10	0.59	0.68	0.87	剔除后对数分布	0.62	0.48
Pb	463	30.03	32.02	35.98	39.90	45.10	53.3	58.0	41.22	8.55	40.36	8.64	67.8	19.53	0.21	39.90	39.00	剔除后对数分布	40.36	30.00

第四章 土壤元素背景值

续表 4-16

元素/指标	N	$X_{5\%}$	$X_{10\%}$	$X_{25\%}$	$X_{50\%}$	$X_{75\%}$	$X_{90\%}$	$X_{95\%}$	$\bar{X}$	S	$\bar{X}_g$	S_g	X_{max}	X_{min}	CV	X_{me}	X_{mo}	分布类型	黄壤背景值	衢州市背景值
Rb	22	119	129	169	191	208	223	241	187	40.82	182	19.96	279	100.0	0.22	191	188	—	191	115
S	22	213	215	285	314	361	390	399	316	66.8	309	27.22	454	192	0.21	314	314	—	314	285
Sb	22	0.38	0.40	0.44	0.57	0.71	0.91	1.03	0.61	0.21	0.58	1.57	1.08	0.37	0.34	0.57	0.60	—	0.57	0.87
Sc	22	6.77	7.60	8.70	11.18	15.28	18.54	23.57	12.42	5.24	11.45	4.40	24.41	4.71	0.42	11.18	11.83	对数正态分布	11.18	9.15
Se	521	0.21	0.23	0.28	0.36	0.50	0.72	0.85	0.44	0.38	0.39	1.96	7.38	0.10	0.87	0.36	0.27	—	0.39	0.28
Sn	22	3.52	3.85	5.03	6.50	8.75	11.51	14.07	7.53	3.84	6.80	3.23	19.50	3.40	0.51	6.50	7.70	—	6.50	5.96
Sr	22	35.99	42.06	50.2	66.5	87.6	97.1	124	72.2	31.46	66.6	11.71	166	31.31	0.44	66.5	71.6	—	66.5	50.5
Th	22	13.10	15.15	18.05	24.43	27.26	34.82	35.96	23.91	7.66	22.71	6.11	40.70	11.12	0.32	24.43	24.20	正态分布	24.43	14.77
Ti	22	2866	3453	4139	5006	6045	7307	7711	5132	1476	4926	132	8012	2750	0.29	5006	5056	—	5056	4413
Tl	47	0.90	0.98	1.12	1.42	1.70	2.32	2.78	1.51	0.55	1.43	1.50	3.15	0.70	0.36	1.42	1.31	—	1.51	0.69
U	22	2.66	2.91	3.41	4.29	5.10	6.12	6.58	4.40	1.27	4.22	2.40	7.06	2.19	0.29	4.29	4.20	—	4.29	3.53
V	517	18.30	20.46	26.80	41.20	77.1	113	143	58.1	45.95	45.67	10.58	342	9.88	0.79	41.20	25.10	对数正态分布	45.67	101
W	22	1.79	1.79	1.83	2.21	2.96	3.54	4.09	2.48	0.86	2.35	1.84	4.77	1.16	0.35	2.21	1.80	—	2.21	1.90
Y	22	20.57	21.94	24.52	36.09	45.69	56.9	60.0	37.70	13.87	35.27	8.06	65.3	19.07	0.37	36.09	36.48	其他分布	36.09	28.51
Zn	502	55.6	60.4	72.7	101	134	155	171	106	37.91	99.1	15.27	229	42.23	0.36	101	110	—	110	101
Zr	22	246	252	266	308	347	381	447	320	74.9	313	27.07	561	235	0.23	308	318	—	308	318
SiO$_2$	22	56.6	57.1	59.9	63.9	65.8	67.0	67.8	62.9	4.01	62.8	10.55	68.1	54.7	0.06	63.9	66.6	—	63.9	73.4
Al$_2$O$_3$	22	12.54	13.91	14.93	15.56	16.88	18.20	19.27	15.85	1.97	15.73	4.90	19.60	11.57	0.12	15.56	15.03	—	15.56	12.35
TFe$_2$O$_3$	22	3.27	3.35	4.55	5.27	6.51	7.66	7.96	5.50	1.64	5.27	2.79	9.24	2.91	0.30	5.27	5.51	正态分布	5.27	4.01
MgO	22	0.52	0.60	0.78	0.99	1.48	1.80	1.81	1.10	0.48	1.00	1.53	2.16	0.47	0.44	0.99	1.81	—	0.99	0.71
CaO	22	0.14	0.14	0.22	0.40	0.72	0.87	0.89	0.62	0.91	0.39	2.71	4.53	0.12	1.48	0.40	0.51	—	0.40	0.30
Na$_2$O	22	0.23	0.23	0.32	0.40	0.49	0.68	0.85	0.44	0.19	0.41	1.90	0.93	0.19	0.44	0.40	0.32	—	0.40	0.21
K$_2$O	521	1.45	1.72	2.40	3.16	4.12	4.62	4.98	3.22	1.10	3.01	2.08	6.17	0.59	0.34	3.16	4.23	正态分布	3.22	2.82
TC	22	1.15	1.25	1.65	1.79	2.23	2.61	2.71	1.90	0.52	1.83	1.56	3.10	1.10	0.27	1.79	1.68	—	1.79	1.33
Corg	477	0.63	0.89	1.25	1.57	1.97	2.28	2.56	1.61	0.61	1.48	1.67	4.87	0.19	0.38	1.57	1.57	正态分布	1.61	0.95
pH	521	4.28	4.38	4.71	5.11	5.48	6.01	6.32	4.82	4.73	5.17	2.60	8.02	3.87	0.98	5.11	5.16	对数正态分布	5.17	5.12

注：氧化物、TC、Corg单位为%，N、P单位为g/kg，Au、Ag单位为μg/kg，pH为无量纲，其他元素/指标单位为mg/kg；后表单位相同。

表 4-17 红壤土壤地球化学背景值参数统计表

元素/指标	N	$X_{5\%}$	$X_{10\%}$	$X_{25\%}$	$X_{50\%}$	$X_{75\%}$	$X_{90\%}$	$X_{95\%}$	$\overline{X}$	S	$\overline{X}_g$	S_g	X_{max}	X_{min}	CV	X_{me}	X_{mo}	分布类型	红壤背景值	衢州市背景值
Ag	324	46.00	50.00	61.0	77.0	104	168	227	105	142	86.0	13.90	2358	37.00	1.36	77.0	77.0	对数正态分布	86.0	87.1
As	8533	1.97	2.50	3.90	6.74	11.50	16.76	20.20	8.34	5.67	6.56	3.88	26.58	0.42	0.68	6.74	12.80	其他分布	12.80	11.10
Au	324	0.72	0.86	1.07	1.41	2.04	3.41	4.59	1.83	1.32	1.55	1.78	11.71	0.51	0.72	1.41	1.41	对数正态分布	1.55	1.69
B	9138	7.89	10.60	18.81	41.00	63.8	78.7	87.3	42.96	26.35	33.31	9.41	130	1.01	0.61	41.00	12.30	其他分布	12.30	33.60
Ba	313	248	275	347	414	513	600	667	432	124	414	32.62	774	163	0.29	414	466	剔除后正态分布	432	400
Be	324	1.47	1.66	1.95	2.34	2.74	3.35	4.05	2.49	0.85	2.37	1.81	7.50	0.98	0.34	2.34	2.42	对数正态分布	2.37	2.22
Bi	297	0.23	0.24	0.29	0.36	0.45	0.50	0.57	0.38	0.11	0.36	1.91	0.72	0.17	0.29	0.36	0.42	剔除后正态分布	0.38	0.26
Br	324	1.75	1.90	2.12	2.56	3.45	5.31	6.12	3.12	1.80	2.83	2.09	22.40	1.26	0.58	2.56	2.28	剔除后正态分布	2.83	2.28
Cd	8315	0.07	0.09	0.14	0.21	0.29	0.41	0.49	0.23	0.12	0.20	2.88	0.63	0.01	0.54	0.21	0.12	剔除后对数分布	0.20	0.16
Ce	324	62.4	67.0	75.5	87.5	103	121	134	92.7	28.18	89.5	13.67	287	51.0	0.30	87.5	87.5	剔除后正态分布	89.5	83.2
Cl	291	35.85	38.10	44.10	51.0	60.0	73.6	79.7	53.4	13.45	51.9	9.98	96.5	26.40	0.25	51.0	53.8	剔除后对数分布	51.9	51.0
Co	8679	3.04	3.89	6.18	10.10	15.47	20.56	23.72	11.34	6.48	9.49	4.30	32.40	0.59	0.57	10.10	11.10	其他分布	11.10	10.10
Cr	8817	11.68	16.19	30.60	61.0	81.8	98.4	114	59.2	32.68	47.98	11.01	163	0.56	0.55	61.0	38.00	对数正态分布	38.00	32.00
Cu	8740	7.98	10.40	16.20	25.70	35.90	46.40	54.4	27.27	14.00	23.47	7.02	69.6	1.80	0.51	25.70	15.00	对数正态分布	15.00	16.00
F	310	319	348	442	525	660	825	920	562	177	536	37.87	1030	253	0.31	525	824	剔除后对数分布	536	421
Ga	324	13.20	14.40	16.01	18.08	20.10	21.89	23.34	18.15	3.01	17.90	5.39	27.85	11.10	0.17	18.08	20.50	正态分布	18.15	16.75
Ge	6090	1.15	1.22	1.34	1.49	1.65	1.81	1.91	1.50	0.23	1.49	1.32	2.15	0.86	0.15	1.49	1.43	剔除后对数分布	1.49	1.43
Hg	8616	0.04	0.04	0.06	0.08	0.11	0.15	0.17	0.09	0.04	0.08	4.15	0.21	0.01	0.44	0.08	0.11	其他分布	0.11	0.11
I	324	0.86	0.99	1.24	1.80	2.90	4.35	5.06	2.31	1.55	1.94	2.00	14.70	0.50	0.67	1.80	1.10	对数正态分布	1.94	1.08
La	324	32.41	34.40	39.51	45.55	53.5	61.4	68.6	47.68	12.14	46.34	9.35	114	27.94	0.25	45.55	39.90	对数正态分布	46.34	44.34
Li	324	21.67	24.18	29.16	34.50	40.78	47.60	54.9	35.64	9.96	34.32	7.70	73.6	14.00	0.28	34.50	30.10	对数正态分布	34.32	34.84
Mn	8613	135	162	227	343	539	784	922	411	241	348	30.60	1162	11.00	0.59	343	284	其他分布	284	227
Mo	8300	0.41	0.54	0.75	1.04	1.49	2.05	2.43	1.18	0.60	1.04	1.69	3.16	0.14	0.51	1.04	0.82	对数正态分布	0.82	0.82
N	9078	0.56	0.73	1.03	1.38	1.76	2.13	2.35	1.41	0.53	1.29	1.63	2.89	0.12	0.38	1.38	1.27	剔除后对数分布	1.29	1.27
Nb	324	16.30	17.23	18.79	21.01	25.52	32.03	37.62	23.19	6.92	22.38	6.13	55.2	13.10	0.30	21.01	20.50	对数正态分布	22.38	19.70
Ni	8815	5.58	7.01	11.00	21.80	34.63	44.49	52.5	24.21	15.11	19.31	6.65	73.6	0.90	0.62	21.80	14.00	其他分布	14.00	11.00
P	8752	0.23	0.29	0.42	0.59	0.80	1.03	1.17	0.63	0.28	0.57	1.77	1.45	0.06	0.44	0.59	0.49	剔除后对数分布	0.57	0.48
Pb	8565	21.29	23.94	28.67	33.49	39.13	45.38	49.87	34.15	8.44	33.07	7.82	58.9	11.10	0.25	33.49	31.00	其他分布	31.00	30.00

续表 4-17

元素/指标	N	$X_{5\%}$	$X_{10\%}$	$X_{25\%}$	$X_{50\%}$	$X_{75\%}$	$X_{90\%}$	$X_{95\%}$	$\overline{X}$	S	$\overline{X}_g$	S_g	X_{max}	X_{min}	CV	X_{me}	X_{mo}	分布类型	红壤背景值	衢州市背景值
Rb	324	68.9	81.0	95.9	125	153	192	208	131	48.60	123	16.45	403	44.81	0.37	125	134	对数正态分布	123	115
S	310	183	198	248	289	344	408	441	299	76.5	289	26.98	506	109	0.26	289	269	剔除后正态分布	299	285
Sb	324	0.40	0.45	0.53	0.74	1.21	1.97	2.93	1.08	1.01	0.85	1.88	8.10	0.32	0.93	0.74	0.49	对数正态分布	0.85	0.87
Sc	324	5.80	6.53	7.80	10.15	13.04	15.20	16.21	10.62	3.56	10.06	4.04	26.10	4.30	0.34	10.15	10.20	正态分布	10.62	9.15
Se	8633	0.18	0.21	0.27	0.34	0.45	0.57	0.65	0.37	0.14	0.34	2.00	0.80	0.02	0.38	0.34	0.28	其他分布	0.28	0.28
Sn	324	3.13	3.50	4.10	5.40	7.53	10.50	12.48	6.31	3.14	5.72	2.97	28.80	2.10	0.50	5.40	5.90	对数正态分布	5.72	5.96
Sr	324	32.68	35.93	42.66	51.4	68.8	95.1	121	61.2	31.93	55.9	10.78	257	26.20	0.52	51.4	43.66	对数正态分布	55.9	50.5
Th	324	9.90	10.84	12.80	15.95	20.08	25.03	26.66	17.23	6.56	16.24	5.20	57.2	6.70	0.38	15.95	17.90	对数正态分布	16.24	14.77
Ti	311	3051	3320	4140	4724	5476	6009	6398	4723	996	4611	133	7473	2206	0.21	4724	4724	剔除后正态分布	4723	4413
Tl	829	0.45	0.52	0.62	0.87	1.23	1.63	1.87	0.98	0.45	0.89	1.57	2.82	0.27	0.46	0.87	0.80	对数正态分布	0.89	0.69
U	301	2.62	2.82	3.23	3.70	4.20	4.89	5.13	3.76	0.78	3.68	2.18	5.82	1.75	0.21	3.70	4.06	剔除后正态分布	3.76	3.53
V	8628	27.01	35.22	56.1	86.9	113	142	166	88.3	41.21	77.8	13.32	207	5.85	0.47	86.9	100.0	其他分布	100.0	101
W	297	1.22	1.39	1.67	1.98	2.24	2.57	2.68	1.97	0.45	1.92	1.55	3.25	0.78	0.23	1.98	1.98	剔除后正态分布	1.97	1.90
Y	324	20.24	21.73	24.96	28.68	33.62	38.93	44.06	30.11	8.21	29.16	7.20	72.7	15.29	0.27	28.68	25.40	对数正态分布	29.16	28.51
Zn	8747	50.5	56.9	70.0	89.1	112	136	150	92.9	30.26	88.0	13.77	184	20.58	0.33	89.1	116	其他分布	116	101
Zr	308	200	219	247	294	348	401	440	304	74.0	296	26.86	523	162	0.24	294	311	剔除后正态分布	304	318
SiO₂	324	60.5	63.6	67.2	71.2	75.6	78.9	80.4	71.1	6.16	70.8	11.59	83.8	50.8	0.09	71.2	71.2	正态分布	71.1	73.4
Al₂O₃	324	10.24	10.76	11.84	13.41	14.70	16.04	16.68	13.41	2.11	13.25	4.54	19.99	8.08	0.16	13.41	14.22	正态分布	13.41	12.35
TFe₂O₃	324	2.44	2.78	3.56	4.53	5.79	6.51	7.31	4.72	1.68	4.44	2.59	13.63	1.63	0.36	4.53	4.78	正态分布	4.72	4.01
MgO	324	0.37	0.42	0.55	0.75	1.05	1.26	1.43	0.81	0.34	0.74	1.56	2.02	0.28	0.42	0.75	0.75	对数正态分布	0.74	0.71
CaO	324	0.15	0.17	0.22	0.33	0.53	0.89	1.24	0.52	0.88	0.36	2.45	12.59	0.08	1.68	0.33	0.24	对数正态分布	0.36	0.30
Na₂O	324	0.11	0.12	0.19	0.31	0.51	0.86	1.17	0.43	0.38	0.32	2.63	2.88	0.07	0.88	0.31	0.24	对数正态分布	0.32	0.21
K₂O	9131	0.83	1.09	1.69	2.39	3.07	3.71	4.13	2.41	0.99	2.17	1.95	5.19	0.10	0.41	2.39	2.89	其他分布	2.89	2.82
TC	324	0.94	1.04	1.22	1.43	1.65	1.82	2.17	1.47	0.41	1.42	1.41	4.12	0.55	0.28	1.43	1.39	对数正态分布	1.42	1.33
Corg	7070	0.58	0.75	1.03	1.34	1.69	2.03	2.24	1.37	0.49	1.26	1.61	2.75	0.03	0.36	1.34	1.42	剔除后对数分布	1.26	0.95
pH	8776	4.35	4.51	4.79	5.12	5.56	6.03	6.32	4.88	4.76	5.20	2.61	6.95	3.58	0.97	5.12	5.18	其他分布	5.18	5.12

Tl、W、MgO、Corg、pH 符合对数正态分布，Ba、Pb、U、Zr、CaO 剔除异常值后符合正态分布，Hg、Mo、P 剔除异常值后符合对数正态分布，其他元素/指标不符合正态分布或对数正态分布（表 4-18）。

衢州市粗骨土区表层土壤总体为酸性，土壤 pH 背景值为 5.46，极大值为 8.40，极小值为 3.67，与衢州市背景值基本接近。

表层土壤各元素/指标中，约一半元素/指标变异系数小于 0.40，分布相对均匀；MgO、Zn、Cr、Se、B、F、N、P、Sn、Corg、Mo、V、Cd、Ag、Cu、Hg、I、As、Co、Na_2O、Ni、Mn、pH、Au、Sb 共 25 项元素/指标变异系数大于 0.40，其中 pH、Au、Sb 变异系数大于 0.80，空间变异性较大。

与衢州市土壤元素背景值相比，粗骨土区土壤元素背景值中 Zn 背景值明显低于衢州市背景值，仅为衢州市背景值的 32.67%；而 B、Na_2O、Cu、Hg、Co、Sn、Mn 背景值略低于衢州市背景值，为衢州市背景值的 60%~80%；Corg、F、V 背景值略高于衢州市背景值，与衢州市背景值比值在 1.2~1.4 之间；Bi、I 背景值明显高于衢州市背景值，是衢州市背景值的 1.4 倍以上；其他元素/指标背景值则与衢州市背景值基本接近。

四、石灰岩土土壤地球化学背景值

衢州市石灰岩土区土壤地球化学背景值数据经正态分布检验，结果表明，原始数据中仅 Au、N、Tl、K_2O 符合正态分布，Ge、Corg、As、Co、Cu、Hg、P、Se、V、pH 符合对数正态分布，B、Zn、Ni 剔除异常值后符合正态分布，Mo、Pb 剔除异常值后符合对数正态分布，Cd、Cr、Mn 不符合正态分布或对数正态分布，其他元素/指标样品不足 30 件，无法进行正态分布检验（表 4-19）。

衢州市石灰岩土区表层土壤总体为酸性，土壤 pH 背景值为 5.59，极大值为 8.19，极小值为 4.13，与衢州市背景值基本接近。

表层土壤各元素/指标中，多数元素/指标变异系数小于 0.40，分布相对均匀；Ag、Na_2O、Ni、Br、Co、P、V、Au、Sn、Mn、Cu、Hg、CaO、Se、I、Mo、Cd、pH、As 共 19 项元素/指标变异系数大于 0.40，其中 pH、As 变异系数大于 0.80，空间变异性较大。

与衢州市土壤元素背景值相比，石灰岩土区土壤元素背景值中 Co、N、As、Li、Bi、P、Corg 背景值略高于衢州市背景值，与衢州市背景值比值在 1.2~1.4 之间；Se、Mo、Mn、Sb、Na_2O、F、Cu、B、Cr、Au、Ni 背景值明显高于衢州市背景值，是衢州市背景值的 1.4 倍以上；其他元素/指标背景值则与衢州市背景值基本接近。

五、紫色土土壤地球化学背景值

衢州市紫色土区土壤地球化学背景值原始数据中仅 Be、Cl、Ga、La、Li、Rb、S、Sc、Sr、Th、Ti、U、Y、Zr、SiO_2、Al_2O_3、TFe_2O_3、Na_2O、TC 符合正态分布，Au、Bi、Ce、Co、F、I、N、Nb、Sb、Sn、Tl、W、MgO、CaO、Corg 符合对数正态分布，Ag、Ba、Br、V 剔除异常值后符合正态分布，Cd、Cr、Ge、P、Pb 剔除异常值后符合对数正态分布，其他元素/指标不符合正态分布或对数正态分布（表 4-20）。

衢州市紫色土区表层土壤总体为酸性，土壤 pH 背景值为 5.12，极大值为 6.85，极小值为 3.45，与衢州市背景值一致。

表层土壤各元素/指标中，多数元素/指标变异系数小于 0.40，分布相对均匀；MgO、Cd、N、B、Ni、Corg、Mn、P、Hg、Sn、As、I、Na_2O、Co、Au、Sb、pH、CaO、F 共 19 项元素/指标变异系数大于 0.40，其中 Sb、pH、CaO、F 变异系数大于 0.80，空间变异性较大。

与衢州市土壤元素背景值相比，紫色土区土壤元素背景值中 As 背景值明显低于衢州市背景值，仅为衢州市背景值的 25.05%；而 V 背景值略低于衢州市背景值，为衢州市背景值的 71%；F、Bi、I 背景值略高于衢州市背景值，与衢州市背景值比值在 1.2~1.4 之间；Cr、Cu、Na_2O、B 背景值明显高于衢州市背景值，是衢州市背景值的 1.4 倍以上；其他元素/指标背景值则与衢州市背景值基本接近。

表 4-18 粗骨土土壤地球化学背景值参数统计表

元素/指标	N	$X_{5\%}$	$X_{10\%}$	$X_{25\%}$	$X_{50\%}$	$X_{75\%}$	$X_{90\%}$	$X_{95\%}$	$\bar{X}$	S	$\bar{X}_g$	S_g	X_{max}	X_{min}	CV	X_{me}	X_{mo}	分布类型	粗骨土背景值	衢州市背景值
Ag	173	44.60	49.20	57.0	67.0	84.0	117	175	79.8	42.71	72.7	12.13	337	36.00	0.54	67.0	58.0	对数正态分布	72.7	87.1
As	3252	2.48	2.97	4.06	6.77	10.80	15.30	18.41	8.05	4.97	6.68	3.77	24.17	0.92	0.62	6.77	10.90	其他分布	10.90	11.10
Au	173	0.85	0.95	1.24	1.70	2.65	4.03	5.97	2.57	3.25	1.92	2.05	26.35	0.64	1.27	1.70	2.10	对数正态分布	1.92	1.69
B	3520	14.30	19.13	30.80	49.78	71.2	84.4	91.3	51.6	24.74	44.47	10.25	129	1.10	0.48	49.78	26.70	其他分布	26.70	33.60
Ba	152	241	265	307	349	395	441	473	351	70.5	344	29.19	546	175	0.20	349	396	剔除后正态分布	351	400
Be	173	1.02	1.28	1.71	2.14	2.59	2.95	3.27	2.12	0.66	2.01	1.73	4.10	0.78	0.31	2.14	1.77	正态分布	2.12	2.22
Bi	173	0.20	0.22	0.26	0.36	0.46	0.51	0.55	0.37	0.13	0.35	1.96	1.00	0.14	0.35	0.36	0.24	正态分布	0.37	0.26
Br	173	1.35	1.52	1.90	2.14	2.65	3.50	4.43	2.38	0.91	2.24	1.80	5.81	0.91	0.38	2.14	2.24	对数正态分布	2.24	2.28
Cd	3244	0.06	0.08	0.12	0.18	0.26	0.34	0.40	0.20	0.10	0.17	3.07	0.53	0.004	0.52	0.18	0.16	其他分布	0.16	0.16
Ce	173	49.79	56.8	67.2	77.8	86.5	93.6	99.8	76.8	15.26	75.2	12.34	132	39.59	0.20	77.8	80.8	正态分布	76.8	83.2
Cl	173	31.60	34.80	39.42	47.40	55.5	64.6	71.8	49.06	14.82	47.35	9.42	164	27.76	0.30	47.40	47.80	对数正态分布	47.35	51.0
Co	3406	3.50	4.11	5.75	9.47	17.60	22.52	25.36	11.90	7.48	9.69	4.49	37.29	1.00	0.63	9.47	6.50	其他分布	6.50	10.10
Cr	3408	20.80	26.10	35.30	57.8	77.8	90.9	102	58.3	26.38	51.4	10.83	143	1.06	0.45	57.8	37.00	其他分布	37.00	32.00
Cu	3411	8.69	10.20	14.11	24.85	36.80	45.22	53.9	26.73	14.36	22.81	7.14	72.6	2.40	0.54	24.85	10.00	对数正态分布	10.00	16.00
F	173	264	302	386	553	754	972	1131	604	287	542	40.09	1792	165	0.48	553	683	其他分布	542	421
Ga	173	9.73	10.92	12.70	16.30	19.40	20.58	20.95	15.95	3.76	15.47	5.07	23.77	6.94	0.24	16.30	12.80	对数正态分布	15.95	16.75
Ge	2376	1.16	1.22	1.35	1.56	1.74	1.90	1.99	1.56	0.26	1.54	1.36	2.31	0.79	0.17	1.56	1.52	其他分布	1.52	1.43
Hg	3363	0.02	0.03	0.05	0.07	0.11	0.14	0.17	0.08	0.04	0.07	4.69	0.21	0.003	0.55	0.07	0.11	剔除后对数分布	0.07	0.11
I	173	0.84	0.93	1.11	1.46	2.24	3.10	3.91	1.81	1.05	1.59	1.76	6.30	0.65	0.58	1.46	1.08	对数正态分布	1.59	1.08
La	173	27.65	30.50	36.77	43.00	46.72	51.3	55.2	42.16	9.06	41.17	8.76	78.7	19.00	0.21	43.00	46.50	正态分布	42.16	44.34
Li	173	21.54	23.77	29.30	34.50	41.67	50.00	56.1	36.35	11.58	34.78	7.87	97.7	16.54	0.32	34.50	36.50	对数正态分布	34.78	34.84
Mn	3305	109	133	185	288	492	775	935	372	249	302	29.30	1129	28.33	0.67	288	177	其他分布	177	227
Mo	3133	0.41	0.49	0.67	0.93	1.31	1.82	2.18	1.06	0.53	0.94	1.65	2.85	0.14	0.50	0.93	0.81	剔除后对数分布	0.94	0.82
N	3495	0.37	0.50	0.85	1.27	1.74	2.17	2.44	1.31	0.63	1.14	1.83	3.10	0.12	0.48	1.27	1.27	其他分布	1.27	1.27
Nb	173	12.76	14.54	17.10	19.10	21.00	23.66	24.70	19.05	3.55	18.72	5.49	32.84	10.67	0.19	19.10	19.30	正态分布	19.05	19.70
Ni	3421	6.82	7.84	10.50	19.10	35.56	45.50	51.6	23.68	15.42	18.91	6.64	77.0	1.18	0.65	19.10	11.00	其他分布	11.00	11.00
P	3304	0.18	0.24	0.38	0.53	0.73	0.99	1.15	0.58	0.28	0.51	1.87	1.41	0.05	0.49	0.53	0.57	剔除后正态分布	0.51	0.48
Pb	3404	16.92	19.33	24.30	30.40	35.80	40.75	44.30	30.29	8.26	29.08	7.45	53.9	7.05	0.27	30.40	17.00	剔除后正态分布	30.29	30.00

续表 4-18

元素/指标	N	$X_{5\%}$	$X_{10\%}$	$X_{25\%}$	$X_{50\%}$	$X_{75\%}$	$X_{90\%}$	$X_{95\%}$	$\overline{X}$	S	$\overline{X}_g$	S_g	X_{max}	X_{min}	CV	X_{me}	X_{mo}	分布类型	粗骨土背景值	衢州市背景值
Rb	173	64.4	70.1	85.1	109	133	145	150	109	29.69	105	15.00	194	38.96	0.27	109	145	正态分布	109	115
S	173	135	153	196	255	318	403	452	270	104	252	25.51	682	88.3	0.39	255	244	正态分布	270	285
Sb	173	0.49	0.53	0.64	0.85	1.29	2.23	3.23	1.36	2.93	0.98	1.86	37.82	0.40	2.15	0.85	0.53	对数正态分布	0.98	0.87
Sc	173	4.76	5.31	6.94	9.30	12.78	14.13	14.79	9.63	3.32	9.03	3.89	16.02	3.90	0.34	9.30	11.10	正态分布	9.63	9.15
Se	3323	0.13	0.16	0.22	0.31	0.42	0.54	0.63	0.33	0.15	0.30	2.22	0.78	0.02	0.45	0.31	0.23	偏峰分布	0.29	0.28
Sn	173	2.52	3.00	3.51	4.30	5.50	7.70	9.78	4.98	2.45	4.56	2.58	18.70	1.70	0.49	4.30	3.60	对数正态分布	4.56	5.96
Sr	173	32.64	34.23	43.04	50.9	57.9	70.3	79.6	52.8	17.35	50.6	9.81	188	25.09	0.33	50.9	50.5	对数正态分布	50.6	50.5
Th	173	8.07	9.19	11.10	13.60	15.60	16.86	17.68	13.36	3.06	12.99	4.54	22.80	6.60	0.23	13.60	12.70	正态分布	13.36	14.77
Ti	173	2660	2899	3323	4378	5201	5573	5765	4318	1053	4180	127	6481	1854	0.24	4378	2926	正态分布	4318	4413
Tl	706	0.37	0.41	0.47	0.58	0.71	0.81	0.89	0.60	0.17	0.58	1.50	1.59	0.25	0.28	0.58	0.63	对数正态分布	0.58	0.69
U	163	1.80	1.98	2.50	3.29	3.90	4.28	5.08	3.29	0.96	3.15	2.10	6.23	1.35	0.29	3.29	3.20	剔除后正正分布	3.29	3.53
V	3435	31.86	37.00	49.90	78.4	114	139	172	85.7	43.17	75.1	13.35	216	12.20	0.50	78.4	136	其他分布	136	101
W	173	1.03	1.21	1.47	1.79	2.07	2.39	2.71	1.86	0.69	1.77	1.56	5.97	0.82	0.37	1.79	1.62	对数正态分布	1.77	1.90
Y	173	16.55	18.62	23.26	27.34	32.10	37.79	39.83	28.20	7.59	27.19	6.97	56.2	12.55	0.27	27.34	27.34	正态分布	28.20	28.51
Zn	3441	32.21	37.68	52.2	76.3	108	128	144	81.1	35.61	73.1	13.05	194	18.00	0.44	76.3	33.00	其他分布	33.00	101
Zr	172	192	205	225	265	330	378	400	281	67.0	273	25.19	463	168	0.24	265	282	剔除后正正分布	281	318
SiO₂	173	65.8	66.6	70.0	74.9	79.7	82.2	83.5	74.8	5.77	74.6	11.92	86.2	63.4	0.08	74.9	74.9	正态分布	74.8	73.4
Al₂O₃	173	9.05	9.44	10.63	12.23	13.36	14.31	14.60	12.07	1.83	11.92	4.27	16.76	7.86	0.15	12.23	12.90	正态分布	12.07	12.35
TFe₂O₃	173	1.90	2.14	2.89	4.10	5.60	6.08	6.29	4.18	1.48	3.90	2.50	7.37	1.56	0.35	4.10	4.66	正态分布	4.18	4.01
MgO	173	0.38	0.41	0.52	0.77	1.10	1.39	1.46	0.83	0.35	0.76	1.58	1.61	0.28	0.42	0.77	0.74	对数正态分布	0.76	0.71
CaO	151	0.14	0.17	0.20	0.27	0.35	0.42	0.49	0.29	0.11	0.27	2.30	0.64	0.09	0.38	0.27	0.30	剔除后正正分布	0.29	0.30
Na₂O	171	0.11	0.13	0.17	0.29	0.53	0.65	0.82	0.36	0.23	0.30	2.72	1.02	0.07	0.63	0.29	0.13	其他分布	0.13	0.21
K₂O	3516	0.91	1.12	1.59	2.17	2.83	3.36	3.63	2.22	0.84	2.04	1.85	4.68	0.14	0.38	2.17	3.30	正态分布	3.30	2.82
TC	173	0.66	0.75	0.93	1.28	1.62	1.88	2.01	1.30	0.46	1.22	1.49	2.87	0.54	0.35	1.28	1.40	正态分布	1.30	1.33
Corg	2647	0.38	0.54	0.88	1.26	1.68	2.17	2.50	1.33	0.65	1.15	1.87	5.60	0.04	0.49	1.26	1.41	对数正态分布	1.15	0.95
pH	3530	4.33	4.48	4.80	5.27	5.87	6.74	7.49	4.91	4.75	5.46	2.69	8.40	3.67	0.97	5.27	5.00	对数正态分布	5.46	5.12

第四章 土壤元素背景值

表 4-19 石灰岩土壤地球化学背景值参数统计表

元素/指标	N	$X_{5\%}$	$X_{10\%}$	$X_{25\%}$	$X_{50\%}$	$X_{75\%}$	$X_{90\%}$	$X_{95\%}$	$\bar{X}$	S	$\bar{X}_g$	S_g	X_{max}	X_{min}	CV	X_{me}	X_{mo}	分布类型	石灰岩土背景值	衢州市背景值
Ag	14	51.6	53.9	60.2	73.5	90.5	115	136	82.1	33.53	77.1	12.27	173	49.00	0.41	73.5	80.0	—	73.5	87.1
As	618	4.29	6.01	8.81	14.10	21.78	34.64	49.59	18.98	20.27	13.89	5.69	238	0.85	1.07	14.10	15.40	对数正态分布	13.89	11.10
Au	14	1.42	2.05	2.85	3.78	6.13	7.56	8.12	4.47	2.37	3.78	2.76	8.44	0.76	0.53	3.78	4.03	正态分布	4.03	1.69
B	575	35.41	42.84	54.0	64.2	76.6	90.4	98.7	65.6	18.28	62.9	11.22	113	18.24	0.28	64.2	66.7	剔除后正态分布	65.6	33.60
Ba	12	309	316	368	402	439	469	478	398	57.4	394	29.52	486	307	0.14	402	399	—	402	400
Be	14	1.68	1.85	1.90	2.08	2.28	2.31	2.38	2.08	0.28	2.06	1.57	2.51	1.37	0.14	2.08	2.06	—	2.08	2.22
Bi	14	0.24	0.25	0.27	0.35	0.38	0.45	0.54	0.36	0.11	0.34	1.90	0.67	0.24	0.32	0.35	0.37	—	0.35	0.26
Br	14	1.49	1.72	1.93	2.11	2.45	3.72	4.59	2.46	1.13	2.28	1.84	5.60	1.12	0.46	2.11	2.46	—	2.11	2.28
Cd	569	0.09	0.13	0.19	0.29	0.56	0.96	1.15	0.42	0.33	0.31	2.80	1.45	0.01	0.78	0.29	0.13	其他分布	0.13	0.16
Ce	14	64.6	66.6	70.2	75.2	83.9	88.1	89.0	76.6	8.79	76.1	1.57	89.8	62.8	0.11	75.2	80.7	—	75.2	83.2
Cl	14	27.82	29.52	35.62	44.75	60.0	76.2	83.3	49.65	19.06	46.51	11.68	88.7	26.80	0.38	44.75	52.0	对数正态分布	44.75	51.0
Co	618	5.06	6.77	9.25	13.26	17.37	20.96	23.34	13.81	6.81	12.35	9.43	86.4	1.23	0.49	13.26	14.30	偏峰分布	12.35	10.10
Cr	608	28.74	38.01	55.0	73.1	84.2	96.8	104	69.8	22.29	65.4	4.61	124	12.90	0.32	73.1	75.0	对数正态分布	75.0	32.00
Cu	618	12.46	17.13	23.27	31.88	41.90	52.7	65.8	35.05	21.94	30.54	11.68	335	1.00	0.63	31.88	24.00	对数正态分布	30.54	16.00
F	14	531	550	585	784	936	971	1035	772	201	748	7.88	1141	499	0.26	784	936	—	784	421
Ga	14	11.99	12.28	13.42	15.40	16.90	17.85	18.18	15.24	2.23	15.08	43.76	18.50	11.80	0.15	15.40	16.60	—	15.40	16.75
Ge	526	1.24	1.33	1.48	1.66	1.85	2.06	2.25	1.68	0.32	1.65	4.69	3.42	0.87	0.19	1.66	1.59	对数正态分布	1.65	1.43
Hg	618	0.04	0.05	0.07	0.10	0.15	0.21	0.26	0.12	0.08	0.10	1.40	0.86	0.03	0.63	0.10	0.14	对数正态分布	0.10	0.11
I	14	0.78	0.84	0.97	1.15	1.38	3.35	3.78	1.55	1.03	1.34	3.65	3.81	0.71	0.66	1.15	1.40	—	1.15	1.08
La	14	32.22	34.60	36.12	38.73	41.80	44.57	45.52	38.85	4.82	38.56	1.70	47.20	28.60	0.12	38.73	38.78	—	38.73	44.34
Li	14	35.91	38.37	44.09	45.95	51.3	63.0	67.5	48.15	9.80	47.28	8.00	68.4	33.50	0.20	45.95	49.60	—	45.95	34.84
Mn	579	109	141	194	286	450	647	784	347	206	293	8.89	989	51.0	0.59	286	369	其他分布	369	227
Mo	549	0.44	0.55	0.81	1.23	2.08	3.41	4.31	1.65	1.20	1.31	27.44	5.90	0.24	0.73	1.23	1.07	剔除后对数正态分布	1.31	0.82
N	14	0.73	0.90	1.23	1.58	1.90	2.18	2.43	1.57	0.54	1.47	2.02	3.99	0.28	0.34	1.58	1.83	正态分布	1.57	1.27
Nb	14	18.84	19.05	19.50	20.30	21.06	21.59	21.74	20.31	1.08	20.29	1.59	22.00	18.73	0.05	20.30	21.00	—	20.30	19.70
Ni	597	10.00	14.00	21.01	31.98	40.06	46.90	52.9	31.09	13.01	27.86	5.53	70.2	2.38	0.42	31.98	27.00	剔除后正态分布	31.09	11.00
P	618	0.27	0.36	0.48	0.69	0.90	1.16	1.41	0.74	0.37	0.65	7.37	3.81	0.10	0.51	0.69	0.84	对数正态分布	0.65	0.48
Pb	562	25.70	28.10	31.10	34.43	38.90	44.27	49.59	35.45	6.59	34.85	7.90	55.1	18.10	0.19	34.43	34.00	剔除后对数分布	34.85	30.00

续表 4-19

元素/指标	N	$X_{5\%}$	$X_{10\%}$	$X_{25\%}$	$X_{50\%}$	$X_{75\%}$	$X_{90\%}$	$X_{95\%}$	$\bar{X}$	S	$\bar{X}_g$	S_g	X_{max}	X_{min}	CV	X_{me}	X_{mo}	分布类型	石灰岩土背景值	衢州市背景值
Rb	14	85.9	92.2	107	116	122	137	144	115	19.74	113	14.80	153	76.9	0.17	116	111	—	116	115
S	14	168	183	206	261	333	424	449	280	96.3	265	24.96	458	147	0.34	261	277	—	261	285
Sb	14	0.80	0.87	1.14	1.47	1.82	2.16	2.43	1.53	0.58	1.43	1.58	2.85	0.74	0.38	1.47	1.59	—	1.47	0.87
Sc	14	5.30	5.84	6.59	8.29	9.56	11.39	11.83	8.33	2.28	8.03	3.29	12.40	4.71	0.27	8.29	8.60	—	8.29	9.15
Se	618	0.21	0.24	0.29	0.40	0.61	0.82	0.99	0.49	0.32	0.43	1.97	4.06	0.13	0.65	0.40	0.54	对数正态分布	0.43	0.28
Sn	14	3.09	3.54	4.28	5.20	6.40	12.22	13.57	6.48	3.75	5.71	3.13	15.20	2.70	0.58	5.20	6.70	—	5.20	5.96
Sr	14	31.54	33.85	39.01	41.47	58.8	73.1	80.1	49.81	17.13	47.39	8.72	87.4	29.86	0.34	41.47	48.45	—	41.47	50.5
Th	14	11.70	11.81	13.05	14.02	15.41	15.95	16.56	14.07	1.78	13.96	4.51	17.60	11.50	0.13	14.02	14.10	—	14.02	14.77
Ti	14	2841	3156	3280	3709	4257	5795	6577	4049	1279	3887	111	7142	2258	0.32	3709	3973	—	3709	4413
Tl	115	0.53	0.58	0.63	0.70	0.80	0.92	1.04	0.73	0.15	0.72	1.32	1.22	0.50	0.21	0.70	0.63	正态分布	0.73	0.69
U	14	3.20	3.33	3.46	3.87	4.55	4.91	6.16	4.25	1.30	4.11	2.37	8.30	3.03	0.31	3.87	4.26	—	3.87	3.53
V	618	46.27	54.6	77.6	104	137	170	207	113	58.9	102	15.16	601	28.92	0.52	104	110	对数正态分布	102	101
W	14	1.75	1.79	2.08	2.19	2.36	2.43	2.63	2.21	0.32	2.19	1.62	2.99	1.72	0.15	2.19	2.19	—	2.19	1.90
Y	14	22.55	23.22	23.70	26.02	26.68	30.77	32.78	26.27	3.45	26.07	6.27	34.41	21.43	0.13	26.02	23.36	—	26.02	28.51
Zn	586	50.9	60.4	76.0	98.2	122	148	163	101	34.01	95.3	14.36	197	18.70	0.34	98.2	71.0	剔除后正态分布	101	101
Zr	14	231	235	245	263	280	293	297	263	22.65	262	23.90	297	226	0.09	263	263	—	263	318
SiO_2	14	70.7	72.7	76.2	77.3	81.5	82.4	82.8	77.8	4.14	77.7	11.86	83.2	69.3	0.05	77.3	78.0	—	77.3	73.4
Al_2O_3	14	9.75	9.86	10.10	10.70	11.76	12.84	13.25	11.05	1.23	10.99	3.87	13.52	9.67	0.11	10.70	11.05	—	10.70	12.35
TFe_2O_3	14	2.19	2.27	2.87	3.59	4.36	4.80	5.30	3.66	1.15	3.50	2.15	6.20	2.10	0.31	3.59	3.65	—	3.59	4.01
MgO	14	0.47	0.49	0.55	0.72	0.81	1.11	1.32	0.75	0.29	0.71	1.48	1.46	0.43	0.38	0.72	0.72	—	0.72	0.71
CaO	14	0.20	0.22	0.23	0.27	0.37	0.54	0.74	0.35	0.22	0.31	2.30	1.03	0.17	0.63	0.27	0.23	—	0.27	0.30
Na_2O	14	0.12	0.15	0.23	0.39	0.43	0.47	0.54	0.35	0.14	0.31	2.43	0.63	0.10	0.41	0.39	0.43	—	0.39	0.21
K_2O	618	1.26	1.59	2.13	2.71	3.16	3.64	3.92	2.66	0.80	2.52	1.84	5.69	0.47	0.30	2.71	2.16	正态分布	2.71	2.82
TC	14	0.97	1.07	1.18	1.27	1.42	1.94	2.08	1.37	0.37	1.33	1.34	2.14	0.83	0.27	1.27	1.22	—	1.27	1.33
Corg	526	0.70	0.85	1.10	1.36	1.66	2.01	2.27	1.41	0.49	1.32	1.52	4.08	0.20	0.35	1.36	1.34	对数正态分布	1.32	0.95
pH	618	4.56	4.67	4.98	5.39	5.99	6.99	7.45	5.11	5.00	5.59	2.73	8.19	4.13	0.98	5.39	5.19	对数正态分布	5.59	5.12

第四章 土壤元素背景值

表 4-20 紫色土壤地球化学背景值参数统计表

元素/指标	N	$X_{5\%}$	$X_{10\%}$	$X_{25\%}$	$X_{50\%}$	$X_{75\%}$	$X_{90\%}$	$X_{95\%}$	$\overline{X}$	S	$\overline{X}_g$	S_g	X_{max}	X_{min}	CV	X_{me}	X_{mo}	分布类型	紫色土背景值	衢州市背景值
Ag	113	50.6	55.0	61.0	71.0	84.0	95.8	107	73.0	16.78	71.2	11.71	125	41.00	0.23	71.0	61.0	剔除后正态分布	73.0	87.1
As	3662	2.17	2.59	3.62	5.32	8.07	11.11	13.00	6.18	3.31	5.35	3.14	16.21	0.91	0.54	5.32	2.78	其他分布	2.78	11.10
Au	124	0.91	0.95	1.19	1.62	3.01	4.65	5.33	2.30	1.68	1.88	1.94	10.18	0.54	0.73	1.62	0.95	对数正态分布	1.88	1.69
B	3816	13.41	17.44	27.23	40.89	56.6	70.4	79.0	42.67	20.07	37.37	8.79	101	1.29	0.47	40.89	56.5	其他分布	56.5	33.60
Ba	118	234	252	284	340	392	446	509	345	81.4	336	28.62	566	185	0.24	340	284	剔除后正态分布	345	400
Be	124	1.35	1.54	1.69	1.96	2.34	2.67	3.17	2.06	0.51	2.00	1.61	3.80	1.13	0.25	1.96	2.08	正态分布	2.06	2.22
Bi	124	0.24	0.25	0.26	0.31	0.39	0.47	0.53	0.35	0.12	0.33	2.02	0.92	0.22	0.34	0.31	0.26	对数正态分布	0.33	0.26
Br	108	1.59	1.67	1.94	2.13	2.29	2.40	2.52	2.10	0.28	2.08	1.56	2.78	1.38	0.13	2.13	2.29	剔除后正态分布	2.10	2.28
Cd	3606	0.07	0.09	0.12	0.18	0.24	0.32	0.37	0.19	0.09	0.17	3.06	0.45	0.01	0.46	0.18	0.18	其他分布	0.17	0.16
Ce	124	64.0	67.8	74.0	82.9	96.2	110	117	86.3	17.53	84.7	13.35	140	52.9	0.20	82.9	92.8	剔除后正态分布	84.7	83.2
Cl	124	34.62	40.08	43.60	49.76	58.3	65.9	71.9	51.4	10.87	50.3	9.83	81.2	22.84	0.21	49.76	49.60	正态分布	51.4	51.0
Co	3845	3.87	4.72	6.50	9.22	13.50	18.60	23.72	11.11	7.56	9.43	3.95	117	1.27	0.68	9.22	11.20	对数正态分布	9.43	10.10
Cr	3772	18.38	25.45	36.43	49.30	65.3	77.7	85.5	51.0	20.31	46.29	9.69	110	2.89	0.40	49.30	48.00	剔除后对数分布	46.29	32.00
Cu	3627	10.08	12.64	16.21	20.90	28.00	35.59	40.00	22.59	9.03	20.78	6.16	50.00	2.43	0.40	20.90	24.00	其他分布	24.00	16.00
F	124	320	348	418	487	569	710	794	607	849	506	36.93	8523	265	1.40	487	462	对数正态分布	506	421
Ga	124	11.97	12.73	13.86	15.86	17.48	19.18	19.77	15.75	2.41	15.56	4.91	20.60	8.77	0.15	15.86	15.71	正态分布	15.75	16.75
Ge	2324	1.30	1.36	1.44	1.54	1.66	1.79	1.86	1.55	0.17	1.55	1.31	2.03	1.11	0.11	1.54	1.46	剔除后对数分布	1.55	1.43
Hg	3599	0.02	0.03	0.04	0.06	0.09	0.12	0.15	0.07	0.04	0.06	4.82	0.18	0.01	0.52	0.06	0.11	偏峰分布	0.11	0.11
I	124	0.78	0.87	1.02	1.30	1.91	2.98	3.41	1.61	0.87	1.43	1.67	5.01	0.58	0.54	1.30	1.36	对数正态分布	1.43	1.08
La	124	33.01	35.33	39.20	45.23	51.4	62.8	66.6	47.01	10.86	45.85	9.42	86.6	22.10	0.23	45.23	39.12	正态分布	47.01	44.34
Li	124	25.16	27.21	34.02	38.39	44.78	50.00	55.6	39.49	9.73	38.40	8.21	80.4	23.31	0.25	38.39	39.02	其他分布	39.49	34.84
Mn	3671	150	175	238	330	468	635	734	369	176	330	28.42	881	71.1	0.48	330	266	偏峰分布	266	227
Mo	3631	0.51	0.56	0.70	0.89	1.17	1.50	1.71	0.97	0.36	0.90	1.45	2.06	0.18	0.37	0.89	0.97	对数正态分布	0.97	0.82
N	124	0.42	0.55	0.83	1.18	1.55	1.94	2.25	1.23	0.56	1.10	1.70	4.27	0.13	0.46	1.18	1.05	对数正态分布	1.10	1.27
Nb	3845	16.13	16.81	18.30	20.65	24.88	29.30	31.72	21.90	4.84	21.40	6.08	34.20	13.55	0.22	20.65	19.70	对数正态分布	21.40	19.70
Ni	124	7.64	9.02	11.90	15.90	22.90	31.10	35.57	18.07	8.41	16.21	5.33	41.58	1.46	0.47	15.90	13.00	其他分布	13.00	11.00
P	3597	0.18	0.22	0.32	0.46	0.64	0.87	1.02	0.51	0.25	0.45	1.95	1.26	0.06	0.49	0.46	0.47	剔除后对数分布	0.45	0.48
Pb	3666	22.60	24.55	27.57	31.00	35.11	40.18	43.21	31.68	6.03	31.11	7.43	48.42	16.00	0.19	31.00	30.00	剔除后对数分布	31.11	30.00

续表 4-20

元素/指标	N	$X_{5\%}$	$X_{10\%}$	$X_{25\%}$	$X_{50\%}$	$X_{75\%}$	$X_{90\%}$	$X_{95\%}$	$\bar{X}$	S	$\bar{X}_g$	S_g	X_{max}	X_{min}	CV	X_{me}	X_{mo}	分布类型	紫色土背景值	衢州市背景值
Rb	124	66.9	72.0	87.4	104	129	159	171	110	32.72	105	15.16	203	45.73	0.30	104	122	正态分布	110	115
S	124	160	185	221	267	315	405	434	283	91.4	269	25.78	655	110	0.32	267	219	正态分布	283	285
Sb	124	0.49	0.51	0.59	0.78	1.08	1.50	2.30	1.03	0.90	0.87	1.69	7.13	0.40	0.87	0.78	0.72	对数正态分布	0.87	0.87
Sc	124	6.20	6.67	7.46	8.64	10.03	12.07	13.04	9.00	2.31	8.74	3.51	20.40	5.20	0.26	8.64	9.60	正态分布	9.00	9.15
Se	3649	0.14	0.18	0.22	0.28	0.34	0.42	0.46	0.29	0.09	0.27	2.20	0.55	0.04	0.33	0.28	0.27	其他分布	0.27	0.28
Sn	124	3.20	3.73	4.30	5.50	7.43	9.91	12.57	6.47	3.36	5.86	3.06	24.60	2.40	0.52	5.50	4.50	对数正态分布	5.86	5.96
Sr	124	34.48	36.80	41.90	49.97	60.6	70.8	81.2	52.8	14.98	50.9	9.61	118	25.91	0.28	49.97	41.72	正态分布	52.8	50.5
Th	124	9.68	10.33	12.18	14.35	16.55	19.16	21.60	14.64	3.62	14.21	4.80	25.80	6.97	0.25	14.35	14.90	正态分布	14.64	14.77
Ti	124	2974	3430	3832	4425	4835	5278	5664	4360	790	4290	123	6902	2697	0.18	4425	3845	正态分布	4360	4413
Tl	333	0.47	0.50	0.58	0.70	0.82	0.96	1.11	0.72	0.20	0.70	1.40	1.47	0.32	0.27	0.70	0.76	对数正态分布	0.70	0.69
U	124	2.28	2.44	2.85	3.20	3.53	3.96	4.38	3.23	0.62	3.17	2.00	5.05	1.87	0.19	3.20	3.34	正态分布	3.23	3.53
V	3470	32.58	41.07	55.2	70.9	88.8	104	113	71.9	24.07	67.3	11.68	143	7.03	0.33	70.9	101	剔除后正态分布	71.9	101
W	124	1.37	1.46	1.67	1.90	2.35	2.85	3.46	2.11	0.76	2.01	1.66	6.07	1.15	0.36	1.90	1.74	对数正态分布	2.01	1.90
Y	124	20.90	22.43	25.23	28.41	34.20	40.70	43.11	30.20	7.25	29.38	7.25	51.0	12.65	0.24	28.41	27.16	正态分布	30.20	28.51
Zn	3689	50.5	55.0	62.5	73.2	89.3	106	115	77.1	19.67	74.7	12.22	136	27.00	0.26	73.2	104	偏峰分布	104	101
Zr	124	230	239	295	327	414	486	508	352	88.9	341	30.16	566	201	0.25	327	307	正态分布	352	318
SiO$_2$	124	67.5	70.7	73.1	75.7	78.2	80.4	80.8	75.3	4.26	75.2	12.08	86.1	62.0	0.06	75.7	75.7	正态分布	75.3	73.4
Al$_2$O$_3$	124	9.80	10.12	10.88	11.83	13.11	14.61	14.83	12.04	1.74	11.92	4.20	17.27	7.55	0.14	11.83	11.83	正态分布	12.04	12.35
TFe$_2$O$_3$	124	2.61	2.80	3.27	3.84	4.67	5.45	5.82	3.98	1.07	3.85	2.23	8.59	1.71	0.27	3.84	3.74	正态分布	3.98	4.01
MgO	124	0.42	0.48	0.58	0.75	0.93	1.09	1.32	0.79	0.35	0.74	1.53	2.93	0.30	0.44	0.75	0.55	对数正态分布	0.74	0.71
CaO	124	0.15	0.18	0.23	0.30	0.43	0.71	1.60	0.48	0.61	0.35	2.58	4.35	0.10	1.26	0.30	0.34	对数正态分布	0.35	0.30
Na$_2$O	124	0.13	0.14	0.24	0.41	0.59	0.77	0.84	0.43	0.23	0.37	2.29	1.01	0.10	0.54	0.41	0.13	其他分布	0.43	0.21
K$_2$O	3817	1.09	1.28	1.69	2.27	2.77	3.33	3.66	2.27	0.78	2.13	1.76	4.42	0.19	0.34	2.27	2.53	正态分布	2.53	2.82
TC	124	0.80	0.93	1.08	1.26	1.46	1.80	1.93	1.31	0.34	1.27	1.35	2.45	0.63	0.26	1.26	1.43	正态分布	1.31	1.33
Corg	2749	0.35	0.50	0.82	1.14	1.51	1.89	2.13	1.18	0.55	1.04	1.76	6.06	0.04	0.47	1.14	0.82	对数正态分布	1.04	0.95
pH	3526	4.24	4.39	4.70	5.02	5.41	5.91	6.26	4.77	4.61	5.09	2.58	6.85	3.45	0.97	5.02	5.12	其他分布	5.12	5.12

六、水稻土土壤地球化学背景值

衢州市水稻土区土壤地球化学背景值数据经正态分布检验,结果表明,原始数据中仅 Be、S、Sc、Na_2O、TC 符合正态分布,Ag、Au、Bi、Ga、I、La、Li、N、Nb、Rb、Sb、Sn、Th、Ti、U、Y、Zr、Al_2O_3、TFe_2O_3、MgO 符合对数正态分布,Ba、Ce、Cl、Sr、W、SiO_2 剔除异常值后符合正态分布,Br、Cu、F、Ge、Mo、CaO、Corg 剔除异常值后符合对数正态分布,其他元素/指标不符合正态分布或对数正态分布(表 4-21)。

衢州市水稻土区表层土壤总体为酸性,土壤 pH 背景值为 5.09,极大值为 7.06,极小值为 3.52,与衢州市背景值基本接近。

表层土壤各元素/指标中,大多数元素/指标变异系数小于 0.40,分布相对均匀;K_2O、N、Cr、P、Bi、Hg、Ni、Cd、MgO、Na_2O、Co、Mn、Sn、B、As、I、Sb、Ag、Au、pH 共 20 项元素/指标变异系数大于 0.40,其中 Au、pH 变异系数大于 0.80,空间变异性较大。

与衢州市土壤元素背景值相比,水稻土区土壤元素背景值中 B 背景值明显低于衢州市背景值;K_2O 背景值略低于衢州市背景值,为衢州市背景值的 68%;Sn、I、Mo、Au、Bi 背景值略高于衢州市背景值,与衢州市背景值比值在 1.2~1.4 之间;Cu、Cr、Na_2O 背景值明显高于衢州市背景值,是衢州市背景值的 1.4 倍以上;其他元素/指标背景值则与衢州市背景值基本接近。

七、潮土土壤地球化学背景值

衢州市潮土区土壤地球化学背景值数据经正态分布检验,结果表明,原始数据中仅 Tl、K_2O 符合正态分布,As、B、Co、Ge、Hg、Mo、N、Ni、P、Pb、V、Corg、pH 符合对数正态分布,Cd、Cr、Cu、Se、Zn 剔除异常值后符合正态分布,Mn 剔除异常值后符合对数正态分布,其他元素/指标样品不足 30 件,无法进行正态分布检验(表 4-22)。

衢州市潮土区表层土壤总体为酸性,土壤 pH 背景值为 5.11,极大值为 8.19,极小值为 3.63,与衢州市背景值基本接近。

表层土壤各元素/指标中,大多数元素/指标变异系数小于 0.40,分布相对均匀;Mn、N、Sn、V、As、B、P、Pb、Co、Au、Ni、Hg、pH、Mo、Corg 共 15 项元素/指标变异系数大于 0.40,其中 Hg、pH、Mo、Corg 变异系数大于 0.80,空间变异性较大。

与衢州市土壤元素背景值相比,潮土区土壤元素背景值中 V、As 背景值明显低于衢州市背景值;Co、TFe_2O_3、Ti、Sc、MgO、S、TC、Li、B、N 背景值略低于衢州市背景值,为衢州市背景值的 60%~80%;Zr、Cu、Nb、Ni、Cd、Be、Pb、Bi、Tl、Mn 背景值略高于衢州市背景值,与衢州市背景值比值在 1.2~1.4 之间;Sn、Rb、P、Mo、Au、Na_2O 背景值明显高于衢州市背景值,是衢州市背景值的 1.4 倍以上;其他元素/指标背景值则与衢州市背景值基本接近。

第四节 主要土地利用类型地球化学背景值

一、水田土壤地球化学背景值

衢州市水田土壤地球化学背景值数据经正态分布检验,结果表明,原始数据中 Be、Ce、Ga、Li、Rb、S、Th、W、Y、Zr、SiO_2、Al_2O_3、TC 符合正态分布,Ag、Au、Bi、Cl、I、La、N、Sb、Sc、Sn、Sr、Ti、U、TFe_2O_3、MgO、

表 4-21 水稻土土壤地球化学背景值参数统计表

元素/指标	N	$X_{5\%}$	$X_{10\%}$	$X_{25\%}$	$X_{50\%}$	$X_{75\%}$	$X_{90\%}$	$X_{95\%}$	$\bar{X}$	S	$\bar{X}_g$	S_g	X_{max}	X_{min}	CV	X_{me}	X_{mo}	分布类型	水稻土背景值	衢州市背景值
Ag	264	55.1	60.3	74.0	93.5	130	195	236	117	84.7	102	14.99	952	39.00	0.72	93.5	80.0	对数正态分布	102	87.1
As	7714	2.53	3.11	4.30	6.47	10.70	15.00	17.40	7.89	4.66	6.63	3.57	22.64	0.72	0.59	6.47	11.10	其他分布	11.10	11.10
Au	264	0.85	1.05	1.34	2.06	3.68	5.42	7.22	2.91	2.52	2.27	2.16	20.95	0.60	0.87	2.06	1.62	对数正态分布	2.27	1.69
B	8134	9.39	13.00	22.30	41.24	60.0	74.5	82.9	42.51	23.50	34.65	8.93	116	1.09	0.55	41.24	16.50	其他分布	16.50	33.60
Ba	251	249	279	322	390	457	544	597	400	101	388	31.31	677	199	0.25	390	390	剔除后正态分布	400	400
Be	264	1.37	1.54	1.86	2.25	2.68	3.07	3.35	2.29	0.62	2.21	1.72	4.43	0.97	0.27	2.25	1.96	正态分布	2.29	2.22
Bi	264	0.24	0.26	0.29	0.34	0.44	0.54	0.69	0.39	0.18	0.36	1.98	1.57	0.16	0.46	0.34	0.26	对数正态分布	0.36	0.26
Br	244	1.58	1.80	1.96	2.15	2.48	2.87	3.11	2.25	0.45	2.20	1.65	3.61	1.22	0.20	2.15	2.15	剔除后正态分布	2.20	2.28
Cd	7569	0.08	0.10	0.15	0.21	0.29	0.40	0.47	0.23	0.12	0.20	2.82	0.59	0.02	0.50	0.21	0.16	其他分布	0.16	0.16
Ce	257	57.5	62.1	70.4	79.7	91.2	105	111	81.6	16.06	80.0	12.79	123	41.11	0.20	79.7	75.1	剔除后正态分布	81.6	83.2
Cl	242	38.82	41.49	46.75	52.8	62.6	68.5	73.3	54.6	11.31	53.4	10.18	89.7	26.33	0.21	52.8	58.3	剔除后正态分布	54.6	51.0
Co	7703	3.25	3.86	5.46	8.26	11.60	15.72	18.24	9.04	4.57	7.94	3.65	23.26	0.85	0.51	8.26	10.20	其他分布	10.20	10.10
Cr	7912	18.30	22.52	34.00	51.00	66.6	81.8	91.3	51.7	22.51	46.28	9.67	119	1.63	0.44	51.0	55.0	剔除后正态分布	55.0	32.00
Cu	7687	11.33	13.50	17.60	23.00	30.24	38.91	44.26	24.79	9.84	22.87	6.47	54.3	2.55	0.40	23.00	23.00	剔除后正态分布	22.87	16.00
F	252	289	325	364	426	543	648	718	460	132	442	33.20	841	229	0.29	426	421	剔除后正态分布	442	421
Ga	264	11.61	12.28	13.87	15.35	17.51	19.74	21.62	15.83	3.10	15.55	5.00	28.40	8.00	0.20	15.35	15.61	对数正态分布	15.55	16.75
Ge	4034	1.20	1.25	1.34	1.44	1.57	1.69	1.77	1.46	0.17	1.45	1.28	1.93	0.99	0.12	1.44	1.43	剔除后正态分布	1.45	1.43
Hg	7645	0.03	0.04	0.06	0.09	0.12	0.17	0.19	0.10	0.05	0.09	4.03	0.24	0.01	0.49	0.09	0.11	其他分布	0.11	0.11
I	264	0.76	0.85	1.02	1.29	1.73	2.53	3.43	1.57	0.93	1.39	1.67	6.09	0.50	0.60	1.29	1.38	对数正态分布	1.39	1.08
La	264	31.67	32.86	37.51	42.91	49.32	56.7	64.3	44.36	10.52	43.27	9.02	113	23.93	0.24	42.91	35.60	对数正态分布	43.27	44.34
Li	264	22.61	25.13	29.02	33.52	39.70	47.71	52.2	35.23	9.45	34.13	7.58	91.5	19.20	0.27	33.52	31.40	对数正态分布	34.13	34.84
Mn	7722	135	158	208	291	434	612	712	340	175	299	27.43	867	1.31	0.52	291	227	其他分布	227	227
Mo	7523	0.58	0.66	0.83	1.07	1.36	1.72	1.95	1.13	0.41	1.06	1.44	2.41	0.28	0.36	1.07	0.88	剔除后正态分布	1.06	0.82
N	8189	0.53	0.67	0.94	1.26	1.64	2.06	2.31	1.32	0.56	1.20	1.63	6.43	0.02	0.42	1.26	0.99	其他分布	1.20	1.27
Nb	264	15.70	16.80	18.40	21.30	26.50	31.01	33.56	22.98	6.14	22.25	6.24	52.4	10.50	0.27	21.30	17.90	对数正态分布	22.25	19.70
Ni	7769	6.84	8.00	11.06	16.88	23.70	31.04	35.93	18.26	8.92	16.14	5.39	45.60	1.67	0.49	16.88	11.00	其他分布	11.00	11.00
P	7663	0.27	0.34	0.46	0.61	0.83	1.11	1.27	0.67	0.30	0.60	1.70	1.55	0.04	0.44	0.61	0.48	其他分布	0.48	0.48
Pb	7682	21.22	23.86	28.04	33.11	39.60	46.70	51.2	34.32	8.92	33.18	7.90	60.9	10.80	0.26	33.11	29.00	偏峰分布	29.00	30.00

第四章 土壤元素背景值

续表 4-21

元素/指标	N	$X_{5\%}$	$X_{10\%}$	$X_{25\%}$	$X_{50\%}$	$X_{75\%}$	$X_{90\%}$	$X_{95\%}$	$\bar{X}$	S	$\bar{X}_g$	S_g	X_{max}	X_{min}	CV	X_{me}	X_{mo}	分布类型	水稻土背景值	衢州市背景值
Rb	264	68.5	74.6	91.7	109	143	176	194	119	40.25	112	15.71	332	39.45	0.34	109	122	对数正态分布	112	115
S	264	189	211	255	311	364	425	464	316	91.9	304	27.60	746	138	0.29	311	240	正态分布	316	285
Sb	264	0.46	0.49	0.57	0.80	1.12	1.62	2.23	0.99	0.69	0.85	1.68	5.06	0.32	0.70	0.80	0.57	对数正态分布	0.85	0.87
Sc	264	5.32	6.10	6.87	8.59	10.14	11.85	13.89	8.80	2.68	8.44	3.55	22.67	4.10	0.30	8.59	8.70	正态分布	8.80	9.15
Se	7646	0.18	0.20	0.25	0.31	0.37	0.45	0.51	0.32	0.10	0.30	2.08	0.61	0.04	0.31	0.31	0.30	其他分布	0.30	0.28
Sn	264	3.62	3.90	5.07	7.20	9.60	13.27	16.04	8.05	4.21	7.19	3.37	28.70	2.50	0.52	7.20	5.50	对数正态分布	7.19	5.96
Sr	243	37.58	39.39	44.06	50.8	57.8	68.6	73.8	52.1	11.04	51.0	9.70	85.1	24.95	0.21	50.8	50.9	剔除后正态分布	52.1	50.5
Th	264	9.60	10.12	11.65	14.10	17.42	21.07	23.10	14.97	4.77	14.29	4.86	36.14	4.40	0.32	14.10	11.90	对数正态分布	14.29	14.77
Ti	264	2878	3170	3686	4214	4890	5649	6025	4387	1227	4248	126	13452	2195	0.28	4214	4393	正态分布	4248	4413
Tl	1399	0.46	0.50	0.58	0.70	0.90	1.11	1.21	0.75	0.23	0.72	1.42	1.42	0.28	0.31	0.70	0.69	其他分布	0.69	0.69
U	264	2.39	2.60	3.02	3.44	4.16	4.72	5.41	3.63	1.08	3.50	2.18	9.70	1.21	0.30	3.44	3.54	对数正态分布	3.50	3.53
V	7623	29.50	35.74	49.50	68.8	88.5	109	122	70.9	28.02	65.1	11.50	155	7.87	0.40	68.8	104	其他分布	104	101
W	251	1.23	1.36	1.67	1.87	2.15	2.43	2.56	1.89	0.40	1.84	1.50	2.98	0.96	0.21	1.87	1.90	剔除后对数分布	1.89	1.90
Y	264	18.63	20.72	23.92	28.23	32.71	36.96	40.71	29.01	8.42	28.01	7.05	91.7	13.92	0.29	28.23	29.10	对数正态分布	28.01	28.51
Zn	7743	45.50	52.4	64.3	78.9	98.6	122	136	83.1	26.71	78.9	12.82	161	18.45	0.32	78.9	107	偏峰分布	107	101
Zr	264	233	246	278	327	404	469	492	348	94.4	337	29.66	778	194	0.27	327	288	对数正态分布	337	318
SiO$_2$	256	66.9	69.1	72.1	76.2	78.9	81.4	82.1	75.5	4.87	75.4	12.08	85.0	61.7	0.06	76.2	74.9	剔除后正态分布	75.5	73.4
Al$_2$O$_3$	264	9.19	9.76	10.53	11.52	12.96	14.54	15.99	11.93	2.09	11.76	4.23	19.85	7.88	0.17	11.52	11.89	对数正态分布	11.76	12.35
TFe$_2$O$_3$	264	2.17	2.47	2.88	3.81	4.57	5.68	6.26	3.92	1.42	3.71	2.29	12.99	1.48	0.36	3.81	3.64	对数正态分布	3.71	4.01
MgO	264	0.33	0.36	0.46	0.62	0.90	1.23	1.34	0.72	0.36	0.64	1.72	2.93	0.23	0.50	0.62	0.46	对数正态分布	0.64	0.71
CaO	236	0.18	0.20	0.25	0.33	0.41	0.52	0.64	0.34	0.13	0.32	2.14	0.73	0.11	0.38	0.33	0.34	剔除后对数分布	0.32	0.30
Na$_2$O	264	0.17	0.21	0.32	0.51	0.74	0.93	1.01	0.54	0.27	0.47	2.05	1.23	0.09	0.50	0.51	0.28	正态分布	0.54	0.21
K$_2$O	8114	0.92	1.07	1.49	2.04	2.70	3.49	3.89	2.16	0.89	1.97	1.81	4.57	0.18	0.41	2.04	1.93	其他分布	1.93	2.82
TC	264	0.87	0.95	1.15	1.35	1.52	1.71	1.87	1.35	0.32	1.31	1.34	2.58	0.59	0.24	1.35	1.26	正态分布	1.35	1.33
Corg	4802	0.49	0.65	0.91	1.21	1.54	1.90	2.13	1.24	0.48	1.13	1.64	2.52	0.01	0.39	1.21	0.95	剔除后对数分布	1.13	0.95
pH	7715	4.40	4.53	4.81	5.16	5.59	6.10	6.44	4.91	4.78	5.24	2.62	7.06	3.52	0.97	5.16	5.09	其他分布	5.09	5.12

表 4-22 潮土土壤地球化学背景值参数统计表

元素/指标	N	$X_{5\%}$	$X_{10\%}$	$X_{25\%}$	$X_{50\%}$	$X_{75\%}$	$X_{90\%}$	$X_{95\%}$	$\overline{X}$	S	$\overline{X}_g$	S_g	X_{max}	X_{min}	CV	X_{me}	X_{mo}	分布类型	潮土背景值	衢州市背景值
Ag	7	80.9	87.8	99.0	101	123	154	177	117	40.26	112	14.46	200	74.0	0.34	101	101	—	101	87.1
As	162	2.33	3.26	4.82	6.44	8.02	11.35	13.95	7.08	4.05	6.15	3.35	26.14	1.02	0.57	6.44	6.43	对数正态分布	6.15	11.10
Au	7	1.27	1.88	3.17	3.66	4.69	7.26	8.95	4.38	3.09	3.42	2.78	10.64	0.66	0.71	3.66	4.36	—	3.66	1.69
B	162	10.95	13.70	19.56	25.43	35.29	54.5	68.7	30.33	18.33	26.12	7.10	105	7.09	0.60	25.43	25.90	对数正态分布	26.12	33.60
Ba	7	452	454	458	463	529	539	540	490	41.13	488	31.11	541	450	0.08	463	463	—	463	400
Be	7	2.11	2.15	2.33	2.79	2.85	2.96	3.03	2.62	0.38	2.60	1.76	3.10	2.08	0.14	2.79	2.48	—	2.79	2.22
Bi	7	0.27	0.29	0.32	0.33	0.35	0.37	0.37	0.33	0.04	0.33	1.84	0.38	0.25	0.13	0.33	0.33	—	0.33	0.26
Br	7	1.66	1.76	1.90	2.22	2.54	2.74	2.87	2.24	0.50	2.19	1.62	3.01	1.56	0.22	2.22	2.22	—	2.22	2.28
Cd	145	0.08	0.12	0.15	0.19	0.25	0.30	0.36	0.20	0.08	0.19	2.82	0.45	0.04	0.40	0.19	0.24	剔除后正态分布	0.20	0.16
Ce	7	58.9	61.9	68.0	74.2	78.2	86.7	92.0	74.3	12.84	73.3	11.07	97.3	56.0	0.17	74.2	74.2	—	74.2	83.2
Cl	7	43.62	43.74	44.30	48.80	56.0	57.5	57.6	50.1	6.38	49.74	8.83	57.8	43.50	0.13	48.80	48.80	—	48.80	51.0
Co	162	3.14	4.00	5.14	6.36	7.84	10.86	13.28	7.26	4.92	6.48	3.26	52.7	2.35	0.68	6.36	5.60	对数正态分布	6.48	10.10
Cr	146	18.14	20.67	28.00	33.00	40.80	52.9	60.7	35.22	12.03	33.17	7.94	69.4	10.75	0.34	33.00	30.00	剔除后正态分布	35.22	32.00
Cu	150	10.45	11.63	14.32	17.83	23.08	29.22	31.93	19.30	6.72	18.18	5.75	37.90	7.19	0.35	17.83	16.00	剔除后正态分布	19.30	16.00
F	7	300	308	339	394	405	414	414	370	48.35	367	27.18	414	292	0.13	394	414	—	394	421
Ga	7	13.15	13.50	14.43	15.20	17.46	18.28	18.42	15.76	2.14	15.64	4.68	18.56	12.80	0.14	15.20	15.20	—	15.20	16.75
Ge	7	1.20	1.23	1.27	1.35	1.45	1.56	1.68	1.37	0.14	1.37	1.23	1.83	1.08	0.10	1.35	1.36	—	1.37	1.43
Hg	162	0.03	0.04	0.05	0.08	0.14	0.21	0.30	0.11	0.09	0.09	4.14	0.61	0.02	0.83	0.08	0.11	对数正态分布	0.09	0.11
I	7	0.89	0.92	1.01	1.08	1.38	1.63	1.77	1.23	0.36	1.19	1.33	1.92	0.85	0.29	1.08	1.33	—	1.08	1.08
La	7	32.48	34.20	37.70	39.00	40.80	44.15	46.29	39.31	5.31	39.00	7.74	48.43	30.76	0.14	39.00	39.00	—	39.00	44.34
Li	7	25.81	26.02	26.35	26.82	29.15	33.10	35.13	28.65	4.07	28.43	6.61	37.16	25.60	0.14	26.82	27.90	—	26.82	34.84
Mn	157	150	182	239	303	445	580	687	350	155	317	28.77	784	83.0	0.44	303	241	剔除后对数分布	317	227
Mo	162	0.70	0.83	1.05	1.35	1.65	1.99	2.54	1.60	2.06	1.35	1.66	26.28	0.45	1.29	1.35	1.49	对数正态分布	1.35	0.82
N	162	0.52	0.57	0.73	0.94	1.40	1.90	2.14	1.11	0.54	1.00	1.59	3.02	0.24	0.48	0.94	1.12	对数正态分布	1.00	1.27
Nb	7	19.83	20.16	22.20	24.10	25.60	26.14	26.17	23.63	2.63	23.50	5.90	26.20	19.50	0.11	24.10	23.80	—	24.10	19.70
Ni	162	7.39	8.43	10.00	13.00	16.95	23.89	30.90	15.41	10.91	13.62	4.98	115	5.09	0.71	13.00	11.00	对数正态分布	13.62	11.00
P	162	0.34	0.41	0.53	0.71	1.03	1.48	1.88	0.87	0.55	0.75	1.73	4.23	0.20	0.63	0.71	0.81	对数正态分布	0.75	0.48
Pb	162	24.44	27.02	31.27	35.65	44.40	53.2	60.9	40.88	26.48	37.79	8.72	306	19.00	0.65	35.65	34.00	对数正态分布	37.79	30.00

第四章 土壤元素背景值

续表 4-22

元素/指标	N	$X_{5\%}$	$X_{10\%}$	$X_{25\%}$	$X_{50\%}$	$X_{75\%}$	$X_{90\%}$	$X_{95\%}$	$\overline{X}$	S	$\overline{X}_g$	S_g	X_{max}	X_{min}	CV	X_{me}	X_{mo}	分布类型	潮土背景值	衢州市背景值
Rb	7	126	131	151	171	179	182	184	163	24.09	161	16.95	185	122	0.15	171	165	—	171	115
S	7	135	145	166	213	237	251	260	202	50.9	196	19.09	268	125	0.25	213	213	—	213	285
Sb	7	0.66	0.69	0.73	0.80	0.90	0.95	0.95	0.81	0.12	0.80	1.18	0.95	0.64	0.15	0.80	0.95	—	0.80	0.87
Sc	7	6.00	6.00	6.25	6.70	7.70	8.43	8.61	7.05	1.08	6.99	3.04	8.78	6.00	0.15	6.70	6.00	—	6.70	9.15
Se	145	0.18	0.20	0.23	0.27	0.33	0.39	0.45	0.29	0.08	0.28	2.13	0.54	0.13	0.28	0.27	0.26	剔除后正态分布	0.29	0.28
Sn	7	5.06	5.42	6.90	8.80	12.90	16.12	17.26	10.21	4.89	9.25	3.90	18.40	4.70	0.48	8.80	11.20	—	8.80	5.96
Sr	7	46.36	47.12	48.20	49.78	62.9	69.1	72.9	56.3	11.48	55.4	9.25	76.6	45.60	0.20	49.78	61.6	—	49.78	50.5
Th	7	11.37	12.24	14.25	16.30	16.75	17.75	18.16	15.34	2.68	15.12	4.61	18.57	10.50	0.17	16.30	16.30	—	16.30	14.77
Ti	7	2831	2882	2960	3151	3422	3669	3711	3207	358	3190	91.0	3753	2781	0.11	3151	3232	—	3151	4413
Tl	74	0.52	0.62	0.78	0.91	1.07	1.15	1.21	0.91	0.21	0.88	1.29	1.44	0.45	0.23	0.91	0.91	正态分布	0.91	0.69
U	7	3.06	3.06	3.35	3.83	3.87	3.92	3.94	3.61	0.39	3.59	2.08	3.96	3.06	0.11	3.83	3.06	—	3.83	3.53
V	162	23.73	29.92	38.52	48.52	69.2	90.4	110	56.3	28.92	50.7	10.35	206	17.11	0.51	48.52	45.22	对数正态分布	50.7	101
W	7	1.65	1.67	1.78	1.88	2.01	2.03	2.04	1.88	0.16	1.87	1.45	2.05	1.62	0.09	1.88	1.88	—	1.88	1.90
Y	7	22.59	23.33	24.51	25.10	25.74	28.97	30.98	25.78	3.46	25.60	6.15	33.00	21.86	0.13	25.10	26.28	—	25.10	28.51
Zn	153	54.4	60.6	68.0	82.2	96.0	112	118	83.3	21.02	80.5	13.13	138	29.00	0.25	82.2	67.0	剔除后正态分布	83.3	101
Zr	7	338	346	365	383	389	400	406	376	26.86	375	26.82	413	329	0.07	383	371	—	383	318
SiO_2	7	74.3	75.1	76.4	77.4	79.1	81.1	81.4	77.7	2.75	77.6	11.23	81.7	73.6	0.04	77.4	77.5	—	77.4	73.4
Al_2O_3	7	9.71	9.78	10.56	11.26	11.35	11.61	11.77	10.95	0.85	10.92	3.81	11.94	9.64	0.08	11.26	11.26	—	11.26	12.35
TFe_2O_3	7	2.45	2.52	2.67	2.85	3.27	3.55	3.63	2.98	0.47	2.95	1.90	3.71	2.39	0.16	2.85	2.85	—	2.85	4.01
MgO	7	0.46	0.46	0.48	0.52	0.58	0.63	0.64	0.54	0.07	0.53	1.44	0.65	0.45	0.14	0.52	0.52	—	0.52	0.71
CaO	7	0.22	0.22	0.26	0.28	0.36	0.37	0.38	0.30	0.07	0.29	2.03	0.39	0.21	0.23	0.28	0.28	—	0.28	0.30
Na_2O	7	0.61	0.62	0.69	0.83	0.98	1.02	1.04	0.83	0.18	0.81	1.30	1.07	0.60	0.22	0.83	0.83	—	0.83	0.21
K_2O	162	1.46	1.78	2.56	3.37	3.82	4.13	4.47	3.18	0.91	3.00	2.06	4.90	0.71	0.29	3.37	3.83	正态分布	3.18	2.82
TC	7	0.70	0.73	0.78	1.00	1.02	1.15	1.24	0.94	0.22	0.92	1.24	1.34	0.68	0.23	1.00	1.00	—	1.00	1.33
Corg	146	0.46	0.53	0.68	0.94	1.42	1.90	2.25	1.26	1.69	1.00	1.80	20.02	0.11	1.35	0.94	0.60	对数正态分布	1.00	0.95
pH	162	4.10	4.27	4.58	5.04	5.46	6.24	6.65	4.68	4.50	5.11	2.58	8.19	3.63	0.96	5.04	5.12	对数正态分布	5.11	5.12

CaO、Na₂O 符合对数正态分布，Ba、Br、F 剔除异常值后符合正态分布，Ge、Corg 剔除异常值后符合对数正态分布，其他元素/指标不符合正态分布或对数正态分布（表 4-23）。

衢州市水田区表层土壤总体为酸性，土壤 pH 背景值为 5.18，极大值为 6.90，极小值为 3.78，与衢州市背景值基本接近。

各元素/指标中，约一半元素/指标变异系数在 0.40 以下，说明分布较为均匀；Mo、TFe₂O₃、V、Cu、MgO、Bi、Hg、Cd、Cr、I、Mn、Ag、Co、U、B、Sn、Ni、As、Na₂O、Sb、Au、CaO、pH 共 23 项元素/指标变异系数大于 0.40，其中 CaO、pH 变异系数大于 0.80，空间变异性较大。

与衢州市土壤元素背景值相比，水田区土壤元素背景值中 B 背景值略低于衢州市背景值；CaO、Au、I、Cu、Corg、Bi 背景值略高于衢州市背景值，与衢州市背景值比值在 1.2～1.4 之间；Na₂O 背景值明显高于衢州市背景值，是衢州市背景值的 1.4 倍以上；其他元素/指标背景值则与衢州市背景值基本接近。

二、旱地土壤地球化学背景值

衢州市旱地土壤地球化学背景值数据经正态分布检验，结果表明，原始数据中 Tl、Ge、As、N、P 符合对数正态分布，Corg 剔除异常值后符合正态分布，Mo、Hg、pH、Pb、Zn、K₂O 剔除异常值后符合对数正态分布，B、Br、Cl、Cr、Cu、Mn、Ni、Se、V 不符合正态分布或对数正态分布，其他元素/指标样品不足 30 件，无法进行正态分布检验（表 4-24）。

衢州市旱地区表层土壤总体为碱性，土壤 pH 背景值为 5.33，极大值为 7.59，极小值为 3.69，与衢州市背景值基本接近。

各元素/指标中，一小半元素/指标变异系数在 0.40 以下，说明分布较为均匀；Cl、K₂O、Bi、Se、Corg、Sb、N、V、MgO、Cr、Hg、Sn、Cu、Mo、Ag、I、Ni、Co、B、Cd、Mn、Na₂O、Sr、P、Au、pH、CaO、As 共 28 项元素/指标变异系数大于 0.40，其中 Au、pH、CaO、As 变异系数大于 0.80，空间变异性较大。

与衢州市土壤元素背景值相比，旱地区土壤元素背景值中 Hg 背景值明显低于衢州市背景值，仅为衢州市土壤背景值的 54.55%；As、Cd、N、K₂O 背景值略低于衢州市背景值，为衢州市背景值的 60%～80%；P、CaO、Mo、I、Au 背景值略高于衢州市背景值，与衢州市背景值比值在 1.2～1.4 之间；Co、Cu、B、Bi、Na₂O、Cr 背景值明显高于衢州市背景值，是衢州市背景值的 1.4 倍以上，其中 Na₂O、Cr 明显相对富集，是衢州市背景值的 2.0 倍以上；其他元素/指标背景值则与衢州市背景值基本接近。

三、林地土壤地球化学背景值

衢州市林地土壤地球化学背景值数据经正态分布检验，结果表明，原始数据中 Ga、N、SiO₂、Al₂O₃、TFe₂O₃、K₂O 符合正态分布，Ag、As、Au、Ba、Be、Ce、Cu、Ge、I、La、Li、Nb、P、Rb、Sb、Sn、Sr、Th、Tl、Y、Zn、MgO、Na₂O、TC、pH 符合对数正态分布，Hg、S、Ti、U、W、Corg 剔除异常值后符合正态分布，Bi、Cd、Mn、Mo、Pb、Se、Zr、CaO 剔除异常值后符合对数正态分布，其他元素/指标不符合正态分布或对数正态分布（表 4-25）。

衢州市林地区表层土壤总体为酸性，土壤 pH 背景值为 5.37，极大值为 8.19，极小值为 3.85，与衢州市背景值基本接近。

各元素/指标中，约一半元素/指标变异系数在 0.40 以下，说明分布较为均匀；Br、Hg、Zn、Tl、Cd、MgO、Mo、CaO、V、Cr、Sn、P、Sr、Cu、Co、Mn、B、Ni、I、Na₂O、pH、As、Au、Ag、Sb 共 25 项元素/指标变异系数大于 0.40，其中 pH、As、Au、Ag、Sb 变异系数大于 0.80，空间变异性较大。

与衢州市土壤元素背景值相比，林地区土壤元素背景值中 B 明显低于衢州市背景值，仅为衢州市背景值的 52.68%；Hg、As 背景值略低于衢州市背景值，为衢州市背景值的 60%～80%；Tl、Corg、Se、Bi、F 背景值略高于衢州市背景值，与衢州市背景值比值在 1.2～1.4 之间；Cu、Mo、Na₂O、I、Mn、Cr 背景值明显高

第四章 土壤元素背景值

表 4-23 水田土壤地球化学背景值参数统计表

元素/指标	N	$X_{5\%}$	$X_{10\%}$	$X_{25\%}$	$X_{50\%}$	$X_{75\%}$	$X_{90\%}$	$X_{95\%}$	$\overline{X}$	S	$\overline{X}_g$	S_g	X_{max}	X_{min}	CV	X_{me}	X_{mo}	分布类型	水田背景值	衢州市背景值
Ag	182	51.0	54.1	63.0	79.0	102	142	191	91.8	47.50	83.9	13.14	428	41.00	0.52	79.0	60.0	对数正态分布	83.9	87.1
As	14 994	2.20	2.71	3.94	6.21	10.30	14.56	17.20	7.55	4.65	6.23	3.57	22.17	0.42	0.62	6.21	10.70	其他分布	10.70	11.10
Au	182	0.85	0.92	1.26	1.83	3.30	4.86	6.30	2.54	1.88	2.03	2.05	11.60	0.56	0.74	1.83	0.95	对数正态分布	2.03	1.69
B	15 841	10.02	13.49	23.10	42.80	62.7	76.9	84.5	44.14	24.12	36.33	9.19	122	1.01	0.55	42.80	25.90	其他分布	25.90	33.60
Ba	169	245	268	306	372	416	474	537	372	84.6	363	30.16	618	223	0.23	372	406	剔除后正态分布	372	400
Be	182	1.34	1.52	1.77	2.08	2.50	2.80	2.97	2.15	0.54	2.08	1.66	3.80	0.90	0.25	2.08	2.05	正态分布	2.15	2.22
Bi	182	0.23	0.24	0.27	0.35	0.43	0.51	0.66	0.38	0.17	0.36	1.99	1.57	0.16	0.45	0.35	0.26	对数正态分布	0.36	0.26
Br	164	1.52	1.70	1.91	2.16	2.30	2.58	2.84	2.14	0.36	2.10	1.59	3.04	1.26	0.17	2.16	2.28	剔除后正态分布	2.14	2.28
Cd	14 427	0.09	0.12	0.16	0.22	0.29	0.40	0.47	0.24	0.11	0.21	2.66	0.59	0.01	0.46	0.22	0.18	其他分布	0.18	0.16
Ce	182	60.1	64.7	70.2	80.1	91.6	106	116	82.5	18.00	80.7	12.89	172	43.79	0.22	80.1	65.4	正态分布	82.5	83.2
Cl	182	34.45	39.04	44.82	50.9	61.2	71.9	81.6	54.7	17.22	52.6	10.23	156	26.33	0.31	50.9	47.80	对数正态分布	52.6	51.0
Co	15 239	3.22	3.92	5.83	8.89	13.20	17.63	19.92	9.91	5.18	8.57	3.90	26.02	1.50	0.52	8.89	10.40	其他分布	10.40	10.10
Cr	15 436	16.76	21.47	33.32	52.0	71.7	86.3	96.8	53.6	25.26	46.89	10.08	133	3.22	0.47	52.0	36.00	其他分布	36.00	32.00
Cu	15 144	10.40	12.50	17.00	23.49	32.31	41.00	46.80	25.38	11.07	22.98	6.66	59.1	3.40	0.44	23.49	21.00	其他分布	21.00	16.00
F	174	284	308	356	453	565	677	735	470	142	450	33.74	862	213	0.30	453	469	剔除后正态分布	470	421
Ga	182	11.14	12.19	13.86	15.61	17.59	19.75	20.90	15.88	3.08	15.59	4.99	27.85	8.87	0.19	15.61	17.14	正态分布	15.88	16.75
Ge	10 004	1.19	1.24	1.35	1.48	1.62	1.76	1.84	1.49	0.20	1.48	1.30	2.05	0.94	0.13	1.48	1.46	剔除后对数正态分布	1.48	1.43
Hg	14 893	0.04	0.05	0.07	0.09	0.12	0.16	0.19	0.10	0.04	0.09	3.95	0.23	0.004	0.45	0.09	0.11	其他分布	0.11	0.11
I	182	0.78	0.86	0.99	1.25	1.75	2.40	2.97	1.49	0.70	1.36	1.57	4.34	0.61	0.47	1.25	0.94	对数正态分布	1.36	1.08
La	182	32.41	34.02	37.31	42.40	49.05	56.8	63.3	43.93	9.40	43.01	8.98	83.5	24.60	0.21	42.40	41.70	对数正态分布	43.01	44.34
Li	182	22.90	25.79	30.42	35.28	41.21	46.84	50.1	35.64	8.19	34.68	7.68	58.7	16.54	0.23	35.28	33.60	正态分布	35.64	34.84
Mn	14 988	135	158	208	291	420	576	665	331	161	295	27.29	820	1.31	0.49	291	186	其他分布	186	227
Mo	14 451	0.47	0.57	0.74	0.98	1.30	1.69	1.93	1.06	0.44	0.97	1.54	2.47	0.14	0.42	0.98	0.89	对数正态分布	0.89	0.82
N	15 903	0.64	0.82	1.12	1.45	1.84	2.25	2.50	1.50	0.57	1.39	1.63	6.43	0.02	0.38	1.45	1.35	对数正态分布	1.39	1.27
Nb	174	16.30	16.98	18.40	20.25	23.56	26.82	29.81	21.16	4.14	20.77	5.88	32.60	10.67	0.20	20.25	21.20	偏峰分布	21.20	19.70
Ni	15 312	6.75	8.00	11.04	17.70	27.78	38.62	43.39	20.57	11.65	17.46	5.87	56.8	1.07	0.57	17.70	11.00	其他分布	11.00	11.00
P	15 005	0.30	0.35	0.45	0.59	0.79	1.01	1.15	0.64	0.25	0.59	1.64	1.40	0.04	0.40	0.59	0.48	其他分布	0.48	0.48
Pb	14 905	22.48	25.00	29.01	33.64	39.20	45.48	49.72	34.47	8.02	33.54	7.88	58.0	12.37	0.23	33.64	31.00	其他分布	31.00	30.00

续表 4-23

元素/指标	N	$X_{5\%}$	$X_{10\%}$	$X_{25\%}$	$X_{50\%}$	$X_{75\%}$	$X_{90\%}$	$X_{95\%}$	$\overline{X}$	S	$\overline{X}_g$	S_g	X_{max}	X_{min}	CV	X_{me}	X_{mo}	分布类型	水田背景值	衢州市背景值
Rb	182	63.4	71.3	87.4	105	129	152	175	110	33.60	105	14.95	231	39.45	0.30	105	112	正态分布	110	115
S	182	177	204	255	303	355	414	456	308	86.9	296	27.41	610	128	0.28	303	317	正态分布	308	285
Sb	182	0.46	0.49	0.57	0.72	1.12	1.42	2.20	0.95	0.67	0.82	1.66	5.63	0.38	0.71	0.72	0.55	对数正态分布	0.82	0.87
Sc	182	5.41	6.00	7.15	8.69	10.68	13.58	14.59	9.31	3.25	8.84	3.70	25.55	3.90	0.35	8.69	6.00	对数正态分布	8.84	9.15
Se	14 867	0.18	0.20	0.25	0.31	0.38	0.47	0.52	0.32	0.10	0.31	2.07	0.62	0.03	0.32	0.31	0.28	其他分布	0.28	0.28
Sn	182	3.00	3.40	4.50	6.30	8.20	11.89	14.68	7.09	3.99	6.26	3.18	28.20	2.20	0.56	6.30	7.20	对数正态分布	6.26	5.96
Sr	182	36.63	38.79	42.94	50.5	61.9	81.5	97.7	56.6	22.66	53.5	10.20	184	31.01	0.40	50.5	43.76	对数正态分布	53.5	50.5
Th	182	9.39	10.31	11.79	13.77	16.22	18.80	21.32	14.41	3.90	13.94	4.70	36.14	6.79	0.27	13.77	11.10	正态分布	14.41	14.77
Ti	182	2932	3210	3832	4458	5233	5804	6941	4691	1551	4494	131	13 452	2195	0.33	4458	4592	对数正态分布	4494	4413
Tl	1909	0.43	0.48	0.56	0.68	0.89	1.12	1.27	0.74	0.25	0.71	1.46	1.49	0.25	0.34	0.68	0.59	其他分布	0.59	0.69
U	182	2.39	2.55	2.92	3.33	3.79	4.31	4.98	3.54	1.86	3.35	2.14	24.97	1.35	0.53	3.33	2.94	对数正态分布	3.35	3.53
V	14 799	28.55	35.30	50.4	71.9	96.6	121	136	75.6	32.75	68.2	12.11	174	9.57	0.43	71.9	100.0	其他分布	100.0	101
W	182	1.20	1.29	1.58	1.87	2.12	2.40	2.62	1.88	0.47	1.83	1.52	3.85	0.96	0.25	1.87	1.92	正态分布	1.88	1.90
Y	182	18.63	20.68	23.92	27.09	32.84	39.06	41.63	28.55	7.27	27.70	7.05	56.7	15.20	0.25	27.09	29.10	正态分布	28.55	28.51
Zn	15 192	46.76	54.0	65.7	82.4	104	126	141	86.6	28.24	82.0	13.22	171	20.00	0.33	82.4	101	其他分布	101	101
Zr	182	212	235	275	324	383	457	493	337	90.4	326	28.95	761	168	0.27	324	324	正态分布	337	318
SiO_2	182	63.4	67.4	71.7	75.8	78.9	81.3	82.5	74.8	6.05	74.5	11.96	84.9	50.7	0.08	75.8	75.8	正态分布	74.8	73.4
Al_2O_3	182	9.29	9.85	10.73	11.84	13.23	14.65	15.84	12.08	2.03	11.92	4.25	19.99	8.08	0.17	11.84	11.83	正态分布	12.08	12.35
TFe_2O_3	182	2.13	2.45	2.91	3.94	4.87	6.03	7.27	4.19	1.78	3.89	2.41	13.63	1.56	0.42	3.94	4.57	对数正态分布	3.89	4.01
MgO	182	0.36	0.38	0.47	0.67	0.99	1.25	1.39	0.76	0.33	0.69	1.64	1.73	0.25	0.44	0.67	0.60	对数正态分布	0.69	0.71
CaO	182	0.17	0.19	0.24	0.33	0.48	0.81	1.02	0.45	0.40	0.36	2.33	2.58	0.09	0.89	0.33	0.19	对数正态分布	0.36	0.30
Na_2O	182	0.13	0.14	0.22	0.43	0.60	0.84	0.96	0.47	0.30	0.39	2.31	2.03	0.10	0.64	0.43	0.14	对数正态分布	0.39	0.21
K_2O	182	0.97	1.17	1.65	2.26	2.92	3.60	4.01	2.33	0.91	2.14	1.84	4.86	0.14	0.39	2.26	2.47	其他分布	2.47	2.82
TC	182	0.83	0.93	1.10	1.36	1.54	1.72	1.89	1.35	0.34	1.30	1.37	2.70	0.56	0.26	1.36	1.52	正态分布	1.35	1.33
Corg	11 445	0.60	0.78	1.05	1.36	1.73	2.09	2.31	1.40	0.51	1.29	1.61	2.79	0.04	0.36	1.36	1.20	剔除后对数分布	1.29	0.95
pH	15 025	4.53	4.66	4.91	5.21	5.62	6.07	6.35	5.02	4.93	5.29	2.63	6.90	3.78	0.98	5.21	5.18	其他分布	5.18	5.12

注：氧化物、TC、Corg 单位为 %，N、P 单位为 g/kg，Au、Ag 单位为 μg/kg，pH 为无量纲，其他元素/指标单位为 mg/kg；后表单位相同。

第四章 土壤元素背景值

表 4-24 旱地土壤地球化学背景值参数统计表

元素/指标	N	X_5%	X_{10}%	X_{25}%	X_{50}%	X_{75}%	X_{90}%	X_{95}%	$\bar{X}$	S	$\bar{X}_g$	S_g	X_{max}	X_{min}	CV	X_{me}	X_{mo}	分布类型	旱地背景值	衢州市背景值
Ag	22	58.1	60.0	67.0	84.5	152	199	213	111	57.3	98.2	14.70	222	48.00	0.52	84.5	67.0	—	84.5	87.1
As	2858	2.05	2.58	4.21	7.70	13.67	25.10	37.23	12.67	22.55	7.90	4.83	612	0.74	1.78	7.70	10.80	对数正态分布	7.90	11.10
Au	22	0.99	1.20	1.33	2.30	3.50	5.38	8.40	2.99	2.47	2.35	2.15	10.64	0.85	0.83	2.30	2.94	其他分布	2.30	1.69
B	2830	7.48	10.38	20.80	44.39	65.8	83.6	92.0	45.37	27.46	35.02	9.56	134	1.08	0.61	44.39	50.2	—	50.2	33.60
Ba	22	295	310	356	421	482	632	740	454	142	435	32.88	800	287	0.31	421	463	—	421	400
Be	22	1.52	1.57	1.66	2.20	2.60	3.10	3.30	2.27	0.75	2.17	1.71	4.48	1.29	0.33	2.20	2.14	偏峰分布	2.20	2.22
Bi	22	0.25	0.27	0.32	0.39	0.41	0.50	0.52	0.40	0.17	0.38	1.88	1.08	0.21	0.43	0.39	0.39	—	0.39	0.26
Br	22	1.77	1.92	1.96	2.20	2.54	2.93	4.56	2.44	0.87	2.33	1.81	5.06	1.34	0.36	2.20	2.47	偏峰分布	2.20	2.28
Cd	2628	0.06	0.07	0.12	0.20	0.30	0.42	0.50	0.22	0.13	0.18	3.22	0.66	0.01	0.61	0.20	0.12	—	0.12	0.16
Ce	22	57.8	63.0	71.6	78.5	91.3	102	106	81.2	14.77	79.9	12.38	106	57.0	0.18	78.5	75.5	偏峰分布	78.5	83.2
Cl	22	35.47	39.04	45.45	57.3	65.8	81.0	114	61.4	25.89	57.5	10.90	145	34.20	0.42	57.3	60.0	—	57.3	51.0
Co	2690	3.52	4.24	6.64	11.34	17.96	23.80	28.50	13.10	7.88	10.79	4.58	38.66	1.26	0.60	11.34	14.50	偏峰分布	14.50	10.10
Cr	2712	13.54	18.57	36.38	65.6	82.7	98.7	113	62.0	31.07	51.7	11.26	156	1.06	0.50	65.6	75.2	其他分布	75.2	32.00
Cu	2722	8.08	10.60	17.01	26.50	36.80	48.41	55.5	28.17	14.37	24.23	7.17	71.4	2.40	0.51	26.50	23.00	其他分布	23.00	16.00
F	22	314	316	358	431	592	741	840	487	174	462	32.57	901	311	0.36	431	394	—	431	421
Ga	22	11.87	13.14	14.04	17.34	18.23	19.50	21.04	16.43	2.99	16.16	4.94	21.54	10.10	0.18	17.34	18.10	—	17.34	16.75
Ge	1751	1.17	1.25	1.40	1.57	1.75	1.95	2.10	1.60	0.30	1.57	1.38	3.83	0.87	0.19	1.57	1.62	对数正态分布	1.57	1.43
Hg	2667	0.02	0.03	0.04	0.06	0.09	0.12	0.14	0.07	0.03	0.06	4.85	0.18	0.01	0.50	0.06	0.12	剔除后对数分布	0.06	0.11
I	22	0.98	1.02	1.14	1.44	2.07	3.73	4.25	1.94	1.13	1.70	1.79	4.82	0.75	0.58	1.44	1.94	—	1.44	1.08
La	22	31.82	34.23	37.10	41.84	49.64	54.6	55.1	43.17	8.44	42.41	8.63	63.1	30.20	0.20	41.84	43.73	—	41.84	44.34
Li	22	21.90	23.02	27.51	31.20	39.63	43.86	58.1	34.35	10.56	32.99	7.22	60.8	21.20	0.31	31.20	31.20	—	31.20	34.84
Mn	2753	140	173	265	448	728	1036	1225	533	335	433	35.03	1521	11.00	0.63	448	268	其他分布	268	227
Mo	2608	0.44	0.56	0.76	1.09	1.56	2.14	2.57	1.23	0.63	1.08	1.70	3.27	0.14	0.51	1.09	0.92	剔除后对数分布	1.08	0.82
N	2858	0.38	0.48	0.74	1.06	1.41	1.76	1.98	1.11	0.51	0.98	1.68	4.01	0.11	0.46	1.06	0.75	对数正态分布	0.98	1.27
Nb	22	16.12	16.51	17.26	20.04	24.68	28.24	33.30	21.51	5.46	20.92	5.90	34.40	15.30	0.25	20.04	20.90	—	20.04	19.70
Ni	2712	6.31	7.66	12.87	23.50	35.47	46.40	53.4	25.48	15.03	20.75	6.80	73.8	1.23	0.59	23.50	11.00	其他分布	11.00	11.00
P	2858	0.19	0.25	0.40	0.63	0.95	1.38	1.84	0.77	0.60	0.61	2.05	5.39	0.05	0.78	0.63	0.20	对数正态分布	0.61	0.48
Pb	2713	18.98	22.00	26.60	31.70	37.47	43.95	48.34	32.30	8.58	31.11	7.60	56.5	9.57	0.27	31.70	28.00	剔除后对数分布	31.11	30.00

续表 4-24

元素/指标	N	$X_{5\%}$	$X_{10\%}$	$X_{25\%}$	$X_{50\%}$	$X_{75\%}$	$X_{90\%}$	$X_{95\%}$	$\bar{X}$	S	$\bar{X}_g$	S_g	X_{max}	X_{min}	CV	X_{me}	X_{mo}	分布类型	旱地背景值	衢州市背景值
Rb	22	70.8	76.1	90.8	105	124	169	173	113	33.38	108	14.81	179	62.5	0.30	105	122	—	105	115
S	22	164	171	225	254	315	429	442	282	98.3	266	25.40	534	125	0.35	254	284	—	254	285
Sb	22	0.47	0.53	0.68	0.83	1.06	1.46	1.53	0.94	0.41	0.86	1.53	2.07	0.34	0.44	0.83	0.72	—	0.83	0.87
Sc	22	6.12	6.31	7.71	8.96	10.53	12.19	12.49	9.48	2.85	9.14	3.58	19.20	6.10	0.30	8.96	9.00	—	8.96	9.15
Se	2678	0.14	0.17	0.23	0.30	0.41	0.54	0.61	0.33	0.14	0.30	2.16	0.76	0.03	0.43	0.30	0.27	其他分布	0.27	0.28
Sn	22	3.50	3.62	4.25	5.65	8.73	11.56	14.36	6.90	3.46	6.17	3.17	14.60	3.20	0.50	5.65	8.50	—	5.65	5.96
Sr	22	40.52	41.37	45.69	50.6	64.6	92.7	201	68.6	51.5	59.2	10.98	237	38.56	0.75	50.6	67.4	—	50.6	50.5
Th	22	10.30	10.58	11.55	14.83	17.21	18.31	18.56	14.57	3.36	14.21	4.64	22.55	9.49	0.23	14.83	14.70	—	14.83	14.77
Ti	22	3297	3748	4186	4300	4793	5474	5982	4529	826	4460	123	6648	3179	0.18	4300	4498	对数正态分布	4300	4413
Tl	171	0.41	0.50	0.59	0.71	0.82	1.07	1.19	0.74	0.25	0.70	1.43	2.42	0.33	0.34	0.71	0.71	—	0.70	0.69
U	22	2.58	2.71	2.88	3.55	3.92	4.69	5.12	3.56	0.85	3.46	2.14	5.58	2.08	0.24	3.55	2.82	—	3.55	3.53
V	2671	27.67	35.67	59.9	91.5	116	148	177	91.9	42.38	81.0	13.70	207	11.35	0.46	91.5	101	其他分布	101	101
W	22	1.31	1.34	1.74	1.95	2.22	2.40	2.50	1.95	0.43	1.90	1.54	2.92	1.22	0.22	1.95	1.78	—	1.95	1.90
Y	22	18.26	20.13	23.84	27.70	33.58	37.37	37.92	28.54	6.70	27.76	6.73	41.32	17.90	0.23	27.70	28.63	—	27.70	28.51
Zn	2762	47.30	55.7	68.1	89.6	117	142	161	94.7	34.41	88.5	13.92	196	19.00	0.36	89.6	102	剔除后对数分布	88.5	101
Zr	22	224	227	271	319	358	428	468	329	93.1	318	27.91	611	208	0.28	319	329	—	319	318
SiO_2	22	60.5	62.4	69.7	75.4	79.4	80.0	80.5	73.6	7.10	73.2	11.62	84.3	58.2	0.10	75.4	73.6	—	75.4	73.4
Al_2O_3	22	9.96	10.02	10.77	11.75	14.21	15.36	16.10	12.50	2.54	12.27	4.21	19.52	9.00	0.20	11.75	11.94	—	11.75	12.35
TFe_2O_3	22	2.72	2.93	3.64	3.96	5.11	5.69	6.04	4.25	1.25	4.08	2.32	7.54	2.13	0.29	3.96	3.80	—	3.96	4.01
MgO	22	0.38	0.48	0.57	0.76	0.94	1.31	1.42	0.82	0.39	0.74	1.65	2.00	0.26	0.47	0.76	0.54	—	0.76	0.71
CaO	22	0.20	0.22	0.30	0.39	0.55	1.16	1.34	0.62	0.73	0.45	2.38	3.60	0.16	1.18	0.39	0.37	—	0.39	0.30
Na_2O	22	0.17	0.18	0.33	0.45	0.68	0.79	0.89	0.54	0.36	0.45	2.20	1.80	0.10	0.66	0.45	0.32	—	0.45	0.21
K_2O	2833	0.85	1.12	1.69	2.44	3.14	3.83	4.23	2.45	1.02	2.20	1.97	5.39	0.17	0.42	2.44	2.36	剔除后对数分布	2.20	2.82
TC	22	0.66	0.70	0.99	1.25	1.35	1.62	1.78	1.22	0.34	1.17	1.38	1.88	0.65	0.28	1.25	1.18	—	1.25	1.33
Corg	2098	0.33	0.46	0.73	1.07	1.37	1.68	1.90	1.07	0.46	0.95	1.72	2.35	0.03	0.43	1.07	1.06	剔除后正态分布	1.07	0.95
pH	2701	4.37	4.51	4.74	5.17	5.76	6.44	6.95	4.90	4.79	5.33	2.64	7.59	3.69	0.98	5.17	5.18	剔除后正态分布	5.33	5.12

第四章 土壤元素背景值

表 4-25 林地土壤地球化学背景值参数统计表

元素/指标	N	$X_{5\%}$	$X_{10\%}$	$X_{25\%}$	$X_{50\%}$	$X_{75\%}$	$X_{90\%}$	$X_{95\%}$	$\bar{X}$	S	$\bar{X}_g$	S_g	X_{max}	X_{min}	CV	X_{me}	X_{mo}	分布类型	林地背景值	衢州市背景值
Ag	388	46.35	52.0	61.0	78.0	104	167	232	104	137	85.8	13.85	2358	38.00	1.32	78.0	78.0	对数正态分布	85.8	87.1
As	654	2.64	3.28	4.81	7.95	13.57	22.06	34.65	11.67	12.85	8.31	4.44	128	1.03	1.10	7.95	11.89	对数正态分布	8.31	11.10
Au	388	0.74	0.85	1.06	1.40	2.10	3.58	5.06	2.06	2.45	1.59	1.91	26.35	0.51	1.19	1.40	1.41	对数正态分布	1.59	1.69
B	653	11.15	15.04	21.74	38.37	66.8	83.9	90.2	45.03	26.78	36.46	9.17	129	2.02	0.59	38.37	17.70	其他分布	17.70	33.60
Ba	388	256	282	350	413	521	639	710	447	161	423	33.32	1936	163	0.36	413	349	对数正态分布	423	400
Be	388	1.62	1.76	2.02	2.42	2.88	3.56	4.35	2.60	0.92	2.47	1.87	7.50	0.98	0.36	2.42	2.25	对数正态分布	2.47	2.22
Bi	364	0.23	0.24	0.28	0.36	0.44	0.51	0.56	0.37	0.11	0.36	1.91	0.70	0.17	0.29	0.36	0.34	剔除后正态分布	0.36	0.26
Br	363	1.73	1.90	2.09	2.51	3.54	5.11	5.64	2.98	1.21	2.78	2.03	6.50	1.27	0.41	2.51	2.28	其他分布	2.28	2.28
Cd	601	0.07	0.09	0.13	0.19	0.25	0.32	0.37	0.20	0.09	0.18	2.90	0.46	0.02	0.45	0.19	0.14	剔除后对数分布	0.18	0.16
Ce	388	61.9	68.1	77.5	88.8	103	125	151	96.1	33.98	91.9	14.05	302	50.2	0.35	88.8	87.4	对数正态分布	91.9	83.2
Cl	346	34.82	37.60	43.30	50.1	58.5	70.2	76.0	51.8	12.57	50.4	9.82	91.4	22.84	0.24	50.1	55.6	偏峰分布	55.6	51.0
Co	642	3.64	4.74	6.40	10.53	17.64	22.48	25.50	12.36	7.18	10.30	4.50	35.30	1.32	0.58	10.53	10.10	其他分布	10.10	10.10
Cr	637	16.33	20.24	32.90	56.2	80.7	94.0	105	58.0	30.19	48.76	10.77	153	1.29	0.52	56.2	83.3	其他分布	83.3	32.00
Cu	654	8.36	10.13	14.95	24.10	34.37	42.46	54.0	26.35	14.91	22.50	6.89	107	3.18	0.57	24.10	16.00	对数正态分布	22.50	16.00
F	376	335	388	469	582	724	862	972	610	193	580	40.05	1141	245	0.32	582	584	对数正态分布	584	421
Ga	388	12.90	13.99	16.01	18.33	20.30	22.20	23.79	18.25	3.30	17.94	5.45	28.40	8.06	0.18	18.33	18.00	偏峰分布	18.25	16.75
Ge	556	1.22	1.27	1.41	1.60	1.82	2.02	2.14	1.64	0.31	1.61	1.38	3.50	0.86	0.19	1.60	1.26	正态分布	1.61	1.43
Hg	605	0.03	0.04	0.05	0.07	0.09	0.12	0.14	0.08	0.03	0.07	4.64	0.17	0.01	0.42	0.07	0.11	剔除后正态分布	0.08	0.11
I	388	0.85	0.96	1.20	1.77	3.10	4.80	5.74	2.42	1.71	1.98	2.12	12.12	0.58	0.70	1.77	1.57	对数正态分布	1.98	1.08
La	388	32.68	35.30	41.06	47.10	54.1	63.4	72.9	49.23	14.05	47.63	9.60	141	27.35	0.29	47.10	48.50	对数正态分布	47.63	44.34
Li	388	23.01	25.17	29.98	35.60	42.45	53.2	56.8	37.51	11.25	36.01	7.92	91.5	15.88	0.30	35.60	36.57	对数正态分布	36.01	34.84
Mn	631	165	205	295	449	701	991	1166	533	312	447	37.13	1466	36.85	0.58	449	581	剔除后对数分布	447	227
Mo	585	0.56	0.67	0.87	1.19	1.64	2.21	2.61	1.32	0.61	1.19	1.63	3.35	0.19	0.46	1.19	1.36	对数正态分布	1.19	0.82
N	654	0.46	0.64	0.90	1.19	1.50	1.78	1.94	1.22	0.48	1.12	1.59	3.78	0.14	0.40	1.19	1.19	正态分布	1.22	1.27
Nb	388	15.84	17.27	18.60	21.00	25.50	33.53	39.65	23.28	7.33	22.37	6.18	55.2	13.20	0.32	21.00	22.20	对数正态分布	22.37	19.70
Ni	641	6.90	8.46	11.93	20.30	35.00	44.30	50.4	24.12	14.77	19.62	6.56	71.1	1.60	0.61	20.30	10.20	其他分布	10.20	11.00
P	654	0.16	0.22	0.35	0.51	0.68	0.88	1.10	0.55	0.29	0.47	1.92	2.08	0.08	0.53	0.51	0.50	对数正态分布	0.47	0.48
Pb	602	23.01	25.59	29.66	33.81	38.91	45.00	49.30	34.68	7.82	33.81	7.80	57.6	13.60	0.23	33.81	32.57	剔除后对数分布	33.81	30.00

续表 4-25

元素/指标	N	$X_{5\%}$	$X_{10\%}$	$X_{25\%}$	$X_{50\%}$	$X_{75\%}$	$X_{90\%}$	$X_{95\%}$	$\bar{X}$	S	$\bar{X}_g$	S_g	X_{max}	X_{min}	CV	X_{me}	X_{mo}	分布类型	林地背景值	衢州市背景值
Rb	388	74.1	82.9	104	131	156	196	213	137	48.47	129	17.12	403	44.81	0.36	131	144	对数正态分布	129	115
S	372	166	192	233	280	330	396	431	286	77.5	275	26.51	493	109	0.27	280	235	剔除后正态分布	286	285
Sb	388	0.40	0.45	0.53	0.82	1.31	2.20	2.98	1.23	2.11	0.90	1.95	37.82	0.32	1.72	0.82	0.49	对数正态分布	0.90	0.87
Sc	383	5.64	6.40	7.75	10.00	13.04	14.80	15.50	10.41	3.25	9.90	4.00	19.59	4.30	0.31	10.00	9.70	其他分布	9.70	9.15
Se	620	0.19	0.23	0.28	0.37	0.48	0.61	0.68	0.39	0.15	0.36	1.97	0.83	0.08	0.38	0.37	0.32	剔除后对数分布	0.36	0.28
Sn	388	3.20	3.50	4.00	5.10	7.33	10.83	12.69	6.20	3.22	5.59	2.94	28.80	2.40	0.52	5.10	3.60	对数正态分布	5.59	5.96
Sr	388	32.16	34.35	42.02	52.9	68.4	90.6	119	60.6	31.93	55.3	10.63	281	24.95	0.53	52.9	61.7	剔除后正态分布	55.3	50.5
Th	388	9.60	10.73	13.00	15.90	20.20	25.72	30.17	17.38	6.83	16.28	5.30	57.2	5.60	0.39	15.90	15.30	对数正态分布	16.28	14.77
Ti	381	2926	3224	3868	4632	5417	5883	6337	4613	1062	4484	131	7727	1854	0.23	4632	5667	对数正态分布	4613	4413
Tl	406	0.48	0.55	0.69	0.85	1.13	1.52	1.76	0.95	0.41	0.87	1.49	2.82	0.27	0.43	0.85	0.80	对数正态分布	0.87	0.69
U	358	2.42	2.73	3.17	3.73	4.27	4.90	5.10	3.75	0.84	3.65	2.20	6.03	1.68	0.22	3.73	3.95	剔除后正态分布	3.75	3.53
V	635	29.35	35.25	51.4	82.4	118	141	165	87.3	43.17	75.9	13.24	219	10.70	0.49	82.4	107	其他分布	107	101
W	355	1.24	1.45	1.71	1.97	2.31	2.64	2.86	2.02	0.48	1.96	1.58	3.48	0.92	0.24	1.97	2.14	剔除后正态分布	2.02	1.90
Y	388	20.47	22.36	25.18	30.20	35.03	41.31	49.47	31.45	9.53	30.26	7.39	91.7	14.14	0.30	30.20	31.62	对数正态分布	30.26	28.51
Zn	654	49.03	57.0	67.8	87.8	110	139	164	94.8	40.24	88.0	13.96	370	20.58	0.42	87.8	106	剔除后对数分布	88.0	101
Zr	363	196	216	238	280	326	388	430	291	68.7	283	26.24	497	166	0.24	280	311	剔除后对数分布	283	318
SiO$_2$	388	60.3	63.7	66.9	71.1	75.8	79.3	81.2	71.1	6.35	70.8	11.57	86.1	50.3	0.09	71.1	71.1	正态分布	71.1	73.4
Al$_2$O$_3$	388	10.13	10.52	11.86	13.29	14.67	16.04	17.03	13.37	2.14	13.20	4.55	19.94	7.55	0.16	13.29	13.54	正态分布	13.37	12.35
TFe$_2$O$_3$	388	2.42	2.70	3.47	4.57	5.80	6.35	6.72	4.65	1.59	4.38	2.59	13.35	1.63	0.34	4.57	5.71	正态分布	4.65	4.01
MgO	388	0.40	0.45	0.56	0.79	1.10	1.37	1.60	0.86	0.39	0.79	1.57	2.93	0.30	0.45	0.79	0.55	对数正态分布	0.79	0.71
CaO	346	0.14	0.15	0.21	0.28	0.38	0.56	0.65	0.32	0.15	0.29	2.31	0.82	0.09	0.48	0.28	0.24	剔除后对数分布	0.29	0.30
Na$_2$O	388	0.11	0.13	0.19	0.32	0.54	0.79	1.01	0.41	0.30	0.32	2.58	1.82	0.07	0.74	0.32	0.17	剔除后对数分布	0.32	0.21
K$_2$O	654	1.26	1.54	2.14	2.71	3.26	3.72	4.05	2.69	0.87	2.53	1.94	6.16	0.47	0.32	2.71	2.33	正态分布	2.69	2.82
TC	388	0.91	1.01	1.18	1.43	1.67	1.98	2.25	1.48	0.41	1.42	1.43	3.21	0.60	0.28	1.43	1.43	对数正态分布	1.42	1.33
Corg	547	0.52	0.70	0.94	1.20	1.47	1.71	1.90	1.20	0.40	1.11	1.55	2.32	0.13	0.34	1.20	1.00	剔除后正态分布	1.20	0.95
pH	654	4.30	4.43	4.78	5.18	5.79	6.64	7.15	4.88	4.76	5.37	2.70	8.19	3.85	0.97	5.18	5.01	对数正态分布	5.37	5.12

于衢州市背景值,是衢州市背景值的 1.4 倍以上,其中 Cr 明显相对富集,是衢州市背景值的 2.0 倍以上;其他元素/指标背景值则与衢州市背景值基本接近。

四、园地土壤地球化学背景值

衢州市园地土壤地球化学背景值数据经正态分布检验,结果表明,原始数据中 Ce、Ga、La、Rb、S、Th、Ti、Y、Al_2O_3、TFe_2O_3、MgO、Na_2O、TC 符合正态分布,Ag、Au、Be、Bi、Br、Cl、F、I、Li、N、Nb、P、Sb、Sc、Sn、Sr、Tl、U、W、CaO 符合对数正态分布,Ba、Zr、SiO_2 剔除异常值后符合正态分布,Cu、Ge、Mo、Pb、Se、Zn、C_{org} 剔除异常值后符合对数正态分布,其他元素/指标不符合正态分布或对数正态分布(表 4-26)。

衢州市园地区表层土壤总体为强酸性,土壤 pH 背景值为 4.58,极大值为 6.92,极小值为 3.31,与衢州市背景值基本接近。

各元素/指标中,约一半元素/指标变异系数在 0.40 以下,说明分布较为均匀;Se、K_2O、V、Mo、N、MgO、Cr、Ag、Hg、Cu、Sn、I、Ni、Na_2O、Cd、B、As、Co、Mn、Au、P、Sb、Cl、pH、CaO、F 共 26 项元素/指标变异系数大于 0.40,其中 Sb、Cl、pH、CaO、F 变异系数大于 0.80,空间变异性较大。

与衢州市土壤元素背景值相比,园地区土壤元素背景值中 K_2O、Mn、Cd、Zn、N 背景值略低于衢州市背景值,为衢州市背景值的 60%~80%;Au、P、Bi、I、Mo 背景值略高于衢州市背景值,与衢州市背景值比值在 1.2~1.4 之间;Cu、Cr、Na_2O 背景值明显高于衢州市背景值,是衢州市背景值的 1.4 倍以上,其中 Na_2O 明显相对富集,背景值是衢州市背景值的 2.19 倍;其他元素/指标背景值则与衢州市背景值基本接近。

表 4-26 园地土壤地球化学背景值参数统计表

元素/指标	N	$X_{5\%}$	$X_{10\%}$	$X_{25\%}$	$X_{50\%}$	$X_{75\%}$	$X_{90\%}$	$X_{95\%}$	$\bar{X}$	S	$\bar{X}_g$	S_g	X_{max}	X_{min}	CV	X_{me}	X_{mo}	分布类型	园地背景值	衢州市背景值
Ag	141	49.00	55.0	65.0	78.0	111	138	172	92.1	45.35	84.4	13.15	360	36.00	0.49	78.0	71.0	对数正态分布	84.4	87.1
As	3885	2.49	3.13	4.41	6.69	10.65	15.10	17.90	8.03	4.78	6.75	3.73	23.87	0.72	0.59	6.69	10.50	其他分布	10.50	11.10
Au	141	0.98	1.09	1.33	1.81	3.17	4.82	5.45	2.43	1.66	2.04	1.94	11.71	0.64	0.68	1.81	1.52	对数正态分布	2.04	1.69
B	4172	8.54	12.40	23.61	41.63	60.3	77.0	85.4	43.31	24.15	34.99	9.14	115	1.09	0.56	41.63	38.50	其他分布	38.50	33.60
Ba	130	255	269	308	361	437	532	571	378	94.4	367	30.29	633	206	0.25	361	320	剔除后正态分布	378	400
Be	141	1.34	1.39	1.76	1.97	2.46	2.73	3.04	2.10	0.55	2.03	1.63	4.11	0.80	0.26	1.97	1.97	对数正态分布	2.03	2.22
Bi	141	0.24	0.25	0.27	0.35	0.42	0.50	0.56	0.37	0.14	0.35	1.96	1.29	0.18	0.37	0.35	0.26	其他分布	0.35	0.26
Br	141	1.52	1.70	1.92	2.14	2.45	2.87	3.17	2.22	0.51	2.17	1.65	4.59	1.06	0.23	2.14	2.25	对数正态分布	2.17	2.28
Cd	3935	0.06	0.07	0.10	0.16	0.24	0.33	0.40	0.18	0.10	0.15	3.37	0.51	0.004	0.57	0.16	0.12	其他分布	0.12	0.16
Ce	141	56.0	61.8	69.3	75.9	88.4	99.4	105	78.2	14.65	76.8	12.44	116	42.07	0.19	75.9	72.4	正态分布	78.2	83.2
Cl	141	33.70	37.30	44.20	53.0	61.5	72.9	89.0	62.9	59.2	55.4	10.61	624	29.54	0.94	53.0	58.3	对数正态分布	55.4	51.0
Co	3946	3.29	3.96	5.59	8.70	13.86	20.60	24.05	10.51	6.41	8.76	4.02	30.64	0.59	0.61	8.70	10.80	其他分布	10.80	10.10
Cr	4055	16.10	23.02	36.70	56.5	75.9	92.0	104	57.4	26.76	50.00	10.48	138	1.63	0.47	56.5	62.0	其他分布	62.0	32.00
Cu	3949	8.90	11.50	17.00	24.85	34.40	46.00	54.1	27.03	13.39	23.67	6.94	67.3	1.00	0.50	24.85	21.00	剔除后对数正态分布	23.67	16.00
F	141	275	312	379	490	587	813	985	615	816	505	37.64	8523	238	1.33	490	493	对数正态分布	505	421
Ga	141	11.22	12.20	13.57	15.40	17.38	19.95	20.71	15.53	2.93	15.26	4.93	24.17	7.80	0.19	15.40	15.40	正态分布	15.53	16.75
Ge	2163	1.18	1.24	1.36	1.49	1.65	1.82	1.92	1.51	0.22	1.50	1.32	2.13	0.91	0.15	1.49	1.43	剔除后对数正态分布	1.50	1.43
Hg	4007	0.03	0.03	0.04	0.07	0.09	0.12	0.14	0.07	0.04	0.06	4.77	0.18	0.003	0.50	0.07	0.11	偏峰分布	0.11	0.11
I	141	0.82	0.88	1.08	1.33	1.88	2.68	3.25	1.62	0.85	1.46	1.63	6.30	0.56	0.53	1.33	1.29	对数正态分布	1.46	1.08
La	141	30.88	32.97	37.41	41.50	47.12	52.9	57.8	42.45	8.50	41.62	8.76	75.0	22.10	0.20	41.50	41.90	正态分布	42.45	44.34
Li	141	23.50	24.90	29.03	34.12	41.20	49.73	53.2	36.07	10.75	34.75	7.69	97.7	21.77	0.30	34.12	34.90	对数正态分布	34.75	34.84
Mn	3993	122	148	211	327	535	792	916	401	247	333	30.05	1163	34.10	0.62	327	165	其他分布	165	227
Mo	3857	0.54	0.63	0.82	1.12	1.51	1.98	2.31	1.22	0.53	1.11	1.57	2.94	0.20	0.44	1.12	1.30	剔除后对数正态分布	1.11	0.82
N	2225	0.46	0.55	0.77	1.05	1.38	1.74	2.00	1.12	0.50	1.01	1.60	5.35	0.10	0.45	1.05	1.05	对数正态分布	1.01	1.27
Nb	141	14.59	15.71	17.69	19.70	22.30	28.60	31.01	20.64	4.79	20.14	5.79	35.30	12.00	0.23	19.70	17.90	正态分布	20.14	19.70
Ni	3978	6.16	7.81	11.30	17.90	27.10	37.16	42.99	20.32	11.45	17.21	5.85	56.5	1.53	0.56	17.90	11.00	其他分布	11.00	11.00
P	4225	0.21	0.26	0.41	0.65	1.01	1.49	1.90	0.80	0.59	0.64	2.01	8.32	0.08	0.74	0.65	0.41	偏峰分布	0.64	0.48
Pb	4014	18.50	21.00	25.00	29.80	35.10	40.61	44.05	30.27	7.65	29.27	7.34	52.9	9.14	0.25	29.80	25.00	剔除后对数正态分布	29.27	30.00

第四章 土壤元素背景值

续表 4-26

元素/指标	N	$X_{5\%}$	$X_{10\%}$	$X_{25\%}$	$X_{50\%}$	$X_{75\%}$	$X_{90\%}$	$X_{95\%}$	$\bar{X}$	S	$\bar{X}_g$	S_g	X_{max}	X_{min}	CV	X_{me}	X_{mo}	分布类型	园地背景值	衢州市背景值
Rb	141	66.3	72.6	88.5	100.0	117	148	167	105	29.12	101	14.56	198	56.4	0.28	100.0	103	正态分布	105	115
S	141	169	185	228	285	348	403	442	294	89.1	281	26.49	604	124	0.30	285	323	正态分布	294	285
Sb	141	0.49	0.53	0.64	0.80	1.18	1.74	2.55	1.08	0.92	0.90	1.68	8.10	0.40	0.85	0.80	0.74	对数正态分布	0.90	0.87
Sc	141	5.50	6.10	7.20	8.87	10.26	13.60	15.71	9.30	3.07	8.87	3.69	20.40	4.60	0.33	8.87	9.00	对数正态分布	8.87	9.15
Se	3993	0.16	0.19	0.24	0.32	0.42	0.54	0.63	0.34	0.14	0.31	2.09	0.75	0.02	0.41	0.32	0.23	剔除后对数分布	0.31	0.28
Sn	141	3.00	3.60	4.40	5.90	8.10	10.60	13.20	6.74	3.56	6.05	3.04	28.70	2.00	0.53	5.90	5.50	对数正态分布	6.05	5.96
Sr	141	35.80	38.35	44.37	49.78	59.3	73.8	86.9	54.0	16.67	52.0	9.94	121	28.92	0.31	49.78	43.35	正态分布	52.0	50.5
Th	141	8.84	9.76	11.00	12.70	15.20	18.30	20.00	13.40	3.28	13.02	4.51	23.90	7.21	0.24	12.70	14.10	正态分布	13.40	14.77
Ti	141	2898	3168	3864	4452	4936	5640	6330	4488	1118	4362	127	9002	2544	0.25	4452	4491	正态分布	4488	4413
Tl	403	0.39	0.45	0.53	0.64	0.76	0.89	1.03	0.67	0.23	0.64	1.46	2.33	0.29	0.34	0.64	0.67	对数正态分布	0.64	0.69
U	141	2.10	2.41	2.82	3.30	3.83	4.58	5.42	3.50	1.29	3.34	2.16	12.90	1.63	0.37	3.30	3.53	对数正态分布	3.34	3.53
V	3917	33.09	40.11	56.2	79.3	103	128	151	82.4	34.62	75.0	12.76	185	7.87	0.42	79.3	101	其他分布	101	101
W	141	1.21	1.37	1.60	1.84	2.09	2.39	2.84	1.94	0.71	1.85	1.56	7.49	0.94	0.37	1.84	2.01	对数正态分布	1.85	1.90
Y	141	19.70	21.43	23.90	27.34	31.38	33.63	38.56	27.69	6.03	27.03	6.82	51.6	12.65	0.22	27.34	27.99	正态分布	27.69	28.51
Zn	4022	40.00	47.40	60.3	76.6	98.0	124	140	81.3	29.16	76.2	12.76	165	19.00	0.36	76.6	101	剔除后正态分布	76.2	101
Zr	139	213	232	258	304	362	445	463	315	76.0	307	27.37	510	162	0.24	304	318	剔除后正态分布	315	318
SiO$_2$	131	68.6	70.8	74.2	76.7	78.8	81.1	82.0	76.4	3.90	76.3	12.14	84.4	66.4	0.05	76.7	76.4	正态分布	76.4	73.4
Al$_2$O$_3$	141	9.68	9.95	10.55	11.63	12.87	14.15	14.98	11.88	1.86	11.74	4.19	18.60	8.05	0.16	11.63	9.99	正态分布	11.88	12.35
TFe$_2$O$_3$	141	2.37	2.63	3.17	3.84	4.68	5.86	6.74	4.09	1.41	3.88	2.35	9.71	1.84	0.34	3.84	3.97	正态分布	4.09	4.01
MgO	141	0.38	0.45	0.54	0.71	0.94	1.17	1.41	0.78	0.35	0.72	1.57	2.93	0.28	0.45	0.71	0.65	正态分布	0.78	0.71
CaO	141	0.16	0.18	0.24	0.33	0.44	0.73	1.38	0.49	0.60	0.36	2.42	4.28	0.11	1.24	0.33	0.30	对数正态分布	0.36	0.30
Na$_2$O	141	0.13	0.16	0.24	0.40	0.61	0.85	0.89	0.46	0.26	0.38	2.34	1.23	0.07	0.56	0.40	0.57	正态分布	0.46	0.21
K$_2$O	4190	0.75	0.88	1.37	1.93	2.59	3.21	3.54	2.01	0.85	1.81	1.84	4.45	0.10	0.42	1.93	1.73	其他分布	1.73	2.82
TC	141	0.81	0.88	1.06	1.28	1.48	1.69	1.84	1.30	0.35	1.26	1.36	3.02	0.62	0.27	1.28	1.26	正态分布	1.30	1.33
Corg	2526	0.43	0.57	0.82	1.07	1.38	1.67	1.87	1.10	0.43	1.01	1.62	2.28	0.01	0.39	1.07	0.97	剔除后对数分布	1.01	0.95
pH	4008	4.15	4.29	4.51	4.86	5.36	5.89	6.30	4.64	4.49	4.99	2.55	6.92	3.31	0.97	4.86	4.58	其他分布	4.58	5.12

第五章 土壤碳与特色土地资源评价

第一节 土壤碳储量估算

土壤是陆地生态系统的核心,是"地球关键带"研究中的重点内容之一。土壤碳库是地球陆地生态系统碳库的主要组成部分,在陆地水、大气、生物等不同系统中的碳循环研究中有着重要作用。

一、土壤碳与有机碳的区域分布

1. 深层土壤碳与有机碳的区域分布

如表 5-1 所示,在衢州市深层土壤中总碳(TC)算术平均值为 0.50%,极大值为 1.18%,极小值为 0.23%。与浙江省和中国基准值相比,TC 基准值(0.48%)基本接近于浙江省基准值,明显低于中国基准值。在区域分布上,TC 含量受地形地貌及地质背景控制,中山区土壤中 TC 含量相对较高,低值区则主要分布于柯城区—龙游县沿衢江一带平原区。

衢州市深层土壤有机碳(TOC)算术平均值为 0.40%,极大值为 1.06%,极小值为 0.19%。TOC 基准值(0.38%)与浙江省基准值基本接近,略高于中国基准值。高值区主要分布于区内中山区,低值区主要分布于柯城区—龙游县沿衢江一带平原区。

表 5-1 衢州市深层土壤总碳与有机碳参数统计表

元素/指标	N/件	$\overline{X}$/%	$\overline{X}_g$/%	S/%	CV	X_{max}/%	X_{min}/%	X_{mo}/%	X_{me}/%	浙江省基准值/%	中国基准值/%
TC	228	0.50	0.48	0.16	0.32	1.18	0.23	0.51	0.47	0.43	0.90
TOC	228	0.40	0.38	0.14	0.35	1.06	0.19	0.33	0.37	0.42	0.30

注:浙江省基准值引自《浙江省土壤元素背景值》(黄春雷等,2023);中国基准值引自《全国地球化学基准网建立与土壤地球化学基准值特征》(王学求等,2016)。

2. 表层土壤碳与有机碳的区域分布

如表 5-2 所示,在衢州市表层土壤中,总碳(TC)算术平均值为 1.38%,极大值为 4.12%,极小值为 0.54%。TC 背景值(1.33%)与浙江省背景值和中国背景值基本接近。高值区主要分布于江山市—常山县的山地区,低值区分布于柯城区—龙游县沿衢江一带的平原区。

表层土壤有机碳(TOC)算术平均值为 1.29%,极大值为 2.70%,极小值为 0.01%。衢州市 TOC 背景值(0.95%)略低于浙江省背景值,而明显高于中国背景值,是中国背景值的1.58倍,在区域分布上基本与总碳相同。

表 5-2 衢州市表层土壤总碳与有机碳参数统计表

元素/指标	N/件	$\overline{X}$/%	$\overline{X}_g$/%	S/%	CV	X_{max}/%	X_{min}/%	X_{mo}/%	X_{me}/%	浙江省背景值/%	中国背景值/%
TC	962	1.38	1.33	0.40	0.29	4.12	0.54	1.39	1.37	1.43	1.30
TOC	18 573	1.29	1.17	0.51	0.40	2.70	0.01	0.95	1.26	1.31	0.60

注:浙江省背景值引自《浙江省土壤元素背景值》(黄春雷等,2023);中国背景值引自《全国地球化学基准网建立与土壤地球化学基准值特征》(王学求等,2016)。

二、单位土壤碳量与碳储量计算方法

依据奚小环等(2009)提出的碳储量计算方法,利用多目标地球化学调查数据,根据《多目标区域地球化学调查规范(1∶250 000)》(DZ/T 0258—2014)要求,计算单位土壤的碳量与碳储量。即以多目标区域地球化学调查确定的土壤表层样品分析单元为最小计算单位,土壤表层碳含量单元为4km²,深层土壤样根据表深层土壤样的对应关系,利用ArcGIS对深层样测试分析结果进行空间插值,深层碳含量单元为4km²,依据其不同的分布模式计算得到单位土壤碳量,通过对单位土壤碳量进行加和计算,得到土壤碳储量。

研究表明,土壤碳含量由表层至深层存在两种分布模式,其中有机碳含量分布为指数模式,无机碳含量为直线模式。区域土壤容重利用《浙江土壤》(俞震豫等,1994)中的土壤容重统计结果进行计算(表5-3)。

表 5-3 浙江省主要土壤类型土壤容重统计表   单位:t/m³

土壤类型	红壤	黄壤	紫色土	石灰岩土	粗骨土	潮土	水稻土
土壤容重	1.20	1.20	1.20	1.20	1.20	1.33	1.08

(一)有机碳(TOC)单位土壤碳量(USCA)计算

1. 深层土壤有机碳单位碳量计算

深层土壤有机碳单位碳量计算公式为:

$$USCA_{TOC,0-120cm} = TOC \times D \times 4 \times 10^4 \times \rho \tag{5-1}$$

式中:$USCA_{TOC,0-120cm}$表示0～1.20m深度(即0～120cm)土壤有机碳单位碳量(t);TOC为有机碳含量(%);D为采样深度(1.20m);4为表层土壤单位面积(4km²);10^4为单位土壤面积换算系数;ρ为土壤容重(t/m³)。式(5-1)中TOC的计算公式为:

$$TOC = \frac{(TOC_表 - TOC_深) \times (d_1 - d_2)}{d_2(\ln d_1 - \ln d_2)} + TOC_深 \tag{5-2}$$

式中:$TOC_表$为表层土壤有机碳含量(%);$TOC_深$为深层土壤有机碳含量(%);d_1取表层样采样深度中间值0.1m;d_2取深层样平均采样深度1.20m(或实际采样深度)。

2. 中层土壤有机碳单位碳量计算

中层土壤(计算深度为1.00m)有机碳单位碳量计算公式为:

$$USCA_{TOC,0-100cm} = TOC \times D \times 4 \times 10^4 \times \rho \tag{5-3}$$

$$TOC = \frac{(TOC_{表} - TOC_{深}) \times [(d_1 - d_3) + (\ln d_3 - \ln d_2)]}{d_3(\ln d_1 - \ln d_2)} + TOC_{深} \qquad (5-4)$$

式中：$USCA_{TOC,0-100cm}$ 表示采样深度为1.20m以下时，计算1.00m(100cm)深度有机碳含量(t)；d_3 为计算深度1.00m；其他参数同前。

3. 表层土壤有机碳单位碳量计算

表层土壤有机碳单位碳量计算公式为：

$$USCA_{TOC,0-20cm} = TOC \times D \times 4 \times 10^4 \times \rho \qquad (5-5)$$

式中：TOC为表层土壤有机碳实测值(%)；D为采样深度(0～20cm)；其他参数同前。

(二) 无机碳(TIC)单位土壤碳量(USCA)计算

1. 深层土壤无机碳单位碳量计算

深层土壤无机碳单位碳量计算公式为：

$$USCA_{TIC,0-120cm} = [(TIC_{表} + TIC_{深})/2] \times D \times 4 \times 10^4 \times \rho \qquad (5-6)$$

式中：$TIC_{表}$ 与 $TIC_{深}$ 分别由总碳实测数据减去有机碳数据取得(%)；其他参数同前。

2. 中层土壤无机碳单位碳量计算

中层土壤无机碳单位碳量计算公式为：

$$USCA_{TIC,0-100cm(深120cm)} = [(TIC_{表} + TIC_{100cm})/2] \times D \times 4 \times 10^4 \times \rho \qquad (5-7)$$

式中：$USCA_{TIC,0-100cm(深120cm)}$ 表示采样深度为1.20m时，计算1.00m深度(即100cm)土壤无机碳单位碳量(t)；D为1.00m；TIC_{100cm} 采用内插法确定(%)；其他参数同前。

3. 表层土壤无机碳单位碳量计算

表层土壤无机碳单位碳量计算公式为：

$$USCA_{TIC,0-20cm} = TIC_{表} \times D \times 4 \times 10^4 \times \rho \qquad (5-8)$$

式中：$TIC_{表}$ 由总碳实测数据减去有机碳数据取得(%)；其他参数同前。

(三) 总碳(TC)单位土壤碳量(USCA)计算

1. 深层土壤总碳单位碳量计算

深层土壤总碳单位碳量计算公式为：

$$USCA_{TC,0-120cm} = USCA_{TOC,0-120cm} + USCA_{TIC,0-120cm}$$

当实际采样深度超过1.20m(120cm)时，取实际采样深度值。

2. 中层土壤总碳单位碳量计算

中层土壤总碳单位碳量计算公式为：

$$USCA_{TC,0-100cm(深120cm)} = USCA_{TOC,0-100cm(深120cm)} + USCA_{TIC,0-100cm(深120cm)}$$

3. 表层土壤总碳单位碳量计算

表层土壤总碳单位碳量计算公式为：

$$USCA_{TC,0-20cm} = USCA_{TOC,0-20cm} + USCA_{TIC,0-20cm}$$

(四)土壤碳储量(SCR)

土壤碳储量为研究区内所有单位碳量总和,其计算公式为:

$$SCR = \sum_{i=1}^{n} USCA$$

式中:SCR 为土壤碳储量(t);USCA 为单位土壤碳量(t);n 为土壤碳储量计算范围内单位土壤碳量的加和个数。

三、土壤碳密度分布特征

衢州市表层、中层、深层土壤碳密度空间分布情况如图 5-1～图 5-3 所示。由图可知,全市土壤碳密度由表层→中层→深层呈现出规律性变化特征,整体表现为中低山区高于低山丘陵及平原区,碳酸盐岩类风化物土壤母质区高于碎屑岩类风化物土壤、紫色碎屑岩类风化物土壤母质区,山地丘陵区高于盆地区,随着土体深度的增加,盆地区、平原区土壤碳密度明显增加。

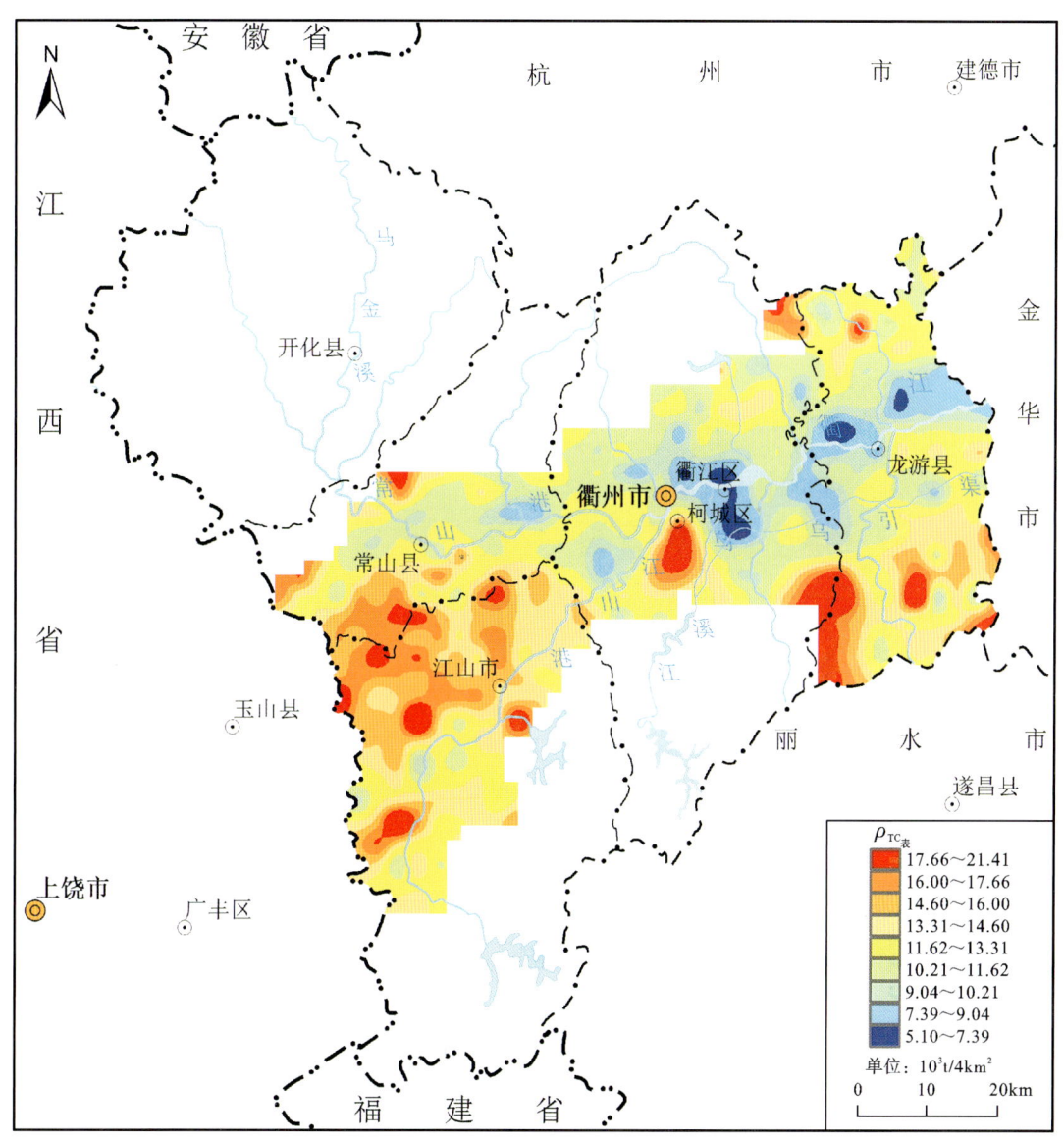

图 5-1 衢州市表层土壤 TC 碳密度分布图

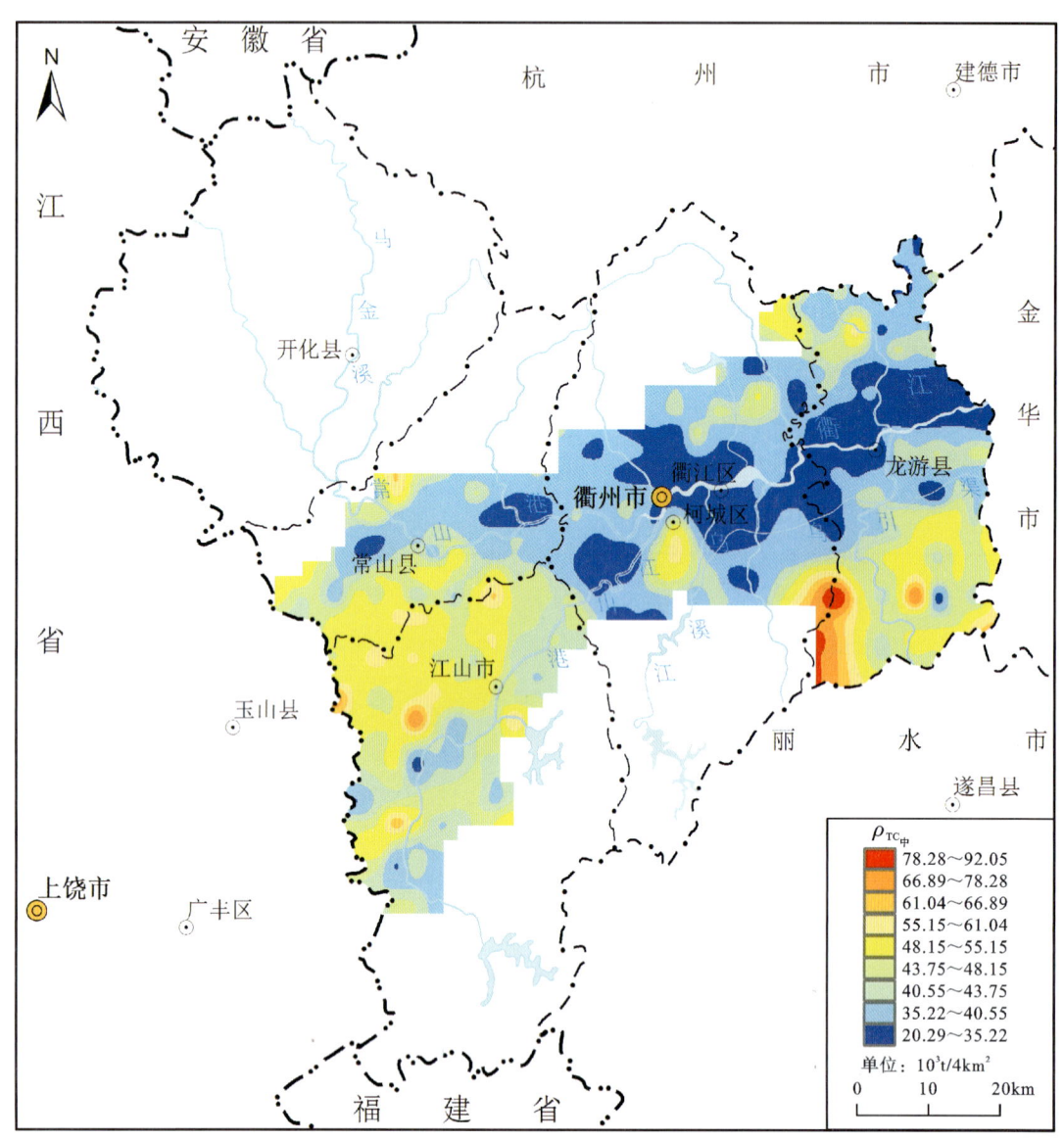

图 5-2 衢州市中层土壤 TC 碳密度分布图

表层(0~0.2m)土壤碳密度高值区分布于江山市—常山县等中低山区,低值区主要分布于柯城区—龙游县沿衢江一带平原区。表层土壤中碳密度极大值为 $21.41×10^3 t/4km^2$,极小值为 $5.10×10^3 t/4km^2$。

中层(0~1.0m)土壤碳密度高值、低值区分布基本与表层土壤相同,不同之处在于随着土体深度的增加,柯城区—龙游县沿衢江一带平原区土壤中碳密度逐渐增高。中层土壤中碳密度极大值为 $92.05×10^3 t/4km^2$,极小值为 $20.29×10^3 t/4km^2$。

深层(0~1.2m)土壤碳密度低值区主要分布在江山市—常山县中低山区,高值区主要分布在柯城区—龙游县沿衢江一带平原区。平原区随着土体深度的增加,土壤中碳密度增加明显,尤其是柯城区—龙游县沿衢江一带平原区。深层土壤中土壤中碳密度极大值为 $72.64×10^3 t/4km^2$,极小值为 $23.47×10^3 t/4km^2$。

由以上分析可知,衢州市土壤碳密度分布主要与地形地貌、土壤母质类型、土壤深度有关。在地形地貌方面,中低山区土壤碳密度大于低山丘陵区、平原区;在土壤母岩母质方面,碳酸盐岩类风化物土壤母质区土壤碳密度大于碎屑岩类风化物土壤母质区、紫色碎屑岩类风化物土壤母质区;在土壤深度方面,柯城区—龙游县沿衢江一带平原区随土壤深度增加,土壤碳密度逐渐增大。

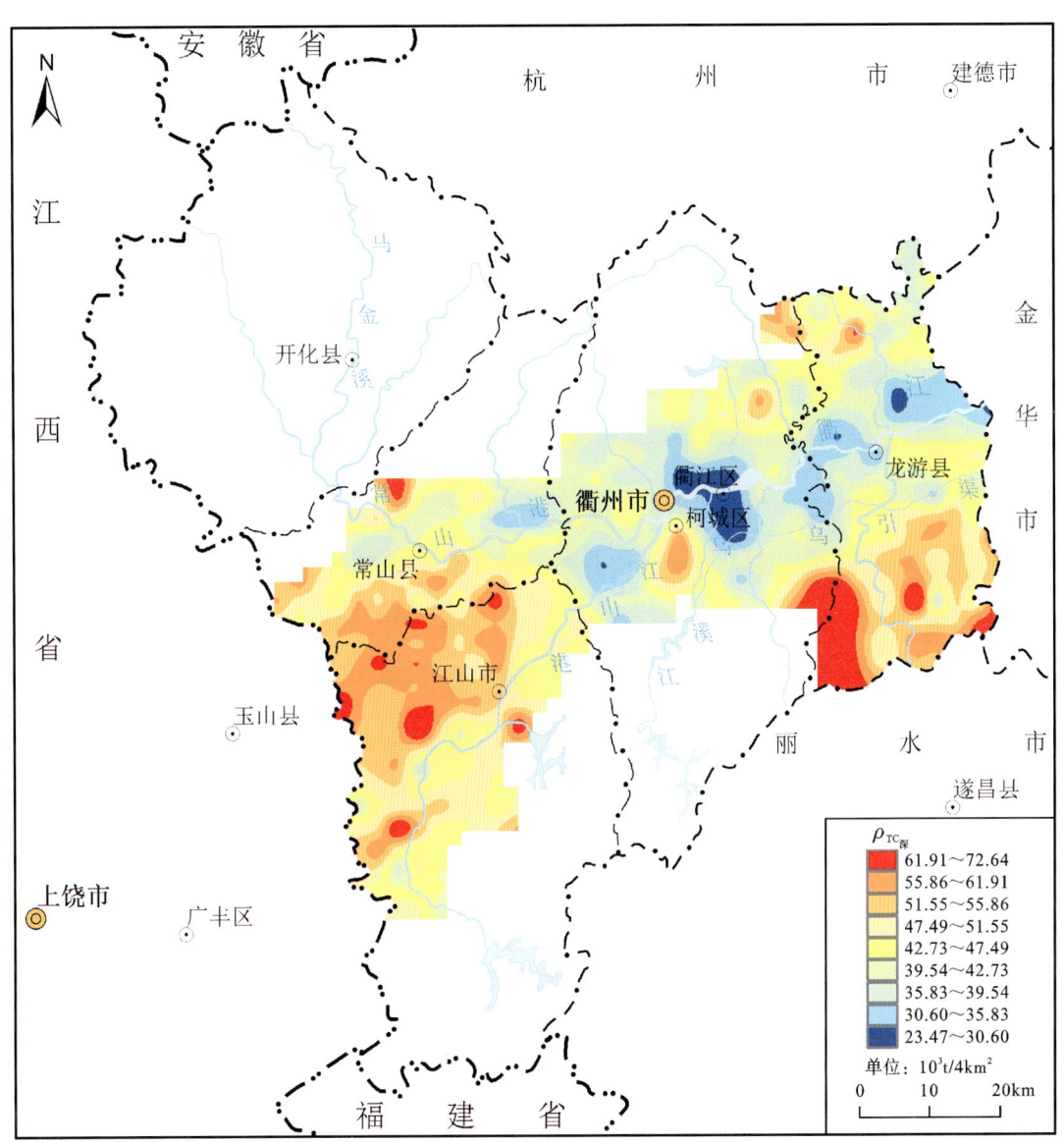

图 5-3 衢州市深层土壤 TC 碳密度分布图

四、土壤碳储量分布特征

1. 土壤碳密度及碳储量

根据土壤碳密度及碳储量计算方法，全市不同深度土壤碳密度及碳储量统计结果如表 5-4 所示。

表 5-4 衢州市不同深度土壤碳密度及碳储量统计表

土壤层	碳密度/10^3 t·km^{-2}			碳储量/10^6 t			TOC 占比/%
	TOC	TIC	TC	TOC	TIC	TC	
表层	2.80	0.42	3.22	10.74	1.60	12.34	87.03
中层	8.73	1.86	10.59	33.46	7.14	40.60	82.41
深层	9.73	1.96	11.69	37.28	7.52	44.80	83.21

衢州市表层、中层、深层土壤中 TIC 密度分别为 0.42×10^3 t/km²、1.86×10^3 t/km²、1.96×10^3 t/km²；TOC 密度分别为 2.80×10^3 t/km²、8.73×10^3 t/km²、9.73×10^3 t/km²；TC 密度分别为 3.22×10^3 t/km²、10.59×10^3 t/km²、11.69×10^3 t/km²。其中，表层 TC 密度略高于中国全碳密度 3.19×10^3 t/km²（奚小环等，2010），中层 TC 密度略低于中国平均值 11.65×10^3 t/km²。而衢州市土地利用类型、地形地貌类型齐全，代表了浙江省碳密度的客观现状，说明衢州市碳储量已接近"饱和"状态，固碳能力十分有限。

从不同深度土壤碳储量可以看出（图 5-4），随着土壤深度的增加，TOC、TIC、TC 均呈现逐渐增加的趋势。在表层（0~0.2m）、中层（0~1.0m）、深层（0~1.2m）不同深度土体中，TOC 储量之比为 1：3.12：3.48，TIC 储量之比为 1：4.43：4.67，TC 储量之比为 1：3.29：3.63。

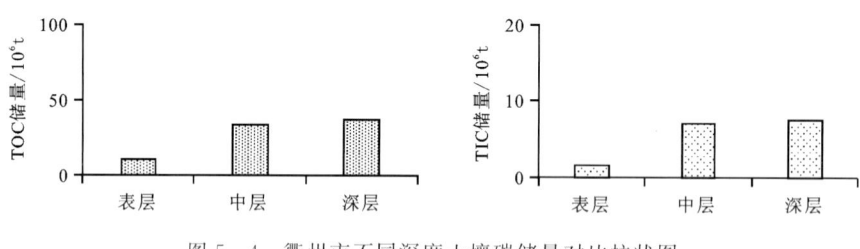

图 5-4 衢州市不同深度土壤碳储量对比柱状图

衢州市土壤中（0~1.2m）碳储量为 44.80×10^6 t，其中 TOC 储量为 37.28×10^6 t，TIC 储量为 7.52×10^6 t，TOC 储量与 TIC 储量之比约为 5：1。土壤中的碳以 TOC 为主，占 TC 的 83.21%。随着土体深度的增加，TOC 储量的比例有减少趋势，TIC 储量的比例逐渐增加，但仍以 TOC 为主。

2. 主要土壤类型土壤碳密度及碳储量分布

全市共分布 7 种主要土壤类型，不同土壤类型土壤碳密度及碳储量（SCR）统计结果见表 5-5 所示。

表 5-5 衢州市不同土壤类型土壤碳密度及碳储量统计表

土壤类型	面积	深层（0~1.2m）			中层（0~1.0m）			表层（0~0.2m）		
		TOC 密度	TIC 密度	SCR	TOC 密度	TIC 密度	SCR	TOC 密度	TIC 密度	SCR
	km²	10^3 t/km²		10^6 t	10^3 t/km²		10^6 t	10^3 t/km²		10^6 t
潮土	28	8.09	1.61	0.27	7.19	1.48	0.24	2.19	0.32	0.07
粗骨土	776	9.36	1.92	8.75	8.39	1.80	7.91	2.68	0.40	2.39
红壤	1308	10.72	2.06	16.72	9.60	1.99	15.16	3.04	0.45	4.56
黄壤	100	14.88	2.36	1.72	13.19	2.44	1.56	3.98	0.58	0.46
石灰岩土	60	10.11	2.00	0.72	9.06	1.84	0.65	2.88	0.40	0.21
水稻土	1108	8.58	1.75	11.45	7.74	1.63	10.38	2.54	0.36	3.21
紫色土	452	9.26	2.18	5.17	8.35	2.04	4.70	2.74	0.45	1.44

深层土壤中，TOC 密度以黄壤为最高，达 14.88×10^3 t/km²，其次为红壤、石灰岩土等，最低为潮土，仅为 8.09×10^3 t/km²。TIC 密度以黄壤为最高，为 2.36×10^3 t/km²，其次为紫色土、红壤等，而最低则为潮土，仅为 1.61×10^3 t/km²。

中层土壤中，TOC 密度以黄壤为最高，达 13.19×10^3 t/km²，其次为红壤、石灰岩土等，最低为潮土，仅为 7.19×10^3 t/km²。TIC 密度以黄壤为最高，为 2.44×10^3 t/km²，其次为紫色土、红壤等，而最低则为潮土,仅为 $1.48\times10^3\text{t/km}^2$。

表层土壤中,TOC 密度以黄壤为最高,达 $3.98\times10^3\text{t/km}^2$,其次为红壤、石灰岩土等,最低为潮土,仅为 $2.19\times10^3\text{t/km}^2$。TIC 密度以黄壤为最高,为 $0.58\times10^3\text{t/km}^2$,其次为红壤、紫色土等,而最低则为潮土,仅为 $0.32\times10^3\text{t/km}^2$。

通过以上对比分析可以看出,土壤碳密度(TOC、TIC)的分布受地形地貌的影响较为明显。分布于山地丘陵区的土壤类型中,TOC 密度较高,如黄壤、红壤、石灰岩土等;而分布于平原区的土壤类型中 TOC 密度相对较低,如潮土等。TIC 密度的分布情况大致与之相反,平原区土壤潮土中较高,而山地丘陵区的紫色土、红壤、粗骨土中则相对较低。

表层土壤碳储量为 $12.34\times10^6\text{t}$,最高为红壤,碳储量为 $4.56\times10^6\text{t}$,占总表层碳储量的 36.95%,与其分布面积所占比例基本接近;其次为水稻土,碳储量为 $3.21\times10^6\text{t}$,占总表层碳储量的 26.01%,略低于面积所占比例;最低为潮土,为 $0.07\times10^6\text{t}$。表层土壤中整体碳储量从大到小依次为红壤、水稻土、粗骨土、紫色土、黄壤、石灰岩土、潮土。

中层土壤碳储量为 $40.60\times10^6\text{t}$,储量从大到小依次为红壤、水稻土、粗骨土、紫色土、黄壤、石灰岩土、潮土。

深层土壤碳储量为 $44.80\times10^6\text{t}$,碳储量从大到小依次为红壤、水稻土、粗骨土、紫色土、黄壤、石灰岩土、潮土。

衢州市深层、中层、表层土壤碳储量从大到小依次为红壤、水稻土、粗骨土、紫色土、黄壤、石灰岩土、潮土。

整体来看,土壤中碳储量的分布主要与不同土壤类型中 TOC 密度、分布面积、人为耕种(水稻土长期农业耕种)等因素有关。

3. 主要土壤母质类型土壤碳密度及碳储量分布

衢州市土壤母质类型主要分为变质岩类风化物、紫色碎屑岩类风化物、中基性火成岩类风化物、松散岩类沉积物、碎屑岩类风化物、碳酸盐岩类风化物、中酸性火成岩类风化物、古土壤风化物八大类型。在分布面积上衢州市以碎屑岩类风化物、紫色碎屑岩类风化物、中酸性侵入岩类风化物、松散岩类沉积物为主,变质岩类风化物、中基性火成岩类风化物、碳酸盐岩类风化物、古土壤风化物相对较少。

衢州市不同土壤母质类型土壤碳密度分布统计结果如表 5-6 所示。

由表 5-6 中可以看出,TOC 密度在不同深度土壤中有明显差异,在深层土壤中由高至低依次为中基性火成岩类风化物、碎屑沉积岩类风化物、变质岩类风化物、中酸性火成岩类风化物、碳酸盐岩类风化物、松散岩类沉积物、古土壤风化物、紫色碎屑岩类风化物;在中层土壤中由高至低依次为中基性火成岩类风化物、碎屑岩类风化物、变质岩类风化物、中酸性火成岩类风化物、碳酸盐岩类风化物、古土壤风化物、松散岩类沉积物、紫色碎屑岩类风化物;在表层土壤中由高至低依次为中基性火成岩类风化物、碎屑岩类风化物、碳酸盐岩类风化物、中酸性火成岩类风化物、变质岩类风化物、古土壤风化物、松散岩类沉积物、紫色碎屑岩类风化物。

TIC 密度在不同深度土壤中有一定差异,在深层土壤中由高至低则依次为碳酸盐岩类风化物、中基性火成岩类风化物、古土壤风化物、碎屑岩类风化物(紫色碎屑岩类风化物)、变质岩类风化物、中酸性火成岩类风化物、松散岩类沉积物;在中层土壤中由高至低依次为碳酸盐岩类风化物、碎屑岩类风化物、紫色碎屑岩类风化物、古土壤风化物、中基性火成岩类风化物、中酸性火成岩类风化物、变质岩类风化物、松散岩类沉积物;在表层土壤中由高至低则依次为碳酸盐岩类风化物、碎屑岩类风化物、中酸性火成岩类风化物、紫色碎屑岩类风化物(变质岩类风化物)、古土壤风化物、松散岩类沉积物、中基性火成岩类风化物,与中层、深层差异不大。

表 5-6　衢州市不同土壤母质类型土壤碳密度统计表　　　　　　　　　　　单位：10^3 t/km²

土壤母质类型	深层(0~1.2m)			中层(0~1.0m)			表层(0~0.2m)		
	TOC	TIC	TC	TOC	TIC	TC	TOC	TIC	TC
变质岩类风化物	11.01	1.90	12.91	9.74	1.81	11.55	2.91	0.41	3.32
古土壤风化物	8.89	2.06	10.95	8.05	1.84	9.89	2.70	0.39	3.09
中基性火成岩类风化物	11.48	2.20	13.68	10.38	1.82	12.20	3.44	0.36	3.80
松散岩类沉积物	8.90	1.82	10.72	8.05	1.71	9.76	2.68	0.38	3.06
碎屑岩类风化物	11.15	2.04	13.19	10.03	1.99	12.02	3.27	0.46	3.73
碳酸盐岩类风化物	10.35	2.21	12.56	9.30	2.14	11.44	3.01	0.49	3.50
中酸性火成岩类风化物	10.72	1.86	12.58	9.56	1.82	11.38	2.98	0.42	3.40
紫色碎屑岩类风化物	8.16	2.04	10.20	7.33	1.88	9.21	2.34	0.41	2.75

土壤 TC 密度在深层土壤中由高至低依次为中基性火成岩类风化物、碎屑岩类风化物、变质岩类风化物、中酸火成岩类风化物、碳酸盐岩类风化物、古土壤风化物、松散岩类沉积物风化物、紫色碎屑岩类风化物；在中层土壤中由高至低依次为中基性火成岩类风化物、碎屑岩类风化物、变质岩类风化物、碳酸盐岩类风化物、中酸性火成岩类风化物、古土壤风化物、松散岩类沉积物、紫色碎屑岩类风化物；在表层土壤中由高至低依次为中基性火成岩类风化物、碎屑岩类风化物、碳酸盐岩类风化物、中酸性火成岩类风化物、变质岩类风化物、古土壤风化物、松散岩类沉积物、紫色碎屑岩类风化物。

衢州市不同土壤母质类型土壤碳储量统计结果如表 5-7 和表 5-8 所示。

表 5-7　衢州市不同土壤母质类型土壤碳储量统计表(一)　　　　　　　　　单位：10^6 t

土壤母质类型	深层(0~1.2m)			中层(0~1.0m)			表层(0~0.2m)		
	TOC	TIC	TC	TOC	TIC	TC	TOC	TIC	TC
变质岩类风化物	2.77	0.48	3.25	2.45	0.46	2.91	0.73	0.10	0.83
古土壤风化物	1.46	0.34	1.80	1.32	0.30	1.62	0.44	0.07	0.51
中基性火成岩类风化物	0.32	0.06	0.38	0.29	0.05	0.34	0.10	0.01	0.11
松散岩类沉积物	6.41	1.31	7.72	5.80	1.23	7.03	1.93	0.27	2.20
碎屑岩类风化物	8.08	1.47	9.55	7.26	1.44	8.70	2.37	0.33	2.70
碳酸盐岩类风化物	1.78	0.38	2.16	1.60	0.37	1.97	0.52	0.08	0.60
中酸性火成岩类风化物	8.40	1.46	9.86	7.50	1.43	8.93	2.34	0.33	2.67
紫色碎屑岩类风化物	8.06	2.02	10.08	7.24	1.86	9.10	2.31	0.41	2.72

衢州市 TC 储量以紫色碎屑岩类风化物、中酸性火成岩类风化物、碎屑岩类风化物为主，三者之和占全市碳储量的 65.83%。在不同深度的土体中，TOC 储量分布规律由高到低依次为中酸性火成岩类风化物、碎屑岩类风化物、紫色碎屑岩类风化物、松散岩类沉积物、变质岩类风化物、碳酸盐岩类风化物、古土壤风化物、中基性火成岩类风化物；TIC 储量分布规律由高到低依次为紫色碎屑岩类风化物、碎屑岩类风化物、中酸性火成岩类风化物、松散岩类沉积物、变质岩类风化物、碳酸盐岩类风化物、古土壤风化物、中基性火成岩类风化物；TC 储量分布规律由高到低依次为中酸性火成岩类风化物、碎屑岩类风化物、紫色碎屑岩类风化物、松散岩类沉积物、变质岩类风化物、碳酸盐岩类风化物、古土壤风化物、中基性火成岩类风化物。

第五章 土壤碳与特色土地资源评价

表 5-8　衢州市不同土壤母质类型土壤碳储量统计表（二）

土壤母质类型	面积	深层(0~1.2m)	中层(0~1.0m)	表层(0~0.2m)	深层碳储量全市占比
	km²	10⁶t	10⁶t	10⁶t	%
变质岩类风化物	252	3.25	2.91	0.83	7.25
古土壤风化物	164	1.80	1.62	0.51	4.02
中基性火成岩类风化物	28	0.38	0.34	0.11	0.85
松散岩类沉积物	720	7.72	7.03	2.20	17.23
碎屑岩类风化物	724	9.55	8.70	2.70	21.32
碳酸盐岩类风化物	172	2.16	1.97	0.60	4.82
中酸性火成岩类风化物	784	9.86	8.93	2.67	22.01
紫色碎屑岩类风化物	988	10.08	9.10	2.72	22.50

4. 主要土地利用现状条件土壤碳密度及碳储量

土地利用对土壤碳储量的空间分布有较大影响。周涛和史培军(2006)研究认为，土地利用方式的改变潜在地改变了土壤的理化性状，进而改变了不同生态系统中的初级生产力及相应土壤的TOC输入（表5-9~表5-11）。

表5-9~表5-11为衢州市不同土地利用现状条件土壤碳密度及碳储量统计结果。

表 5-9　衢州市不同土地利用现状条件土壤碳密度统计表　　单位：10³t/km²

土地利用类型	深层(0~1.2m)			中层(0~1.0m)			表层(0~0.2m)		
	TOC	TIC	TC	TOC	TIC	TC	TOC	TIC	TC
水田	9.28	2.00	11.28	8.36	1.83	10.19	2.73	0.40	3.13
旱地	8.51	2.01	10.52	7.60	2.00	9.60	2.39	0.47	2.86
园地	8.81	2.01	10.82	7.93	1.92	9.85	2.57	0.43	3.00
林地	10.87	1.98	12.85	9.72	1.91	11.63	3.06	0.43	3.49
建筑用地及其他用地	8.84	1.88	10.72	7.97	1.76	9.73	2.60	0.39	2.99

表 5-10　衢州市不同土地利用现状条件土壤碳储量统计表（一）　　单位：10⁶t

土地利用类型	深层(0~1.2m)			中层(0~1.0m)			表层(0~0.2m)		
	TOC	TIC	TC	TOC	TIC	TC	TOC	TIC	TC
水田	6.42	1.38	7.80	5.78	1.27	7.05	1.89	0.28	2.17
旱地	0.75	0.18	0.93	0.66	0.18	0.84	0.21	0.04	0.25
园地	4.97	1.13	6.10	4.47	1.08	5.55	1.45	0.24	1.69
林地	16.87	3.07	19.94	15.09	2.96	18.05	4.76	0.67	5.43
建筑用地及其他用地	8.27	1.76	10.03	7.46	1.65	9.11	2.43	0.37	2.80

表 5-11 衢州市不同土地利用现状条件土壤碳储量统计表(二)

土地利用类型	面积	深层(0~1.2m)SCR	中层(0~1.0m)SCR	表层(0~0.2m)SCR	深层碳储量全市占比
	km²	10⁶t	10⁶t	10⁶t	%
水田	692	7.80	7.05	2.17	17.41
旱地	88	0.93	0.84	0.25	2.07
园地	564	6.10	5.55	1.69	13.62
林地	1552	19.94	18.05	5.43	44.51
建筑用地及其他用地	936	10.03	9.11	2.80	22.39

由表中可以看出，TOC 密度在不同深度的土体中，由高到低均表现为林地、水田、建筑用地及其他用地、园地、旱地；TIC 密度由高到低则表现为旱地、园地、林地、水田、建筑用地及其他用地；TC 密度由高到低表现为林地、建筑用地及其他用地、水田、园地、旱地。就碳储量而言，全市不同深度土体中，TOC、TIC、TC 储量均以林地、建筑用地及其他用地为主，二者碳储量之和占全市总碳储量的 66.90%，是全市主要的"碳储库"。

第二节 特色土地资源评价

硒(Se)是地壳中的一种稀散元素，1988 年中国营养学会将硒列为 15 种人体必需的微量元素之一。医学研究证明，硒对保证人体健康有重要作用，主要表现在提高人体免疫力和抗衰老能力，参与人体损伤肌体的修复，对铅、镉、汞、砷、铊等重金属的拮抗等方面。我国有 72% 的地区属于缺硒或低硒地区，2/3 的人口存在不同程度的硒摄入显不足问题。

土壤中含有一定量的天然硒元素，且有害重金属元素含量小于农用地土壤污染风险筛选值要求的土地，可称为天然富硒土地。天然富硒土地是一种稀缺的土地资源，是生产天然富硒农产品的物质基础，是应予以优先进行保护的特色土地资源。

一、土壤硒地球化学特征

衢州市表层土壤中 Se 含量变化区间为 0.02~0.70mg/kg，平均值为 0.28mg/kg，变异系数为 0.37，全市表层土壤中 Se 含量相对均匀。

Se 元素的地球化学空间分布明显受控于衢州市岩石地层特征及地形地貌特征。表层土壤中 Se 含量高于 0.55mg/kg 的区域主要分布于开化县、衢江区与杭州市交界的低山区、开化县—常山县—江山市一带，此高值区的分布与市内大面积分布的中酸性火成岩类风化物以及碳酸盐岩类风化物有关。而 Se 含量小于 0.23mg/kg 的低值区主要分布在开化县与江西省、安徽省交界一带、柯城区—衢江区—龙游县一带，主要与区内的松散岩类沉积物(河口相粉砂)及紫色碎屑岩类风化物有关(图 5-5)。

衢州市深层土壤中 Se 含量范围为 0.08~1.59mg/kg，平均值为 0.29mg/kg。深层土壤的 Se 含量虽普遍低于表层土壤，但两者采样重合区域的空间分布特征基本一致，说明土壤的 Se 元素含量除了受植被、气候、地貌等明显的表生作用影响外，显然也承袭了成土母质母岩中的 Se 含量特征(图 5-6)。

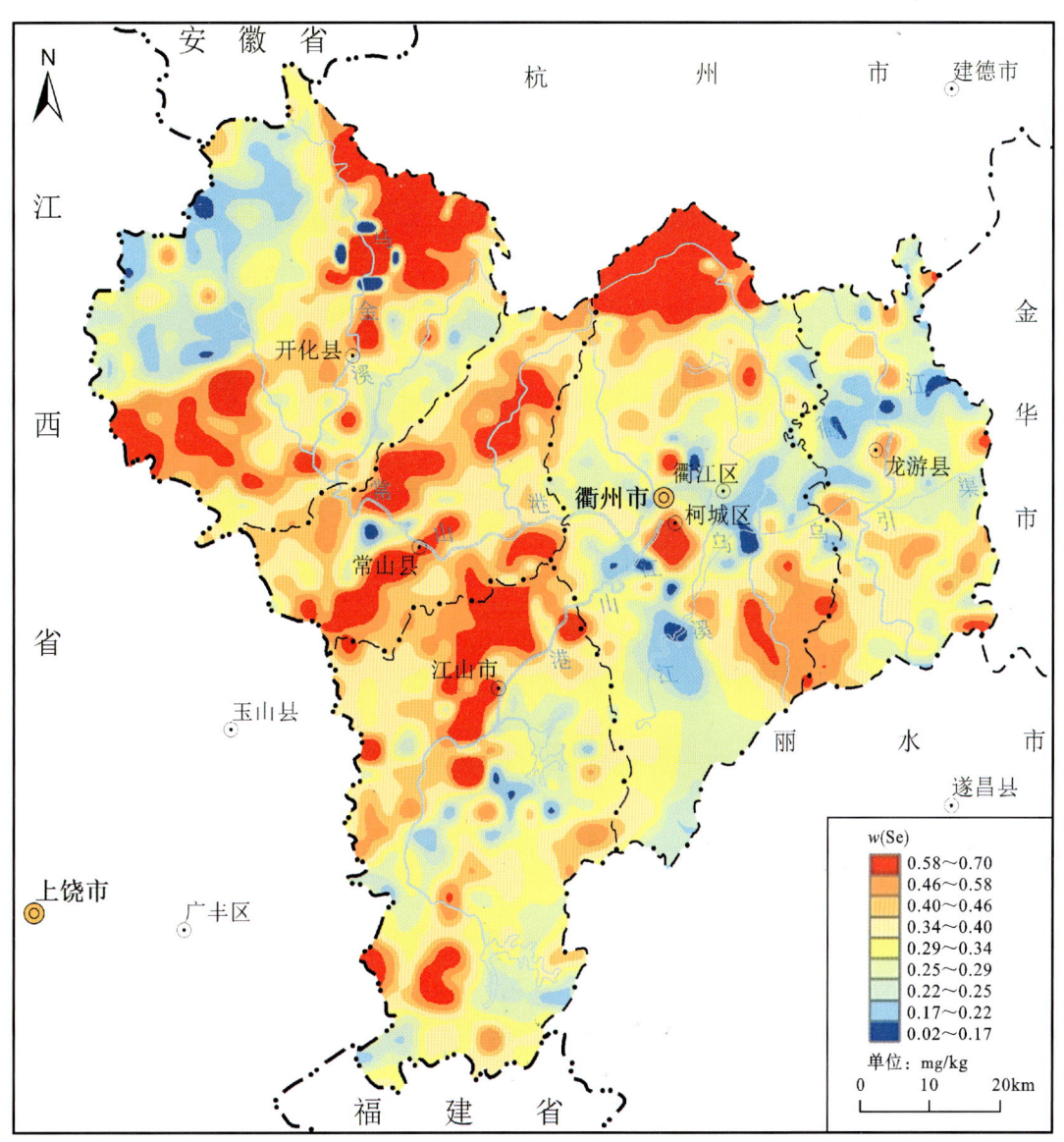

图 5-5　衢州市表层土壤硒元素(Se)地球化学图

二、富硒土地评价

按照《土地质量地质调查规范》(DB33T 2224—2019)中土壤 Se 的分级标准(表 5-12),对表层土壤样点分析数据进行统计与评价,结果如图 5-7 所示。

衢州市达高硒(富)等级的表层土壤有 7617 件,占比 29.90%,主要分布在江山市、常山县西部、衢江区北侧等地,富硒土壤的分布主要与表层土壤中有机质含量以及质地有关,丘陵山地区有机质含量较高,土质湿黏,有利于吸附 Se,导致表层土壤 Se 的富集。Se 含量处于适量等级的样本数最多,有 16 316 件,占比 64.06%,主要分布在江山市、常山县中部、衢江区北部、柯城区北部、龙游北部地区;而边缘硒与缺乏硒土壤占比较少,分别占 4.16%、1.88%,主要分布在开化地区、龙游南部地区,这些区域土壤养分含量低,质地以砂、粉砂为主,黏质少,总体保肥能力弱,土壤中元素易迁移流失(表 5-13)。

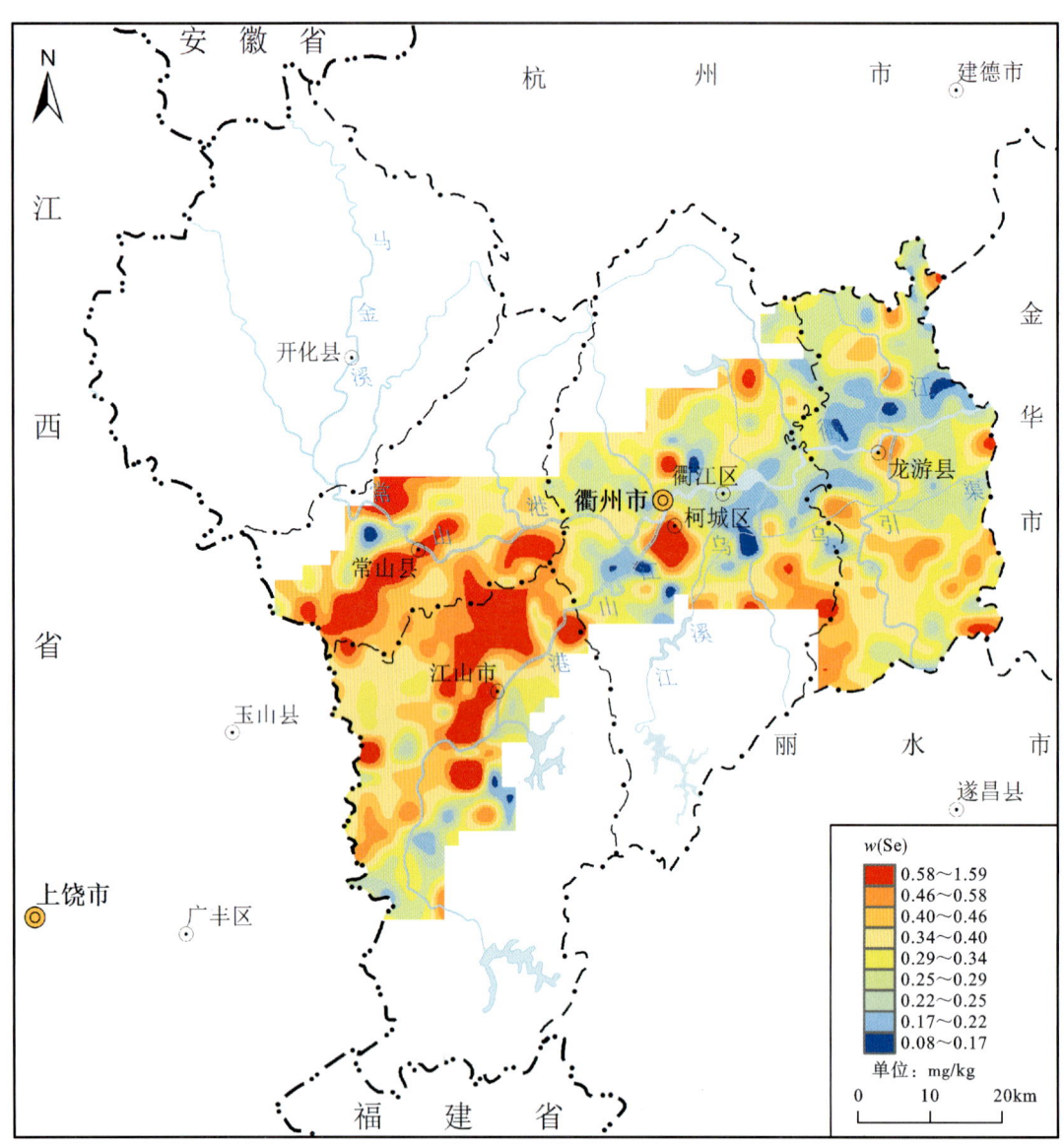

图 5-6　衢州市深层土壤硒元素(Se)地球化学图

表 5-12　土壤硒元素(Se)等级划分标准与图示

单位:mg/kg

指标	缺乏	边缘	适量	高(富)	过剩
标准值	≤0.125	0.125~0.175	0.175~0.40	0.40~3.0	>3.0
颜色					
R:G:B	234:241:221	214:227:188	194:214:155	122:146:60	79:98:40

三、天然富硒土地圈定

为满足对天然富硒土地资源利用与保护的需求,依据富硒土壤调查和耕地环境质量评价成果,按以下条件对衢州市天然富硒土地进行圈定:①土壤中 Se 元素的含量大于等于 0.40 mg/kg(pH≤7.5)或 0.30mg/kg(pH>7.5)(实测数据大于 20 条);②土壤中的重金属元素 Cd、Hg、As、Pb 及 Cr 含量低于农用地土壤污染风险筛选值要求;③土地地势较为平坦,集中连片程度较高。

第五章 土壤碳与特色土地资源评价

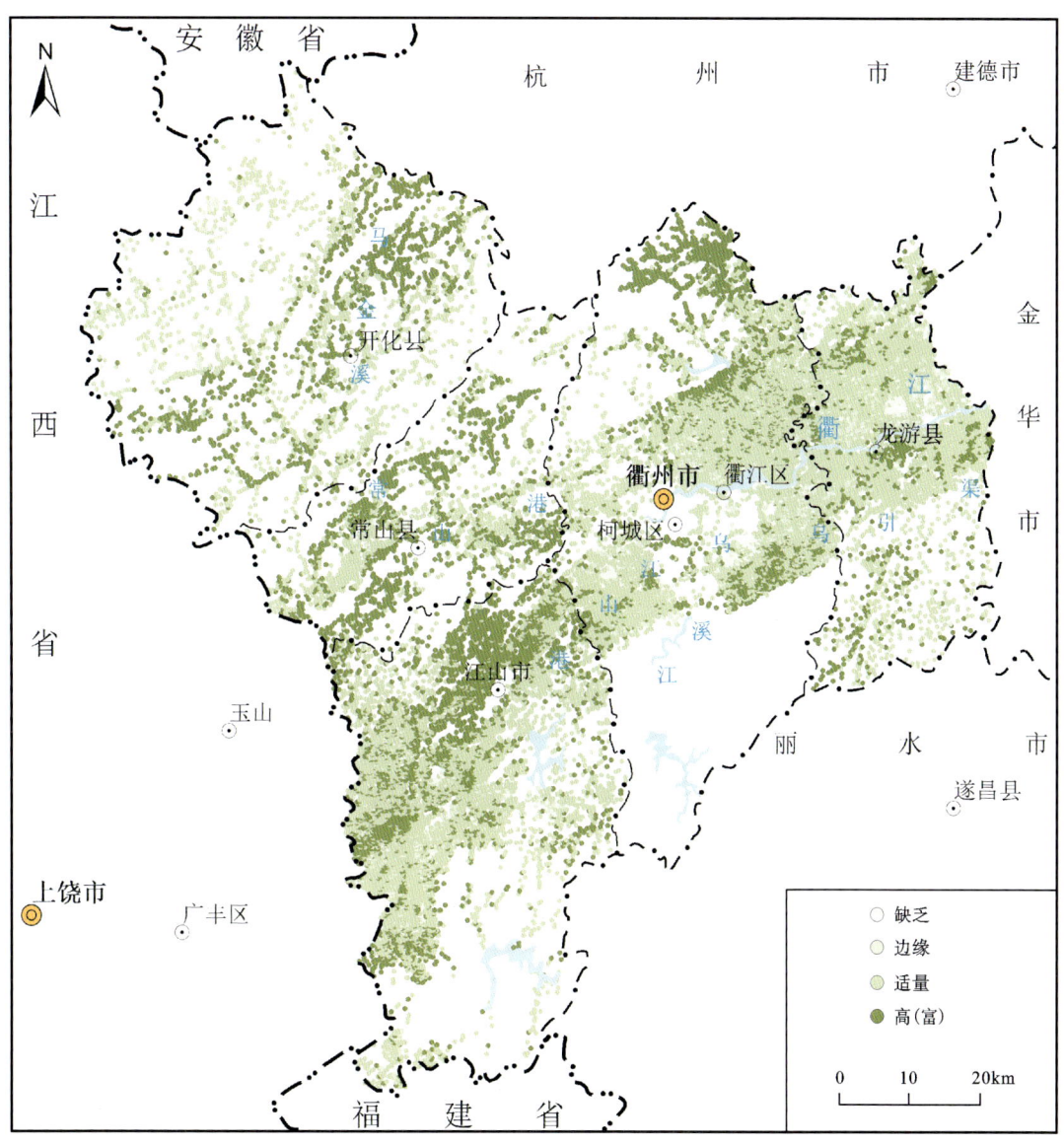

图 5-7　衢州市表层土壤硒元素(Se)评价图

表 5-13　衢州市表层土壤硒评价结果统计表

评价结果	样本数/件	占比/%	主要分布区域
高(富)	7617	29.90	江山市、常山县西部、衢江区北侧地区
适量	16 316	64.06	江山市、常山县中部、衢江区北部、柯城区北部、龙游县北部地区
边缘	1060	4.16	开化县地区、龙游县南部地区
缺乏	479	1.88	开化县地区、龙游县南部地区

根据上述条件,衢州市共圈定天然富硒土地4处(图5-8,表5-14)。为后续更好地开发利用富硒土壤,天然富硒土地的圈定倾向于地势较为平坦且集中程度高的耕地、园地区域,其中衢江区北部、常山县西部、江山市中部等区域面积较大。受调查程度的限制,圈定的范围仅为初步评估,但在资源的利用方向上已具有了明确的意义。随着调查研究程度的加深,后期评价将会更加科学。

天然富硒区地质分布差异显著,衢江区北部、常山县西部、江山市中部等地的富硒土壤主要为第四系覆盖区。

163

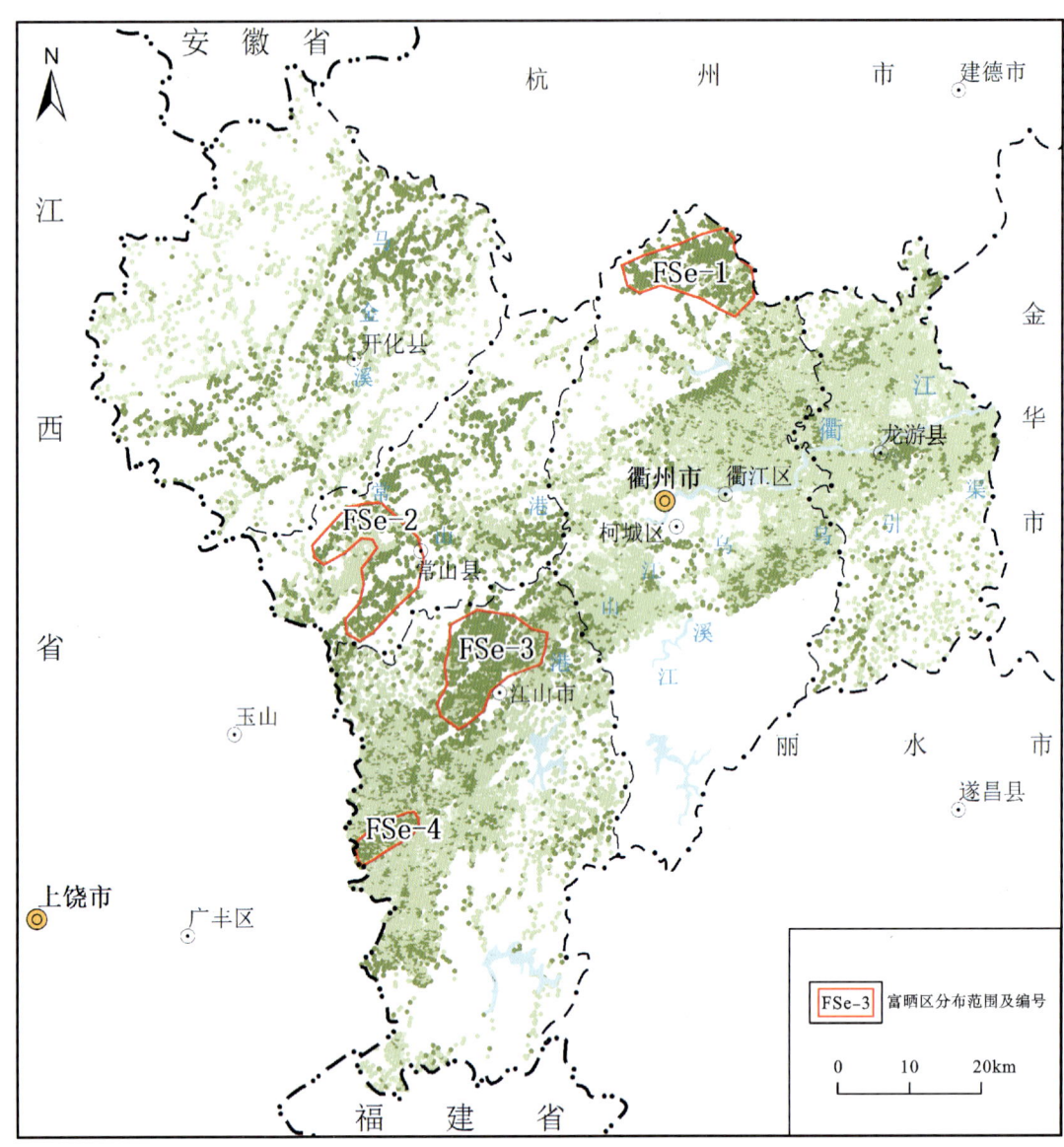

图 5-8 衢州市天然富硒区分布图

表 5-14 衢州市天然富硒区一览表

富硒区编号	区域面积/km²	土壤样本数			土壤 Se 含量/mg·kg⁻¹	
		采样样/件	富硒样/件	富硒率/%	范围	平均值
FSe-1	124	538	434	80.67	0.18~16.70	0.89
FSe-2	145	464	333	71.77	0.06~8.19	0.53
FSe-3	142	1063	848	79.77	0.12~79.90	0.73
FSe-4	31	390	264	67.69	0.12~4.19	0.57

第六章　结　语

土壤来自岩石，土壤中元素的组成和含量继承了岩石的地球化学特征。组成地壳的岩石具有原生不均匀性的分布特征，这种不均匀性决定了地壳不同部位化学元素的地域分异。在岩土体中，元素的绝对含量水平对生态环境具有决定性作用。大量的研究表明，现代土壤中元素的含量及分布，与成土作用、生物作用、土壤理化性状(土壤质地、土壤酸碱性、土壤有机质等)及人类活动关系密切。

20 世纪 70 年代，地质工作者便开展了土壤元素背景值的调查，目的是通过对土壤元素地球化学背景的研究，发现存在于区域内的地球化学异常，进而为地质找矿指出方向，这一找矿方法成效显著，我国的勘查地球化学也因此得到了快速发展，并在这一领域走在了世界的前列。随着分析测试技术的进步和社会经济发展的需要，自 20 世纪 90 年代以来，土壤背景值的调查研究按下了快进键，尤其是"浙江省土地质量地质调查行动计划"的实施，使背景值的调查精度和研究深度有了质的提升，衢州市土壤元素背景值研究就建立在这一基础之上。

土壤元素背景值，在自然资源评价、生态环境保护、土壤环境监测、土壤环境标准制定及土壤环境科学研究(如土壤环境容量、土壤环境生态效应等)等方面，都具有重要的科学价值。《衢州市土壤元素背景值》一书的出版，也是浙江省地质工作者为衢州市生态文明建设所做出的一份贡献。

主要参考文献

陈永宁,邢润华,贾十军,等,2014.合肥市土壤地球化学基准值与背景值及其应用研究[M].北京:地质出版社.

代杰瑞,庞绪贵,2019.山东省县(区)级土壤地球化学基准值与背景值[M].北京:海洋出版社.

黄春雷,林钟扬,魏迎春,等,2023.浙江省土壤元素背景值[M].武汉:中国地质大学出版社.

苗国文,马瑛,姬丙艳,等,2020.青海东部土壤地球化学背景值[M].武汉:中国地质大学出版社.

王学求,周建,徐善法,等,2016.全国地球化学基准网建立与土壤地球化学基准值特征[J].中国地质,43(5):1469-1480.

奚小环,侯青叶,杨忠芳,等,2021.基于大数据的中国土壤背景值与基准值及其变化特征研究:写在《中国土壤地球化学参数》出版之际[J].物探与化探,45(5):1095-1108.

奚小环,杨忠芳,廖启林,等,2010.中国典型地区土壤碳储量研究[J].第四纪研究,30(3):573-583.

奚小环,杨忠芳,夏学齐,等,2009.基于多目标区域地球化学调查的中国土壤碳储量计算方法研究[J].地学前缘,16(1):194-205.

俞震豫,严学芝,魏孝孚,等,1994.浙江土壤[M].杭州:浙江科学技术出版社.

张伟,刘子宁,贾磊,等,2021.广东省韶关市土壤环境背景值[M].武汉:中国地质大学出版社.

周涛,史培军,2006.土地利用变化对中国土壤碳储量变化的间接影响[J].地球科学进展,21(2):138-143.